高分子の架橋と分解 III

Crosslinking and Degradation of Polymers III

《普及版／Popular Edition》

監修 角岡正弘，白井正充

シーエムシー出版

はじめに

本書は『高分子の架橋と分解』に関するシリーズの3冊目に当たる。最初は2004年に出版され，2007年には『高分子架橋と分解の新展開』というタイトルでその後の展望を紹介した。

ここで改めて述べるまでもなく，高分子の架橋は実用的な観点からみると，ポリマー材料に硬さ，強度，耐溶剤性などを改善する重要な反応であり，古くから熱硬化樹脂およびゴム弾性体において利用されただけでなく，塗料や接着剤など機能性の材料でもよく利用されている。最近では無機・有機ハイブリッド材料の視点からポリマー材料の架橋が広く検討されており，耐候性材料，光学材料などで新展開を見せている。ただ，架橋したポリマーは不溶，不融であることが構造解析を困難にしており，さらに最近のようにポリマー材料のリサイクルを必要とするときには課題となっている。

一方，ポリマーの分解反応は実用面ではポリマーの劣化と関連させてみることが多いが，現在ではポリマーのリサイクル，カーボンニュートラルの材料，および分解反応を利用するポリマーの機能化など基礎および応用面で重要になってきている。

以上の観点から本書ではまず，①現在よく利用されている架橋反応を基礎と実用的な観点から解説，さらに，架橋構造の解析と架橋したハードコートの構造と物性評価を紹介，②可動可能な新しい架橋点を持つ弾性体の合成と応用，③環境保全の立場からポリマー材料のリサイクル技術およびカーボンニュートラル材料の動向，④今まで架橋は不可逆反応であるという常識を覆した動的な架橋技術，⑤剥離型接着剤への応用を含めた新しい分解反応の開発と機能材料への展開，⑥最近，その進歩が著しいUV硬化における新技術および新材料[1]など，注目されている新技術，新材料および今後の展開が期待されるポリマー材料の架橋と分解についてまとめた。

したがって，本書はポリマー材料を取り扱っている研究者および技術者が基礎的な見地からだけでなく，その用途開発と関連させて，ポリマー材料をどのように活用するかについて検討するとき，重要な示唆を提供すると考えている。

研究者および技術者のみならず，営業などでポリマー材料を利用しようという方々に役立つことを願っている。

2012年1月

大阪府立大学名誉教授

角岡正弘

大阪府立大学大学院教授

白井正充

1）この項についてはシーエムシー出版より，『LED-UV硬化技術と硬化材料の現状と展望』(2010) が出版されている。

普及版の刊行にあたって

本書は2012年に『高分子の架橋と分解Ⅲ』として刊行されました。普及版の刊行にあたり，内容は当時のままであり加筆・訂正などの手は加えておりませんので，ご了承ください。

2018年９月

シーエムシー出版　編集部

執筆者一覧（執筆順）

角岡正弘	大阪府立大学名誉教授
白井正充	大阪府立大学　大学院工学研究科　応用化学分野　教授
中山雍晴	元　関西ペイント㈱
三好理子	㈱東レリサーチセンター　構造化学研究部　構造化学第2研究室　研究員
阿久津幹夫	前　カシュー㈱　技術開発部長
村山智	日本ポリウレタン工業㈱　研究本部　総合技術研究所　基礎研究部門　基礎研究部門長，主席研究員
村田保幸	三菱化学㈱　機能化学本部　エポキシ事業部　企画・管理グループ　開発担当マネジャー
高田泰廣	DIC㈱　R&D本部　新機能材料研究所　主任研究員
瀬川正志	サンビック㈱　開発部　常務取締役
岩崎和男	岩崎技術士事務所　所長
小山靖人	東京工業大学　大学院理工学研究科　有機・高分子物質専攻　助教
高田十志和	東京工業大学　大学院理工学研究科　有機・高分子物質専攻　教授
クリスティアン・ルスリム	アドバンスト・ソフトマテリアルズ㈱　技術統括部　部長
田畑智	アドバンスト・ソフトマテリアルズ㈱　事業統括部　副部長
西田治男	九州工業大学　エコタウン実証研究センター　教授
橋本保	福井大学　大学院工学研究科　材料開発工学専攻　教授
増谷一成	京都工芸繊維大学　大学院工芸科学研究科
木村良晴	京都工芸繊維大学　大学院工芸科学研究科　バイオベースマテリアル学専攻　教授

宇山　　浩	大阪大学　大学院工学研究科　応用化学専攻　教授
藪内尚哉	日本ビー・ケミカル㈱　技術ブロック　グループ長
大塚英幸	九州大学　先導物質化学研究所　准教授
吉江尚子	東京大学　生産技術研究所　教授
松川公洋	㈶大阪市立工業研究所　電子材料研究部　ハイブリッド材料研究室長
大山俊幸	横浜国立大学　大学院工学研究院　機能の創生部門　准教授
戸塚智貴	和光純薬工業㈱　化成品事業部　化成品開発本部　商品開発部　係長
佐々木健夫	東京理科大学　理学部第二部　化学科　教授
松本章一	大阪市立大学　大学院工学研究科　教授
佐藤絵理子	大阪市立大学　大学院工学研究科　講師
岡崎栄一	東亞合成㈱　アクリル事業部　高分子材料研究所　所長
桐野　　学	㈱スリーボンド　研究開発本部
冨田育義	東京工業大学　大学院総合理工学研究科　物質電子化学専攻　准教授
中川佳樹	㈱カネカ　上席幹部
三宅弘人	㈱ダイセル　研究統括部　コーポレート研究所　機能・要素グループ　グループリーダー
湯川隆生	㈱ダイセル　研究統括部　コーポレート研究所　機能・要素グループ　主任研究員

執筆者の所属表記は，2012年当時のものを使用しております。

目　　次

第１章　高分子の架橋と分解

第２章　高分子の架橋と分析・評価

第３章　架橋型ポリマーの特徴と活用法

第4章　新しい架橋反応とその応用

第5章　ポリマーのリサイクル技術

第6章　植物由来材料の利用

第7章　可逆的な架橋・分解可能なポリマー

第8章　ポリマーの分解を活用する機能性材料

第9章 UV硬化と微細加工

第1章　高分子の架橋と分解

1　高分子の架橋と分解を取り巻く状況

白井正充*

1.1　はじめに

架橋とは，複数の官能基を有する低分子化合物の分子間反応や高分子化合物が分子間で結合し，三次元網目構造を形成することである。架橋体形成に利用される分子間結合の種類は共有結合だけでなく，イオン結合，配位結合，水素結合などがある。一般に，架橋高分子はどのような溶剤にも溶解しないし，加熱しても溶融しない。架橋体を形成することで初めて発現する物性・特性はいろいろな分野で利用されており，極めて重要なものである。架橋体形成に利用される化学反応自体は，有機化学や無機化学で取り扱われる一般的な反応である場合が多い。しかし，架橋体形成が可能な物質としては，これらの反応を起こしうる官能基を1分子中に複数個含む化合物や，官能基を側鎖に含む高分子やオリゴマーとして，分子設計されるのが特徴である。

高分子の分解反応は高分子を構成している原子間の結合エネルギーに相当するか，あるいはそれを上回る熱や光・放射線などのエネルギーが外部から加えられたときに起こる。高分子の分解反応には直接主鎖が切断されるもの，側鎖基が分解するもの，側鎖基の分解から誘発される主鎖切断などがある。一般に，高分子の特性・物性は分解反応により変わる。汎用高分子材料の劣化と安定化や長寿命化の観点からは，分解反応は防ぎたいものである。一方，高分子材料のケミカルリサイクルや微細加工用材料では高分子の分解が積極的に利用されている。ここでは熱や光を用いた高分子の架橋や分解の基礎概念を解説すると共に，架橋と分解が関わる高分子材料を取り巻く最近の状況を概説する。

1.2　架橋と分解の基礎概念

1.2.1　架橋の概念

一般的な高分子架橋体の形成には，大別して次のような3つのタイプがある（図1)。(a) 官

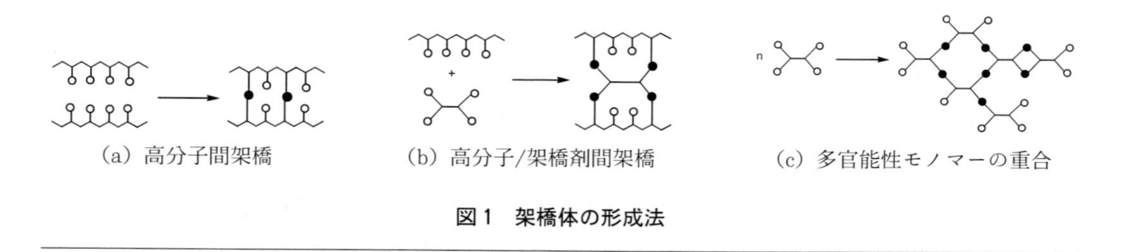

(a) 高分子間架橋　(b) 高分子/架橋剤間架橋　(c) 多官能性モノマーの重合

図1　架橋体の形成法

* Masamitsu Shirai　大阪府立大学　大学院工学研究科　応用化学分野　教授

能基を有する高分子から得られる架橋体，(b) 官能基を有する高分子と架橋剤のブレンド系から得られる架橋体，(c) 多官能性モノマーおよびオリゴマーから得られる架橋体である。

官能基を有する高分子から得られる架橋体は，反応性の官能基を側鎖あるいは主鎖に有する高分子が，分子間で反応して架橋構造を形成したものである。希薄な溶液中での反応では高分子内でも起こりうるが，濃厚溶液や固体・膜状態では主な反応は分子間反応であり，効率よく架橋体が形成される。架橋体形成による溶剤への不溶化の効率は，高分子の分子量が大きいものほど高い。また，固体での架橋反応では高分子のガラス転移温度（高分子の主鎖が自由に運動し始める温度）が架橋反応効率に重要な影響を与える。

官能基を有する高分子と架橋剤のブレンド系から得られる架橋体は，反応性の官能基を側鎖あるいは主鎖に有する高分子と，複数の官能基を持つ低分子量体あるいはオリゴマーからなる架橋剤との反応で得られるものである。通常，高分子鎖中の官能基と架橋剤中の官能基との反応で架橋反応が起こる。この系では架橋剤の選択に対する自由度は大きいが，高分子と架橋剤とは相溶することが必要である。非相溶系の場合は使用できない。

多官能性モノマーやオリゴマーから得られる架橋体は，主に重合反応を利用する。化学構造の異なる多官能性モノマーをブレンドして使用される場合も多い。ブレンド系では，それぞれのモノマー・オリゴマーの相溶性が重要な因子になる。通常，これらの系は液体あるいは粘性体であるが，架橋反応後は硬化物になるので塗膜・塗料や接着剤などとして多用される。

一般に，高分子架橋体では架橋点は移動したり化学的な変化をしない。しかし，最近では結合点が自由に動く架橋体や超分子構造を用いた架橋体に関する研究もされている。

架橋反応を引き起こすエネルギー源としては，熱，光，電子線，放射線などが利用される。光を用いる場合は光源を選択することが必要である。汎用の高圧水銀ランプやキセノンランプなどに加えて，最近ではLED光源も利用されている。熱を用いた架橋反応では，特に加熱を必要としないで室温で放置すれば架橋反応を起こすものも含まれる。熱架橋反応で得られる代表的な樹脂には，フェノール樹脂，尿素樹脂やメラミン樹脂，エポキシ樹脂，ウレタン樹脂などがある。一方，架橋反応を引き起こすのに光が使われる系は，光架橋系として分類することができる。高分子鎖に結合した官能基（この場合は感光基とも呼ぶ）やオリゴマー中の官能基が光によって直接反応して架橋を形成するタイプや，多官能性モノマー・オリゴマーに添加した特殊な化学物質（感光剤）が，まず光で反応し，その結果生成したラジカル，強酸，あるいはアルキルアミンなどの活性種が重合反応を引き起こすタイプがある。

1.2.2　分解の概念

高分子の分解は，熱，光，電子線，あるいは放射線などのエネルギーにより引き起こされる。化学薬品を併用する場合もある。高分子の分解反応では架橋反応を併発するものもあり，用途によっては不都合な場合もある。また，分解反応には，連鎖型分解反応と非連鎖型分解反応がある。

熱による連鎖型分解反応の例としては，ポリメタクリル酸メチル（PMMA）の解重合型熱分解反応がある。ラジカル重合で得たPMMAは不均化停止反応により，2種類の異なった構造の末端基を有している。また，再結合停止が起こった場合は頭－頭構造が主鎖中に生成している。ラジカル重合で得たPMMAの窒素雰囲気下での熱分解は，熱重量分析の結果から，165，270，および360℃の３段階に分かれて進行することが知られている。165℃での分解は再結合停止により生成した頭－頭結合の切断によるものである。また，270℃での分解はビニリデン型末端からのものであり，360℃での分解は通常の頭－尾結合の高分子鎖のランダム切断によるものである。PMMAが１箇所で切断されると，切断端から順次モノマーが脱離する解重合が起こる。１本の高分子鎖中にモノマー単位の異種配列がなければ，その高分子鎖はすべてモノマーに変換される。しかしながら，解重合型で分解する高分子は極めて少なく，多くの汎用高分子の熱分解は非連鎖型で起こる。分解反応機構は複雑であり，個々の高分子についてその挙動は異なる。

光により誘起される連鎖型分解反応の例としては，ポリエチレンやポリプロピレンの光酸化分解がある[1)]。これらのポリオレフィン類では，成形加工時の熱酸化により，微量のヒドロペルオキシドおよびペルオキシド基が生成すると考えられている。これらは不安定であり，光でも容易に開裂し，活性なラジカルを与えるので高分子の光酸化劣化の重要な開始種になる。生じた活性なアルコキシラジカルはβ-位結合の開裂，他の高分子からの水素原子の引き抜き，および他のヒドロペルオキシド基の分解を誘発しながら連鎖的に高分子の分解を起こす。光による非連鎖型分解反応の代表例は，カルボニル基を含む高分子の光分解である。主鎖や側鎖にカルボニル基を有する高分子に紫外線を照射すると，カルボニル基が光吸収し，Norrish Ⅰ型あるいはNorrish Ⅱ型反応により主鎖切断や側鎖の脱離が起こる。

1.2.3　架橋構造の解析

架橋高分子は不溶・不融であり，その化学構造を解析するのは容易ではなく，用いる分析法は限られる。固体のままで測定可能な固体NMRが有力な方法であるが，溶液NMRほどの分解能が得られないので，適用範囲に限界がある。また，架橋樹脂の粘弾性などの機械的特性の測定からも架橋構造に関する情報が得られるが，化学構造を直接知ることはできない。重合反応論に基づいたシミュレーションにより，架橋構造を推定する試みが行われており，一定の成果が得られている。

熱分解GC-MS法は，テトラメチルアンモニウムヒドロキシドのような強アルカリ存在下で架橋高分子を高温で熱分解し，生成物をGC-MS法で確認する方法である。この方法は，硬化アクリル系樹脂，ウレタン樹脂，エポキシ樹脂の架橋構造の解析に用いられている。解析は容易ではないが，各樹脂の特有の熱分解機構を把握することで，構成モノマーや重合連鎖に関する情報が得られる。最近，分解可能な多官能モノマーから得られる硬化樹脂を用いて，硬化過程における重合連鎖成長に関する直接的情報を得る研究がされている。硬化系の重合反応に関する基礎的情報として興味深い[2)]。

1.3 架橋と分解の活用

1.3.1 架橋を活用する高分子機能材料

汎用高分子材料の高強度化，高耐熱性，耐薬品性の向上などの高性能化には架橋が用いられる。架橋・網目構造の形成による高性能化は，高分子鎖間での結合サイトの増加や，高分子鎖の熱運動性を抑えることで達成されている。熱による架橋反応を利用した汎用高性能樹脂としては，エポキシ樹脂，メラミン樹脂，フェノール樹脂，シアナート樹脂，熱硬化型シリコーン樹脂などがある。一般に，熱硬化性樹脂は石油資源から製造されているが，将来的には枯渇の懸念がある。石油資源を植物由来の資源に置き換える立場から，エポキシ化植物油脂やロジン変性フェノール樹脂，および天然リグニン（リグノフェノール）などを用いることが研究されており，今後の展開が期待されている。

高機能化材料のために架橋を利用する系も研究されている。例えば，エレクトロニクス機器の電力素子などに用いられる絶縁性と放熱性を兼ね備えた高熱伝導性エポキシ樹脂の開発がある。熱伝導率は分子鎖の秩序性やそれらが集合してできる高次構造に強く影響されると考えられている。液晶性エポキシモノマーの自己組織化から秩序構造が形成される熱硬化性樹脂の熱伝導性は，非晶性エポキシ樹脂のそれよりも高いことが示されている[3)]。また，低誘電性と難燃性を付与した高耐熱性シアネート樹脂の開発もある。

架橋をもたらすエネルギー源に光を用いる系は，UV 硬化樹脂に見られるように，塗料・塗膜，インキ，接着剤，フォトリソグラフィー用ネガ型レジスト[4)]，UV ナノインプリント用レジスト[5)]などとして，多くの産業分野で利用されている。光照射用の光源には，高圧水銀ランプ，超高圧水銀ランプ，メタルハライドランプ，キセノンランプなどが用いられている。最近では，LED 光源が注目されている。LED 光源の特徴は，被露光面に熱がかからないこと，寿命が長いこと，瞬時の ON-OFF が可能であることなどである。また，発光波長が限定される点や放射光の狭帯化は LED 光源の特徴であるが，よい面でもあり悪い面でもある。一方，LED 光源の照射光強度は必ずしも満足のいくものではないことや高コストは，今後の改善が求められる点である。光と同じように電子線も高分子の架橋をもたらす手段として使われる[6,7)]。

1.3.2 分解を活用する高分子機能材料

高分子の分解を活用する機能材料としては，汎用高分子材料のリサイクルや微細加工用ポジ型フォトレジストなどがある。汎用高分子材料のリサイクルには，マテリアルリサイクル，ケミカルリサイクル，サーマルリサイクルがあるが，原料として再利用できるモノマーやオリゴマーへの変換を含むケミカルリサイクルは重要である[8)]。熱可塑性樹脂のケミカルリサイクルに関する研究は多くされているが，熱硬化性樹脂のリサイクルに関する研究は少ない。熱硬化性樹脂の中でも不飽和ポリエステル樹脂やウレタン樹脂では，エステル結合やウレタン結合の加水分解反応を利用するリサイクル手法が検討されている。加水分解のためには化学薬品や亜臨界水を用いる方法などが研究されている。エポキシ樹脂は，電気・電子部品や成形品として多く用いられているので，廃材として排出される量も多く，リサイクルが望まれる。しかしながら，エポキシ樹脂からエポキシ樹脂に循環再生するケミカルリサイクルは達成されていない。フェノール樹脂は汎用の熱硬化性樹脂であるが，最近，分解によるケミカルリサイクル法が開発されている。三次元に架橋したフェノール樹脂から，高温高圧の超臨界流体技術を用いて化学原料となる再生樹脂を得るものである。フェノール樹脂の原料となる化合物を回収するものではないが，新しいケミカルリサイクル技術として注目されている。

高分子の分解を高機能化材料の要素として利用するものに，ポジ型フォトレジストがある。ポジ型フォトレジストは，光照射部分のみが現像液に可溶化する性質を利用するものである。可溶化のための反応には，ポリマー主鎖の切断，解重合，あるいはポリマー側鎖官能基の分解反応による極性変化が用いられている。一般に，光照射によりポリマー主鎖が解裂する反応は高効率ではなく，ポジ型フォトレジストには有効ではない。一方，光酸発生剤の光反応により強酸を発生させ，その酸を触媒にした熱反応を利用してポリマー主鎖や側鎖の反応を引き起こす手法は，少しの露光量で多くの反応を引き起こすので，化学増幅型レジストと呼ばれている[9]。半導体製造のための微細加工用の高感度ポジ型レジストとして利用されている。

1.3.3　架橋と分解を併用する高分子機能材料

架橋や分解をそれぞれ単独で活用した高分子材料に関する研究開発が，多くの分野・項目において行われている。一方，最近では架橋と分解の両方を組み合わせた材料の研究が関心を集めている[10～13]。硬化樹脂のリサイクルの観点から重要であるが，新しい機能性材料としても興味深い。分解しやすい化学結合を含む架橋構造を架橋体に導入する手法が一般的である。架橋と分解の両方を組み合わせた材料は，剥離型接着剤，解体型建築資材，あるいは自己修復材料などに関連して重要である。また，架橋反応に動的結合を用いて架橋・分解反応をコントロールし，新しい高分子材料を作る研究も積極的に行われている。

1.4　おわりに

汎用高分子材料や高分子機能性材料の活用，あるいは新規高分子材料の創成において，架橋反応と分解反応がうまく活用されている例が多い。最近の研究では，架橋を構成する結合タイプの選定や結合のための化学構造設計には，従来の考え方を超えた新しい概念の導入が始まっている。従来の研究では，架橋反応や分解反応をいかに制御・活用するかという点に注目されていた。しかし，架橋と分解をそれぞれ別々のくくりで考えるのではなく，協同的事象として捉えることは，新しい高分子材料の設計や活用に有用であると思われる。また，石油資源材料に加えて，バイオベース材料の利用に見られるように，架橋と分解を活用する材料ソースも多様化するのと同様に，対象となる材料サイズも汎用のバルク材からナノ粒子までその範囲は広がってきている。

文　　献

1）高分子添加剤の開発と環境対策，大勝靖一　監修，シーエムシー出版（2003）（普及版「高分子添加剤と環境対策」2008 年）
2）高分子架橋と分解の新展開，角岡正弘，白井正充　監修，シーエムシー出版（2007）
3）竹澤由高，高分子，**59**，81（2010）
4）フォトレジスト材料開発の新展開，上田　充　監修，シーエムシー出版（2009）
5）ナノインプリントの基礎と技術開発，平井義彦　編集，フロンティア出版（2006）
6）LED-UV 硬化技術と硬化材料の現状と展望，角岡正弘　監修，シーエムシー出版（2010）
7）UV 硬化プロセスの最適化，サイエンス＆テクノロジー（2008）
8）プラスチックの資源循環のための化学と技術，高分子学会グリーンケミストリー研究会編（2010）
9）レジスト材料，高分子学会　編集，伊藤　洋　著，共立出版（2005）
10）白井正充，高分子論文集，**65**，113（2008）
11）接着とはく離のための高分子―開発と応用―，松本章一　監修，シーエムシー出版（2006）
12）D.Y. Wu，S. Meure，D. Solomon，*Prog. Polym. Sci.*，**33**，479（2008）
13）M. Samadzaadeh，S. H. Boura，M. Peikarai，S. M. Kasiriha，A. Ashrafi，*Prog. Org. Coat.*, **68**, 159（2010）

2　架橋高分子の基礎－架橋剤の種類，反応および応用例

中山雍晴*

2.1　ハードな架橋

塗料・接着剤・インキなど塗布を必要とする場合に使用する樹脂は，低分子であり塗布後に架橋して高分子化する必要がある。ここで使用する好ましい架橋系は，反応が速く生成した結合は物理的（強度）にも化学的（耐加水分解性・耐光性・耐熱性・耐酸化性）にも優れているハードな架橋系である。特に，直接過酷な環境にさらされる塗料ではその総合的な結果である耐候性が厳しく追及された。しかし，現在メジャーに利用されている架橋系がこれらの性能の全てに優れているわけではない。個々には最低限の性能を持った上で，次に示す特徴により使い分けられる。

2.1.1　酸化重合による架橋

酸化重合の最大の特徴は1液常乾である。代表的なアルキド樹脂は，汎用塗料として最も必要な，安価と使いやすさの両方を兼ね備えているために昔から大量に使われてきたが，一方では多くの欠点も持っている。その最たるものは，硬化の遅さと塗膜のやわらかさである。これらの性質は，酸化硬化基である脂肪酸自体が大きくてやわらかく酸化重合する2重結合の密度が低いというこの硬化系では避けることができない特質に起因している。したがって，改善は困難で多くの研究が今日まで続いていて，現在の研究の方向はハイソリッド化と水性化に向かっていると考えられる。

汎用酸化硬化アルキド塗料は，現在でもかなりの高固形分で日本では法律的にも例外的に危険物には指定されていない。さらに固形分を高め溶剤による弊害を減らし同時に乾燥速度を速める改良研究が続いている。

水性化は，完全な非危険物化とさらなる易塗装性を求め重点的に研究された分野である。しかしながら，水性化は製造が難しいことに加え，硬化速度がさらに遅くなる傾向にあるためにあまり伸びていない（中和剤による酸化重合の禁止，ドライヤーの劣化）。それ以外にも，アルキド樹脂の加水分解，中和アミンの毒性など多くの問題を抱えている。これらの問題を一挙に解決する目的で他の樹脂とのコラボレーションが進められている。古くから検討されているのはアクリル樹脂との複合化であり2つの方法がある。アクリルモノマーに溶解したアルキド樹脂を微細に分散した後ミニエマルション重合する方法と，水溶性アルキド樹脂を安定剤としてアクリルモノマーをエマルション重合する方法であるが，アルキド樹脂の酸化重合性基によるラジカル停止作用と両者の相溶性の悪さがネックとなる。前者の改良方法には，アルキド樹脂を素早く固定してラジカル停止作用を制御するためにラジカル重合性のアクロイル基をアルキド樹脂に導入する例[1]，および重合を開始できるアルキド樹脂を使用し成長ラジカルを固定する例[2]がある。後者に対しては，酸化重合性はあるがアクリルモノマーの重合を阻害しない1,2-ビニルポリブタジエンを使用した例[3]がある。

---

*　Yasuharu Nakayama　元　関西ペイント㈱

最近では，アクリル樹脂・ウレタン樹脂に酸化重合性の基を付ける方法が検討されている。アクリル樹脂に不飽和脂肪酸を付けるためには，既存のエステル結合がエステル交換反応しない条件でのエステル反応が必要であり，不飽和脂肪酸のカルボン酸をオキサゾリンに変えて使用する方法が提案されている[4)]。ウレタン樹脂に組み込むためには不飽和脂肪酸のモノグリセライド[5)]あるいは多価水酸基を持つアルキドオリゴマーの使用[6)]が必要である。

2.1.2 炭素－炭素2重結合の重合による架橋

UV硬化塗料が最もポピュラーである。低温で素早く硬化可能であり溶剤を使用しない無公害・エコ塗料として高温にできない素材の塗装に使用される。特に，光の直線性を利用した像形成はこの塗料独特の特徴であり印刷・ソルダーレジスト[7～9)]など塗料以外の利用が多い。欠点は，複雑な形状のものに塗れない，酸素により阻害される，顔料濃度の高い塗料は硬化しない，光開始剤が必要などである。

複雑な形状のものに塗装するために，照射方法の変更[10)]，熱硬化性開始剤の併用[11)]がある。また，古くから使用している不飽和ポリエステル樹脂のレドックス重合についても研究は続いている[12)]。酸素による障害の少ない方法として光開始剤の開発もあるが[13)]，メルカプタンによる連鎖移動重合[14)]あるいはマレンイミドの2量化反応が検討されている[15, 16)]。光が通り難い塗膜の硬化には，装置が大きくなり酸素の排除が必要であるが，非常に大きなエネルギーを持つ電子線照射が大規模な塗装には有用である[17)]。

2.1.3 アミノ樹脂による架橋

アミノ樹脂は図1に示すような化合物のアミノ基にホルムアルデヒドを反応させてメチロール化した樹脂に，さらにアルコールでエーテル化した樹脂の総称である[18)]。自己硬化して樹脂を形成する原料であるが，塗料ではアルキド樹脂・アクリル樹脂・エポキシ樹脂など水酸基を含有する樹脂の架橋剤として利用する。古くは酸触媒を使用した尿素樹脂による架橋が実用化されたが，熱硬化性塗料によく使用する短油アルキド樹脂が持つ水酸基との反応性が劣るために，自己縮合反応が優先し硬化速度は速いが耐候性がよくないので[19)]，代わりに硬化速度は遅いが耐候性のよいメラミン樹脂がもっぱら使用されてきた。最近では，酸性雨に弱い性質から自動車上塗りは他の架橋系に代わりつつあり，アルデヒドを発生するために学校などで使う備品の塗装からは敬遠されつつあるが，それでも安価で性能のバランスがよいメラミン樹脂は今も焼付型塗料硬化

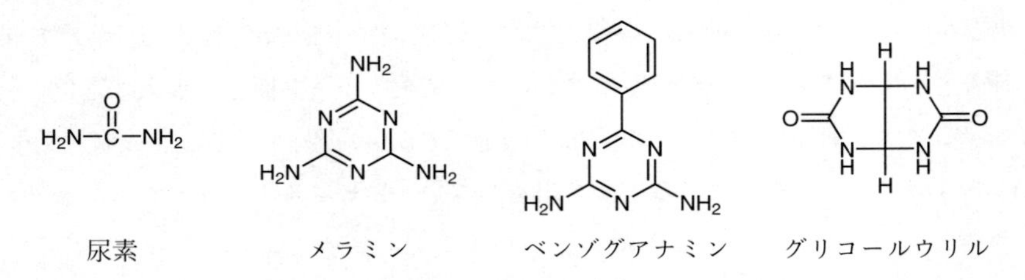

図1 アミノ樹脂架橋剤の主な原料の化学構造

のメインであり続けている。

ベンゾグアナミンは高価で官能基数が少なくベンゼン核があるために耐候性には劣るが高温焼付に適し，耐水性がよいのでFDAに認可されていることもあり缶用のエポキシ樹脂の硬化に使用される。グリコールウリルは硬化に強い酸と高温が必要である[20]。

メラミン樹脂は，メチロール化の程度とアルコールでエーテル化する割合およびアルコールの種類，さらにはこれらの操作過程で起こる高分子化度をどの程度にコントロールするかにより性質が異なる（一般溶剤型塗料ではトリアジン環の重合度が3～6個のブチル化型が中心であり，ハイソリッド塗料では1～3核体のメチル型がよく使用される)。エーテル化にはメタノールとブタノールが多く使用される。前者は，アルキド樹脂との相溶性に劣るが親水性で水系塗料に使用される。後者は油性が強くアルキド樹脂との相溶性に優れる。

代表的なメラミン樹脂の構造を図2に示す[21]。Aのフルエーテル化メラミンの硬化には強酸

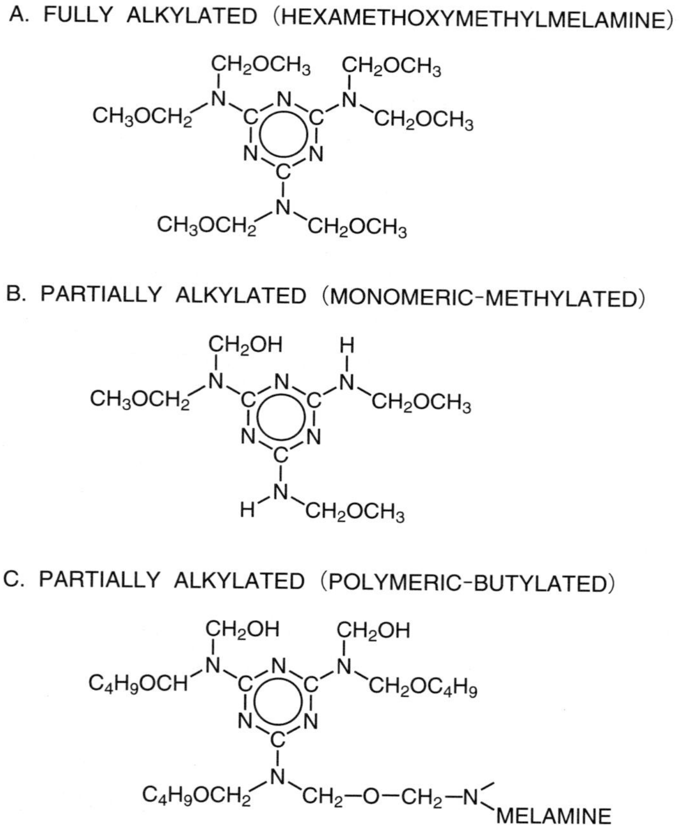

A. FULLY ALKYLATED (HEXAMETHOXYMETHYLMELAMINE)

B. PARTIALLY ALKYLATED (MONOMERIC-METHYLATED)

C. PARTIALLY ALKYLATED (POLYMERIC-BUTYLATED)

Reprinted from *Progress in Organic Coatings*, **14**, David R. Bauer, "Melamine/Formaldehyde Crosslinkers: Characterization, Network Formation and Crosslink Degradation", 193, Copyright (1986), with permission from Elsevier

図2　典型的なメラミン樹脂の構造

触媒が必要であり架橋反応が優先し自己縮合反応は少ない（酸の強さ・水濃度の増加・高温化で自己縮合は多くなる）。耐薬品性・耐水性・水性基の貯蔵安定性に優れるが，酸触媒の残存が性能を悪化させる。B・Cの部分エーテル化メラミンは弱酸触媒（アルキド樹脂では残存カルボン酸基）で架橋と自己縮合が進む（ホルマリンの発生がある）。架橋反応は120～150℃で10～30分加熱する。自己縮合硬化するので厳密に官能基の当量比を合わせる必要はなく，添加量は樹脂に対して10～30%であり，メラミン樹脂が多いと自己縮合で硬度が高くなる。耐酸性はあまりよくないので親水性樹脂の使用には注意が必要である[22]。架橋剤といわずメラミン樹脂といわれるのは，比較的高分子で添加量も多いためで，使用に当たっては基体樹脂との相溶性を考慮する必要があり，また塗膜の性質にもメラミン樹脂の性質が反映される。

2.1.4　イソシアネート基による架橋

イソシアネート基は様々な官能基と常温で反応する。なかでも，水酸基との反応は触媒存在下で適当なポットライフがとれ，2液常温塗料に最適である。架橋反応は確実に進行し，生成したウレタン結合は耐加水分解性に強く，物性・耐候性に優れる場合が多いので，この系で架橋する塗料は主体樹脂の種類に関わらずウレタン塗料と呼ばれ高級塗料として通用している（目安としては5%以上ウレタン結合があること）。問題点は，イソシアネート基が水と反応するために湿度の高い環境での塗装では性能が変わること，およびイソシアネート化合物の毒性である。

常温で架橋するので汎用塗料あるいは自動車補修に使用されてきたが，酸性雨に弱いメラミン樹脂に代わり自動車用にも使用され，工業用塗料におけるシェアーを広げている[23]。現在はVOC削減，衛生上の改善のために水性系での使用が始まっている[24]。

イソシアネートは水と反応してアミノ基となりそれが他のイソシアネートと反応して架橋するので湿気硬化性1液常乾塗料としても利用でき，この面でも多くの工夫が加えられている。

水系での問題点は，やはり水との反応でありポットライフ中には多量の水が存在するために，水酸基／水の反応性比をさらに高める，あるいは水中では作用しない触媒または水から触媒を守るブロック剤が望まれる。工業用では加熱もできるが，常乾汎用塗料で触媒が使えないと乾燥が遅く使用に支障がある。

2.1.5　ブロックイソシアネートによる架橋

ブロックイソシアネートの解離機構は古くからよく研究されている[25]。塗料用についての総説[26]・特許解説[27]も多く認められる。ブロックイソシアネートは加熱によりイソシアネートを再生し，アミンおよび水酸基と反応するので加熱硬化型架橋に使用される。この反応は塩基性化合物により阻害されないので，メラミン樹脂架橋が塩基性により阻止されるために使用できないカチオン電着塗料の硬化に主として利用されてきたが，メラミン樹脂による架橋がホルマリンの発生あるいは酸性雨に弱いなどの欠陥があるために，自動車用あるいは一般工業用焼付塗料などの分野でもブロックイソシアネートによる代替えが検討されている。しかし，高価であることに加え反応温度が高いこと，ブロック剤が揮発すること，塗料用によく使用されるアルキド樹脂との相溶性に欠けるなどの欠点があり，使用範囲がエポキシ・ウレタンなど相溶性のよい樹脂に限定される傾向にある。

2.1.6　エポキシ基による架橋

エポキシ基の反応の最も有利な点は，いずれの反応も付加反応で副生成物を発生せずイソシアネートのような気体が発生する副反応もない点であり，塗料・接着剤・成形加工品の硬化に広く使用されている。

エポキシ基には脂環式タイプとグリシジルタイプがあり反応性が異なる。前者は，カルボン酸・水酸基との反応およびカチオン重合をするので，水系でのカルボン酸・水酸基との架橋反応[28]およびUV塗料でのカチオン重合が検討されている。後者は，反応する相手が酸・アミンと多様でアニオン重合もあり，さらに酸性化合物・塩基性化合物・金属イオンなど多くの物が反応触媒となって反応を加速するので夾雑物が持ち込まれやすい塗料（特にエナメル系あるいは水系）での１液塗料としての利用は難しい。現在，塗料分野で一般に多く使用されているのはビスフェノールAタイプのエポキシ樹脂を多価アミンで架橋する２液重防食塗料と各種官能基と反応する粉体塗料である。最近では酸性雨に弱いメラミン架橋系に代わる溶剤型１液焼付塗料としてカルボン酸とエポキシ基の反応が貯蔵安定性のよい形で利用されている[29]。また，VOC削減のための２液重防食塗料の水性化，および毒性のあるイソシアネート基を利用した水性２液塗料の代わりに安全なエポキシ基の利用が検討対象となっている。

2.1.7　シラノール基による架橋

シラノール基の反応は常温で速く進み，衛生面・環境面の問題もなく，生成したシロキサン結合の耐候性・耐熱性もよく，塗布後に硬化することが必要な塗料には非常に好都合な架橋系であるために塗料での適用が多く検討された。しかしながら，このよいイメージを利用したく，ケイ素原子が含まれる全ての塗料をシリコーン塗料と命名したために混乱が生じている。いわゆる，シリコーン系塗料と称する塗料には表１に示すような３つの形態がある。１段目の純シリコーン塗料は耐熱性・撥水性が必要な用途に使用される。耐候性に優れた塗料として一般に使用されるのはアルキド樹脂・アクリル樹脂などをシリコーン樹脂変性した２段目の樹脂である。このように利用できる理由は，シロキサン結合の結合エネルギーが表２[30]に示すように太陽光エネルギーよりも大きいことに起因していて，シリコーン樹脂の存在そのものが耐候性・耐光性に好影響を与えるためであり，塗料以外にも多くの分野で使用されている。

表１の３段目についてはアルコキシシリル基含有樹脂が塗料用架橋性樹脂として利用することができる。この樹脂を塗装すると，図３に示すようにアルコキシシリル基は空気中の湿気と反応して加水分解されシラノール基が発生する。シラノール基はシラノール基と脱水縮合，またアルコキシシリル基とは脱アルコール反応により常温で縮合するので常温１液塗料ができる[31]。この反応系は安全で衛生面・公害面での心配がなく，また生成したシロキサン結合は耐光・耐熱・耐水性がよく変色しない。また，アルコキシシリル基の導入はシランカップリング剤の使用により簡単にできるので汎用塗料を中心に多くの塗料で架橋・付着性改善を目的に使用されている。

水と反応するために，水系での使用には大きな制約があるが，上記したこの架橋系の利点は魅

表1　シリコン系塗料の色々

名称	樹脂構造
純シリコーン塗料	シリコーン樹脂
シリコーン変性塗料	シリコーン樹脂変性有機樹脂
シリコン架橋型塗料	シリコーン架橋有機樹脂

表2　各種結合の結合エネルギー比較[30)]

樹脂	結合	エネルギー ($kJmol^{-1}$)
アクリル	-C-C-	366
シリコン	-Si-O-Si-	435
フッ素（3F）	-C-F	485
UV エネルギー	−	410

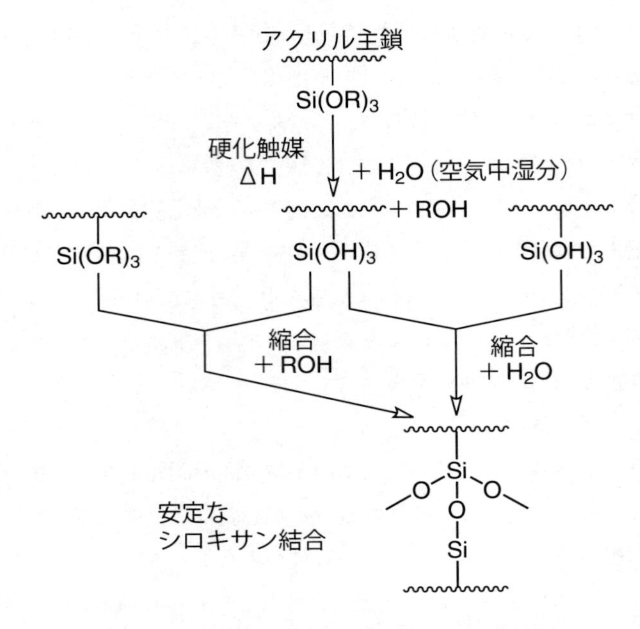

図3　アルコキシシリル基の1液常温架橋原理図[31)]

力的であり，水系での適用のために多くの工夫がなされている。最も大きな障害は製造過程・貯蔵期間により品質の再現性が保証できないことである。

2.1.8　ヒドラジドによる架橋

ヒドラジド基は常温で素早くカルボニル基と反応して架橋する。ヒドラジド基とカルボニル基は共に水と反応しないので，この架橋反応は水性常温架橋に適している[32)]。反面多くのヒドラジド化合物は結晶性がよく水には溶けるが有機溶剤に対しては難溶性のものが多いために有機溶剤系での使用は難しい。

カルボニル基を側鎖に持つダイアセトンアクリルアミド（DAAM）は水にも有機溶剤（モノマーも含む）にも溶けアクリルモノマーとの共重合性にも優れているので，アクリル樹脂の合成とりわけエマルション重合に適している。エマルション共重合で得たカルボニル基含有ラテックスを水溶性ポリヒドラジド化合物で架橋する系が一般的である。特に，この反応はpHおよび相分離構造の適切なコントロールによって1液常温架橋が可能であり，ラテックスの最大の利点である易塗装性を損なうことなく，非架橋に由来するラテックス塗料の基本的欠点である耐溶剤性・物性の温度依存性などを改善できる。１液常乾ラテックス塗料で架橋密度を工業用焼付塗料まで高めることはできないが，高官能性エマルション樹脂を使用すれば２液水性工業用塗料にすることも可能である。また後述するように，この架橋結合は条件により再解離するなど，今後の新しい塗料・樹脂加工など広い範囲の開発に貢献するものと期待される。

2.1.9　カルボジイミドによる架橋

カルボジイミド架橋剤は1980年の初めに毒性のあるアジリジン基に代わる無毒架橋剤として発売された[33]。カルボジイミド基は様々な官能基（カルボキシル基・水酸基・アミノ基，カタログに記載）と反応するが，塗料架橋剤として実際に検討されているのはカルボキシル基との反応である。カルボジイミド基を持つ架橋剤の官能基周辺の構造および架橋系の状態によって反応性が変わり，常温から強制乾燥の領域で使用可能である。現在市販されている架橋剤は１液強制乾燥系として利用できるようにコントロールされている場合が多いので，常温での反応は遅い（カタログでは常温以上，好ましくは80℃以上とある）。

結合反応は付加反応であり副生成物がないので，プラスチックフィルムの改質に適している。ポリエステル樹脂への添加は，残存カルボン酸を消費して耐加水分解性を改善すると同時に，水酸基とも高温（150℃）で反応するので高分子化することもできる。塗料分野では，水性樹脂を安定化しているカルボキシル基と架橋して塗膜性能の改善を行う便利な方法としてよく検討・使用されている。しかし，水性樹脂に必要なカルボキシル基の量には制限があり，また架橋剤の分子量も大きいので添加量が制限され溶剤２液タイプ並みの架橋密度を得ることは難しい。

2.1.10　その他の架橋[34, 35]

上記以外にも次のような多くの架橋系が報告されている。オキサゾリン基による架橋，アセトアセトキシ基による架橋，アセタール基による架橋，活性エステルによる架橋，環状カルボネート基による架橋，イソプロペニル基による架橋，アルデヒド基による架橋プロパルギル基による架橋，金属化合物による架橋，キレートによる架橋，イオン結合による架橋などがある。

2.2　ソフトな架橋

最近は，多様な社会的要請に応えることができるように，以上のハードな架橋以外に特別な機能を持つ架橋が開発されつつある。水素結合・結晶化・無機凝集など物理的な架橋の報告も最近非常に多いがここでは次の３つを紹介する。

2.2.1　必要に応じて逆反応する架橋

プラスチックの美粧・保護のために塗料を塗装すると，わずか数十μmの塗膜がプラスチック本体の再利用の妨げとなる。塗膜に使用する樹脂は非常に低分子であり，架橋しないと物性が悪く僅かな変形にもワレが発生する。一方，架橋した塗膜はプラスチックを熱溶解しても溶解せず，ゲル切片として再成形プラスチック内に留まりプラスチックの物性を悪くする。自然界にない人工的な環境においてのみ簡単に切れる架橋でゲル化した塗膜は，普通の用途では安定であるが人工的に作った特別な環境に置くと素早く分解する。塗料に使う樹脂の分子量は非常に小さいので架橋結合が切れると樹脂は簡単に溶解除去できる。

カルボニル基とヒドラジド基の反応は次に示すように常温で素早く反応する。

$$>C=O+H_2N-NH-C(=O)- \Leftrightarrow >C=N-NH-C(=O)- + H_2O$$

この反応は可逆反応であるが，カルボニル基を含む樹脂がエマルション状態で水が存在しても酸触媒が存在すると，非常に速く右に進みラテックスの常乾１液架橋に使用されている。しかし，樹脂が溶ける溶剤中で，酸（触媒）・水（反応化合物）が共存するという自然界にない溶液に浸すと非常に速く再分解する[32]。図４は３種のプラスチックに塗装した塗膜が溶解除去される間に基材のプラスチックにどれほどのダメージが与えられるかを測定した結果である[36]。図に示した時間は同図に示した塗膜溶解溶液に塗装塗膜を浸漬して塗膜が完全に溶解するまでの時間である。図の上部に示した60℃－10分の条件は塗膜の表面に残る溶剤のみが揮発する条件であり，下に示した200℃－60分の条件は塗膜の中に残る溶剤が全て揮発しかつプラスチックは分解しない条件である。したがって，上の図の数値はプラスチックを膨潤している溶剤であり，下図の数値は浸漬した溶剤に溶けたプラスチックの％である。溶剤に溶けないポリプロピレンは膨潤も溶解もすることなく数分で脱塗膜が完了する。トルエンに溶けるABSはかなり膨潤している。溶剤をイソプロパノールに変えるとABSの膨潤は小さくなるが，一方ではPMMAは僅かに溶ける。

溶剤を使用することの危険性を回避するために水成分の多い脱塗膜溶剤を使用すると，樹脂は

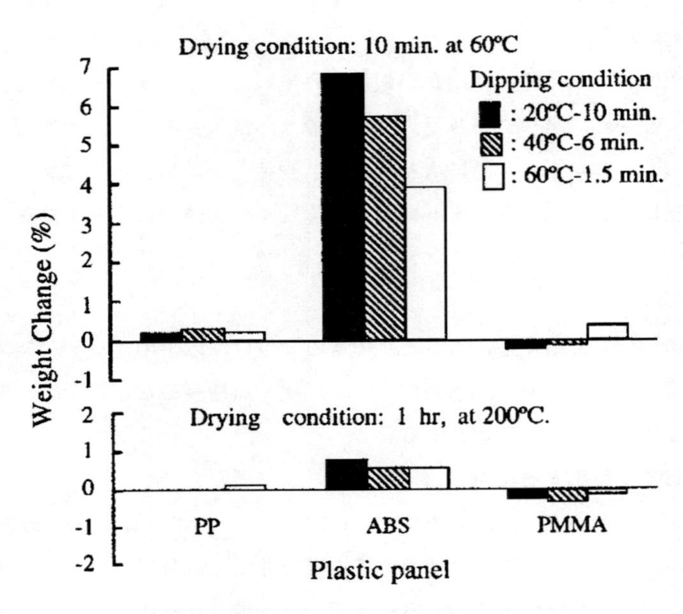

図４　脱塗膜中に起こるプラスチック基板に起こるダメージ[36]

樹脂組成：DAAM/AAc/St/SMA/n-BA＝30.0/1.8/22.6/30.0/15.6，塗膜溶解液組成：トルエン/イソプロパノール/水/PTS＝44/43/10/3，プラスチック板厚さ2.5 mm

溶けず水に溶ける架橋剤のみが抽出される[37]。その結果基材上に非架橋塗膜が残される。この塗膜は別途洗剤による洗浄あるいは物理的に容易に取り除くことができる。図5はこのような非危険脱塗膜液に浸漬した塗膜の変化を測定した結果である。Aは浸漬後の塗膜の減量であり，この減量は抽出された架橋剤の量である。Cは抽出塗膜をアセトンに浸漬している。したがって，ここで残っているのは切断が不十分で塗膜に残るゲル分である。Bはこの抽出後の塗膜をもう一度乾燥した後アセトンに浸漬した結果である。塗膜内の架橋が全て切れたとしても，もし塗膜内に架橋剤が残っていると乾燥中に再架橋する。ここで塗膜残量がゼロであることは塗膜内に架橋剤は存在しないことを示している。

この架橋系は架橋方法においても，非架橋塗膜を作っておいてそこに架橋剤を浸透して架橋塗膜にすることも可能であり，立体模様のある塗膜作成あるいは樹脂加工など応用範囲の広い架橋系である[32]。

熱分解できる架橋系は多く報告されているが，架橋が切れた場合にも非架橋塗膜はそこに存在するので，そのままでは脱塗膜とはならないので取り除く方法も一緒に考えなければならない。

2.2.2　結合と解離を繰り返す架橋

共有結合で結合し解離と結合を繰り返し起こすことが可能な結合として最近よく報告されているのはディールスアルダー反応である。典型的な例はマレンイミドとフランの反応である[38]。この反応は温度のみによりコントロールされ，2官能樹脂同士の反応では図6に示すように高温で分解して溶剤に溶かし低温での反応で高分子化を繰り返すことができる。

ポリマー末端にフラン基を持った半結晶性のFuryl-telechelic poly（1,4-butylene succinate-

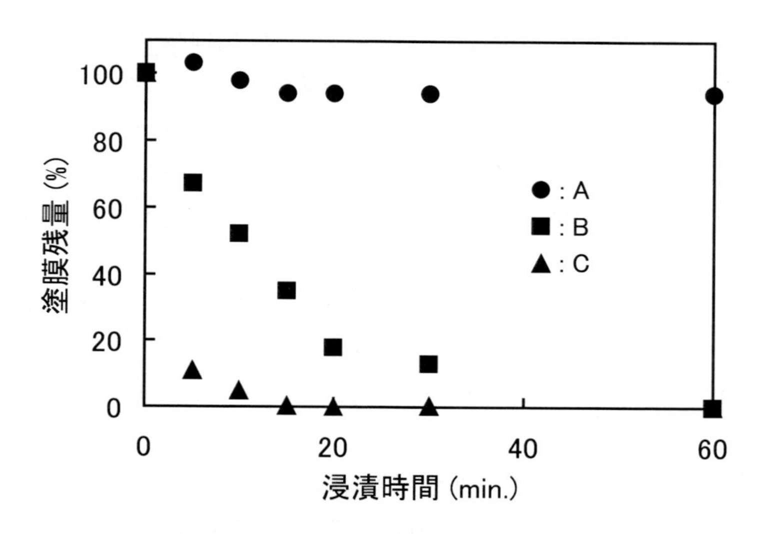

図5　架橋切断溶液浸漬で起きる重量変化

樹脂組成：DAAM/AAc/St/n-BA＝31/2/24/43，膜厚：45 μm，架橋切断溶液：水/PGPE/PTS＝75/20/5，浸漬温度：80℃

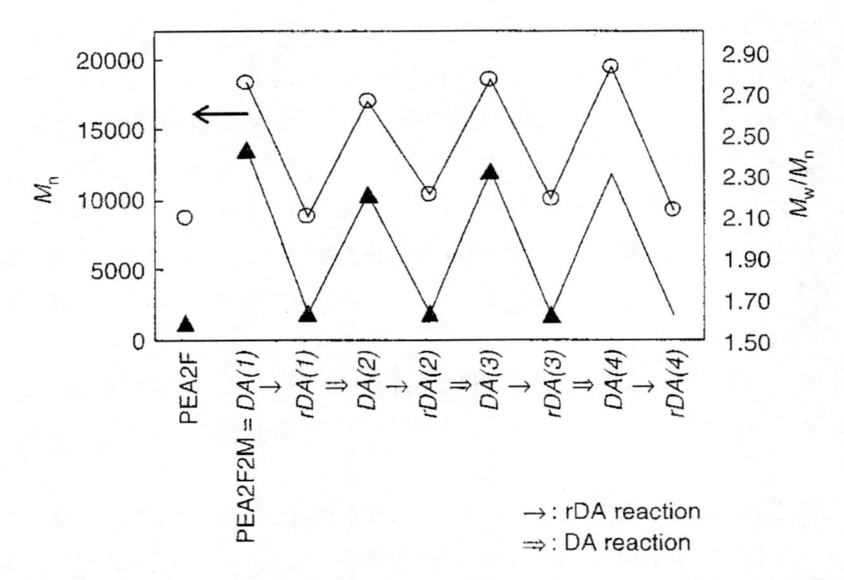

図6　2官能マレンイミド架橋剤による熱反応サイクル
架橋反応：60℃で 15 時間，解反応：145℃で 20 分

co-1,3-propylene succinate（$PBPSF_2$）に 3 官能のマレンイミド架橋剤を加えて架橋したフィルムは，造膜温度によって非常に異なる性質を示す[39]。25℃で造膜すると結晶化が架橋反応に先駆けて起こるために大きな結晶ができ架橋はあまり進まないために硬く脆い膜となる。70℃にすると架橋が進み鎖の動きを制限するために小さな結晶が多くできるので柔軟な塗膜になる。このような構造は加熱と冷却条件の選択で図 7 に示すようにいかようにも変えることができる。

三次元架橋した結晶性ポリマーを利用して形状記憶樹脂を作ることができる。結晶化温度よりも高い温度で熱可逆反応する架橋系を利用すると，書き換え可能な形状記憶樹脂ができる（結晶性のポリ乳酸にフラン基を導入しマレンイミド架橋剤で架橋する）[40]。

光硬化した型板からテンプレートと同様にまで硬化した複製品を取り外す場合，光架橋剤の両官能基の間に熱分解するマレンイミド－フランの結合があり固体状態での解離が可能であれば，加熱によりこの部分が解離してやわらかくなるので，テンプレートにダメージを与えることなく取り外しができるようになると考えられる[41]。

もう 1 つの可逆反応例は，ラジカル分解する結合を導入したゲルである。この場合の特徴は，ラジカルで結合が切れ発生したラジカルは再結合できるのでモノマーが存在すると架橋間に新しい鎖を導入できること，光照射してラジカルを発生すれば低温で解離できること，ラジカル反応であるので酸素のない状態で行う必要があることである。図 8 に示すようにアルコキシアミン構造部分を 2 つのラジカル重合可能な 2 重結合間に持つジビニルモノマーを通常のモノマーと共重

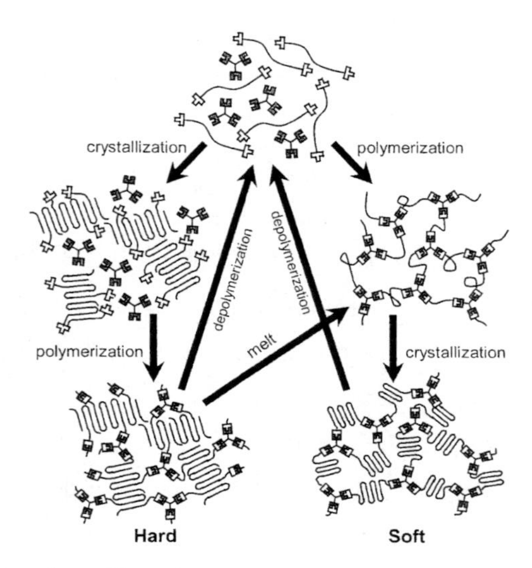

Reprinted with permission from Kazuki Ishida, Naoko Yoshie, *Macromolecules*, **41**, 4753 (2008). "Two-Way Conversion between Hard and Soft Properties of Semicrystalline Cross-Linked Polymer". Copyright (2008), American Chemical Society

図7　溶融・結晶化および重合・解重合による塗膜状態の変換図

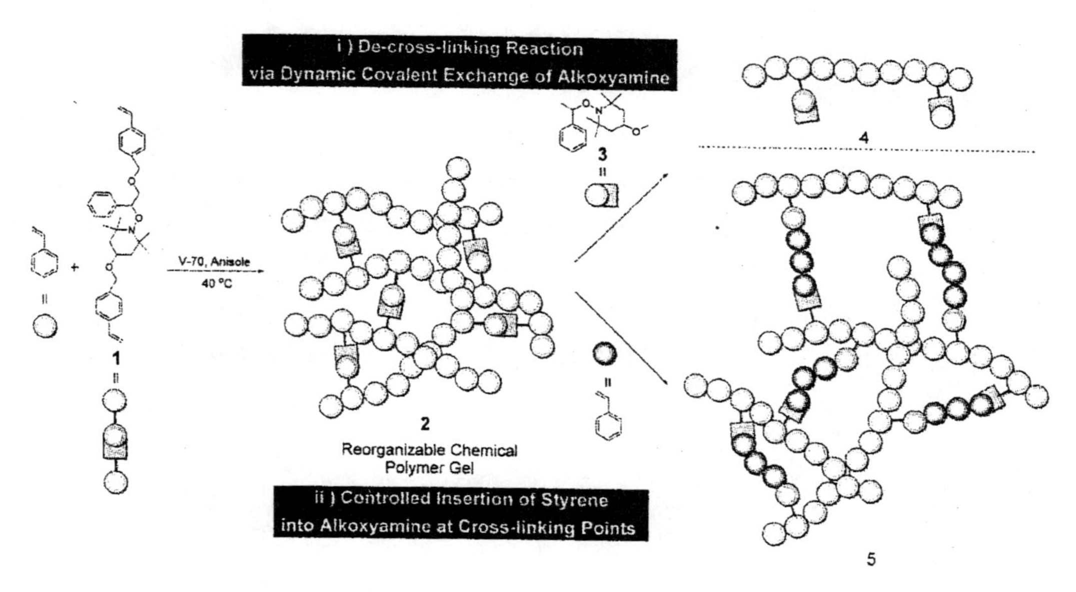

Reprinted with permission from Yoshifumi Amamoto, Moriya Kikuchi, Hiroyasu Masunaga, Sono Sasaki, Hideyuki Otsuka, Atsushi Takahara, *Macromolecules*, **42**, 8733 (2009). "Reorganizable Chemical Polymer Gels Based on Dynamic Covalent Exchange and Controlled Monomer Insertion". Copyright (2009), American Chemical Society

図8　アルコキシアミン含有ジビニルモノマーを共重合したゲルポリマーの低分子アルコキシアミンによる分解とモノマー添加による架橋鎖延長

合すると，アルコキシアミン結合で架橋したゲルポリマーが得られる。アルコキシアミンは加熱すると切断してラジカルを発生するので，酸素がない状態で低分子のアルコキシアミン化合物を加えて100℃に熱し続けると，図8の上のルートに示すようにポリマー中のアルコキシアミン結合と置き換わって切断される。ここにモノマーがあると図8の下のルートのようにモノマーが重合して網目構造が伸びる[42]。

Dimethacrylate trithiocarbonateは，ラジカル共重合するとラジカル連鎖移動することができる結合で架橋したゲルとなる[43]。Trithiocarbonateは図9に示す構造を持ちラジカルとの反応で切断され新たなラジカルを発生するが，そのラジカルを消費するものが何もないと逆の反応が起こり全体の結合量が変わることはない。ゲルを溶剤で膨潤し，酸素のない状態でラジカル開始剤を加えて60℃に長時間放置すると，発生したラジカルにより架橋は再シャッフルされて内部応力が少なくなるように架橋構造が変化する。したがって，図10に示すようにラジカル発生源がない場合には膨潤率は変わらないが，あると膨潤率は高くなる。この操作中にゲル重量の減少が認められる。その原因は，結合の再配列により一部はゲル構造から離れて溶解するためと思われる。

ラジカル反応は酸素で阻害される欠点はあるが最大の利点は低温での光反応が利用できる点である。上記ゲル化ポリマーを完全に破壊して分離切片にした後，貧溶媒で膨潤して少し加圧した状態でUV照射を常温で24時間行うと切片間の再結合により各切片は完全に1つとなり良溶剤に浸漬しても分離しない[44]。

2.2.3 固定されない架橋

架橋剤は，一端に架橋官能基を持ち他方には包接化合物であるデキストリン環を持っている。ゲスト化合物にポリマー主鎖を使用すると，固定されない官能基を持ったロタキサンとなり，ポリマーの両末端を嵩高くして抜け落ちを防止した後官能基を架橋すると，スライド可能な滑車効果を持った今までにないゲルが得られる。

スライド可能な架橋については4章2節の図1を参照いただきたい。普通の架橋では架橋間分子量はいろいろであり，フィルムを引き延ばした場合，分子量の小さい部分から順次緊張状態に

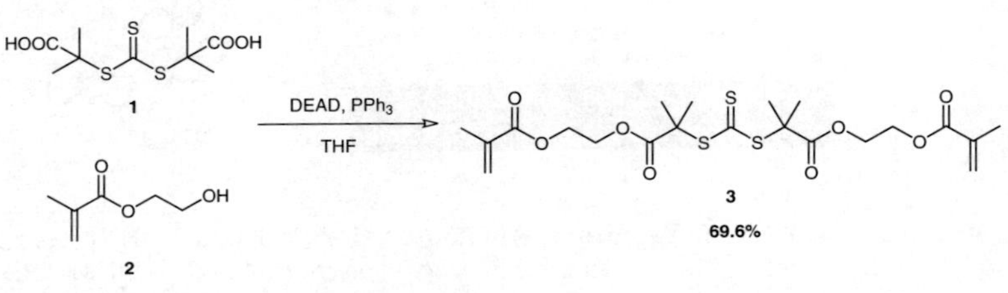

HOOC S S COOH (1)

DEAD, PPh_3 / THF

OH (2)

3 69.6%

Reprinted with permission from Renaud Nicolaÿ, Jun Kamada, Abigail Van Wassen, Krzsztof Matyjaszewski, *Macromolecules*, **43**, 4355 (2010). "Responsive Gels Based on a Dynamic Covalent Trithiocarbonate Cross-Linker". Copyright (2010), American Chemical Society

図9 ラジカルにより切断するTrithiocarbonate結合を持つジモノマーの合成

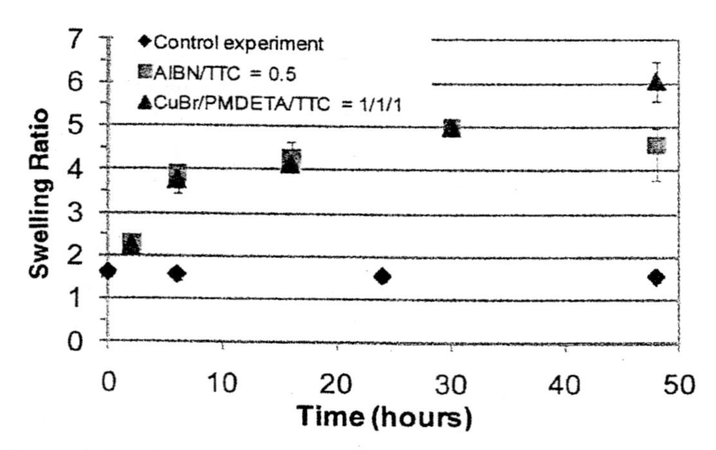

Reprinted with permission from Renaud Nicolaÿ, Jun Kamada, Abigail Van Wassen, Krzsztof Matyjaszewski, *Macromolecules*, **43**, 4355 (2010). "Responsive Gels Based on a Dynamic Covalent Trithiocarbonate Cross-Linker". Copyright (2010), American Chemical Society

図10　PMMAをTTCでゲル化した塗膜の膨潤率変化

試験条件：60℃で48時間アニゾールに浸漬，TTC: trithiocarbonate，CuBr/CMDETA: CuBrをN,N,N',N',N",N2-pentamethyldiethylenetriamineのコンプレックス

なって切れる。しかし，架橋点がスライドできると力の集中が緩和され全体が無理なく伸びることができる。したがって，スライドできる架橋点を持つゲルの膨潤率は非常に高くなる（伊藤らによる文献[45]の例では400倍）。また，物性面でも特異な性質が認められる。一般に，物理的な力でゲル状を示す物体にストレスをかけて変形した後ストレスを除くと，元の安定な構造を取り戻すのに時間がかかるためにヒステリシスが認められる。他方，化学結合でゲル状になっている物体はストレスが架橋間分子量の小さい架橋点に集中するので初期に大きな抗張力が発生しストレス—ストレインカーブはS字型になる。しかしながら，初期のストレスが集中しないスライド可能なゲルは初期の強い抗張力の発生がなくS字カーブにはならずJ字カーブとなり，また構造を回復することもないので物理的ゲルに認められるヒステリシスもない[46]。

文　　献

1）C. Quintero, S. K. Mendon, O. W. Smith, S. F. Thames, *Progress in Organic Coatings*, **57**, 195 (2006)
2）J. Dziczkowski, M. D. Soucek, *J. Coat. Technol. Res.*, **7** (5), 587 (2010)
3）Y. Nakayama, T. Watanabe, I. Toyomoto, *J. Coatings Tech.*, **56** (716), 73 (1984)
4）H. A. A. Rasoul, G. W. Rinke, J. P. Wiruth, A. E. Trevino, B. E. Mote, M. A. Langer, D. L. Trumbo, *J. Coat. Technol. Res.*, **5** (1), 113 (2008)

5） G. Gündüz, A. H. Khalid, İ.A. Mecidoğlu, L. Aras, *Progress in Organic Coatings*, **49**, 259 (2004)
6） A. Patel, C. Patel, M. G. Patel, M. Patel, A. Dighe, *Progress in Organic Coatings*, **67**, 255 (2010)
7） 日本プリント回路工業会編，「プリント回路技術便覧」，日本工業新聞社（1987）
8） フォトポリマー懇話会，「フォトポリマーハンドブック」（1989）
9） 赤松清，「感光性樹脂が身近になる本」，シーエムシー出版（2002）
10） 阿久津幹夫，塗装工学，**44** (2)，76（2009）
11） K. Maag, W.Lenhard, Helmnt Löffles, *Progress in Organic Coatings*, **40**, 93（2000）
12） M. Radenkov, A. Topliyska, P. Kyulanov, Ph. Radenkov, *Polymer Bulletin*, **52**, 275 (2004)
13） D. K. Balta, N. Arsu, Y. Yagci, S. Jockusch, N. J. Turro, *Macromolecules*, **40**, 4138 (2007)
14） B.S. Chiou, R. J. English, S. A. Khan, *Macromolecules*, **29**, 5368（1996）
15） 岡崎栄一，東亜合成グループ研究年報，TREND，5号，11（2002）
16） 岡崎栄一，東亜合成グループ研究年報，TREND，9号，13（2006）
17） 畑宏則，浅井勇詞，色材協会誌，**80** (4)，163（2007）
18） 西村勉，色材協会誌，**63** (1)，19（1990）
19） 神津治雄，「合成樹脂塗料」，p.178，高分子化学刊行会（1964）
20） G. G. Parekh, *J. Coatings Tech.*, **51** (658), 101（1979）
21） D. R. Bauer, *Progress in Organic Coatings*, **14**, 193 (1986)
22） D. R. Bauer, *J. Applied Polymer Science*, **27**, 3651 (1982)
23） 桐原修，塗装工学，**43** (7)，224（2008）
24） 森田寛，田華尚文，中尾真，色材協会誌，**82** (6)，237（2009）
25） G. Oertel, "Polyurethane Handbook", Hanser Publishers, Munich Vienner New York (1985)
26） Z. W. Wicks Jr, *Progress in Organic Coatings*, **3**, 73（1975）
27） Z. W. Wicks Jr, *Progress in Organic Coatings*, **9**, 3（1981）
28） E. P. Pedraza, M. D. Soucek, *Polymer*, **46**, 11174（2005）
29） Y. Okude, S. Ishikura, *Progress in Organic Coatings*, **26**, 197（1995）
30） 大岡祐子，塗装工学，**43** (9)，300（2008）
31） 加藤康，色材協会誌，**61** (12)，699（1988）
32） Y. Nakayama, *Progress in Organic Coatings*, **51**, 280（2004）
33） M. A. Winnik, *J. Coatings Tech.*, **74** (925), 59（2002）
34） J. W. Taylar, M. A. Winnik, *JCT Reserch*, **1** (3), 163（2004）
35） 山下晋三，金子東助，「架橋剤ハンドブック」，大成社（1981）
36） 中山雍晴，色材協会誌，**71** (12)，755（1998）
37） Y. Nakayama, *J. Coatings. Tech.*, **72** (900), 57（2000）
38） M. Watanabe, N. Yoshie, *Polymer*, **47**, 4946（2008）
39） K. Ishida, N. Yoshie, *Macromolecules*. **41**, 4753（2008）
40） 井上和彦，山城緑，位地正年，高分子論文集，**62** (6)，261（2005）
41） W. H. Heath, F. Palmieri, J. R. Adams, B. K. Long, J. Chute, T. W. Holcombe, S. Zieren, M. J. Truitt, J. L. White, C. G. Willson, *Macromolecules*, **41**, 719（2008）
42） Y. Amamoto, M. Kikuchi, H. Masunaga, S. Sasaki, H. Otsuka, A. Takahara, *Macromolecules*, **42**, 8733（2009）

43） R. Nicolay, J. Kamada, A. V. Wassen, K. Matyjaszewski, *Macromolecules*, **43**, 4355 (2010)
44） Y. Amamoto, J. Kamada, H. Otsuka, A. Takahara, K. Matyjaszewski, *Angew. Chem. Ind. Ed.*, **50**, 1660 (2011)
45） Y. Okumura, K. Ito, *Advanced Materials*, **13** (7), 485 (2001)
46） K. Ito, *Polymer J.*, **39** (6), 489 (2007)

第2章　高分子の架橋と分析・評価

1　固体NMRによる架橋高分子の構造・劣化評価—LED封止樹脂，シリコーン樹脂を中心に

三好理子*

1.1　はじめに

固体核磁気共鳴（Nuclear Magnetic Resonance：NMR）法は，溶液に不溶である架橋高分子の構造解析に非常に有用なツールである。ここでは，LED（Light Emitting Diode：LED）の封止樹脂として用いられている架橋高分子（エポキシ樹脂やシリコーン樹脂）の劣化を固体NMR法やFT-IR法により評価した例を紹介する。

LEDは，近年，携帯電話や液晶テレビのバックライトにとどまらず，自動車，医療，植物栽培用途，一般照明へと市場を拡大しつつあるが，性能の信頼性や劣化が課題となっている。特に，LEDの輝度低下などの劣化は，封止樹脂の材料劣化に大きく依存する。樹脂封止したLEDでは，封止樹脂の透明性低下や寸法安定性などが問題になってきている。これらの問題を解決するためには，封止樹脂の構造解析は非常に重要である。

1.2　エポキシ系LED封止樹脂の構造解析

市販の青色5 mm砲弾型LED（脂環式エポキシ樹脂）を用い，電流25 mAで47時間および283時間通電したときの封止樹脂の構造変化を解析した例を示す[1)]。

図1に，コンタクトタイム（c.t.）＝1 msで測定した^{13}C CP/MAS（Cross Polarization/Magic Angle Spinning：CP/MAS）[2,3)]スペクトルを示す。この方法では，^{1}H核と^{13}C核とを熱的に接触させることで，^{1}H核の磁化を^{13}C核に移して^{13}C NMRスペクトルを得ている。一般に，結晶や架橋樹脂など分子運動性の低い成分ほど短いコンタクトタイムで信号が得られる。コンタクトタイムが十分に長い上記条件では，封止樹脂全体が測定されていると考えられ，通電前，47時間，283時間通電後の封止樹脂のスペクトルはほぼ一致している。

短いコンタクトタイム（c.t. = 0.05 ms）で測定した^{13}C CP/MASスペクトルを図2に示す。この条件では，運動性の低い（硬い）部分を強調して観測している。図2より，ピーク強度が283時間通電品＞47時間通電品＞未通電品の順で大きいことから，通電時間が長いほど樹脂の硬化が進んでいると考えられる。また，分子運動性を評価するために測定した緩和時間測定結果を図3に示す。通電時間が長くなるにつれ，炭素核緩和時間$T_{1\rho}{}^{C}$が長くなる傾向を示している。このことから，通電時間が長くなるにつれて，分子運動性が低下している，すなわち硬化する傾

＊　Riko Miyoshi　㈱東レリサーチセンター　構造化学研究部　構造化学第2研究室　研究員

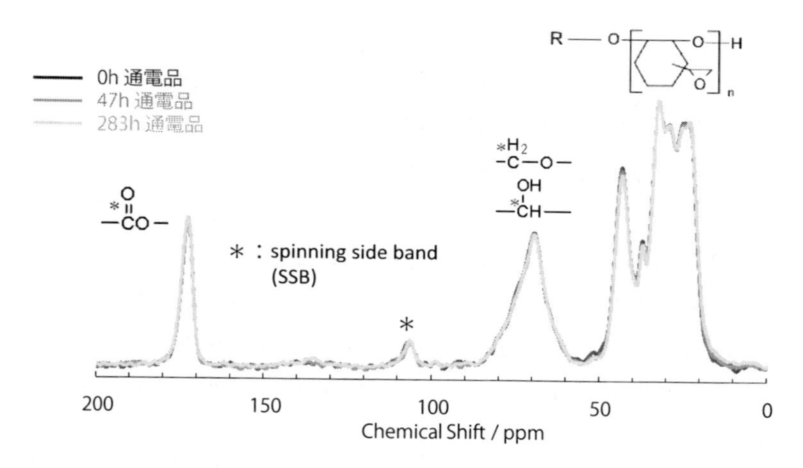

図1　エポキシ樹脂の ^{13}C CP/MAS スペクトル（c.t. = 1.0ms）

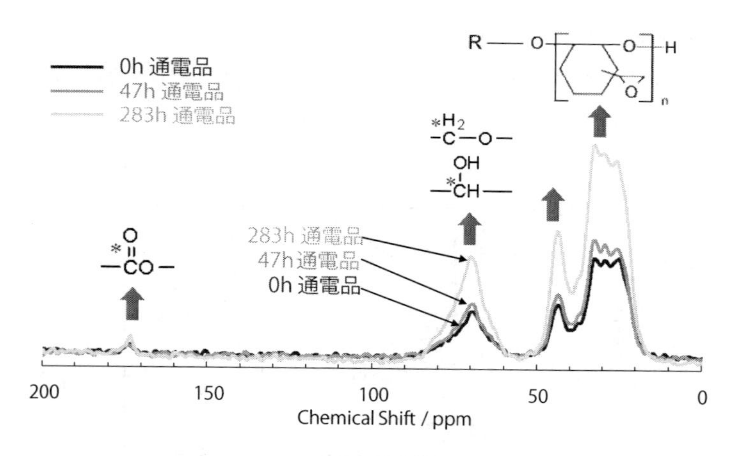

図2　エポキシ樹脂の ^{13}C CP/MAS スペクトル（c.t. = 0.05 ms）

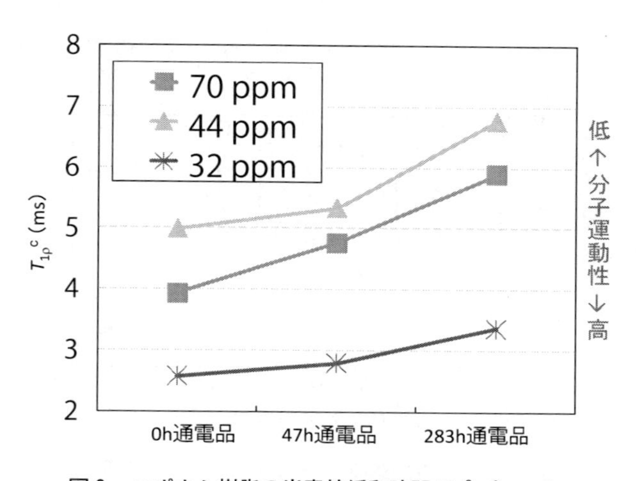

図3　エポキシ樹脂の炭素核緩和時間 $T_{1\rho}^{c}$ プロット

向にあると考えられる。

同じLED封止樹脂の内部および表層部についてFT-IR測定を実施した結果をそれぞれ図4，図5に示す。内部を測定した図4において，通電が長くなると，わずかではあるが，エステル結合由来のνC-O吸収帯が強くなっていることがわかる（1200 cm^{-1}付近の拡大図参照）。このことから，通電によって，架橋が進行していると考えられる。これは固体NMRの結果と一致している。また，表層部に対応する図5では，通電時間が長くなるに従って，わずかではあるがカルボン酸のνC＝O吸収帯が大きくなっている（1700 cm^{-1}付近の拡大図参照）。一方，エステル由来のνC-O吸収帯の強度は，通電時間が長くなると減少する傾向にある。これらの結果から，表層部では，空気中の水分によってエポキシの加水分解反応が起きていると考えられる。

1.3　シリコーン系封止樹脂の構造解析

固体NMRは，構造解析に非常に有用なツールであるにも関わらず，従来は測定に数百ミリグラム程度の試料が必要であったため，ミリグラムオーダーの微量試料には適用されてこなかった。近年開発されたマイクロプローブを用いることで，～1 mg程度の微量試料でも測定可能になってきている。マイクロプローブと極細試料管を図6に示す。ここでは，非常に試料量の少な

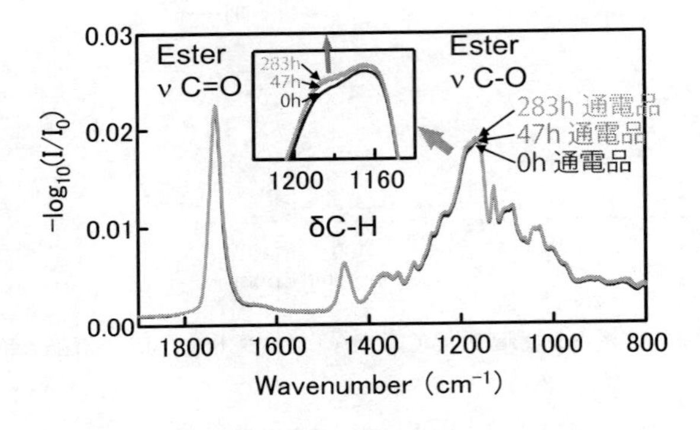

図4　エポキシ樹脂のFT-IRスペクトル（内部）

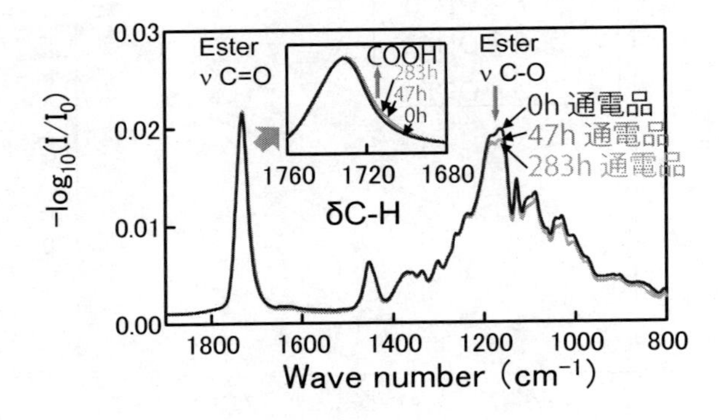

図5　エポキシ樹脂のFT-IRスペクトル（表層部）

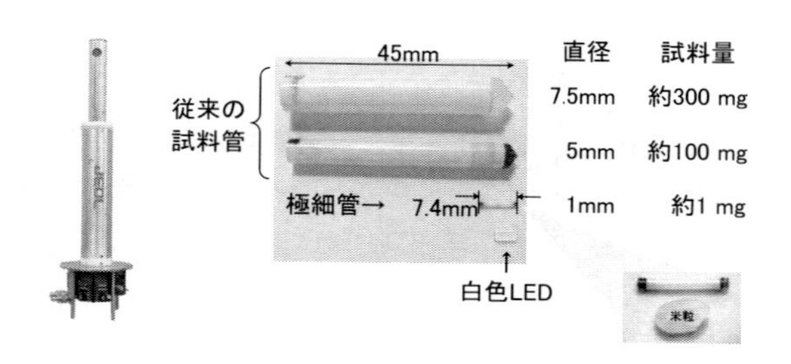

図 6　マイクロプローブと極細試料管

い市販の SMD（Surface Mount Device：SMD）型白色 LED 中の封止樹脂（架橋ジメチル／ジフェニルポリシロキサン）について過電圧劣化試験を行い，NMR 分析を行った例を示す（科学技術振興機構先端計測分析技術・機器開発事業（平成 20 ～ 22 年度）の成果の抜粋）[4]。

過電圧劣化試験は，9 V で行った。これにより全く光らなくなった試料を劣化試料として，未通電のものをリファレンスとして測定に用いた。1 個の白色 LED（未通電）から取り出した封止樹脂の ^{1}H MAS NMR スペクトルを図 7 に示す。スペクトルには，主骨格であるジメチルシロキサンとジフェニルシロキサンに由来するピークの他に，ビニル基とヒドロシリル基により形成される架橋構造 Si-CH_2CH_2-Si 由来のピーク，未反応のビニル基，メトキシ基，エチル基に由来するピークが認められた。^{1}H MAS NMR スペクトルから見積もった置換基の存在比（mol%）を表 1 に示す。このように，高感度な ^{1}H NMR 測定を行うことにより，微量試料の架橋高分子であっても分子運動性の高いシリコーン樹脂の詳細な構造解析が可能である。

通電前後の封止樹脂について得られた ^{1}H MAS NMR スペクトルを図 8 に示す。スペクトルに大きな差はないものの，ビニル基やメトキシ基に由来するピークが若干減少している他，Si-$CH_2CH_2CH_2CH_2$-Si や Si-CH_2CHR-Si などに由来する架橋構造が若干増加していると考えられる。このように，通電により若干架橋が進行していることが示唆される。

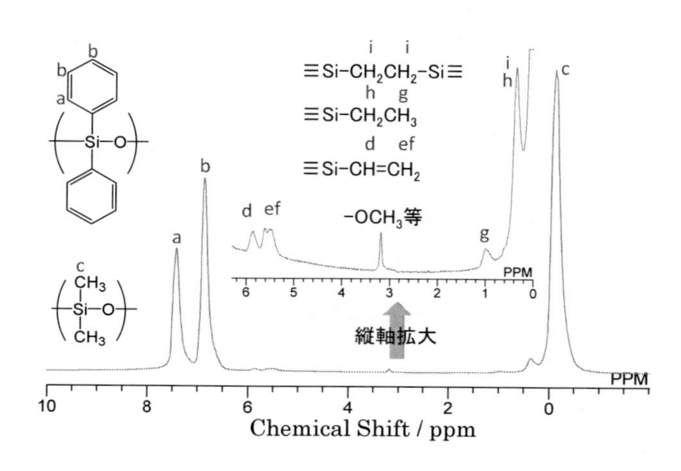

図 7　シリコーン樹脂の ^{1}H MAS NMR スペクトル

表 1　シリコーン樹脂における置換基の存在比（mol%）

置換基	存在比
メチル基	65.8%
フェニル基	31.5%
ビニル基	0.7%
メトキシ基	0.5%
架橋部 (Si-CH_2CH_2-Si)	1.3%
エチル基	0.2%

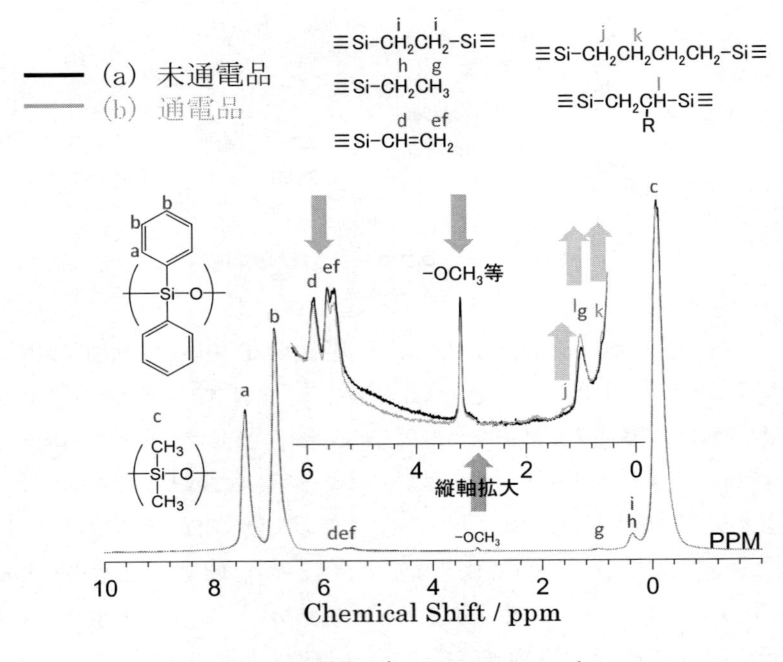

図8　シリコーン樹脂の ^{1}H MAS NMR スペクトル
(a) 未通電品，(b) 通電品（過電圧条件9V）

1.4　熱劣化による架橋シリコーンゴムの化学構造変化

市販の架橋シリコーンゴムを熱処理し，化学構造変化を調べた例を以下に示す[5)]。

架橋シリコーンゴムの熱処理を，100℃，150℃，200℃の条件で6時間行った。3検体の熱処理品と未処理品の固体 ^{29}Si DD/MAS（Dipolar Decoupling/Magic Angle Spinning：DD/MAS）スペクトルを図9に示す。約21 ppmの大きなピークは主骨格の $Si^{*}(CH_3)_2(OSi)_2$ に帰属される。さらに，網目鎖の末端である $Si^{*}(CH_3)_3(OSi)$，架橋点に対応する $Si^{*}(CH_3)(OSi)_3$ や $Si^{*}(OSi)_4$ の微小ピークが観測される。また，200℃処理品では分子鎖が切断して新たに生成したと考えられる $Si^{*}(CH_3)(OH)(OSi)_2$ のピークも認められる。

図10に，各構成成分の組成比と熱処理温度の関係を示す。熱処理温度が高くなるにつれ，$Si^{*}(CH_3)_2(OSi)_2$ 成分は減少するのに対して，架橋点となる $Si^{*}(CH_3)(OSi)_3$ や $Si^{*}(OSi)_4$ が増加している。この結果から，熱劣化による新たな網目構造の形成が示唆される。

水素核のスピン－スピン緩和時間 T_2^{H} は，分子運動性から網目状態についての情報を得るのに有効なパラメータである。熱劣化によって架橋点間の分子鎖切断が起きれば，架橋点間の距離が広がって架橋点間の分子鎖の運動性が向上し，緩和時間 T_2^{H} は長くなることが予想される。図11に，熱処理によるスピン－スピン緩和時間 T_2^{H} の変化を示す。なお，解析の結果，何れの試料にも緩和時間の異なる2成分が存在することがわかった。この2成分のうち，緩和時間の長い成分は，分子運動性の高い，すなわち架橋点から離れた部分に対応すると考えられる。一方，緩

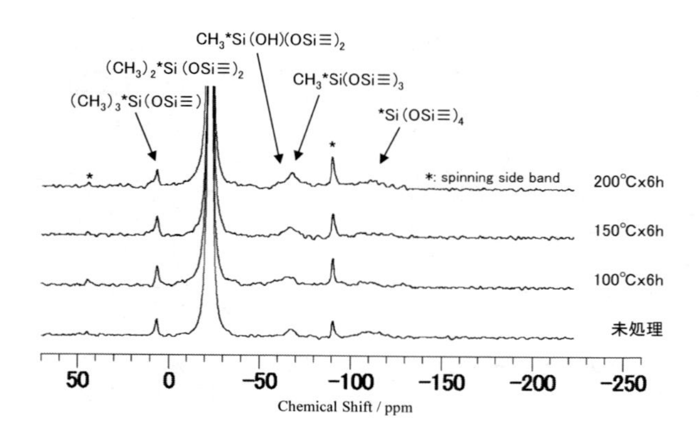

図 9　シリコーンゴムの ^{29}Si DD/MAS スペクトル

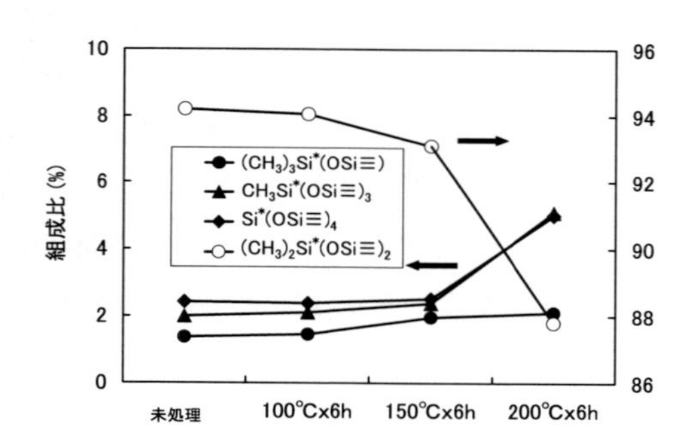

図 10　^{29}Si NMR による組成比と熱処理条件

和時間の短い成分は，分子運動性の低い成分，すなわち架橋点近傍に対応すると考えられる。緩和時間の短い成分の T_2^H は，熱処理温度が高いほど値が小さくなる傾向が認められる。これは上述のスペクトル変化から見積もられた架橋点を形成する構造の増加と対応していると考えられる。一方，緩和時間の長い成分の T_2^H 値についても，熱処理温度が高いほど値が小さくなる傾向がわずかに観察されており，架橋点から遠い部位といえども架橋点の増加に伴う分子運動の拘束が起こっていると考えられる。

次に，図 12 に，熱処理による 2 成分の緩和時間の割合変化を示す。未処理品では，緩和時間の長い成分の割合は約 64%であるが，熱処理温度が高いほどこの割合は増大し，200℃処理のものでは約 86%に達する。本節における熱処理では，新たな架橋点が形成されるにもかかわらず，架橋点から離れた分子運動性の高い部分の割合が増加することから，分子鎖切断が同時に起きていることが示唆される。

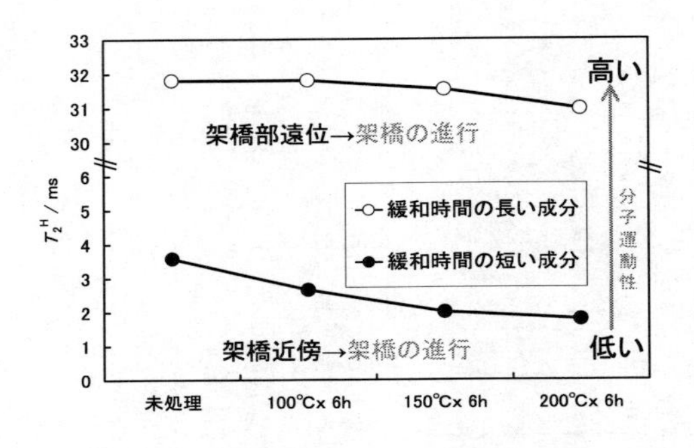

図11　シリコーンゴムのスピン－スピン緩和時間 T_2^H

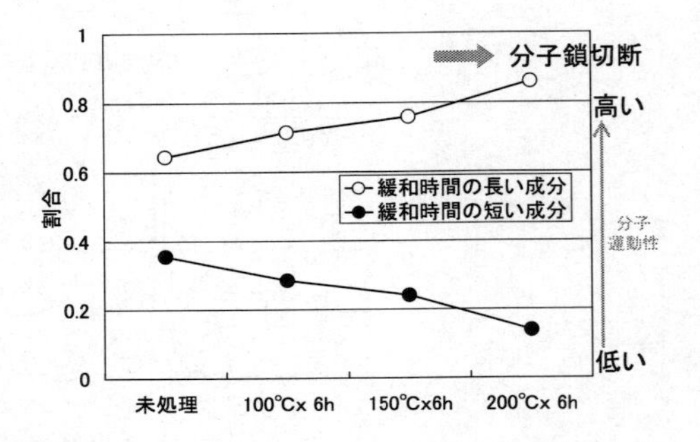

図12　2成分のシリコーンゴムのスピン－スピン緩和時間 T_2^H 成分割合

1.5　おわりに

以上のように，本節で紹介した過電圧劣化試験や熱処理による架橋樹脂の劣化は，主に架橋や分子鎖切断であることがわかった。また，固体NMR法は，バルクの測定ではあるものの，分子運動性など動的な解析ができることから，スペクトルでは検出できない僅かな構造変化も感度よくとらえることができ，物性との相関を評価するには非常に有用な分析手法であることがわかる。さらに，近年開発されたマイクロプローブを用いた固体NMR測定を行うことで，～1 mgという微量かつ難溶性の試料においても，詳細な劣化構造解析を行うことが可能になってきている。

文　　献

1）　三輪優子，月刊ディスプレイ，**16**(5)，88（2010）
2）　Edwin D. Becher 著，斉藤肇，神藤平三郎訳，高分解能NMR，p.320，東京化学同人（1983）
3）　安藤勲，高分子の固体NMR，p.14，講談社（1994）
4）　三好理子，崎山庸子，TRCニュース，**115**，14（2012）
5）　高橋秀明，泉由貴子，石田宏之，TRCニュース，**102**，24（2008）

2　超微小硬度計を使ったUV硬化型ハードコート材の開発方法

阿久津幹夫*

2.1　はじめに

今日，UV硬化型ハードコート材は，化粧品容器，携帯電話，デジタルカメラなどのような様々な市場で広汎に使われている。これらの用途において，塗膜は高い擦傷性と耐熱性が求められている。これらの物性は，相反関係にあるので，両方の物性を実現するのは，容易なことではない。近年，注目されている超微小硬度計は，塗膜の正確な硬度ばかりでなく，そのレオロジー特性も測定できる。上記の特性を持つUV硬化型ハードコートの開発において，超微小硬度計が有用であることがわかった。本節では，超微小硬度計を使ったハードコート材の設計方法について述べる。

2.2　高い耐擦傷と耐熱性を兼ね備える必要性の背景

ガラス，金属，磁器に代わってプラスチック素材は，成形の容易さ・軽さから，様々な分野でますます広汎に使用されるようになってきているが，大きな欠点として耐擦傷性，耐摩耗性が低いことが挙げられる。このため耐擦傷性・耐摩耗性の改良は，プラスチック素材にとって必須となっている。それを改良するための幾つかの方法が提案され，採用されているが，それらの中で，UV硬化型ハードコート材のプラスチック表面への塗布・硬化法が，その高い生産性のために広汎に採用されている。しかしながら，殊に，携帯電話やデジタルカメラ向けの塗膜は，高い耐擦傷性ばかりでなく，それらが自動車内部のような高温環境下に置かれることが想定されるので，高い耐熱性もまた要求されている。

もし塗膜を単に硬くするだけであれば，硬度と高い耐熱性は，相反する物性なので，高温試験下でクラックを生じやすくなる。このような困難を克服し，高い耐擦傷性を持つと同時に高い耐熱性を持つUV硬化型コート材の開発が望まれている。

2.3　予備試験，開発方法のコンセプトと材料探査

2.3.1　UV照射時の素材表面の温度の測定

まず最初に，UVランプを通った時の素材表面の温度を2つの方法で測定した。測定条件および測定方法は，表1の通りである。熱伝対方式の測定では，温度はそれほど高い温度を示さないが，瞬間の温度を測定できるヒートラベルでは，およそ120℃に達する。すなわち，素材の表面温度が120℃という高温に達する瞬間に，非常に速いUV硬化反応が起こり，極めて緻密な3次元網状構造が形成される。このため，UV硬化塗膜に大きな歪が生み出される。そのような理由から，UV照射直後にクラックが発生するか，そうでない場合には，大きな歪が塗膜に残ったままになるので，高温テスト後にクラックが現れるといった問題が生ずる。

*　Mikio Akutsu　前　カシュー㈱　技術開発部長

表1　UV 照射された素材表面の温度

測定方法	熱伝対方式	ヒートラベル
結果	70 ～ 80℃	110 ～ 120℃
測定条件	①素材：ABS 黒 ② 60℃× 10 分に放置 ③ UV 照射条件 ＊ 80/cm 高圧水銀灯 ＊ランプ距離＝ 20 cm ＊コンベアスピード＝ 2 m/分	

2.3.2　様々な硬度計の調査と開発方法のコンセプト

（1）　開発のための適切な硬度試験方法の調査

前述したように，高い耐擦傷性・硬度と高い耐熱性を持つ UV 硬化型ハードコート材を開発することは，相反する物性を兼ね備えなければならないので，非常に困難な課題である。このため，まず初めに，最も開発に向いた硬度試験方法を選択するために，鉛筆硬度試験，スチールウール試験，ハードネスバー試験，超微小硬度計の 4 つの硬度試験方法が評価された。UV 硬化型ハードコート材の高硬度成分として広汎に使われているジペンタエリスリトール・ヘキサアクリレート（以降 DPHA）を上記の方法で測定した。各硬度試験法の硬度とその特徴を表 2 に示す。表からもわかるように，超微小硬度計は，素材硬度にほとんど影響されず，それゆえ真の塗膜の硬度を数値で測定できることがわかった。

（2）　耐熱性を改良するための材料の超微小硬度計の測定結果とその特徴

1•6 ヘキサンジオール・ジアクリレート（以降 HDDA）とトリプロピレングリコール・ジア

表2　各試験方法による DPHA の硬度と試験方法の特徴

<table>
<tr><th colspan="2">素　材</th><th rowspan="2">膜厚</th><th colspan="4">硬度試験方法</th></tr>
<tr><th></th><th>鉛筆硬度</th><th>鉛筆硬度</th><th>スチール・ウール試験</th><th>ハードネス・バー試験</th><th>超微小硬度計（押し込み加重＝ 20 mN）</th></tr>
<tr><td rowspan="3">アクリル</td><td rowspan="3">5H</td><td>10 μ</td><td>8 H</td><td>傷つかない</td><td>――</td><td>327.6 N/mm²</td></tr>
<tr><td>20 μ</td><td>9 H 以上</td><td>傷つかない</td><td>10 N</td><td>341.6 N/mm²</td></tr>
<tr><td>40 μ</td><td>9 H 以上</td><td>傷つかない</td><td>――</td><td>338.0 N/mm²</td></tr>
<tr><td>ABS</td><td>HB</td><td>20 μ</td><td>2 H</td><td>傷つかない</td><td>1 N</td><td>331.7 N/mm²</td></tr>
<tr><td>ポリカーボネート</td><td>B</td><td>20 μ</td><td>H</td><td>傷つかない</td><td>1 ～ 2 N</td><td>325.9 N/mm²</td></tr>
<tr><td colspan="3">試験方法の概要</td><td>JIS K-5400 による。</td><td>スチール・ウール No.0000 を使って擦る。</td><td>ハードネス・バー試験機で測定する。</td><td>フィッシャー製超微小硬度計にて 20 mN にて測定。</td></tr>
<tr><td colspan="3">測定結果の特徴</td><td>素材硬度に大きく影響される。</td><td>素材硬度の影響を受けないが数値化できない。</td><td>数値化できるが素材硬度に大きく影響される。</td><td>低荷重（2 mN）の場合，素材硬度にほとんど影響されず，数値で表せる。</td></tr>
</table>

クリレート（以降 TPGDA）は，耐熱試験時のクラックを改良するための材料としてよく知られた材料である。それらの特徴を，先に選んだ超微小硬度計によって測定した。その硬度は，ISO-14577-1 によって規格化されており，ユニバーサル硬度（Huk）ないしマルテンス硬度と呼ばれている。また，この硬度計は，硬度ばかりではなく，全変形仕事における塑性変形割合と弾性変形割合（plastic and elastic part of the indentation work）といった塗膜のレオロジー的性質も測定できる。

測定結果を表 3 に示す。HDDA と TPGDA は，低い Huk を持ち，逆に高い塑性変形割合（plastic part）を持っている。これに対して，DPHA は高い Huk を持ち，非常に低い塑性変形割合がその特徴となっていることがわかる。HDDA，TPGDA の DPHA への混合は，塗膜のクラックを起こりにくくし耐熱性を改良させるが，硬度と耐擦傷性が極端に低下するという大きな欠点を伴う。そこで，もし，DPHA のように高い Huk と，TPGDA，HDDA のような高い塑性変形割合を持つ材料が見出せるならば，耐熱性を兼ね備えた UV 硬化型ハードコート材が実現されるかもしれないとの開発コンセプトを着想することができる。

2.3.3　上記コンセプトに基づく超微小硬度試験機による材料の探査

上記開発コンセプトに基づき，約 60 種の UV 硬化型材料が超微小硬度計によって測定された。その結果として，表 4 に示した 3 つの材料（材料 A，B，C）が見出された。材料探査によって見出されたこれらの材料は，現在，製品に使用されているため，材料名，化学構造は開示できないことをご容赦願いたい。表 4 からわかるように，材料 A と B は，比較的高い Huk を持ち，かつ TPGDA のように高い塑性変形割合を持っていることがわかる。材料 C は，DPHA 並みの Huk を持ち，かつ DPHA よりやや高い塑性変形割合を持っている材料である。材料 A，B，C 共に，DPHA のように 5 ～ 6 官能といった高い官能基数によって高い硬度を達成する材料ではなく，2 ～ 3 官能であるにもかかわらず構造自体がリジッドなために高い硬度を持つような材料であった。

表 3　HDDA，TPGDA の超微小硬度計による測定結果

材　料	官能基数	測定結果（押し込み加重＝ 20 mN）	
		ユニバーサル硬度（Huk ＝ N/mm^2）	塑性変形割合（％）
DPHA	5 ～ 6	331.7	16.9
TPGDA	2	112.0	59.8
HDDA	2	127.9	51.1

試験素材の作成：①　膜厚＝ 20 μ，②　他の条件は，表 2 と同じ

表4　超微小硬度計による各種UV硬化型材料の測定結果

材　料	測定結果（押し込み加重＝20 mN）	
	ユニバーサル硬度（Huk = N/mm²）	塑性変形割合（%）
DPHA	331.7	16.9
TPGDA	112.0	59.8
材料A	282.2	45.9
材料B	206.1	51.1
材料C	330.7	26.8

その他の条件：素材＝ABS，膜厚＝20 μ

2.4　探査された材料の試験結果

上記テストで見出された材料を配合した様々な塗膜を超微小硬度計，スチールウール試験，鉛筆硬度，耐熱試験によって評価した。材料Bは，非常に着色していたので試験から除外された。試験結果を表5に示す。結果の概要は下記の通りである。

① 当初予想した通り，DPHA-TPGDAの組合せでは，耐熱試験でクラックは起こりにくくなるものの，TPGDAを使うことによって硬度と耐擦傷性が極端に低下するため，高い硬

表5　各材料の配合量と硬度・耐擦傷性と耐熱性の関係

	材　料		1	2－1	2－2	2－3	2－4	3－1	3－2	4－1	4－2
配合	DPHA		100	90	80	70	60	60	40	―	―
配合	TPGDA		―	10	20	30	40	―	―	―	―
配合	材料A		―	―	―	―	―	40	60	40	50
配合	材料C		―	―	―	―	―	―	―	60	50
硬度・耐擦傷性	超微小硬度計	HuK（N/mm²）	331.7	278.1	261.3	222.4	187.6	314.4	295.1	312.1	304.0
硬度・耐擦傷性	超微小硬度計	塑性変形割合（%）	16.9	23.4	25.2	34.9	41.8	27.3	32.2	30.1	33.2
硬度・耐擦傷性	耐スチールウール試験		傷なし	傷なし	傷なし	多少傷	傷多い	傷なし	傷なし	傷なし	傷なし
硬度・耐擦傷性	鉛筆硬度		2H	2H	2H	2H	H	2H	2H	2H	2H
耐クラック性	UV照射直後のクラックの有無		クラック	クラック	○	○	○	クラック	○	○	○
耐クラック性	耐熱試験後のクラックの有無		クラック	クラック	クラック	○	○	クラック	○	クラック	○

条件	塗板作成条件	試験条件
	① 下塗り：アクリルラッカー塗料（メタリック）をスプレー塗装，10 μ ② 乾燥：60℃，10分 ③ UV塗装：上記塗料を塗装をスプレー塗装，15～20 μ ④ フラッシュ・オフ：60℃，3分 ⑤ UV照射条件：80/cm高圧水銀灯，1灯，ランプ距離＝20 cm，コンベアスピード＝2 m/分	① 硬度・耐擦傷性：表2の「試験方法の概要」による ② 耐熱試験：85℃，72時間放置し塗膜のクラックの有無を見る

度・耐擦傷性と高い耐熱性を両立させることが非常に難しいことがわかった。

② DPHAと材料Aの組合せでは，表5中の3－2のように高い耐熱性と高い硬度・耐擦傷性を両立させることができる適切な配合が見出された。

③ DPHAに替えて材料Cと材料Aの組合せでは，表5の4－2のようなDPHAを使っている配合より硬度がより高く，耐熱性も良好である上記3－2より適切な配合が見出された。

2.5　まとめ

上記結果から，高いHukと高い塑性変形割合を持つ材料は，開発コンセプトで予測した通り，高い硬度・耐擦傷性と耐熱性を同時に達成できるということがわかった。高い塑性変形割合を持つ材料は，熱による素材と塗膜の膨張・変形に追随でき，それゆえにそのような材料を使った塗膜はクラックを生じにくくなると推察される。超微小硬度計は，UV硬化型コート材を開発しようとする際に，非常に有用であることがわかった。

超微小硬度計は，硬度や弾性・塑性変形割合ばかりではなく他の様々なレオロジー特性を測定できるので，上記で述べた方法以外にも開発業務のために有用な使い方があることが示唆される。

本節は，ラドテック・アジア2011（2011年6月21－23日）における報告「The development method used the micro hardness tester for UV-curable Hard Coating for Mobile-phone, Digital-camera etc.」（M. Akutsu, S. Nawa et al, Cashew Co.Ltd）P.P.318-321をベースに執筆されています。

第3章　架橋型ポリマーの特徴と活用法

1　ポリウレタンの高次構造による物性制御

村山　智*

1.1　ポリウレタンの架橋構造

ポリウレタンとは，分子構造内にウレタン基（ウレタン結合）を持つ高分子の総称である[1,2)]。ほとんどの場合，ポリウレタンは，ポリイソシアネート化合物（多官能イソシアネート化合物）とポリオール（多官能アルコール）との反応によって合成される（図1）。つまり，一般的なポリウレタンの構造には，ウレタン基以外の成分がかなりの比率で含まれている。このように，多種多様な原料を用いて，様々な性能を持つポリマーを合成できるのがポリウレタンの特徴であり，魅力でもある。ポリウレタンの応用範囲は，エラストマー，接着剤，塗料，フォーム（発泡体）など幅広く，様々な分野で高機能材料として利用されている。

ウレタン基の割合が分子全体から見ると比較的少ないにもかかわらず，ポリウレタンを特徴付ける最大のポイントはウレタン基である。ウレタン基は非常に水素結合性が強く，凝集構造や結晶構造をとりやすい。このような構造は物理架橋とも呼ばれ，ゴムにおける加硫のように架橋点として振る舞う。このためポリウレタンは，直鎖状ポリマーであってもゴム弾性を示すことができる。

また，原料のイソシアネート基と水酸基の比率の制御や，3官能以上の原料を用いることによって，簡単に化学架橋構造を導入することができる。実際のポリウレタン材料では，化学架橋を導入しているものは非常に多い。

化学架橋は，分子構造上の明確な架橋点である。これに対し物理架橋は，分子の凝集によるため「点」と呼ぶには大きなサイズを持っている。また，化学架橋と比較すると，熱や変形に伴っ

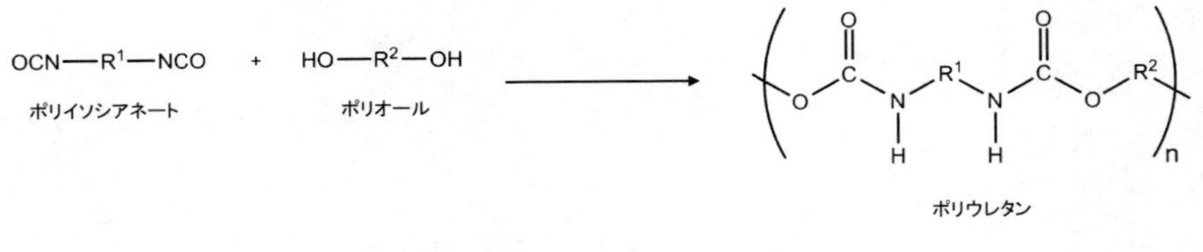

OCN—R^1—NCO　+　HO—R^2—OH　⟶　ポリウレタン

ポリイソシアネート　　ポリオール

図1　一般的なポリウレタン合成

イソシアネートの種類（R^1），ポリオールの種類（R^2）は多く，また1つのポリウレタン樹脂で多種類が使用されることも多い。セグメント化ポリウレタンでは，R^2 は短鎖および長鎖が併用される。

＊　Satoshi Murayama　日本ポリウレタン工業㈱　研究本部　総合技術研究所　基礎研究部門　基礎研究部門長，主席研究員

て可逆的に変化することが可能である。このような物理架橋が物性に対して非常に大きく影響していることが，ポリウレタンの物性を考える上での重要なポイントである。

この節では，ポリウレタンの高次構造と物性制御に関して，現段階で判明していることを簡潔にまとめる。なお，この節のタイトルである「ポリウレタンの高次構造による物性制御」は，発展途上にある課題であり，現在に至るまで様々な研究者がこの課題に取り組んできたが[2~6]，誰もが納得できるような統一見解が得られているとは言い難い。ポリウレタンの構造と物性の関係は，古くて新しい話題である。

1.2　ポリウレタンの一次構造

ポリウレタンは，用途が多様であるだけでなく，それぞれの分子構造も多様である。ポリウレタンの基本的な一次構造を図1に示したが，イソシアネート化合物に由来するR^1，ポリオール化合物に由来するR^2とも，必ずしも1種類である必要はなく，実際に多種類が併用されるケースはまれではない。また分子量についても様々で，特にR^2に相当する部分では1000オーダーの分子量を持つものがよく利用される。また，ウレタン基以外にもイソシアネートに由来する官能基を含むことも多く，例えばウレア基，アロファネート基，ビュレット基，イソシアヌレート基などは普通に用いられる官能基である（図2）。アロファネート基，ビュレット基，イソシアヌレート基は，化学架橋点である。

設計上よく用いられる分子構造をかなり単純化してモデルにすると，図3のようになる。図3(a)は，架橋密度が高く，架橋点間分子量が小さいタイプである。主に断熱材として用いられる硬質フォームで，このような分子構造のものを使う。図3(b)は，化学架橋点を持つが，架橋点間分子量が比較的大きく，架橋密度も比較的小さいタイプである。このような構造は，分子鎖による柔軟性，架橋による耐久性，強靭性などを発現する。クッション用途の軟質フォーム，塗料，接着剤などで用いられるのがこのタイプの構造である。図3(c)は，直鎖状セグメント化ポリウレタンと言われるタイプである。原則として化学架橋点を持たず，水素結合性の強いハードセグメントと，ガラス転移温度が室温より遥かに低いソフトセグメントからなるマルチブロックコポリマーである。このタイプの分子構造は，熱可塑性ポリウレタンエラストマー（TPU）に用いられる。また，部分的に化学架橋を導入することで，熱硬化性ポリウレタンエラストマー

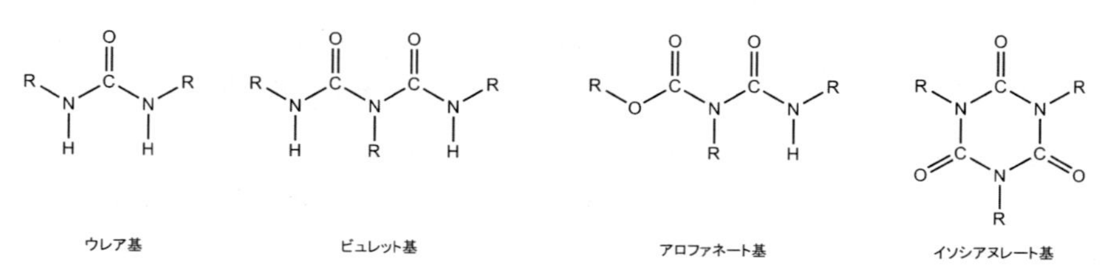

図2　ポリウレタン中で利用されるイソシアネート基由来構造
アロファネート基，ビュレット基，イソシアヌレート基は，化学架橋点となる。

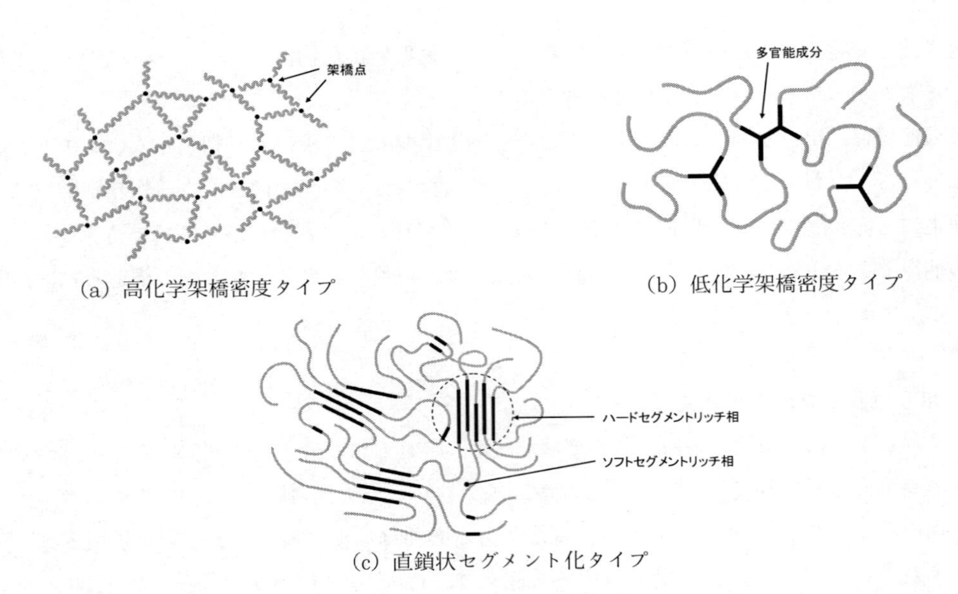

(a) 高化学架橋密度タイプ

(b) 低化学架橋密度タイプ

(c) 直鎖状セグメント化タイプ

図3　ポリウレタンの分子構造モデル

(a) 高化学架橋タイプ。硬質フォームに用いられる。(b) 低化学架橋タイプ。軟質フォーム，塗料，接着剤など広く用いられる。(c) 直鎖状セグメント化タイプ。エラストマーに用いられる。

(TSU) を作製することもできる。

直鎖状セグメント化ポリウレタンは，化学架橋点を持たないにもかかわらず，ゴム弾性を発現するなど，架橋ポリマーとしての振る舞いをする。これは，ハードセグメントが水素結合性や結晶性により凝集し，物理架橋点として働くためである。ウレタン基の分子間相互作用による物理架橋は，ポリウレタンの構造と物性の関係を特徴付けるポイントである。つまり，直鎖状セグメント化ポリウレタンには，ポリウレタンらしい特徴が凝集されていると言える。(c) の構造から化学架橋点を増やし，それに伴って物理架橋の影響が少なくなると (b) 構造である。さらに架橋を大幅に増やし，ほとんど物理架橋の影響がなくなるのが (a) 構造である。

なお，これらの構造は架橋の影響を根拠にしたモデルであって，全てのポリウレタンがこれらの構造に分類できるわけではない。

1.3　一次構造，高次構造，物性の関係

ポリウレタンの一次構造は，原料の選択と合成法によって決まる。高次構造は，特に直鎖状セグメント化ポリウレタンの場合，合成法やその後の熱処理，機械的処理によって大きく変化する。そして樹脂の物性は，高次構造の影響を強く受ける。したがって，ポリウレタンでは原料，合成法，その後の処理という一連の流れが全て重要であり，どこかに掛け違いがあれば目的の物性には到達できない。セグメント化ポリウレタンについて，原料，合成法が一次構造および高次構造に与える影響，さらに後処理工程による高次構造の変化について，できるだけ簡単に俯瞰してみよう。

ハードセグメントを構成する原料は，一般に低分子量のジイソシアネートと，同じく低分子量のグリコールからなる。よく使われるジイソシアネートとしては，MDI，TDI，XDI などがある。一方ソフトセグメントは，分子量1000から5000程度の長鎖グリコールからなる。分子構造としては，ポリエーテル系（例えばポリテトラメチレンエーテルグリコール），ポリエステル系（例えばポリブチレンアジペート）が主に用いられる。ソフトセグメントはガラス転移温度が－100℃から－60℃前後と低いため，室温では柔軟で自由体積が大きい。このため，ポリウレタン樹脂の高い伸び率や，伸長結晶化による大変形時の強度発現などを担う。

図4に，プレポリマー法と呼ばれるセグメント化ポリウレタンの合成スキームを示す。この方法では，まず長鎖グリコールとジイソシアネートを，イソシアネート過剰の状態で反応させ，これをプレポリマーとする。次にプレポリマーを低分子量グリコールと反応させて硬化することにより，セグメントがはっきりした構造を作る。硬化剤にはジアミンを用いることもでき，この場合はセグメント化ポリウレタンウレアとなる。硬化時に3官能成分（例えばトリメチロールプロパンなど）を用いると，化学架橋点が導入され，TSU となる。また，硬化時にイソシアネート基が若干過剰になるようにモル比を調整すると，図2に示すアロファネート基やビュレット基が生成し，これも化学架橋点となる。

工業的には，プレポリマー法で合成する場合は，若干の化学架橋を導入して TSU とすることが多い。TPU の場合は，高温で流動させることにより押出成形，射出成形などを行うので，流動性や成形性を確保するため，セグメントが比較的ランダムになるように，全ての原料を一度に混合して反応させる，いわゆるワンショット法で合成されることが多い。

さて一次構造として，ウレタン基の割合が多いハードセグメントと，長鎖グリコールを主とするソフトセグメントが比較的明確に分離した，マルチブロックコポリマータイプのセグメント化ポリウレタンが合成されたとする。セグメント化ポリウレタンは，室温ではハードセグメント

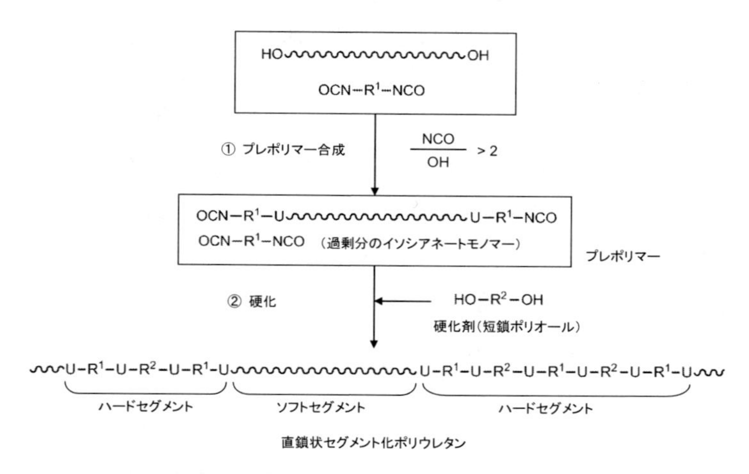

図4　プレポリマー法による直鎖状セグメント化ポリウレタンの合成
U はウレタン基を示す。ハードセグメントの長さには分布が生じる。

リッチ相とソフトセグメントリッチ相に相分離する（図3(c)）。このとき，どちらかの相が連続相となる海島構造をとることがあるが，その形態はまず原料の組成比に影響される。ハードセグメント含有量は，全体の質量のうちジイソシアネートと低分子量グリコールの合計割合である。ハードセグメント含有量は，40～50%程度に設計されることが多い。ハードセグメント含有量がさらに多くなると，ハードセグメントリッチ相が連続相になり，弾性率は大きく，伸びは小さくなる。逆にソフトセグメントが連続相であれば，弾性率は低くなるが伸びが大きい。弾性率が低くなるといっても，通常の40～50%程度のハードセグメント含有量のセグメント化ポリウレタンにおいては，伸びが400%を優に超え，かつ破断強度は70MPaを超える物を作製することができる。これがポリウレタンエラストマーの大きな利点であるため，通常はソフトセグメントリッチ相が連続相になるような組成比が選択される。

ハードセグメントは水素結合による凝集で結晶を作ることができる。ハードセグメントは，ポリエチレンのように折りたたみ結晶を作るには短いため，房状ミセル構造をとりやすいと考えられる。組成によっては非常に長いフリンジを形成することもある。

高い伸び率において破断強度が保たれるのは，ハードセグメントの凝集による物理架橋の効果が大きい[7)]。また，伸び率が高い状況では，ソフトセグメントの伸長配向結晶化も起こり，これも高い破断強度をもたらす一因と考えられる。また，球晶やシシカバブ構造などの，より大きな構造が物性に影響をもたらしていることも間違いないだろう。

これまで述べたように，ポリウレタンの高次構造と物性の関係は，ハードセグメントリッチ相とソフトセグメントリッチ相に分けて，ハードセグメントによる物理架橋の影響を主として考えるのが一般的であった。しかし，ポリウレタンの物性は，このような解釈だけでは説明がつかないことも多い。その中でも重要なものは，物性の変化が高次構造のどのような変化によってもたらされているのかという点である。この点に関する知見を得るには，より詳細に高次構造を調べる必要があるが，分析装置の限界や研究者の不足などの理由で十分に進んでいなかった。分析装置に関しては，AFM，X線回折，固体NMR[8)]，超高速DSCなどの進歩により，より詳細な検討が進むと期待できる。

さて，セグメント化ポリウレタンのモルホロジーは，組成比と温度で説明される相分離構造形成のモデルだけで単純に説明することは難しい。特に難しい点は，物理架橋が化学架橋よりも容易に解け，また結合するなどの可逆変化をすることにある。このため，モルホロジーが，例えばアニーリングの温度や時間によって変化する。意識したアニーリングでなくとも，ポリウレタン材料の使用中に少しずつ構造変化が起こり，それに伴って物性変化が起きてしまうこともある。相分離構造の変化について，様々な文献で述べられていることも参考にして，イメージを作ってみよう[9～16)]。

ソフトセグメント鎖は，そもそも室温ではガラス転移点を大きく越えていて運動性が高いため，ハードセグメント鎖と比較して構造が固定されていないと考えられる。したがって，物性の経時的な変化に対して影響が大きいのは，物理架橋の主役であるハードセグメントリッチ相の変化ではないかと想像できる。まず，合成直後の高温ではハードセグメントとソフトセグメントは一相状態になっているだろう。これが室温付近に冷やされることで相分離が進む。これは，スピノーダル過程によるものであるかもしれないが，TPU において造核作用を持つ添加剤の影響がかなり大きく出る事実を考えれば，核生成と成長の過程を経ている可能性も高い。必ずどちらかの過程ということではなく，原料の選択，組成比，温度によって異なるだろう。ハードセグメント鎖の結晶化が進むと，ソフトセグメントは排除されていき，より小さいレベルでの相分離が進む。結晶の欠陥も解消され，結晶融点も高温にシフトする。

高分子の結晶成長の速度は，一般的に秒のオーダーであろう。一方ポリウレタン樹脂では，物性を安定させるために数時間，場合によっては数日のオーダーで，アニーリング処理が必要なことがある。ハードセグメント結晶の成長には，極端に長時間を要するのだろうか。ポリウレタンはマルチブロックコポリマーであるため，短い結晶性部分（ハードセグメント）は分子鎖中に断続的に現れ，非結晶性部分と化学結合している。このため，分子のどこでもが結晶性であるタイプの高分子と同じように考えることはできず，より結晶成長速度が遅くなるということが考えられる。また，相分離の進行が結晶化に影響していることも想像に難くない。相分離すなわちハードセグメントの結晶化ではない。これらの点には未解明の部分が多く，今後の研究に期待したい。

1.4　まとめ

化学架橋が少ないタイプのポリウレタンの高次構造は，物理架橋に大きく影響されている。物理架橋は可逆的に変化しうる構造であり，またポリウレタンでは変化に要する時間が一般に長い。ハードセグメントリッチ相とソフトセグメントリッチ相に分ける考え方は，構造と物性の関係をよく説明することができる。

しかし，ポリウレタンの高次構造と物性の関係は，未だ未解明の部分が多く，十分な説明がなされているとは言えない。分析機器の進歩もあいまって，今後詳細な解明がなされていくに違いない。

ポリウレタンは，機械的物性のよさ，接着性の高さ，容易な反応と成形性などの点で，魅力的な高分子材料である。今後もより多くの分野で利用されていくだろう。

文　　献

1）「最新 ポリウレタンの設計・改質と高機能化 技術全集」，技術情報協会（2007）
2） 横山哲夫，平岡教子，「ポリウレタン化学の基礎」，昭和堂（2007）
3） R. Bonart, L. Morbitzer and G. Hentze, *J.Macromol.Sci.,Part B*, **3** (2), 1337（1969）
4） J. Blackwell and C. -D. Lee, *J.Polym.Sci., Part B:Polym.Phys.*, **22** (4), 759（1984）

5） A. Aneja and G. L. Wilkes, *Polymer*, **44** (23), 7221 (2003)
6） A. Aneja and G. L. Wilkes, *Polymer*, **45** (3), 927 (2004)
7） T. Yokoyama and M. Furukawa, In "International Progress in Urethanes, Vol.2", K. Ashida and K. C. Frisch, Eds, 125, Technomic Publishing (1980)
8） M. A. Voda, D. E. Demco, A. Voda, T. Schauber, M. Adler, T. Dabisch, A. Adams, M. Baias and B. Blumich, *Macromolecules*, **39** (14), 4802 (2006)
9） A. Saiani, A. Novak, L. Rodier, G. Eeckhaut, J.-W. Leenslag and J. S. Higgins, *Macromolecules*, **40** (20), 7252 (2007)
10） K. K. S. Hwang, G. Wu, S. B. Lin and S. L. Cooper, *J.Polym.Sci.,Part A:Polym.Chem.*, **22** (7), 1677 (1984)
11） A. Frick and A. Rochman, *Polymer Testing*, **23** (4), 413 (2004)
12） J. W. C. Van Bogart,D. A. Bluemke and S. L. Cooper, *Polymer*, **22** (10), 1428 (1981)
13） Z. Y. Qin, C. W. Macosko and S. T. Wellinghoff, *Macromolecules*, **18** (3), 553 (1985)
14） R. Hernandez, J. Weksler, A. Padsalgikar, T. Choi, E. Angelo, J. S. Lin, L. -C. Xu, C. A. Siedlecki and J. Runt, *Macromolecules*, **41** (24), 9767 (2008)
15） S. Pongkitwitoon, R. Hernandez, J. Weksler, A. Padsalgikar, T. Choi and J. Runt, *Polymer*, **50** (26), 6305 (2009)
16） L. M. Leung and J. T. Koberstein, *Macromolecules*, **19** (3), 706 (1986)

2 エポキシ樹脂の合成・樹脂設計と活用法

村田保幸*

2.1 エポキシ樹脂の概要と特徴

2.1.1 エポキシ樹脂の一般的特性

エポキシ樹脂は，非常に古くから製造され使用され続けてきた熱硬化性樹脂であるが，現在もなお重要な地位を保ち続けており，今後も発展していくと考えられている。それは，その優れた特性と多様性により，各時代の要求に的確に応えることができるからだと考えられよう。熱硬化性樹脂の特性については，未硬化樹脂の特性，硬化時の特性および硬化後の特性に分けて考えるとわかりやすい。

（1） 未硬化樹脂の特性

1分子中に約2個以上のエポキシ基を持つ熱硬化性樹脂がエポキシ樹脂と呼ばれる。そのため，多種多様な化学構造，分子量や官能基数を持った樹脂が製造されている。形態としても，低粘度液体から熱可塑性樹脂の領域までの固体，それらの溶液さらにはエマルジョンまであり，各種の成形方法に対応できる。

（2） 硬化時の特性

エポキシ基は，中性では非常に安定で取り扱いが容易であるにもかかわらず，塩基性と酸性の双方の活性水素化合物と求核的に付加反応する上，アニオン重合およびカチオン重合も行える（図1）。このため，非常に多種の硬化剤の使用が可能になる。さらに硬化促進剤や各種添加剤の

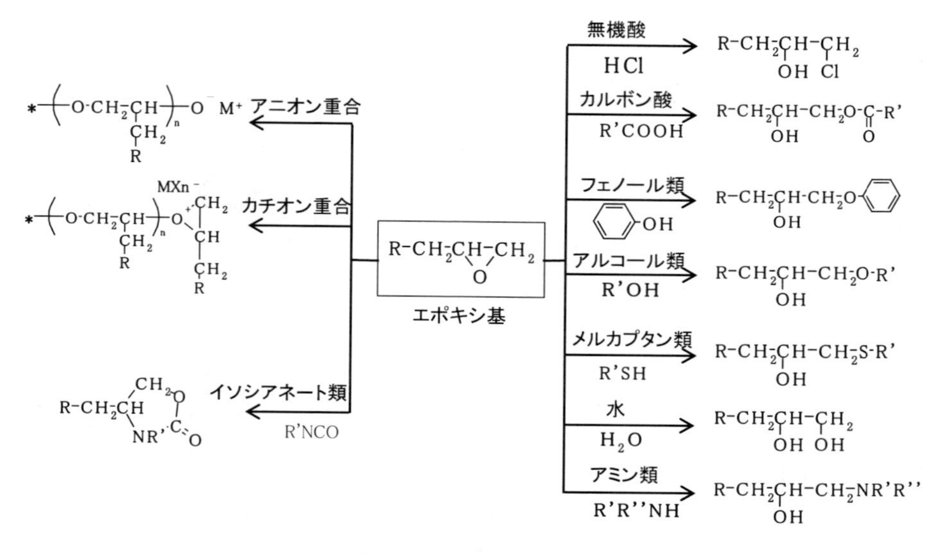

図1 エポキシ基の反応

* Yasuyuki Murata 三菱化学㈱ 機能化学本部 エポキシ事業部 企画・管理グループ 開発担当マネジャー

選択も含めて，配合処方の組み合わせは無限と言えよう。

エポキシ樹脂は，開環反応で硬化するため，硬化時に揮発分が発生しない。また，流動性に優れる状態から固化し，硬化収縮も比較的少ないため成形を容易にしている。硬化条件は，前述のような配合処方の選択により，氷点下温度から二百数十℃まで対応でき，エポキシ樹脂の適応分野を広くしている。

（3） 硬化後の特性

エポキシ樹脂の硬化物は，強固で安定な結合で架橋した構造を有するため，機械的特性，熱的特性，耐水性，耐薬品性，電気特性などに優れる。開環により発生した水酸基が寄与していると言われる優れた接着性も大きな特徴と言える。

ここにおいても配合処方の多様性が，特性の広範囲な調整を可能にしている。一例としてガラス転移温度をとっても，マイナス数十℃から300℃近い温度まで変化させることが可能である。熱硬化性樹脂特有の脆さ（靱性不足）が問題になる場合もあるが，変性や配合処方による改良が行われている[1]。

2.1.2 エポキシ樹脂の種類と分類

前述のようにエポキシ樹脂には非常に多くの種類がある。その分類もいろいろな角度から行われている（表1，図2）。

（1） 化学構造による分類

一般に製造されているエポキシ樹脂にはエポキシ基の導入方法により，活性水素化合物とエピクロルヒドリンから製造されるグリシジル化合物と二重結合の酸化により得られる酸化型エポキ

表1 エポキシ樹脂の種類（1）

分類	合成方法	エポキシ基周辺の構造
グリシジルエーテル型	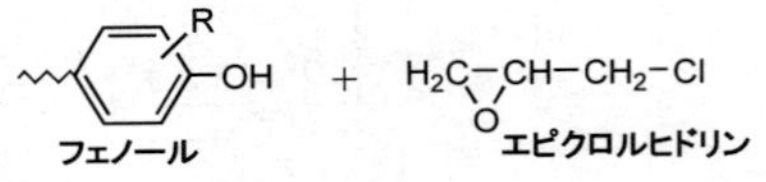 〜(R)Ar-OH + $H_2C\!-\!CH\!-\!CH_2\!-\!Cl$ (O) フェノール　エピクロルヒドリン	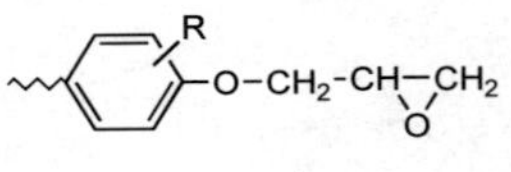 〜(R)Ar-$O\!-\!CH_2\!-\!CH\!-\!CH_2$ (O)
	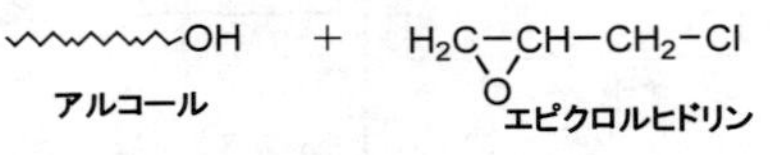 〜OH + $H_2C\!-\!CH\!-\!CH_2\!-\!Cl$ (O) アルコール　エピクロルヒドリン	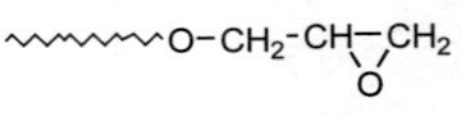 〜$O\!-\!CH_2\!-\!CH\!-\!CH_2$ (O)
グリシジルエステル型	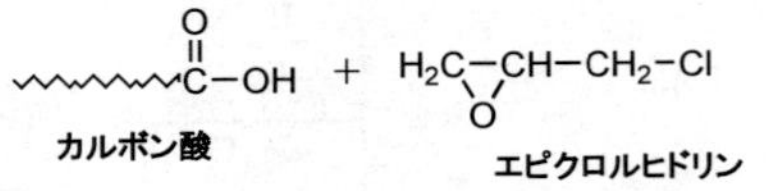 〜C(=O)-OH + $H_2C\!-\!CH\!-\!CH_2\!-\!Cl$ (O) カルボン酸　エピクロルヒドリン	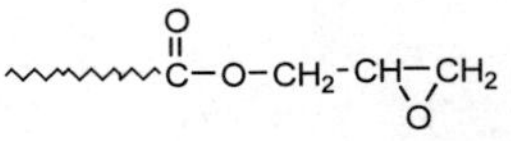 〜C(=O)-$O\!-\!CH_2\!-\!CH\!-\!CH_2$ (O)
グリシジルアミン型	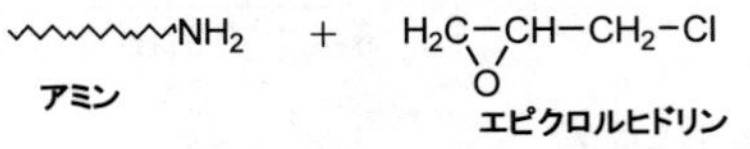 〜NH_2 + $H_2C\!-\!CH\!-\!CH_2\!-\!Cl$ (O) アミン　エピクロルヒドリン	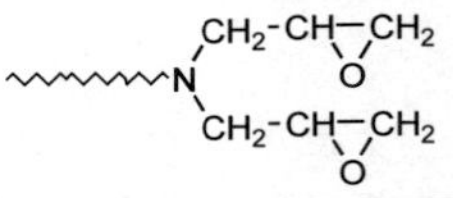 〜N($CH_2\!-\!CH\!-\!CH_2$ (O))$_2$
環状脂肪族型	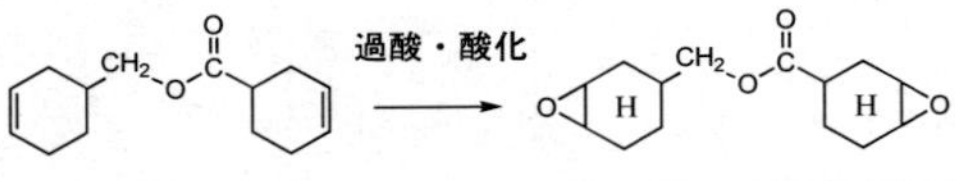 CH_2-O-C(=O) 過酸・酸化 → H　CH_2-O-C(=O)　H	

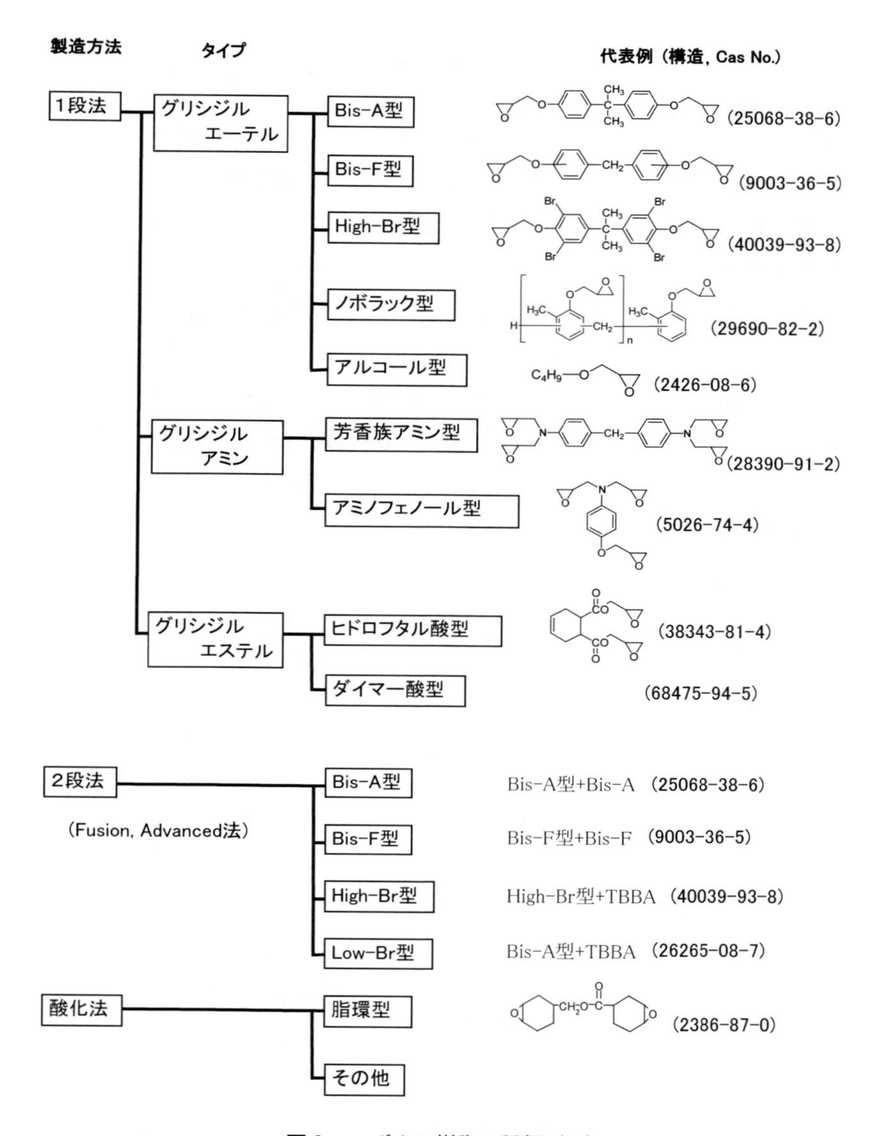

図2　エポキシ樹脂の種類（2）

シの2種類がある。前者は活性水素化合物の種類により，グリシジルエーテル（フェノール類，アルコール類），グリシジルエステル（カルボン酸類），グリシジルアミン（アミン類）などに分けられる。

それぞれのタイプはさらに，ベース化合物の構造により，ビスフェノールタイプ，ノボラックタイプ，臭素化タイプなど多くの種類に分けられ，分子量によっても低分子量から超高分子量まで多種が生産されている。

（2）　官能基数による分類

1分子当たりに約2個の官能基（エポキシ基）を持つ2官能タイプと平均で2個を超える官能

基を持つ多官能タイプに分けられる。

（3） 性状による分類

エポキシ樹脂は，常温での形態により液体，半固形および固体のタイプに分類される。最近は，ビフェニル型樹脂のように低分子量でも結晶化により常温で固体となるタイプもある。結晶タイプは明確な融点を持つため非晶質樹脂の軟化点とは区別する必要がある。

（4） 用途などによる分類

使用される用途により，塗料用樹脂，電気・電子用樹脂，接着剤用樹脂，複合材用樹脂などと分けられることもある。ビスフェノールＡとエピクロルヒドリンから得られるいわゆるエピビスタイプのエポキシ樹脂は，広い用途で使用され汎用樹脂と呼ばれる。これに対し他の構造を持つ樹脂は特殊樹脂と呼ばれ，それぞれの特徴が活かせる分野で使用されている。

2.2 エポキシ樹脂の合成

2.2.1 グリシジル化（一段法）

前述のようにエポキシ基を導入する方法として，エピクロルヒドリンによるものと過酸酸化がある。ここでは，広く行われている前者について活性水素化合物としてフェノール化合物を例に取り概説する（図３）。

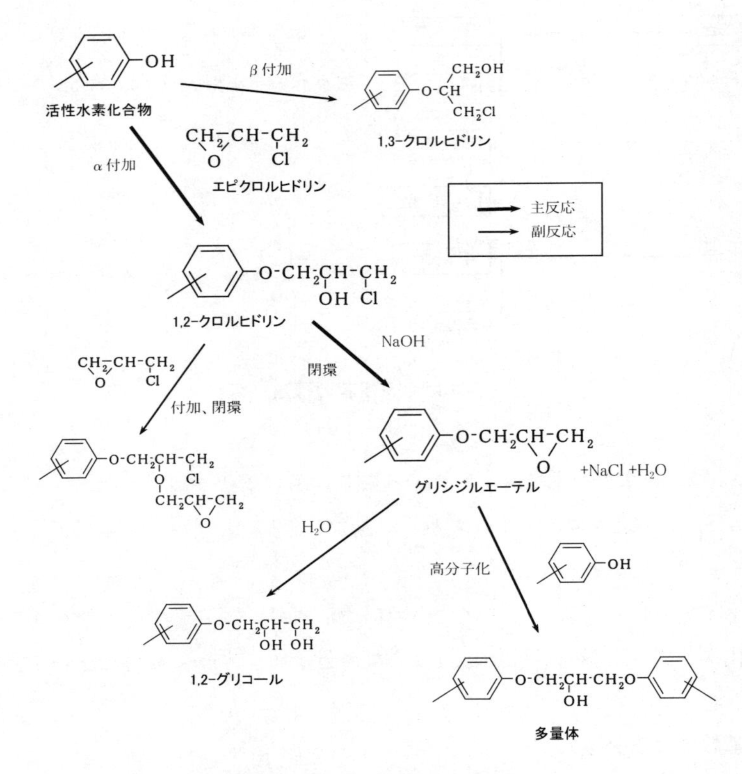

図３ エポキシ樹脂の合成反応

①　付加反応

まずエピクロルヒドリンがフェノール性水酸基に付加し，1,2-クロルヒドリン体となる。この反応には触媒が必要であり，アミン化合物，アンモニウム塩などを添加する場合と，後述の閉環反応に用いるアルカリを触媒として使用する場合がある。

②　閉環（脱塩酸）反応

続いて1,2-クロルヒドリン体がアルカリ（通常はNaOH）により脱塩酸（閉環）されてエポキシ環が生成する。この際，NaClが副生するため，水洗などで除去する工程が必要となる。この反応をどの程度完結させるかで最終生成物中の1,2-クロルヒドリン体含有量を調整することができる。この塩素分は可鹸化塩素（易加水分解性塩素）と呼ばれる。

③　高分子化反応

生成したエポキシ基は，未反応のフェノール性水酸基に付加し，高分子化が起こる。この反応はエピクロルヒドリンとの反応と競争となるため，フェノール化合物とエピクロルヒドリンの仕込みモル比で最終のエポキシ樹脂の分子量が調整できる。液状樹脂の製造には，大過剰のエピクロルヒドリンを使用し，未反応分は回収し再使用される。2官能固形樹脂の製造では，理論量のエピクロルヒドリンを使用し，このモル比で軟化点や粘度の調整が行われる。

④　副反応

一般の化学反応と同様に上記の主反応と同時に種々の副反応が起こる。その主な物は，エピクロルヒドリンのβ付加による1,3-クロルヒドリン体の生成，1,2-クロルヒドリン体の水酸基へのエピクロルヒドリンの付加による塩素系不純物の増加，水の付加によるグリコール基の生成，主鎖中の2級水酸基へのエポキシ基の付加による分岐の発生などである。

実際のエポキシ樹脂の生産においては，目的の性状，性能の製品を効率よく得るために，各主反応の転化率の調整や各副反応のコントロールが精密に行われている。近年においては，電子分野で用いられるエポキシ樹脂の高純度化（低塩素化）が求められ，副反応の抑制や精製方法について精力的に研究された[2]。

2.2.2　二段法

上記のようにして得られた低分子量のエポキシ樹脂に，活性水素を2個以上持つ化合物（ビスフェノール類など）を反応させることにより，分子量を伸ばしたり，難燃性などの機能を付与する方法があり，二段法あるいはアドバンスド法，フュージョン法などと呼ばれている。固形エポキシ樹脂は，前記のエピクロルヒドリンから直接作る一段法とこの二段法のどちらでも製造できるが，その性状は若干異なってくる。最も大きな違いは分子量分布であり，エポキシ当量と軟化点や粘度とのバランスがずれてくる[3]。また，末端基組成なども異なってくることが多い。

二段法では低分子量エポキシ樹脂を異なる構造のビスフェノール類と反応させることにより，化学構造の異なる複数の骨格を持つエポキシ樹脂を合成することができる。例えば，電気積層板に用いられる低臭素化エポキシ樹脂は，一般的にはビスフェノールA型液状エポキシ樹脂とテトラブロモビスフェノールAの二段法反応により製造される。

2.2.3 その他のエポキシ化方法

グリシジルエステル型樹脂，グリシジルアミン型樹脂も前記のグリシジルエーテル型樹脂一段法と類似の方法で製造できる。一方，脂肪族の水酸基は活性が弱く，塩基触媒ではエピクロルヒドリンと反応性させることが困難となる。アルコール系のグリシジルエーテルは，酸触媒を用いたプロセスで製造されることが多いが，この方法では樹脂中に組み込まれる塩素分が非常に多くなる欠点がある。

2.2.4 エポキシ樹脂の変性

上記のようにして製造されたエポキシ樹脂をさらに化学的に変性して，改質することも広く行われている。前記の二段法も広い意味での変性であるが，一般には，単官能性の化合物をエポキシ基に付加させることが多い。その目的は，官能基数の調整，アクリレート化，カチオン性付与，ポリエーテル化など非常に多岐にわたっている。反応部位としては，エポキシ基以外にも主鎖中の２級水酸基を用いる場合がある。

2.2.5 その他のプロセス

一般にエポキシ樹脂は，分子量分布を持った多成分の混合物であるため，蒸留や晶析といった精製方法はとれない。しかし，ビスフェノールＡやビスフェノールＦのジグリシジルエーテル（n＝０体）は，分子蒸留が可能であり，主に低粘度化のために行われる。

水添ビスフェノールＡのエポキシ樹脂は，ビスフェノールＡを水添してからそのアルコール性水酸基をグリシジル化する方法により従来から製造されてきた。しかし，前述のように塩素分が非常に多くなるため，ビスフェノールＡ型エポキシ樹脂を水添することにより，高純度な同構造樹脂が生産されている[4)]。

2.3 エポキシ樹脂の構造と物性

前述のようにエポキシ樹脂には，多くの化学構造，分子量，官能基数などを持った物があり，それらと各種物性との一般的な関係を以下にまとめる。なお，組み合わせる硬化剤や硬化条件によっては，下記の関係が当てはまらないこともあるので注意されたい。

（1） 未硬化樹脂の粘度，軟化点

化学構造が剛直なほど，また分子量が大きくなるほど（溶融）粘度も軟化点も高くなる。ビスフェノール骨格に比べ柔軟な脂肪族骨格のエポキシ化合物は，非常に低粘度となるため，反応性希釈剤として使用される。

（2） 硬化性

エポキシ基濃度が高い（エポキシ当量が小さい）ほど，１分子当たりのエポキシ基数が多い（多官能）ほど硬化が速くなる。また，極性基（水酸基など）があると速くなる。

（3） 硬化物の耐熱性（Tg）

エポキシ基濃度が高いほど，多官能になるほど硬化物の耐熱性（Tg）は高くなる。また，化学構造が剛直なほど，Tg は高くなる。例えば，ビスフェノールＡに比べ剛直な骨格を持つビ

フェニル型樹脂は，より高いTgを与える[5)]。

（４）　硬化物の可撓性，接着性

耐熱性とは反対にエポキシ基濃度が低いほど，１分子当たりのエポキシ基数が少ないほど硬化物は可撓性に優れ，接着性もよくなる。また，極性基があると接着性は向上する。

（５）　硬化物の耐湿性

疎水性の骨格を導入すると耐湿性が向上（吸水率が低下）する。エポキシ基が反応すると水酸基が発生することが多く，耐湿性の悪化に繋がる[6)]。硬化剤として酸無水物を使用すると水酸基と反応するため吸水率は低くなるが，エステル結合となるため，耐加水分解性が悪化することがある。

（６）　硬化物の難燃性

臭素化エポキシ樹脂を使用すると，比較的容易に難燃性が得られる。最近はノンハロゲン化の要求に従い，炭化発泡機構により難燃性を発現する芳香族基を多く持った樹脂が開発されている[7)]。

（７）　硬化物の耐候性

一般的なビスフェノールタイプのエポキシ樹脂は，紫外線を吸収するため，屋外や光学用途で使用すると黄変しやすかった。前述のように芳香族エポキシ樹脂を水添することにより製造された，高純度な脂肪族系樹脂が使用されている（表２）[8)]。

2.4　エポキシ樹脂の活用法

2.4.1　エポキシ樹脂の選択

前述のような樹脂種と物性の関係を参考に目的の用途や要求特性にあった樹脂の選択をすることが重要であるが，１種類の樹脂で全ての要求性能を満たすことが難しい場合は，複数種の組み合わせにより達成するのが一般的である。似通った種類の樹脂の混合物の特性は，加成性が成り立つことが多いが，大きく離れた樹脂の組み合わせで特異な性能を得ることもできる。たとえ

表２　三菱化学社の高純度水添エポキシ樹脂

グレード：jER®	YX8000	YX8034	YX8040	参考）RXE21	参考）828
分類	高純度水添ビスフェノールＡ型エポキシ樹脂			従来型水添ビスフェノールＡ型エポキシ樹脂	ビスフェノールＡ型エポキシ樹脂
	低粘度液状	中粘度液状	固形		
エポキシ当量	205	290	1,000	213	186
粘度（Pa.s @25℃）	1.8	80	3（150℃）	2.1	13
軟化点（℃）	－	－	80	－	－
加水分解性塩素（ppm）	700	400	300	16,000	700
全塩素（ppm）	1,500	1,000	500	50,000	1,500

（代表値）

ば，超高分子量エポキシ樹脂（フェノキシ樹脂，表３）と低分子量樹脂を組み合わせることで，成膜性と耐熱性などとを両立させることができる[9]。

また，塗料用途においては，VOC規制などの環境対応のため，弱溶剤可溶性エポキシ樹脂（表４）やエポキシ樹脂エマルジョン[10]（表５）などが上市されている。

2.4.2　硬化剤の選択

硬化剤には，エポキシ樹脂以上に多くの種類がある。また，活性基がエポキシ基に限られるエポキシ樹脂と異なり，硬化剤ではアミノ基，酸無水物基，フェノール性水酸基，メルカプト基など多くの種類がある。エポキシ樹脂が非常に広い範囲の硬化条件を適用できるのは，硬化剤の種類が多いからである。得られる硬化物の特性も非常にバラエティーに富んだものとなる。さらに硬化促進剤にも多くの種類があり，組み合わせは無数と言える[11]。

表６に一般的な硬化剤とその特徴を，表７に各用途で主に用いられるエポキシ樹脂と硬化剤をまとめた。

表３　三菱化学社の超高分子量エポキシ樹脂

グレード：jER®	YX8100BH30	YX6954BH30	1256	4275
骨格	ビフェニル 剛直骨格	ビフェニル 疎水構造	ビスフェノールＡ	ビスフェノールＡ ビスフェノールＦ
エポキシ当量	−	13,000	7,800	9,000
分子量（PS換算） Mn Mw	 14,000 38,000	 14,500 39,000	 10,000 50,000	 8,000 60,000
Tg（℃）	150	130	88	68
樹脂含量（%）	30	30	−	−
特徴	高耐熱 高密着	低吸水 低誘電 高耐熱	汎用	可撓性 高密着

（代表値）

表４　三菱化学社の弱溶剤（ミネラルスピリット）可溶型エポキシ樹脂，硬化剤

		エポキシ樹脂	硬化剤
		jER®168V70	jERキュア®XD639
エポキシ当量	g/eq	450	−
活性水素当量	g/eq	−	217
粘度	G-H	R	11 [Pa.s]
色相	G	3～4	8
固形分	%	70	99＜
溶剤組成		ミネラルスピリット	−
骨格・特徴		油面接着	変性ポリアミド

（代表値）

表5　三菱化学社の水系エポキシ樹脂（エマルジョン）

製品品番 jER®	ベース樹脂 jER®	販売規格・代表値			特徴	用途
		固形分 [%]	粘度 [mPa•s]	エポキシ当量 [g/eq]		
W2801	828	100	8,000 ～ 12,000	190 ～ 205	現場乳化型	ポリマーセメント
W2821R70	828	68 ～ 72	700	220 ～ 240	作業性	ポリマーセメント，シーラー
W3435R67	834	65 ～ 69	1,500	250 ～ 300	貯安性	プライマー，塗料
W1155R55	1001	55	500	560	密着性	プライマー，塗料
W8735R70	807 （BPF型）	68 ～ 72	2,000 >	190 ～ 210	非BPA型	プライマー

（代表値）

表6　エポキシ樹脂用硬化剤の種類と特徴

分類	物質名	性状	配合量*	硬化条件	TgまたはHDT	主用途	特徴
脂肪族ポリアミン	ポリエチレンポリアミン，メタキシレンジアミンなど	低粘度液状	約10 ～ 100	室温硬化または < 100℃ /1 ～ 3hrs	約40 ～ 100℃	土木，建材，接着剤，塗料など	接着性，耐薬品性に優れる，暴露による黄変
脂環式ポリアミン	イソホロンジアミン，メチレンビスシクロヘキサナミンなど	低粘度液状	約10 ～ 50	100 ～ 150℃ / 1 ～ 5hrs	約100 ～ 150℃	CFRP，冶工具，注型など	耐熱性，耐候性に優れる
芳香族ポリアミン	ジアミノジフェニルメタン，ジアミノジフェニルスルホン，ジエチルトルエンジアミンなど	液状または固形	約10 ～ 50	150 ～ 200℃ / 1 ～ 5hrs	約120 ～ 200℃	CFRP，冶工具，注型など	耐熱性，耐薬品性に優れる
酸無水物	脂肪族，脂環式，芳香族酸無水物	液状または固形	約80 ～ 120	80 ～ 100℃ / 1 ～ 5hrs + 120 ～ 150℃ /1 ～ 5hrs	約100 ～ 150℃	注型，積層，粉体塗料など	作業性，電気絶縁性，低収縮性に優れる
イミダゾール類	2-エチル-4-メチルイミダゾール, 2-フェニルイミダゾールなど	液状または固形	約1 ～ 30	80 ～ 150℃ / 1 ～ 5hrs	80 ～ 150℃	注型，電気絶縁塗料，促進剤など	少量添加，誘導体は潜在性として一液化が可能
フェノール類	レゾール型，ノボラック型など	固形	約10 ～ 100	100 ～ 200℃ / 0.1 ～ 1hr	約120 ～ 200℃	封止材，積層，粉体塗料など	電気特性，耐熱性，難燃性に優れる
DICY	ジシアンジアミド	固形	約4 ～ 10	150 ～ 200℃ / 1 ～ 5hrs	約120 ～ 200℃	粉体塗料，FRP，接着剤など	室温で反応しないので一液化が可能
メルカプタン	脂肪族ポリチオエーテル，脂肪族ポリチオエステル，芳香環含有ポリチオエーテル	低粘度～中粘度液状	約50 ～ 100	室温硬化または室温以下で硬化可能	約室温～ 50℃	接着剤，補修材，シーリング建材，ライニング材	低温速硬化，特有の臭気
カチオン重合触媒	BF3アミン錯体，芳香族オニウム塩など	液状または固形	約1 ～ 30	紫外線など光硬化	約室温～ 150℃	飲料缶，エレクトロニクス，一般消費材	一液化，反応のきっかけが必要

*　jER828（BPA型液状エポキシ樹脂）100重量部に対する重量部

表7　各用途で主に用いられるエポキシ樹脂と硬化剤[11)]

分類	用途		エポキシ樹脂*1	代表的硬化剤および促進剤
常温硬化	塗料		溶液型 BP	溶液型ポリアミノアミド，エポキシ変性アミン
			液状型 BP	ポリアミド，変性アミン
	ライニング材		液状型 BP	変性アミン，ポリメルカプタン
	接着剤		液状型 BP	ポリアミノアミド，変性アミン，ポリメルカプタン
	FRP		液状型 BP	変性アミン
加熱硬化	電気絶縁	積層	溶液臭素化型	DICY*2，イミダゾール類，芳香族アミン
		埋込	液状型 BP	液状酸無水物，変性アミン，イミダゾール類
		粉体	固形 BP	イミダゾール類，フェノール樹脂，固形酸無水物
		封止	ノボラック型，ビフェニル型	ノボラック型フェノール樹脂，TPP*3，イミダゾール類
	塗料	缶用	固形 BP	レゾール型フェノール樹脂，尿素樹脂，メラミン樹脂
		粉体	固形 BP	酸末端ポリエステル，DICY*2，イミダゾール類
		電着	BPA 型	ブロックイソシアネート
	接着剤		液状型 BP	イミダゾール類，潜在性硬化剤，DICY*2，三級アミン
	FRP		液状型*5	DICY*2，DCMU*4，酸無水物，芳香族アミン
	治工具		液状型 BP	変性アミン
その他*6	トナー		固形 BP	（複写機やプリンター用）
	安定剤		液状型*5	（ポリ塩化ビニル樹脂用）
	難燃剤		臭素化型	（ABS，PS などの樹脂用）
	エステル原料		液状，固形 BPA	（ビニルエステル，脂肪酸エステルなど）

＊1　代表的エポキシ樹脂，BP＝ビスフェノール A および F 型樹脂
＊2　ジシアンジアミド
＊3　トリフェニルホスフィン
＊4　ジクロロフェニルジメチル尿素
＊5　液状 BP，テトラグリシジルジアミノジフェニルメタンなどを含む
＊6　硬化剤を使用しない用途

2.4.3　その他の添加剤

エポキシ樹脂配合物には，エポキシ樹脂と硬化剤以外にも多くの添加剤が配合され，特性の調整が行われる。それら添加剤には，無機充填材，カップリング剤，難燃剤，難燃助剤，可塑剤，溶剤，反応性希釈剤，顔料などがある。例えば，半導体封止材にはシリカ粉末が充填材として全体の 90 重量%程度も配合され，耐はんだクラック性の向上に貢献している。それほどの高充填でも成形時の流動性を確保するため，エポキシ樹脂には，ビフェニル型エポキシ樹脂などの結晶性樹脂（表 8）が用いられる。

2.5　まとめ

エポキシ樹脂とその硬化剤には，非常に多くの種類が製造されており，その優れた特性と多様性により，今後も広い分野で使用され発展していくと考えられる。

表8　三菱化学社の半導体封止材用エポキシ樹脂

グレード：jER®	樹脂タイプ	性状	エポキシ当量	溶融粘度 mPa.s @150℃	特徴
YX4000	テトラメチルビフェニル型	結晶	185	12	低溶融粘度，低応力，高接着
YX4000H	テトラメチルビフェニル型	結晶	192	15	高純度，低溶融粘度，低応力，高接着
YL6121H	テトラメチルビフェニル型 ＋ ビフェニル型	結晶	171	10	高反応性，低溶融粘度，低応力，高接着
YX7399	ビフェニル型 ＋ ビスフェノール型	結晶混合	270	60	低溶融粘度，自消性，低応力，高接着
YL6810	ビスフェノール型	結晶	172	7	超低溶融粘度，高反応性，高接着
YX8800	ジヒドロアントラセン型	結晶	180	15	自消性，低溶融粘度，低線膨張
YX7700	フェノールアラルキル型	非晶質	270	250	自消性，低応力，高接着，低吸湿

（代表値）

文　献

1）岸　肇，“電子部品用エポキシ樹脂の最新技術Ⅱ”，p.100，シーエムシー出版（2011）
2）日特開　昭60-31517，住友化学（1985）
　日特開　昭62-187718，旭チバ（1987）など
3）新保正樹編，“エポキシ樹脂ハンドブック”，p.36，日刊工業新聞社（1987）
4）日特開　平11-217379，三菱化学（1999）
5）村田保幸，“電子部品用エポキシ樹脂の最新技術Ⅱ”，p.8，シーエムシー出版（2011）
6）久保内昌敏，“電子部品用エポキシ樹脂の最新技術Ⅱ”，p.135，シーエムシー出版（2011）
7）早川淳人，“総説エポキシ樹脂　最近の進歩Ⅰ”，p.8，エポキシ樹脂技術協会（2009）
　押見克彦，“総説エポキシ樹脂　最近の進歩Ⅰ”，p.12，エポキシ樹脂技術協会（2009）
8）大沼吉信，“総説エポキシ樹脂　最近の進歩Ⅰ”，p.16，エポキシ樹脂技術協会（2009）
9）平井孝好，*JETI*，**55**(9)，135（2007）
10）萩原昭人，“水性コーティング材料の開発と応用”，p.70，シーエムシー出版（2004）
11）三浦希機，“高分子添加剤の開発動向”，p.159，シーエムシー出版（1992）
12）ほか参考文献として
　エポキシ樹脂技術協会編，“総説エポキシ樹脂”第1巻～第4巻，エポキシ樹脂技術協会（2003）
　エポキシ樹脂技術協会編，“総説エポキシ樹脂最近の進歩Ⅰ”，エポキシ樹脂技術協会（2009）

新保正樹編，“エポキシ樹脂ハンドブック”，日刊工業新聞社（1987）
Ⅱ-1.1.2　エポキシ樹脂製造の化学
Ⅱ-1.1.3　液状樹脂の製造方法
Ⅱ-1.2.1　（固形樹脂の）製造方法
垣内　弘編，“エポキシ樹脂の製造と応用”，高分子化学刊行会（1963）
第1章　エポキシ樹脂の製造

3　高耐候性ＵＶ硬化型樹脂の設計とその用途展開

高田泰廣*

3.1　はじめに

近年，環境保護の観点から，軽量性，耐衝撃性およびリサイクル性に優れるプラスチック材料が建築外装，自動車用グレージングや太陽電池などの屋外用途で使用されるケースが増えてきた。しかし，プラスチック材料は，屋外での長期使用により黄ばみやクラックを生じやすく，また傷つきやすいという欠点を持つ。この欠点を改善すべく，耐候性，耐擦傷性に優れる保護コート剤の開発が進められている。筆者らは長年にわたり高耐候性を有するポリマーとして，無機－有機ハイブリッド樹脂の開発を行ってきた[1~6]。本節では，その技術を活かし，プラスチック材料の保護コート剤として新規に開発したUV硬化型無機－有機ハイブリッド樹脂の設計，耐候性評価およびその用途展開について述べる。

3.2　UV硬化型無機－有機ハイブリッド樹脂の設計

3.2.1　樹脂合成方法

UV硬化型無機－有機ハイブリッド樹脂（MFG）は，図1に示すように，不飽和二重結合を有するポリシロキサンと，トリアルコキシシリル基を有するアクリルポリマーを，化学的に複合化して合成している。現在までに，表1に列記したような樹脂固形分中のポリシロキサン含有率が25～90%のハイブリッド樹脂を，合成工程における急激な粘度上昇やゲル化を伴わずに，安定に合成することに成功している。得られた樹脂溶液は，いずれも目視においては透明粘稠な液体であり，さらに，ポリシロキサン含有率が75%以下であれば，40℃で1ヵ月以上経過しても，

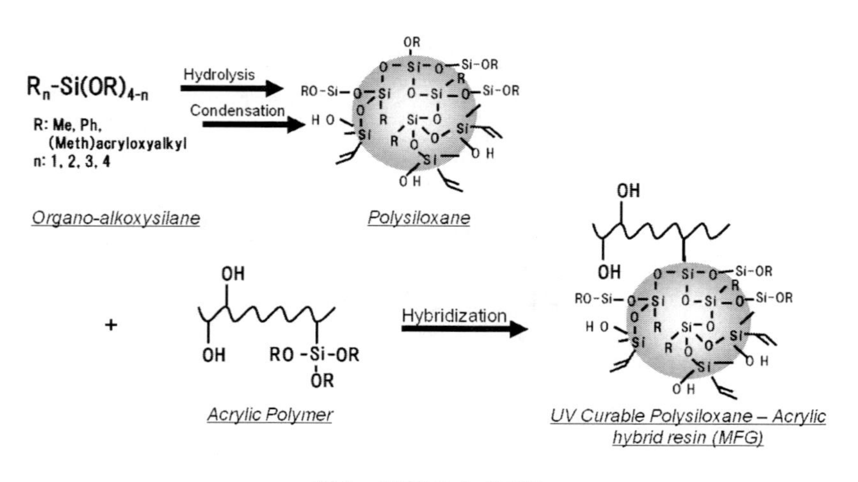

図1　MFGの合成工程

＊　Yasuhiro Takada　DIC㈱　R&D本部　新機能材料研究所　主任研究員

表1　MFGの性状

Resin No.	Poly Siloxane Cont. [%]	Acrylic Polymer Cont. [%]	Solid Cont. [%]	Appearance	Viscosity [Gardner]	Stability 40℃/30days
MFG R-1	25	75	55	Clear	D-K	Excellent
MFG R-2	50	50	55	Clear	A-G	Excellent
MFG R-3	75	25	70	Clear	A-G	Good
MFG R-4	90	10	80	Clear	A-G	Poor

樹脂溶液としての性状に変化がなく，コーティング用樹脂としての必須条件である長期保存安定性に優れることがわかっている。

3.2.2　塗料設計

プラスチック材料の保護コート剤への応用展開を念頭におき，①UV硬化型無機－有機ハイブリッド樹脂（MFG），②UVオリゴマー（多官能アクリレート），③ポリイソシアネートの3成分からなる塗料設計を試みた（図2）。この塗料設計による期待効果は①ハイブリッド樹脂のポリシロキサンによる優れた耐候性の付与，②多官能アクリレートのハードセグメントによる表面硬度アップ，および③アクリル樹脂とポリイソシアネートのウレタン結合形成による耐クラック性アップの3点である。本節では，表2に示すように，ポリシロキサンの含有率が10%，15%，30%の3成分系のコート剤3水準と，比較として，ポリイソシアネートを使用しない2成分系のコート剤1水準およびUVオリゴマーのみの1成分系コート剤1水準の合計5水準の硬化塗膜サンプルの物性につき紹介する。

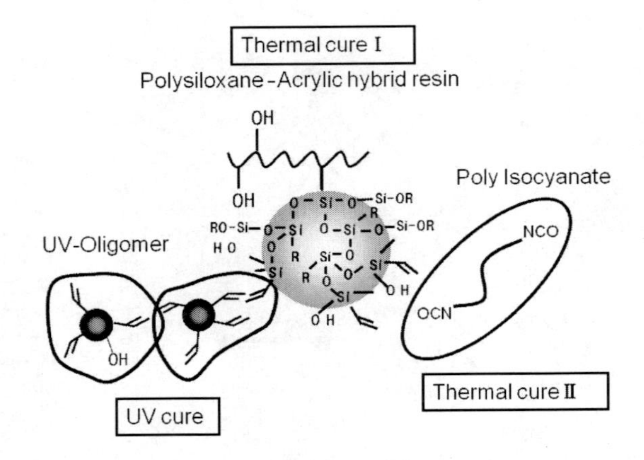

図2　MFGの架橋形式

表2　MFGコートの配合例

Sample No.	Resin No.	Poly Siloxane Cont. [%]	Acrylic Polymer Cont. [%]	Acrylate monomer Cont. [%]	Poly Isocyanate Cont. [%]
MFG SD-101	MFG R-2	30	30	20	20
MFG SD-110	MFG R-2	15	15	50	20
MFG SD-111	MFG R-2	10	10	60	20
MFG SD-112	MFG R-2	30	30	40	0
MFG SD-113	−	0	0	100	0

3.2.3　硬化塗膜サンプルの作製方法

表2の配合例に基づき調製したコート剤を各種基材に乾燥膜厚が20μmになるようにバーコータを用いて塗布し，次いで80℃で4分間プレヒートを行った後，高圧水銀ランプで積算照射量が1000 mJ/cm^{2}になるようにUVを照射した。最後に，熱硬化による架橋を促進すべく，60℃で3日間養生を行って，硬化塗膜サンプルを作製した。

3.2.4　硬化塗膜の一般物性

一例として，表2の中で最もポリシロキサン含有率が高いMFGコートSD-101の硬化塗膜の一般物性について紹介する。表3に示すように，MFGコートの塗膜は，外観に優れ，高い透明

表3　MFGコート　SD-101硬化塗膜の一般物性

Performance	Results
Gloss 60°	> 95%
Transmittance	> 91%
Refractive index	1.497
Storage elastic modulus（Tg + 50℃）	170 MPa（60μm）
Tg	95℃
Pencil hardness（on PET）	2H
Surface resistance	$1.0 * 10^{16}$ Ω
dielectric constant	2.7（1 GHz）
Chemical Resistance/Appearance	
Sulfuric acid（15% Aq）	Excellent
Sodium hydroxide（25% Aq）	Excellent
Typical Organic Solvent	Excellent
Heat resistance/Appearance	
120℃　1000h	Excellent
150℃　1000h	good
Outdoor exposure in Okinawa for 3 years/Appearance	Excellent
Accelerated Exposure by S.W.O.M for 5000 hours/Appearance	Excellent
Adhesion/Scotch tape	
Poly-Carbonate Panel（3 mm）	100/100
PET-Film（125μm）	100/100

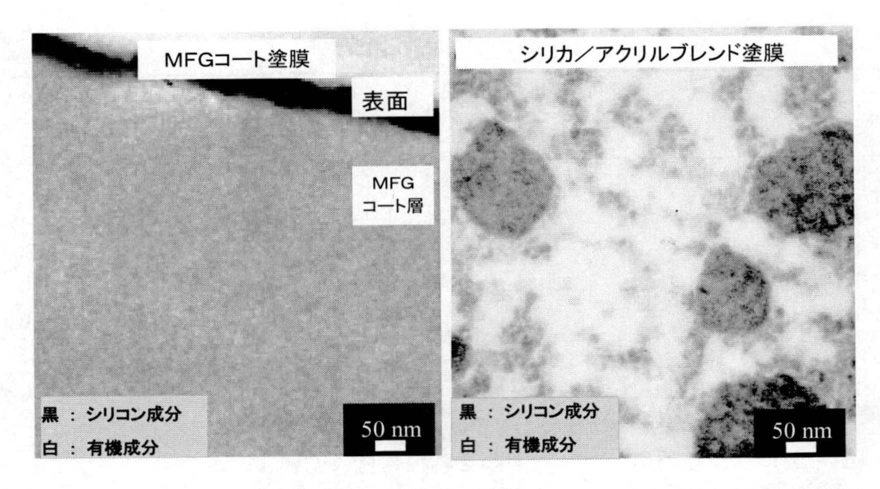

図3　MFGコートと従来シリカ／アクリルブレンド系塗膜の透過型電子顕微鏡写真

性を有するとともに，多官能アクリレート（UVオリゴマー）に由来する比較的高い弾性率，Tgおよび表面硬度を有することが判明した。また特筆すべき点として，優れた耐酸性，耐アルカリ性，耐溶剤性および耐熱性，耐候性を有することを挙げることができる。

図3の左図はMFGコートSD-101の硬化塗膜のモルフォロジーを透過型電子顕微鏡（TEM）で観察したものである。一般的にTEM観察では，屈折率の低いポリシロキサンが黒く，またアクリル成分が白く観測されるが，MFGコート塗膜では，2つの層が区別できないほど，ナノオーダーで均一に分散していることがわかる。一方，図3の右図はコロイダルシリカとアクリル樹脂を機械的にブレンドした塗料から作製したフィルムのTEM写真である。コロイダルシリカ由来のポリシロキサン成分がフィルム内で凝集して2次粒子を形成しており，分散状態が不均一であることが明白である。別の試験で，ポリシロキサン含有率は同じでも，ブレンド系塗膜は耐薬品性および耐候性が，MFGコート塗膜に比して著しく劣るという評価結果も得られている。このことは，硬化塗膜中の無機成分と有機成分の分散状態が，耐薬品性や耐候性に対して，極めて大きな影響を及ぼすことを示唆するものである。

3.3　硬化塗膜の耐候性評価

3.3.1　促進耐候試験結果

ここでは，サンシャインウェザオメーターによる促進耐候性試験の評価結果に基づいて，MFGコートの塗料設計と硬化塗膜の耐候性との関連性につき紹介する。まず，促進耐候性試験でMFGコート塗膜と汎用コート塗膜の比較を行った。図4に示すように，MFGコート塗膜は，試験時間が5000時間を超過しても初期の光沢を維持しており，高耐候性塗料として既に実績のある熱硬化系フッ素樹脂コート塗膜と同等の光沢保持率を有することが判明した。さらに，塗膜の黄変度の指標である色差⊿Eは5000時間超過してもほとんど変化しておらず，この点につい

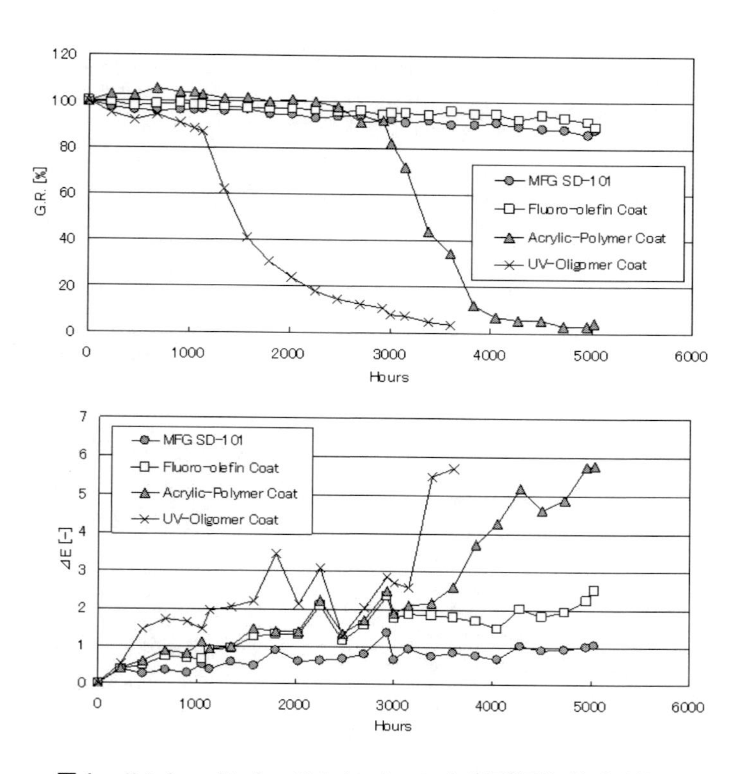

図4　サンシャインウェザオメーターによる促進耐候性試験結果

てはフッ素系樹脂コート塗膜よりも優れていると言える。一般に，目視で塗膜の外観変化が確認できるのは，初期状態に比して，光沢保持率が80%以下および⊿Eが2.0以上変化した場合であることが知られており，この2つの測定データからも，MFGコート塗膜は，サンシャインウェザオメーター5000時間超過で目視外観に変化がないという結果が裏付けられた。一方，熱硬化系アクリル樹脂コート塗膜は，3000時間超過で急激に耐候劣化が進行し，4000時間に到達する前に塗膜の艶引け，黄変が顕著となった。また，無黄変タイプのウレタンアクリレートを主成分とするUVオリゴマーコート塗膜は，その他の塗膜に比して，耐候性が極めて低く，1000時間を超過したところで塗膜の大部分にクラックが発生し，光沢保持率が急激に低下した。

次いで図5にポリシロキサン含有率の異なるMFGコート塗膜の評価結果を示す。ポリシロキサン含有率の低下とともに，光沢保持率の低下が顕著となったが，これはUVオリゴマーが増加したためと推測できる。一方で，黄変度を表す色差⊿Eの変化は，光沢保持率の変化に比べると緩やかであり，黄変しにくいガラス成分であるポリシロキサンの添加効果が極めて大きいことが示唆される。また，ポリシロキサンが15%以上のMFGコート塗膜は，5000時間超過で光沢保持率は低下するものの，⊿Eは2.0以下に抑えられることが判明した。

ポリイソシアネートの耐候性に与える効果を図6に示す。ポリイソシアネートを使用しない場合，3000時間超過で，塗膜全面にクラックが発生し，光沢保持率が低下することがわかった。

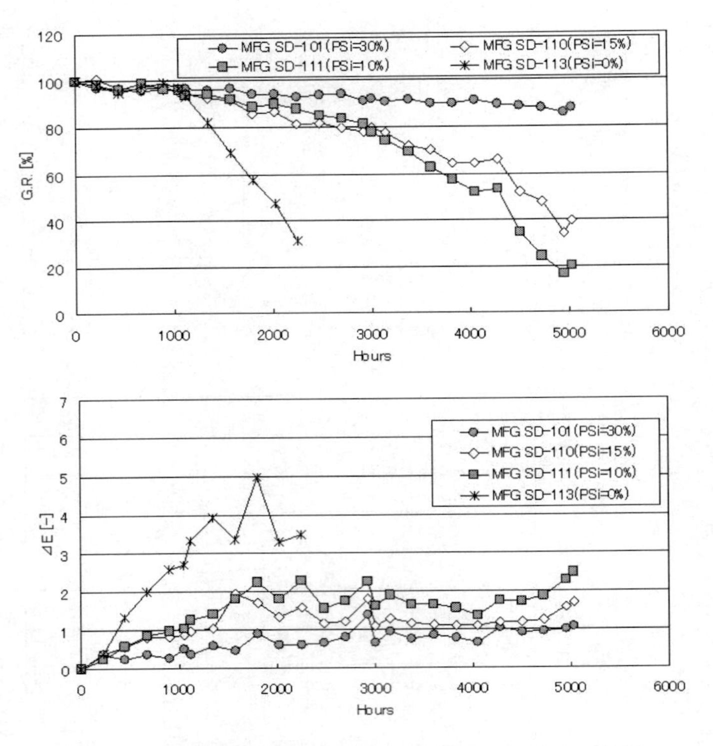

図5　促進耐候性試験におけるポリシロキサン含有量の効果

この結果は，アクリル樹脂とポリイソシアネートによるポリマーマトリックスの形成が硬化塗膜に柔軟性を付与し，耐クラック性がアップしたことを示唆するものである。

3.3.2　屋外曝露試験結果

図7に，PETフィルムおよび同PETフィルムにMFGコートSD101を塗工した硬化塗膜サンプルの，沖縄曝露試験後の光沢（60°）変化を示す。また図8には，同試験によるフィルムの色調変化（色差⊿E）を示す。一般的にPETフィルムは，耐候性に乏しく，屋外での長期使用により，黄ばみや光沢の低下が生じることが知られている。MFGコートが塗工されたPETフィルムは，屋外曝露時の上記劣化が抑制されていることがわかる。

また，沖縄曝露試験においてPETフィルム表面の親水性を表す接触角の経時変化を測定したところ，MFGコートを塗工したPETフィルムは初期85°から徐々に接触角が低下し，1年後には55°程度になることが判明した（図9）。すなわち，MFGコートPETフィルムは屋外曝露により表面が親水化され，降雨によるセルフクリーニング効果を発現することが示唆された。

3.3.3　耐候性発現のメカニズム

一般的なシリカ／アクリルブレンド系では，屋外長期曝露の時間と共に，塗膜表層の有機成分が分解・劣化し無機成分が徐々に脱離していく一方，MFGの場合は，無機成分と有機成分がナノオーダーで均一に分散し，無機成分同士がマトリックスを形成しているため，劣化が進みにく

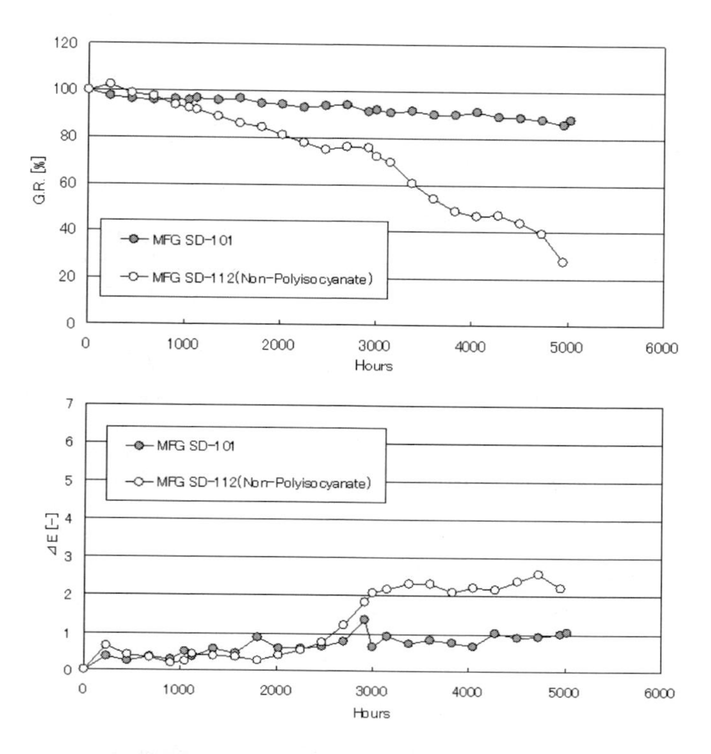

図6　促進耐候性試験におけるポリイソシアネートの効果

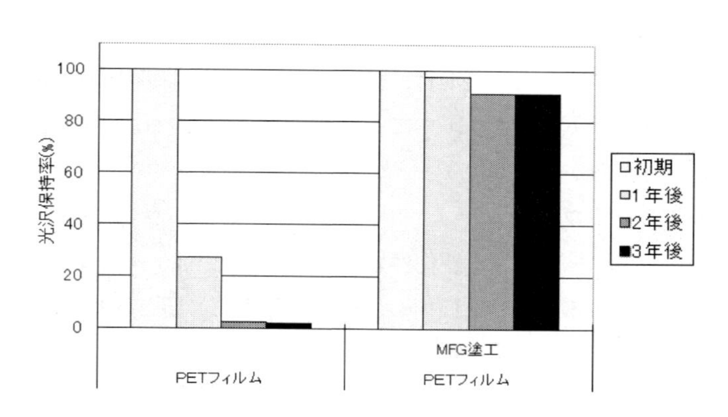

図7　沖縄曝露試験におけるPETフィルムの光沢に及ぼすMFGコートの効果

く，透明性や光沢が維持できていると推定している。この仮説を検証すべく，長期屋外曝露前後のMFGコート最表層の元素組成をXPSで測定したところ，炭素原子が1/4以下に減少し，酸素原子とケイ素原子が3～5倍に増加していることがわかった。すなわち，MFGコートの最表層において，無機成分のマトリックスが長期屋外曝露においてもしっかりと形成されており，その結果，極めて高い耐候性を発現していることが検証された。

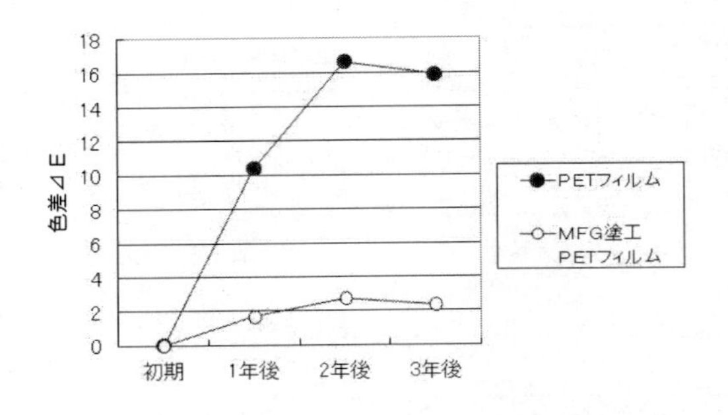

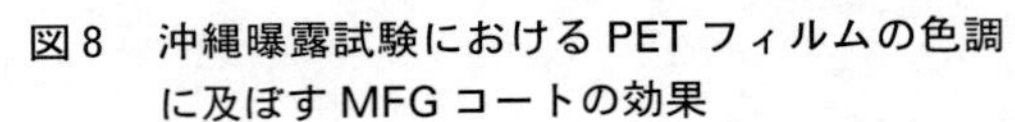

図8　沖縄曝露試験における PET フィルムの色調に及ぼす MFG コートの効果

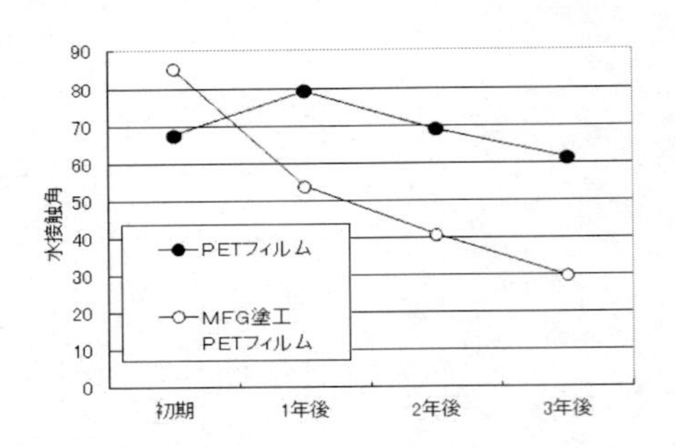

図9　沖縄曝露試験における PET フィルムの水接触角に及ぼす MFG コートの効果

3.4　プラスチック保護コートとしての用途展開

3.4.1　太陽電池用フロントシート

世界中で急速な普及が進んでいる結晶シリコン系太陽電池は，セルの受光面側表面にガラスが使用されているが，一方で軽量化による用途拡大に向けフレキシブル型太陽電池の開発が，多方面で活発に行われている。我々は，MFG コートを基材に塗工することにより，フレキシブル型太陽電池の表面保護フィルムとしての適用が可能と考えている。

既述のようにセルフクリーニング性を有する MFG コートを太陽電池のフロントシートに塗工することで，降雨で表面の汚れが流れ落ち，発電効率の低下を抑制することができる。図 10 は，弊社堺泉北臨海工業地帯（大阪府高石市）に 1 年間設置していた太陽電池の発電効率保持率の比較である。大阪に設置していた太陽電池は，受光面表面に工場地帯特有の浮遊物が付着することにより太陽電池の性能が低下しやすい。中でも，透明フッ素系フィルムは付着量が多く，性能の低下を招きやすいことがわかる。

3.4.2　高耐候ハードコートフィルム

既述のように，MFG コートの UV 硬化性である特徴を利用し，ハードコートの設計も可能である。表 4 はその一例である。屋外で使用し，傷付き防止が必要とされる用途においての展開が

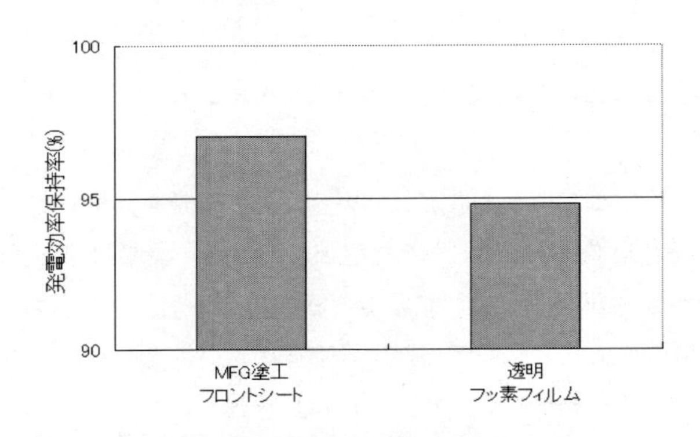

図 10　屋外設置太陽電池の発電効率保持率（大阪 1 年後）

表 4　ハードコート（HC）タイプ MFG コート塗膜の物性

評価項目		HC タイプ MFG	ウレタンアクリレート
透明性	ヘイズ%	0.56	1.0
	全光線透過率%	90	90
鉛筆硬度		2 H	2 H
スチールウール #000（Δ H）	500 g	0.4	0.1
	1 kg	1.5	1.0
SWOM 1000 h		◎	× 675 h でクラック

期待されている。フィルム用途だけではなく，自動車や各種移動体のグレージング，屋外プラスチック建材など，成形物へ塗布する適用性も検討されている。

3.4.3　ナノインプリント反射防止フィルム

太陽電池の発電効率向上，ディスプレイへの映り込み防止など，種々の目的のために反射防止機能を付与する手段として，表層に nm オーダーの凹凸を付けるいわゆるナノテクスチャ付きフィルムに対する関心が高い。高耐候性である MFG コートを用いることにより，テクスチャが長期使用後も崩壊することなく，かつ表層に汚れがつきにくいために，光透過率（低反射）が長期に渡って維持されることを見出しつつある。図 11 に示されているデータは，ナノインプリントにより MFG コートをモスアイ形状に賦形したフィルムにおいて，拡散光透過率が向上している一例を示している。

3.5　おわりに

ポリシロキサンとアクリルポリマーの複合化により新規に開発した UV 硬化型無機－有機ハイブリッド樹脂（MFG）は，UV オリゴマーとポリイソシアネートの 3 成分系として設計する

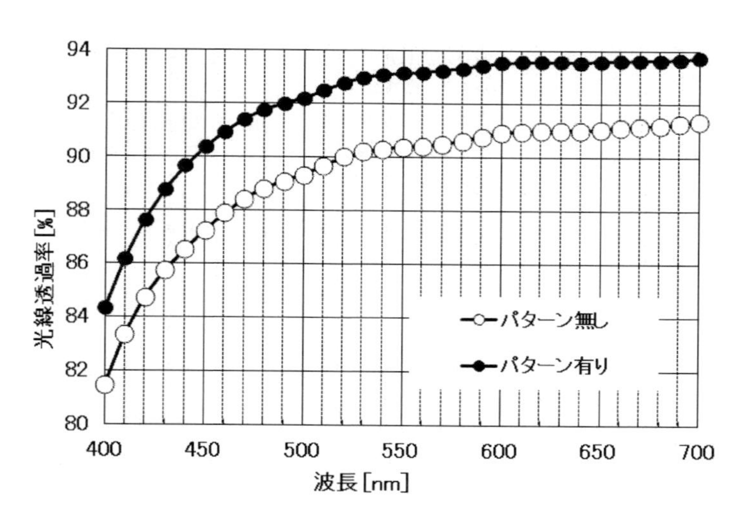

図 11　モスアイパターン転写による光線透過率の向上

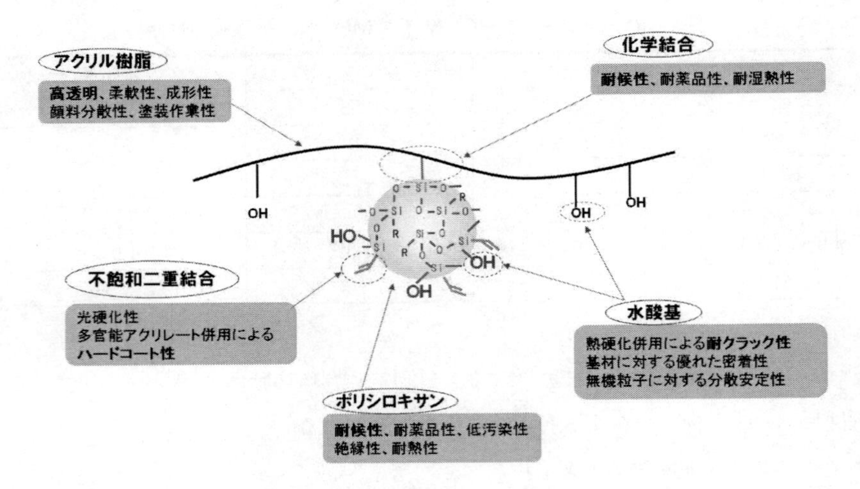

図 12　MFG の化学構造の模式図と機能拡張の概念

ことで，既述のように耐候性や耐汚染性に優れるのみならず，図 12 に示すようなユニークな機能発現を見出しつつある。

これらの特長を有する MFG をプラスチック材料の保護コート剤として用いることで，太陽電池や電気自動車材料の軽量化をはじめ，プラスチック材料の屋外需要が高まり，来るべき再生可能エネルギーを基盤とする社会に大きく貢献できるものと確信する。

文　　献

1） S. Kudo *et. al.*, Silicones in Coatings III, Conference Papers, p.31（2000）
2） 工藤伸一ほか，第 55 回ネットワークポリマー講演討論会 要旨集（2005）
3） 宍倉朋子ほか，第 59 回ネットワークポリマー講演討論会 要旨集（2009）
4） 宍倉朋子ほか，第 60 回ネットワークポリマー講演討論会 要旨集（2010）
5） 宍倉朋子ほか，ネットワークポリマー，**32**（1）（2011）
6） 宍倉朋子ほか，第 61 回ネットワークポリマー講演討論会 要旨集（2011）

4　太陽電池用封止剤EVAの開発・高性能化

瀬川正志*

4.1　太陽電池モジュールの構造

結晶シリコン系太陽電池モジュールの構造を図1に示す。結晶系シリコンセルを2枚のEVA封止材で挟み，その上下にガラスもしくは耐侯性に富むバックシートで挟み，それを真空加熱圧着することで一体化している。

アモルファスシリコン系太陽電池モジュールの構造を図2に示す。基板ガラスに蒸着した薄膜層とバックシートを一体化するためにシート状のEVA封止材を用いて真空加熱圧着を行っている。

結晶シリコン系，アモルファスシリコン系を問わず，EVA封止材はほぼ同等の性能を持つものであり，通常ロールもしくは断裁し枚様で供給されている。

本節では

・EVA樹脂に関して

・結晶系シリコンセルの封止向けEVA封止材について

・EVA封止材の耐久性に関して

の順に解説する。

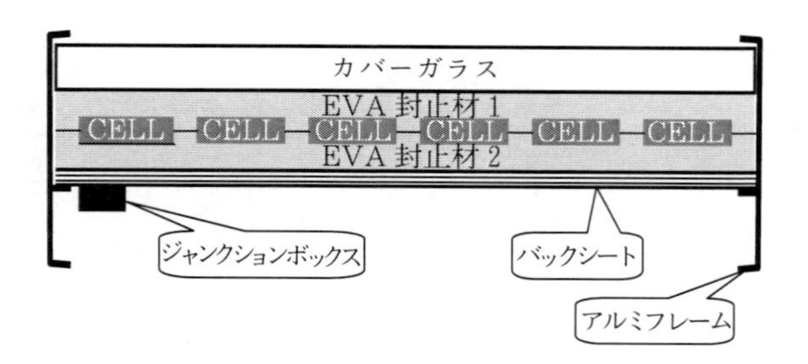

図1　結晶シリコン系太陽電池モジュールの構造

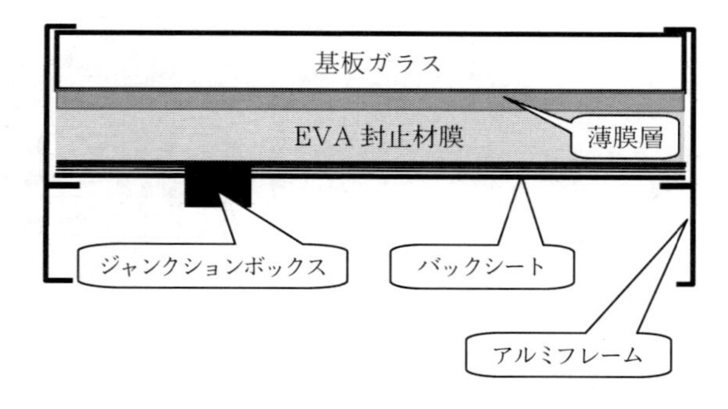

図2　アモルファス系太陽電池モジュールの構造

＊　Masashi Segawa　サンビック㈱　開発部　常務取締役

4.2 EVA 樹脂に関して

4.2.1 EVA 樹脂の生産量

EVA とはエチレン・酢酸ビニル共重合体の略であり，エチレンと酢酸ビニルのモノマーをランダム共重合した樹脂であり，一般にはポリエチレンの一種として扱われている。2006 年度の樹脂の生産量は表 1 の通りである。EVA の日本での生産量は，最近 10 年間でほぼ横ばいであり，ナイロンの生産量とほぼ同等である。これは EVA が非常に汎用性の高い樹脂であることを示唆している。

4.2.2 EVA 樹脂の分類

EVA 樹脂は一般に EVA 内に含まれている酢酸ビニルの含有量とその分子量で分類される。EVA 内の酢酸ビニル含有量（重量%）は，一般に「VA」で表記し，分子量に関してはその粘度と相関があることが知られており，通常 MI（メルトインデックス）で表記される。なお，MI と EVA 樹脂の平均分子量は図 3 の通りである。EVA 樹脂の MI に関しての詳細は JIS K-7210 を参照頂きたい。

EVA の樹脂の VA を横軸，MI を縦軸とした場合それぞれをプロットすると，成型方法ごとに図 4 の通りになる。

次に EVA 樹脂の酢酸ビニル含有率と各物性の関係を表 2 に示す。

表 1　各樹脂の生産量（2010 年　日本）

樹脂名	生産量
ポリエチレン	296.3 万トン
ポリプロピレン	270.9 万トン
塩化ビニル樹脂	174.9 万トン
ポリカーボネート	36.9 万トン
EVA（エチレン・酢酸ビニル共重合体）	24.4 万トン

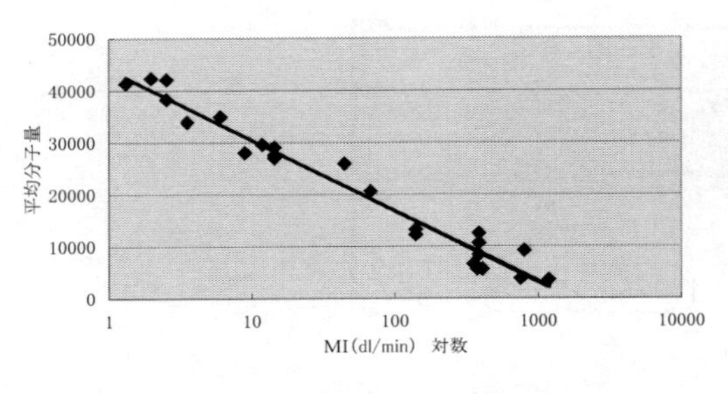

図 3　平均分子量と MI の関係

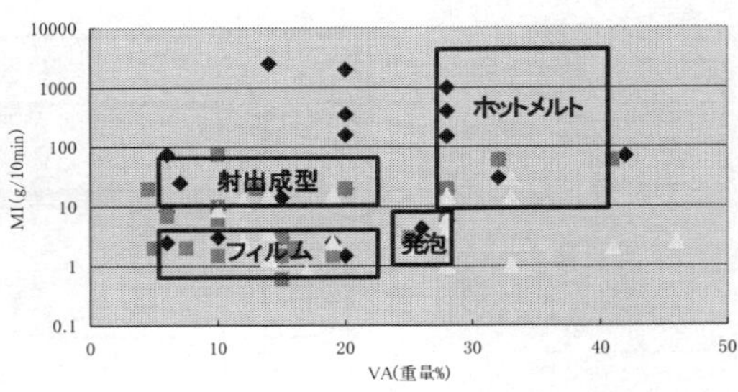

図 4　EVA 樹脂の分類

表2　酢酸ビニル含有率と物性

酢酸ビニル含有率が	増加すると	減少すると
密度	大	小
水蒸気透過率	大	小
融点	低	高
硬さ	軟	硬
価格	高	低

4.3　結晶系シリコンセルの封止向けEVA封止材について

4.3.1　EVA封止材の組成と架橋・接着の原理

図1に結晶シリコン系太陽電池モジュールの構造を示したが，ここで用いられるEVA封止材は，VAが25～35%のEVAに有機過酸化物，シランカップリング剤などを添加したシート状の物である。このEVA封止材は加熱すると一度溶け，さらに加熱を継続すると添加した有機過酸化物が分解し，図5に示す通りEVA中に架橋構造を持たせることができる。EVAが架橋構造を持つことで，EVAの耐熱性が向上する。

耐熱性の向上がEVAにない場合，太陽電池モジュール設置時に太陽電池パネルの温度は，特に夏場は100℃前後まで上昇し，EVAが融けてしまう。融けることにより，セルの位置がずれるなどの不具合が予想される。また，EVA内に有機過酸化物とシランカップリング剤が同時に添加されているとガラスなどの無機物と良好に接着する。その接着機構をガラスを例にして図6

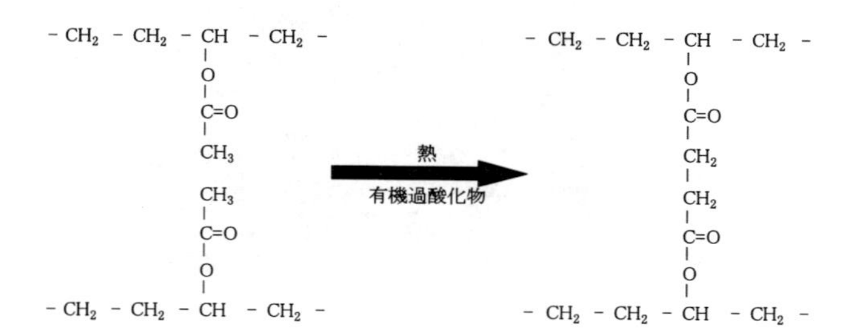

図5　EVAの架橋反応

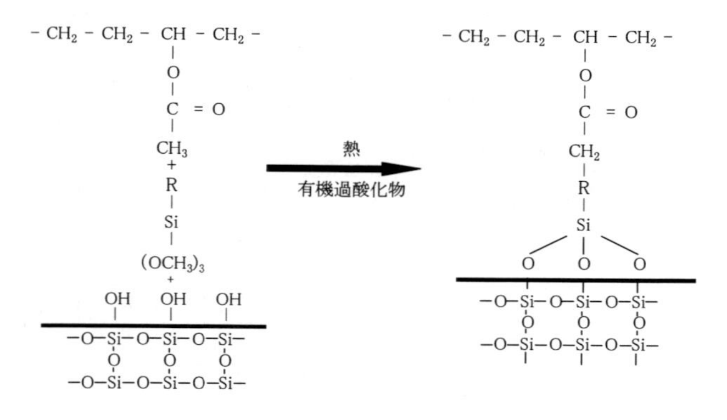

図6　EVAとガラスの接着原理

に示す。図6のような接着機構であるために，EVA内にシランカップリング剤が添加されていない，もしくはシランカップリング剤が失活している時には接着に問題を生じる。

4.3.2 結晶系シリコン太陽電池モジュールの製造方法

結晶シリコン系太陽電池モジュールの製造方法は図7の通りに各部材を積層する。積層した後に，図8に示す太陽電池用ラミネーターにガラスを下側にして入れて全体を一体化する。通常のラミネーターは，蓋の部分のゴムで上室と下室が分けられており，上室と下室が独立に真空状態にできる。その動作原理を図9に示す。

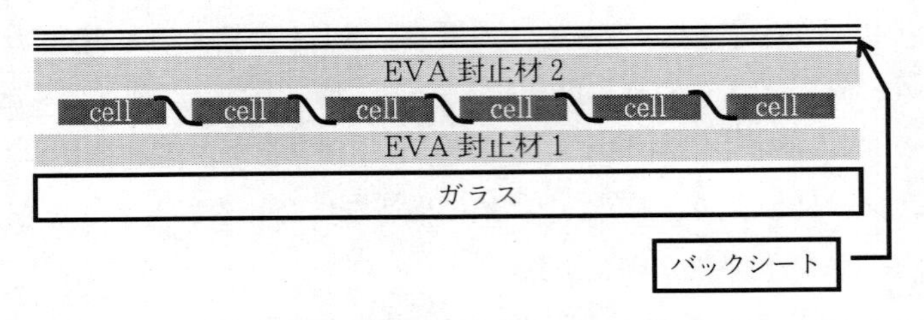

図7　結晶シリコン系太陽電池モジュールの各部材の積層構成

図8　太陽電池用ラミネーター

上室
ゴムシート
下室
積層体（ガラスが下）
ホットプレート

	上室	下室	ゴム	
1STSTEP	真空	大気圧	上室側	積層体をラミネーターに入れる。
2ndSTEP	真空	真空	上室側	積層体内の空気を除き，EVAを溶かす。
3rdSTEP	大気圧	真空	下室側	積層体を一体化する。
4thSTEP	大気圧	大気圧	中立	蓋を開ける。

図9　ラミネーターの動作原理

現在，弊社ではEVAの架橋条件の異なる2種類の組成の封止材膜を販売している（Standard Cure品，Fast Cure品)。一般にStandard Cure品はEVAの架橋工程をラミネーター内で連続で行わず，ラミネーターから取り出しオーブンもしくは加熱炉で行われる。これに対してFast Cure品は一般にEVAの架橋工程をラミネーター内で行う。

4.3.3　太陽電池用ラミネーターの条件設定に関して

通常弊社のFastCureを用いた場合の太陽電池用ラミネーターの設定推奨条件は下記の通りである。

・ホットプレート温度：135℃

・2^{nd}STEP時間：5分

・3^{rd}STEP時間：15分

太陽電池用ラミネーターの設定条件を考える際に特に考慮すべき点は以下の通りである。

・2^{nd}STEP時間：時間が短すぎる場合，エアー残り，セル割れが不具合として発生する。時間が長すぎる場合，加圧前にEVAの架橋が開始し，接着不良の原因となる。

・3^{rd}STEP時間：時間が短すぎる場合，EVAの架橋が不十分となる。

以上から，「2^{nd}STEPでEVAを架橋させてはいけない」，「3^{rd}STEPでEVAを早く架橋させたい」と架橋条件に関して，相反する要求を太陽電池EVAは求められる。このため，ラミネーター内で架橋まで終了する3^{rd}STEP時間は，EVAを架橋させてはいけない2^{nd}STEPの時間に拘束されてしまう。

以上に基づき，太陽電池ラミネーター内で架橋まで終了する場合，その総時間架橋剤として用いる有機過酸化物の種類を変えても一定以上短くすることはできないと考えられる。

さらに有機過酸化物の選択には

・分解温度が高いと架橋時間がかかりすぎ，生産性が悪くなる。

・分解温度が低いとプレス前に架橋が始まり，生産ができない。

という問題があり，架橋剤の選択は分解温度を第一に行う必要がある。

また，架橋剤の選定には分解温度だけではなく，発泡の問題もある。発泡は一般にバックシートとEVAの界面で発生する。発生の原因として，有機過酸化物の分解生成物が考えられる。発泡が発生しない有機過酸化物の選択は，架橋条件との相関がある。

4.4　EVA封止材の耐久性に関して

結晶シリコン系太陽電池モジュールの耐久性評価方法はJIS-C8917に規定されている。この中でEVA封止材と関わりが深い項目は表3の通りであると考える。特にEVA封止材の耐久性と関わりが深いのは耐湿熱性試験，光照射試験の2項目である。

弊社では，6インチセルを1枚，図10の通りに封止した小型モジュールを試作し，上記の2点の試験を実施する。図10の構造で試験を実施し，アルミフレームなどは付属しない。なお，試験に用いるバックシートは三層構造で両面が一フッ化ポリエチレンで中間層がポリエステル

表 3　EVA 封止材に関連の深い試験項目

試験項目	試験内容
耐熱性試験	85℃
耐湿熱性試験	85℃，85% RH
光照射試験	サンシャインウェザーメーター
温度サイクル	90℃ ⟷ −20℃　6 時間
温湿度サイクル	85℃，85% RH ⟷ −20℃　6 時間

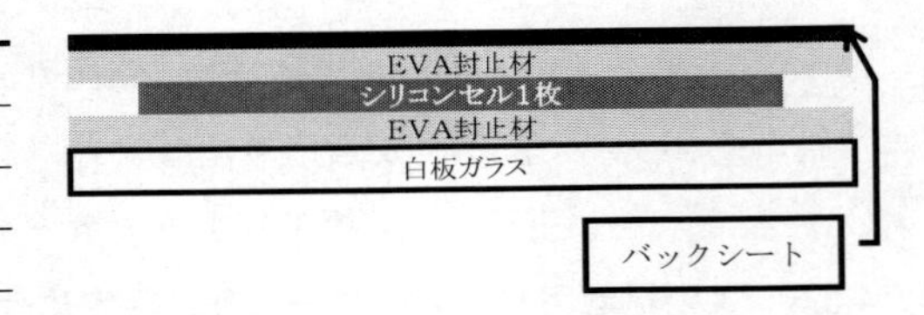

図 10　耐久性試験用小型モジュール

フィルムでできているものを用いている。

耐久性試験前後でその発電効率を測定し，また，ガラスもしくはセルからの剥離を目視で観察し，バックシートの発泡の有無を検査する。また，よりよく EVA の黄変性を観察するために，セルを封入しないでサンプルを作成し，ガラス面から EVA の黄変性を観察する場合もある。EVA からの剥離，発泡，黄変性に関しては，EVA の架橋を適切に行えば問題のないレベルにある。

4.5　まとめ

EVA 封止材の耐久性はモジュールの使用年数が満足するレベルにあると思われるが，その耐久性を支えるのは EVA のみではなく，アルミフレームへの固定の方法，特にシーリング材の種類，バックシートの種類に大いに依存する。

5　架橋を伴う発泡成形

岩崎和男*

5.1　はじめに

高分子材料（プラスチック）は自動車，電子・電気製品，土木建築，日常生活用品，梱包資材などに幅広く使用されており，今日の我々の生活には不可欠の材料である。このような高分子材料（プラスチック）を何らかの方法で発泡または多孔質化したものが発泡プラスチック（プラスチックフォーム）である。即ち，高分子材料（プラスチック）の中に空気または他のガスを微細に分散させて成形したものが発泡プラスチックであり，その成形技術は発泡成形技術（発泡成形法）と言われている。

これらの発泡成形において，多くの場合何らかの方法で高分子材料を架橋すること，または，架橋した高分子材料を使用することが一般的である。架橋（架橋反応）と発泡成形に関しては，2007年に『架橋・硬化反応のメカニズムと新しい架橋システムの開発』の中で著者が記載した[1]。本節は，これらをベースにして最近の情報やデータなどを追加して再度まとめたものである。

5.2　発泡成形における架橋の意義

5.2.1　架橋の目的（狙い）

発泡成形技術（法）により製造された発泡プラスチックは，界面化学的には固体（高分子材料）と気体（発泡ガス）の不均質分散系であると見ることができる。従って，固体の高分子材料中に気体（発泡ガス）をいかに分散させるかが重要である。

一般に，気体を液体中に安定的に分散させるためには液体の粘性が高い方がよいことは，シャボン玉を作る際に水に少量の蔗糖，ロジン成分などを溶かして石鹸水の粘度を高めておくことから，容易に想像できるであろう。実は，発泡プラスチックもシャボン玉を作る時と同様に，発泡時に原料の高分子材料（プラスチック）の粘度を高めておくために工夫しているのである。

即ち，高分子材料では発泡時の粘度を高めるために，ほとんどの場合何らかの方法で高分子を架橋させる方法を採用している。発泡成形される高分子材料が発泡時にある程度の粘性を保持すれば，発生するガスを取り込み安定な発泡体を成形できる訳である。なお，発泡成形時のポリマー（またはオリゴマー）の粘性特性を改善するための他の方法として，充填剤の添加，高粘性物質による変性などが考えられるが，かえって気泡安定性が低下する場合が多く，実用化されていない。

本節では，このような考え方から架橋反応を伴う発泡成形法について著者の経験に基づき代表的な事例を紹介したいと思う。

5.2.2　発泡成形法の分類

高分子材料（プラスチック）の発泡成形技術（法）は，発泡成形時の原料（ポリマーまたはオリゴマー）の状態から分類すると表1の通りである[2]。何れかの方法により気体が発生する際の

---

*　Kazuo Iwasaki　岩崎技術士事務所　所長

表1　成形時のポリマーの状態による分類[2)]

	発泡成形方法	発泡成形時の原料の状態	応用例
溶融発泡成形法	原料を溶融状態にして，発生した気体により発泡成形する。	高粘度溶融状態	押出法フォーム（PS, PE, PPなど）
固相発泡成形法	原料が固相，または固相に近い状態で，発生した気体により発泡成形する。	固相または固相に近い軟化状態（高粘度状態）	ビーズ発泡フォーム（PS, PPなど）
注型発泡成形法	液状原料を注型する際に発生した気体により発泡成形する。	高粘度液体（ゲル化しつつある状態）	PURフォーム，PF（レゾール型）フォームなど

原料ポリマーまたはオリゴマーの状態が溶融状態（高粘度液状ポリマー）であれば溶融発泡成形法であり，軟化しているが溶融に到っていない状態（固相と見ることができる）およびほぼ完全に固相に近い状態であれば固相発泡成形法であり，比較的低分子のオリゴマーなど（液状）を注型しつつ発泡成形する場合が注型発泡成形法である（このような分類法は余り普遍的ではなく，また余り実用的でないかも知れないが，これに代わる適切な横断的な分類法が見当たらないので本節ではこの分類法に従った）。

5.2.3　発泡成形における架橋方法の分類

何れの発泡成形法でも発泡成形される時の原料の状態を見ると，高粘度の液状（または液状に近い状態）であることがわかる。先に述べた通り，発泡成形時の原料高分子の粘性が高い方が発生した気体（気泡）を安定に取り込むことができるので，発泡成形技術としては原料高分子材料の架橋を図ることが一般的に採用されている方法である。

発泡成形時の粘度に関してわかりやすい具体的な例として，ポリプロピレン（PP）の例を示した。即ち，結晶性の高いPPの温度に対する溶融粘度の変化の関係を模式的に図1に示す[3)]。未架橋PPは温度の上昇に伴いある温度（PPの融点に近い温度）より急激な粘性の低下が見られ，発泡適正粘度範囲が非常に狭いことがわかる。一方，何らかの方法で架橋したPPでは温度上昇に伴う粘性の低下は比較的緩やかであり，発泡適正粘度範囲が広いことがわかる。このよう

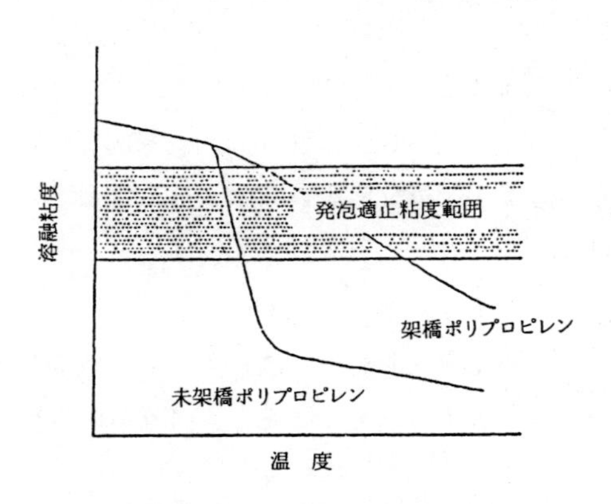

図1　PPの温度に対する溶融粘度変化[3)]

に架橋することにより溶融時の粘性の低下が緩やかになり，発泡しやすくなるという訳である。

そこで，これらの架橋方法について分類すると図2の通り，重合反応架橋法，化学架橋法および電子線架橋法になる[1)]。

重合反応架橋法としてはポリウレタン（PUR）フォームの発泡成形に見られるように，液状の原料（モノマーまたはオリゴマー）の重合反応（高分子化反応，架橋反応）を進行させながら発泡させる方法である。これはポリマー生成に係るポリマー内部の重合反応による架橋である。

一方，外部からの架橋反応による架橋としては，化学架橋剤による方法（化学架橋法）および電子線による方法（電子線架橋法）がある。化学架橋法としてはポリエチレン（PE）やPPを化学架橋剤（例：有機過酸化物）により架橋させながら発泡させる方法である。また，電子線架橋法としてはPEやPPに電子線を照射させて架橋してから，加熱により架橋ポリマーを軟化（溶融）させて発泡成形する方法である。これらの架橋方法の概要を表2に示した[1)]。

5.3　重合反応架橋法の応用例

5.3.1　重合反応架橋法による架橋反応

注型発泡成形では液状の原料（モノマーまたはオリゴマー）を常温で攪拌混合して重合反応を進めて，この重合反応で高分子化反応および架橋反応を進行させながら発泡成形することになる。重合反応による架橋法としてはポリウレタン（PUR）フォーム，フェノール（PF）フォーム（レゾール型），不飽和ポリエステル（UP）フォームなどがある。

PURフォームの場合を例にとって説明すると，PURフォームでは使用する原料が2官能以上であるから，生成したポリマーは当然架橋ポリマーになる。PURポリマー中に幾つもの架橋点を有することになり，架橋点と架橋点との間の平均的数分子量（式量とでも言うべきかもしれな

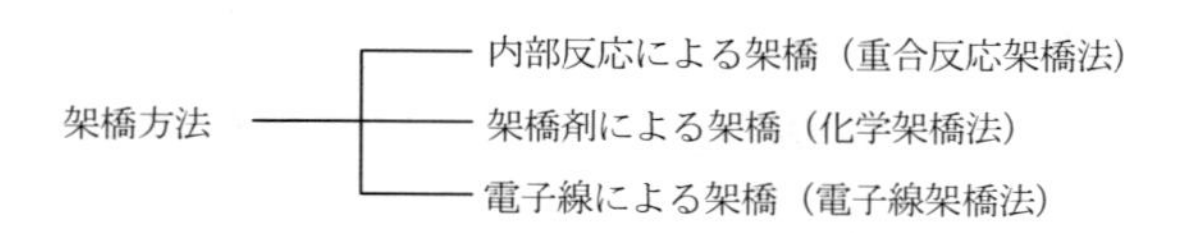

図2　架橋方法の分類[1)]

表2　架橋方法の概要[1)]

	架橋前の材料の状態	架橋方法	架橋反応のタイミング	応用例
重合反応架橋法	液状のモノマーまたはオリゴマー	モノマーまたはオリゴマーによる重合（高分子化）反応	架橋反応の進行に伴い発泡する（ほぼ同時進行）	PURフォーム，PF（レゾール型）フォーム
化学架橋法	固体ポリマー（コンパウンデング）	過酸化物によるポリマーの架橋	架橋反応の進行に伴い発泡する（ほぼ同時進行）	化学架橋フォーム（PE，PPフォームなど）
電子線架橋法	固体ポリマー（シート状）	電子線によるポリマーの架橋	予め架橋反応を進行させてから加熱発泡する	電子線架橋フォーム（PE, PPフォームなど）

いが本節ではわかりやすく平均的数分子量という表現をとらせて頂く）を Mc で表す場合が多い。本節でもこの Mc の考え方を採り入れて表すことにした。架橋点は当然ウレタン結合，ウレア結合などであり，架橋点と架橋点の間は主としてメチレン結合またはオキシメチレン結合などが主体である。

架橋点が多い場合は当然架橋密度が高く，一般に硬質 PUR フォームとなり，架橋点が少ない場合は架橋密度が低いことになり，一般に軟質 PUR フォームとなる。両者の中間的なものは半硬質フォーム（半軟質フォーム）となる。上記の Mc の考え方より PUR フォームを分類すると表 3 の通りである[1]。

5.3.2 化学量論の概念（考え方）

架橋していないポリエチレンフォームなどの発泡成形法では，既にポリマーになった原料を熱などにより溶融または軟化させて発泡成形することになり，単に物理的変化を伴うのみで化学変化は伴わない場合が多い。しかし，注型発泡成形法ではモノマーまたはオリゴマーの化学反応による高分子化（架橋反応）を伴い発泡成形することになる。

従って，化学反応を伴い発泡成形する場合は反応物の化学量論（化学当量）の考え方が重要である。PUR フォームの場合はポリイソシアナート（NCO 成分）およびポリヒドロキシル化合物（単にポリオールとも言う）（OH 成分）の当量比を NCO/OH インデックスなどと称することが一般的である。レゾール型フェノールフォームの場合はレゾール合成時にフェノール成分（P）およびアルデヒド成分（F）の当量比を P/F で示すことが一般的である。

一般の高分子合成理論に基づけば，理想的な高分子体を得るためには化学量論的当量に設定すること（反応する成分の化学当量を等しくすること）が重要である。しかしながら，注型発泡成形法では上記の反応物（モノマーまたはオリゴマー）は必ずしも反応完遂しないこと（未反応物が残ること）や副反応が起こることなどを考慮して，一方の成分を過剰に使用すること，高価な原料を有効に使用するために安価な原料を過剰に使用することなどが知られている。目的とした発泡体を得るためにこのように化学量論を操作すること（例えば一方の成分をどの程度過剰にするか）が各発泡体製造時の高度のノウハウになっている。

PUR フォームでは一般的に OH 成分に対して NCO 成分を過剰に使用するが，その割合は化学当量で 10 ～ 30％である。特殊な硬質フォーム（イソシアヌレート変性 PUR フォームの場合）では 300 ～ 500％過剰に使用することもある。

表 3　PUR フォームの Mc による分類[1]

	NCO 成分の官能基数	OH 成分の官能基数	PUR ポリマー中のおよその Mc
硬質フォーム	2 ～ 4	3 ～ 6	50 ～ 200
半硬質フォーム	2 ～ 2.5	2 ～ 3	300 ～ 1000
軟質フォーム	2 ～ 2.3	2 ～ 3	1000 ～ 1500

この表は代表的な例を示したものであり，特殊なものではこの表の範囲より逸脱するものもある。

一方，レゾール型PFフォームでは，フェノール成分に対してフォルムアルデヒド成分を過剰に使用し，一般的には50～100%過剰に使用される場合が多い。

従って，PURフォームやPFフォームでは一方の成分が過剰に使用されることにより，さらに架橋反応が進行して架橋密度が高くなる。また，PURやPFポリマー中には多くの極性基が存在するので，水素結合も沢山生じており，見掛けの架橋密度はさらに高くなっている。

これらの状況を踏まえて，重合反応による架橋法の代表的な発泡体として，PURフォームおよびPFフォームについて概要を以下に述べる。

5.3.3　ポリウレタンフォームの場合の架橋反応

PURフォームの場合の架橋反応としてはウレタン結合，ウレア結合，ビユレット結合が最も重要であり，これらのモデル反応を以下に示す（ϕはイソシアナート残基を，Rはポリオール残基をそれぞれ示す）。

$$\sim\phi\,\mathrm{NCO} \quad + \quad \sim\mathrm{ROH} \quad \rightarrow \quad \sim\phi\,\mathrm{NHCOOR}\sim \tag{1}$$

$$\sim\phi\,\mathrm{NCO} \quad + \quad \mathrm{H_2O} \quad \rightarrow \quad \sim\phi\,\mathrm{NHCONH}\,\phi\sim \quad + \quad \mathrm{CO_2} \tag{2}$$

$$\sim\phi\,\mathrm{NCO} \quad + \quad \sim\phi\,\mathrm{NHCONH}\,\phi\sim \quad \rightarrow \quad \sim\phi\,\mathrm{N}\,(\mathrm{CONH}\,\phi\sim)\,\mathrm{CONH}\,\phi\sim \tag{3}$$

PURフォームの製造時には，原料の攪拌混合により常温でポリイソシアナート成分（NCO成分）およびポリオール成分（OH成分）の反応によりウレタン結合(1)が生成し，ほぼ同時にポリイソシアナートと水（発泡剤）の反応により二酸化炭素を発生しつつウレア結合(2)が生成する。このウレア結合は過剰のポリイソシアナートと反応してビユレット結合(3)を生成する。ここまでが軟質，半硬質，硬質フォームの製造工程での反応である。また，特殊な硬質フォームではさらに大過剰のイソシアナートおよび特殊な触媒を使用してのイソシアナートの三量化反応を進行させてイソシアヌレート結合を生成させることにより耐熱性・耐炎性の高い発泡体を製造することも可能である。PURフォームではこのような高分子化反応と同時に架橋反応が生じて発泡体を生成する訳である。

なお，上記の他にアロファネート結合について書かれている成書が少なくないが，アロファネート結合は，製造したPURフォームの物性を支配するほどの量が生成していないので，PURフォームの化学では省略すべきであるというのが著者の持論であり，今日ではPUR関係者の多くの支持を得ている。従って，本節ではアロファネート結合については記述しないことにした。

5.3.4　フェノールフォームの場合の架橋反応

PFフォームは大きく分けるとレゾール型，ベンジリックエーテル型，ノボラック型になる。これらは何れもメチレン化剤としてホルムアルデヒドを使用するもので，基本的な反応はLederer - Manasserの反応と呼ばれている。即ち，初めにフェノール成分とホルムアルデヒドとの付加反応により線状のオリゴマーを生成し，それらが縮合して3次元の架橋高分子体を生成する。ノボラック型ではメチレン化剤としてヘキサメチレンテトラミンなどを追加使用することにより，さらに高分子架橋体を生成することになる。

このようにPFフォームの架橋反応は非常に多岐にわたるので本節では紙面の都合で省略した。著者の報文を参照していただきたい[4)]。

5.3.5　重合反応架橋法の発泡体の製造工程

重合反応架橋法の発泡体の代表例としてPURフォームの製造工程は非常に多様であり，その例を表4に示した。また，軟質および硬質PURフォーム（ブロック法）の製造工程の例を図3に示した[5)]。

5.3.6　重合反応架橋法の発泡体の性質および用途例

重合反応架橋法の発泡体の例として，表5に軟質PURフォーム，表6に硬質PURフォームの性質をそれぞれ示した[5)]。

軟質PURフォームの主な用途としては自動車（クッション材，ドア材，インパネなど），衣料，スポーツなど多岐に及んでいる。硬質PURフォームは建築用断熱材，電気冷蔵庫用断熱材，梱包材などに使用させている。

一方，レゾール型PFフォームは連続ラミネート法，スラブ発泡法などで製造され，建築用断

表4　PURフォームの製造方法の概要[5)]

	適用例	使用設備	発泡方法	発泡製品形状
スラブ発泡法（ブロック発泡法）	軟質，半硬質，硬質フォーム	発泡機，シングルコンベア，キュア炉	シングルコンベア上に吐出して発泡硬化させる	大型ブロック状
モールド発泡法	軟質，半硬質フォーム	発泡機，金型，キュア炉	金型中に注入して発泡硬化させる	金型と同様な形状の製品
サンドイッチパネル法	硬質フォーム	発泡機，多段プレス	多段プレスにセットしたパネル中に注入して発泡硬化させる	サンドイッチパネル
連続ラミネート法	硬質フォーム	発泡機，ダブルコンベア	ダブルコンベア上に吐出させ，発泡硬化させる	両面に面材を一体に成形したラミネート
現場スプレイ法	硬質フォーム	現場スプレイ発泡機	対象物に直接スプレイして発泡硬化させる	現場スプレイ発泡（表面に凹凸あり）
注入発泡法	硬質フォーム	発泡機，冶具	注入対象物に直接注入して発泡硬化させる	注入対象物（例：電気冷蔵庫）

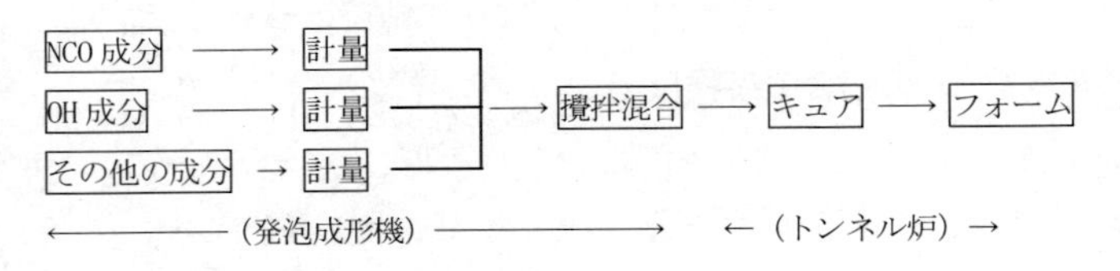

図3　PURフォームの発泡成形工程（ブロック発泡プロセス）[5)]

上図では3成分による発泡成形プロセスを示しているが，軟質フォームの場合は3～10成分で，半硬質および硬質フォームでは2～3成分で各々成形されている。

表5　軟質PURフォーム（ブロック発泡）の代表的な性質[5)]

項目＼種類	ポリエーテル型	ポリエステル型
密度（kg/m^3）	20	30
25%硬さ（kg）	15.0	18.0
圧縮残留歪（%）	4.5	5.5
引張強さ（N/cm^2）	15.0	20.0
伸び（%）	150	250
反発弾性（%）	45	35

JIS K 6401に準拠して測定した。

表6　硬質PURフォーム（ブロック発泡）の代表的な性質[5)]

項目＼種類	一般PURフォーム	PIR変性フォーム
密度（kg/m^3）	30	30
圧縮強さ（N/cm^2）	25	25
熱伝導率（mW/mK）	220	220
独立気泡率（%）	90	90
難燃性（mm）	50	25
貫炎時間（秒）*	100	2000
寸法変化率（100℃）（%）	0.5	0.1
寸法変化率（−30℃）（%）	0.1	0.1

*　Bureau of Mines（米）法に準拠して測定した。
上記以外の項目はJIS A 9511に基づき著者が測定したもの。

熱材，車両断熱材，日用品（剣山）などの用途に使用されている。ノボラック型PFフォームは，化学プラント用断熱材（パイプカバー），屋上断熱材などの用途に使用されている。

5.4　化学架橋法の応用例

5.4.1　化学架橋法による架橋反応

先に述べた通り，PE，PPなどのポリオレフィン樹脂は結晶性が高く，加熱溶融時に急激な粘性の低下をもたらし，そのままでは発泡適性粘度範囲が非常に狭いが，架橋により粘性の低下を緩やかにし発泡適性粘度範囲の拡大を図ることができる。即ち，外部から架橋剤の添加により，ポリマー分子間の架橋を進行させポリマー溶融時の粘性の急激な低下を防止する。

このような外部から添加する架橋剤としてジクミルパーオキシドのような有機過酸化物が使用される。これらの有機過酸化物を原料PE中に混練，分散させるので，有機過酸化物の分解開始温度（ラジカル発生開始温度）はポリマーの融点よりも高く，熱分解型発泡剤の分解開始温度よりも低いことが必要である。有機過酸化物から分解発生するラジカルの有効活用を図り，架橋効率を高めるために使用する過酸化物，発泡剤の選定は重要な要因である。

架橋剤による架橋反応について，PEフォームを例にとって説明すると次の通り進行すると考えられている。過酸化物の熱分解により生成したラジカルはポリマー（PE）から水素を引き抜き，ポリマー同士を架橋する。その反応の基本式は次の通りである（PH：ポリエチレンを示す）。

$$ROOR \rightarrow 2RO\cdot \quad (4)$$

$$RO\cdot + PH \rightarrow P\cdot + ROH \quad (5)$$

$$P\cdot + P\cdot \rightarrow P-P \quad (6)$$

架橋剤としての架橋効率は使用される過酸化物により異なるのでPEに使用可能な架橋剤の例を表7に示した[6]。また，架橋反応は，架橋促進剤の使用により，さらに促進することができる。架橋促進剤としては分子中に2個以上の二重結合を持った有機化合物があり，例えば，ジビニルベンゼン，アリルアクリレート，トリアリルイソシアヌレート（TAIC）などがある。これらの架橋促進剤はPEの架橋反応時に酸受容体として作用すると考えられ，有機過酸化物の熱分

表7　ポリエチレン用有機過酸化物（架橋剤）[6]

化学名	構造式	分子量	理論減性酸素量	半減期（分）（165℃）	⊿E kcal/mol	低密度ポリエチレンに対する相対的架橋効率 / mol（185℃）
ジクミルパーオキシド	$C_6H_5-C(CH_3)_2-O-O-C(CH_3)_2-C_6H_5$	270.4	5.92	1.5	40.6	1.0
tert-ブチルクミルパーオキシド	$H_3C-C(CH_3)_2-O-O-C(CH_3)_2-C_6H_5$	208.3	7.68	4.3	38.2	–
2,5-ジメチル-2,5-ジ(tert-ブチルパーオキシ)ヘキサン	$H_3C-C(CH_3)(O-O-C(CH_3)_2CH_3)-CH_2-CH_2-C(CH_3)(O-O-C(CH_3)_2CH_3)-CH_3$	290.5	11.02	2.5	36.3	1.0
2,5-ジメチル-2,5（tert-ブチルパーオキシ)ヘキシン-3	$H_3C-C(CH_3)(O-O-C(CH_3)_2CH_3)-C\equiv C-C(CH_3)(O-O-C(CH_3)_2CH_3)-CH_3$	286.4	11.16	10	36.7	1.12
1.3-ビス(tert-ブチルパーオキシイソプロピル)ベンゼン	$H_3C-C(CH_3)_2-O-O-C(CH_3)_2-C_6H_4-C(CH_3)_2-O-O-C(CH_3)_2-CH_3$	338.5	9.45	3.0	36.3	–

解で生成したラジカルの攻撃を受け架橋促進剤ラジカルを生成し，PE間の架橋反応を促進し，PEポリマーの架橋構造形成がさらに進行するものと考えられている。これらの架橋反応を繰り返すことにより所定の架橋密度を含むPEを形成し，架橋PE発泡体を得ることができる。

このようにして安定発泡温度範囲を確保することにより最適の架橋密度，即ち最適の粘弾性範囲を得ることができる。

図4に化学架橋PEフォームにおける発泡剤の有効利用状況について示した[6)]。即ち，架橋が少ない場合は気泡内部の発泡剤の圧力に対して気泡壁の強度が小さくて破泡現象が起こり，一方架橋過度では気泡壁の強度が大き過ぎて気泡内部の圧力が抑えられ十分な発泡倍率まで高くならない。図4では一定の配合条件における発泡剤の有効利用状況を動的弾性率との関係において表示した。従って各材料（ポリマー）の種類，配合，成形条件に合致した条件設定が必要になる。

一方，PPの場合もPEと同様に化学架橋法で安定範囲を保持することができる。即ち，有機過酸化物の使用によりPPポリマーから側鎖のメチル基を引き抜き，この点を基点として分子間の架橋が起こる。但し，PPの場合，側鎖にメチル基を有しているので，架橋剤として使用される有機過酸化物によりメチル基の引き抜きと同時にポリマー主鎖の切断が起こるので発泡成形時に適正粘度を得ることが困難になる。そこで架橋促進剤として多官能性モノマーを使用して架橋効率の向上を図ることが実施されている。架橋促進剤の使用方法は各社のノウハウになっているが，PEの架橋の場合と同様にジビニルベンゼン，アリルアクリレート，トリアリルイソシアヌレート（TAIC）などが使用される。

なお，これらの化学架橋法によらない原料樹脂の改質・改善の方法もある。即ち，ポリマー構造の一部を予め分岐構造や架橋構造に変質すること（例：PP），平均分子量の高いものを使用すること（例：PS）などにより溶融時の粘性を高く保持して発泡成形を可能にすることもある。

さらに，ポリ塩化ビニル（PVC）フォームなどでは，PVCコンパウンド中に酸無水物，トルエンジイソシアナート（TDI）などを添加して発泡ガスの生成と共に架橋反応を起こさせる方法も実用化されている。基本的には外部より架橋剤を添加してポリマーを架橋させる方法（考え

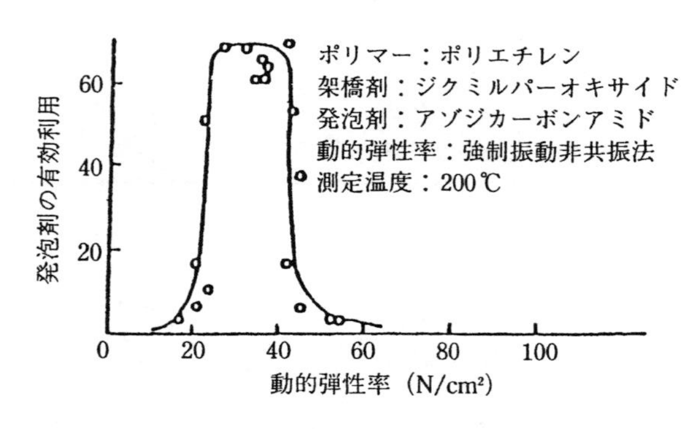

図4　化学架橋PEフォームの発泡特性[6)]

使用した発泡剤から生成する気体がPEの発泡に使用された相対的な量を示す。
この数値が大きいほど発泡剤が有効に使用されたことになる。

方）は共通である。

5.4.2　化学架橋法による架橋発泡体の製造工程

化学架橋法による架橋の発泡体としてPEフォームおよびPPフォームの代表的な製造工程（1段法および2段法）を図5に示した[8]。

5.4.3　化学架橋法による架橋の発泡体の性質および用途例

化学架橋法による架橋の発泡体としてPEフォームの代表的な性質を表8に示した[8]。

また，これらのフォームの用途として，自動車（内装材，トランクマットなど），電子・電気製品（エアコン断熱材，パイプカバーなど），土木建築（サッシ目地材など），日常生活用品（スポーツ用品，玩具，家庭用品，事務用品など）として幅広く使用されている。

5.5　電子線架橋法の応用例

5.5.1　電子線架橋法による架橋反応

電子線照射（ガンマー線など）によりポリオレフィン（PE，PP）の架橋を行うことも可能である。ポリオレフィンに外部より電子線を照射して，水素またはメチル基を引き抜きながら（水

（1）1段発泡方式

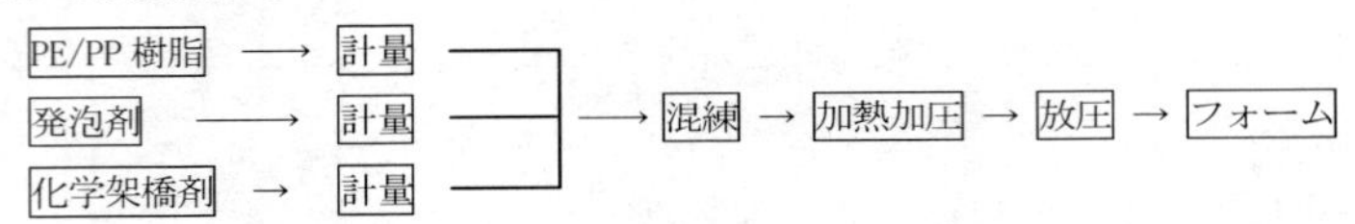

（2）2段発泡方式

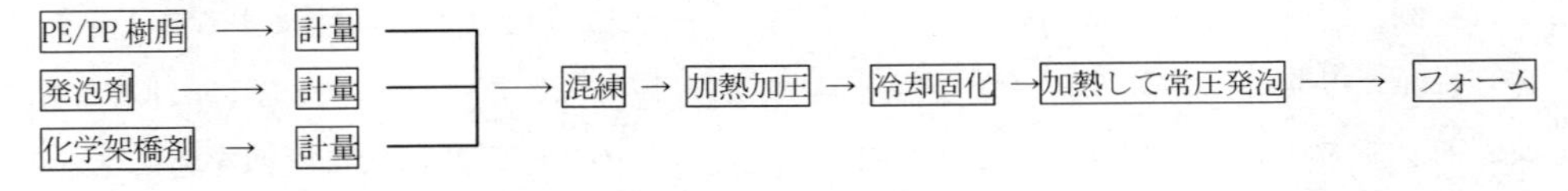

図5　化学架橋法によるPE，PPフォームの発泡成形工程[8]

表8　代表的な化学架橋PEフォームの性質[8]

項目＼種類	30倍発泡	40倍発泡
密度（kg/m^3）	35	25
引張強さ（N/cm^2）	45	32
伸び（%）	200	160
圧縮硬さ（N/cm^2）	3.5	3.0
熱伝導率（W/mK）*	0.040	0.033

JIS K 6767に準拠して測定した。
＊　熱伝導率の測定温度は25℃（試料中心温度）

素またはメタンの発生を伴いながら）PE，PPの分子間または分子内に架橋反応を起こす。電子線による架橋効率は温度の影響を受けるが，ゲル分率50%以下で良好な発泡が得られることにより，照射線量は1～10 M rad程度がよいとされている。基本的な架橋反応形態は化学架橋の場合と同様である[7]。

電子線架橋法の最適発泡条件について図6に示した[6]。この図では，電子線による架橋が進行する際の電子線量と発泡剤の使用可能量との関係を示し，最適な発泡可能な範囲があることを示すものである。即ち，架橋が少ない場合は気泡内部の発泡剤の圧力に対して気泡壁の強度が小さくて破泡現象が起こり，一方架橋過度では気泡壁の強度が大き過ぎて気泡内部の圧力が抑えられ十分な発泡倍率まで高くならない。これらの状況は化学架橋剤を使用した場合と同様である。従って各材料（ポリマー）の種類，配合，成形条件（特に電子線の照射条件）を考慮することが大切である。

5.5.2　電子線架橋法による架橋発泡体の製造工程

電子線架橋法による架橋発泡体としてPEフォームおよびPPフォームの代表的な製造工程を図7に示した[8]。

電子線架橋法の製造工程についてPE発泡体の電子線架橋法を例にとって説明すると，同法の製造工程はシート成形（押出），電子線照射および加熱発泡の3工程より構成される。シート成形（押出）工程では発泡剤が分解しない温度条件下で均一に押出すことが重要である。電子線照射工程で使用される電子線加速機は，加速電圧が500～2000 kV，電子線出力が5～50 kW，電子線ビーム幅が300 mm以上のものが使用される[7]。電子線の透過能力は余り大きくないので，一般的に厚さ数㎜の発泡シートでも厚さ方向に均一に照射できるようにシートの両側から照射す

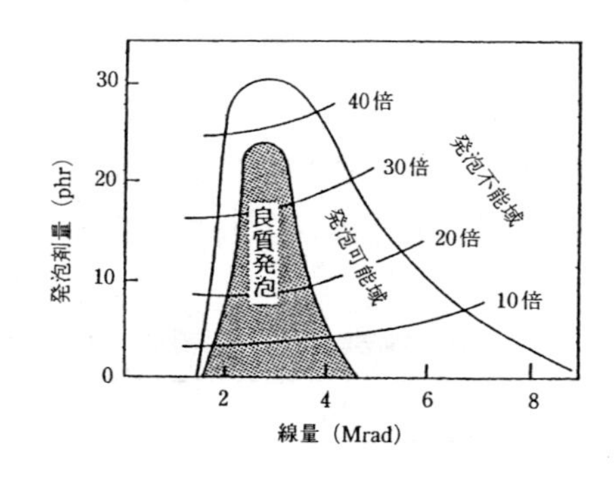

図6　電子線架橋法PEフォームの発泡特性[6]

図7　電子線架橋法によるPEおよびPPフォームの発泡成形工程[8]

る方法が採られている。発泡工程では200℃以上の高温下で急速に発泡させるために，均質な加熱方法の確保および引き取り方法の安定化のための工夫が各社で図られている。

5.5.3　電子線架橋法による架橋発泡体の性質および用途例

電子線架橋による発泡体（PEフォームおよびPPフォーム）の代表的な性質を表9に示した[8)]。

また，これらのフォームの用途として，自動車（インパネ，天井材，ドアトリムなど），電子・電気製品（パッキング材，エアコン断熱材など），土木建築（各種目地材，屋上断熱材，折板屋根内側断熱材など），日常生活用品（スポーツ用品，玩具，家庭用品など）として幅広く使用されている。

5.6　その他の発泡成形法

5.6.1　無架橋法によるポリオレフィン系フォーム

最近，発泡技術の高度化によりポリオレフィン樹脂を無架橋でも発泡成形できる技術が開発され，実用化されている。これは，主原料としてLDPEを，製造設備としてタンデム式押出機を使用するもので，ボードよりも厚い発泡製品（foam plankと呼ばれている）を製造する方法である。発泡剤として揮発性発泡剤（低級アルカンなど），液化炭酸ガスなどを使用することにより，発泡剤の蒸発時にポリマーから熱を奪うことによりポリマーの粘性の上昇を図り，安定発泡を可能にしたと言われている。これらの発泡成形技術は非常に狭い発泡成形可能範囲で操作しなければならず，相当高度の制御技術が必要である。

従って，今日まで一般的には上記の架橋剤による化学架橋法または電子線による電子線架橋法を利用した発泡技術が幅広く普及されている。

また，PE主鎖中に酢酸ビニルなどを含む共重合体（例えばEVA共重合体）を導入して変性することによりポリオレフィンの結晶性が乱れ，温度に対する粘弾性の低下が緩やかになり，安定発泡範囲が広くなるので発泡成形しやすくなることも応用されている。これらのポリマー変性技術はポリオレフィンのみならず，PVC発泡体などにおいても応用されている。一般的に，市販されているPVC系フォームは多少なりとEVA変性されているものが多い。

表9　代表的な電子線架橋フォーム（PE，PP）の性質[8)]

項目＼種類	PEフォーム	PPフォーム
密度（kg/m^3）	33	33
引張強さ（N/cm^2）	30	75
伸び（%）	120	290
圧縮硬さ（N/cm^2）	3.0	4.5
熱伝導率（W/mK）*	0.031	0.032

JIS K 6767に準拠して測定した。
*　熱伝導率の測定温度は25℃（試料中心温度）

5.6.2　固相発泡成形法によるフォーム

先に紹介した固相発泡成形では化学的な架橋反応はほとんどないので，本節では割愛した。固相発泡成形法の代表であるポリスチレン（PS）フォームでは，架橋反応そのものではないが，PSホモポリマーに対して，スチレン以外のビニルモノマーとの共重合体であるスチレン・エチレン共重合体，スチレン・アクリロニトリル共重合体，スチレン・無水マレイン酸共重合体などを使用する方法があり，これらの発泡体はPSフォームの耐薬品性や機械的強度の改善に実用化されている。これらは一部架橋した構造を形成しているものもあるので，広義では本節で取り上げた架橋のカテゴリーに含まれるかもしれないが，紙面の都合で割愛させて頂いた。少なくとも，上記のビニルモノマーとの共重合により，極性基の導入が可能になるので，極性基による水素結合の生成による見掛けの架橋を生じ，発泡成形時のスチレンポリマーの粘性を変化させることが可能になる。これらについてはまた別の機会に紹介したいと思う。

5.7　おわりに

これまで本節では，架橋反応を利用した発泡成形技術について実用化されている代表的な事例を紹介した。架橋反応を取り入れることにより多くの高分子材料が発泡成形可能になり，それらの発泡体（フォーム）が私達の日常生活で有用な材料として応用展開されていることがご理解頂けたと思う。本節がこれらの発泡成形に関心を持つ諸賢において，少しでも役立てば著者の幸せとするところである。

文　　献

1）岩崎，「架橋・硬化反応のメカニズムと新しい架橋システムの開発」，情報機構，p118-132（2007年3月）に記載の内容を一部修正して示した。
2）岩崎，「プラスチック加工技術ハンドブック」，高分子学会編（日刊工業新聞社），p855-882（1995年6月）に記載の内容を一部修正して示した。
3）岩崎編（高橋著），「発泡プラスチック技術総覧」，情報開発社，p146（1989年7月）
4）例えば，岩崎編（岩崎著），「発泡プラスチック技術総覧」，情報開発社，p169-196（1989年7月），または　岩崎，プラスチックス，**38**(2)，50-59（1990）
5）岩崎，ITCL技術資料（PUR関係）（非公表）
6）岩崎編（村瀬ほか著），「発泡プラスチック技術総覧」，情報開発社，p99-142（1989年7月）
7）原山，千葉，機能材料，30-41（1982年11月号）
8）岩崎，ITCL技術資料（ポリオレフィン関係）（非公表）

第4章　新しい架橋反応とその応用

1　ニトリルオキシドを用いる高効率架橋

小山靖人[*1]，高田十志和[*2]

1.1　はじめに

ポリマーを材料として利用する時しばしば架橋が必要になる。材料の安定性，力学特性，耐熱性，さらには耐薬品性など材料として使えるような特性を賦与するためである。最もわかりやすい例は，ゴムの架橋である。Goodyearによって1839年に偶然発見された硫黄によるゴムの架橋は[1]，天然ゴムの塑性流動性と表面粘着性という欠点を克服する技術で，ゴム弾性はこの架橋によって生まれる。現在もなおその原理が生きるまさに架橋の根源である。1次元のポリマー分子を不溶不融の3次元網目構造化する「架橋」は，高分子材料活用にとって非常に重要な作業であり，「**架橋は材料に命を吹き込む**」と呼ばれる所以である[2]。

ゴムの架橋に対する硫黄の有用性の発見以来，加硫化学は促進剤，遅延剤，活性化助剤などの絶え間ない開発によって，安定した物性値を持つネットワークポリマーを得る方法論になってきた[3~5]。しかしながら，加硫は万能の架橋法ではなく，主に以下の克服すべき点を含んでいる[2]。1つ目は，加硫プロセスは高温条件で行う必要があり，多くの熱エネルギーが要求される点である。その一方で，加硫ポリマーの耐熱性は十分とは言い切れない。加硫ポリマーの架橋点はスルフィド，ジスルフィド，ポリスルフィド構造を有しているが，弱い結合エネルギーを示すポリスルフィドの存在によって耐熱性が低下することが知られている。また促進剤や助剤などの触媒を必要とする点も問題であり，生成ポリマーからそれらを取り除くことは不可能に近く，触媒の残存はしばしば生成ポリマーを劣化させることがある。最も重大な欠点として，官能基許容性の低さが挙げられる。加硫は架橋点としてはオレフィンを足がかりとする必要があるため，加硫に利用できる高分子の構造には制限があると言える。

本節では様々な汎用高分子に適用可能な高効率的な架橋法の開発を目的とし，筆者が近年開発した，安定ニトリルオキシドを利用する①官能基許容性が高く，②無触媒，③無溶媒，④低温で進行し，⑤安定な共有結合形成を伴う新しい架橋法について，様々な高分子（ポリアクリロニトリル，天然ゴム，合成ゴムなど）の架橋例を通して，その有用性を述べる[6~11]。また，得られたネットワークポリマーの特徴的な物性についても併せて述べる。

＊1　Yasuhito Koyama　東京工業大学　大学院理工学研究科　有機・高分子物質専攻　助教
＊2　Toshikazu Takata　東京工業大学　大学院理工学研究科　有機・高分子物質専攻　教授

1.2　ニトリルオキシドの化学

ニトリルオキシドは炭素－窒素－酸素からなるアレン型の1,3-双極子であり，無触媒でアルケン，アルキン，CN基などの多様な不飽和結合と反応することが知られており，極めて魅力的な官能基である（図1）[12, 13]。しかしながら通常ニトリルオキシドは不安定であり，2量化反応が容易に起こってフロキサンへと変換されることや[14]，単独でも熱的，光化学的にイソシアナートへと転位することが知られている[15, 16]。こうした欠点のため，ニトリルオキシドを用いた反応は，分子修飾や分子間の連結反応としては不適切と考えられてきたため，その報告例は数例に留まっている。一方，ニトリルオキシド基に十分に嵩高い置換基が隣接する時，安定に単離することが可能となる[17, 18]。特に芳香族ニトリルオキシドの場合は，その両オルト位に適当な置換基を導入するだけで，効果的に2量化反応が抑制され，高温条件下でも安定に存在でき，また耐水性も著しく向上する。このような潜在的有用性にもかかわらず，分子修飾や分子間の連結の観点で詳細に安定ニトリルオキシドを研究，利用した例はほとんどない[19]。

こうした背景の下，筆者らは安定ニトリルオキシドを有する架橋剤の開発を推進しており，これまでに大きく分けて2種類の有用な反応剤を見いだしており，本節ではそれらの有用性について述べる。1つ目は2官能性安定ニトリルオキシドである[8, 9]。これを架橋剤として用いれば，多くのエラストマーや繊維，樹脂などは内部アルケンやニトリル基を主鎖骨格に持っているため，汎用高分子に対し無触媒で架橋反応を起こすことができる。実際，2官能性ニトリルオキシド前駆体を用い，反応系内で発生させることで架橋を行うという先駆的な研究は報告されているものの，添加剤が必要で副生成物を伴う[20～22]。また発生したニトリルオキシドの不安定性のため，ジポーラロファイルの構造は限定されており，末端オレフィンかアセチレンのみにしか適用できなかった。なお，速度論的に安定化した2官能性ニトリルオキシドについて数例の報告があるものの，オルト位に導入した置換基が十分に嵩高くなかったため，架橋剤として使用するには，化学的な安定性が乏しく反応効率は低いものであった[23～25]。筆者らが開発した2官能性安定ニトリルオキシドは，十分に嵩高い置換基を導入し，高反応性と化学的安定性を兼ね備えた反応剤である。前半部位ではこれを用いる無触媒・高効率架橋について述べる。

もう1つは安定ニトリルオキシドと末端エポキシドを併せ持つ反応剤（アンビデント反応剤）

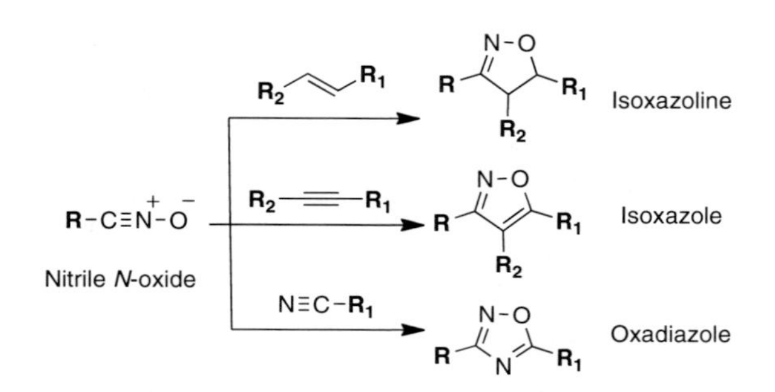

図1　ニトリルオキシドとジポーラロファイルの反応

であり，不飽和結合を持つ分子と求核性官能基を持つ分子を共有結合的に無触媒で接着する「分子糊」として機能する[11]。すなわち安定ニトリルオキシドの付加反応を通して，無触媒で内部オレフィンやCN基などの比較的反応活性の低い不飽和結合を持つ汎用高分子（NR，PAN，合成ゴム，樹脂など）に反応活性な末端エポキシドなどを任意の付加率で導入できる。またこのエポキシドに対し2官能性求核剤を作用させると，適当な構造を架橋点間に導入することが可能となり，任意の架橋構造の導入や架橋点間距離の自在な制御が可能となったので，後半部位で1例のみ紹介する。

1.3　単官能性安定ニトリルオキシドを用いた高分子の修飾反応

2官能性安定ニトリルオキシドを用いた架橋の検討の前に，まず単官能性安定ニトリルオキシドを用い，ポリアクリロニトリル（PAN）の修飾反応をモデル反応として検討した（図2）[10, 26]。PANを用いた理由は，他の不飽和結合からなる高分子に比べ，構造的に単純であり，修飾反応後の構造決定が容易であると期待したためである。PANの修飾反応は，ヒドロキサモイルクロリド**1**と塩基の組み合わせから開始した[27]。しかしながら，トリエチルアミンやモレキュラーシーブ4Å（MS 4A）[6]などの塩基を用い検討したものの，全く反応は進行しなかった。一方，安定ニトリルオキシド**3**（mp 132.1～132.7℃）[17]を用い，100℃で反応すると対応するオキサジアゾールを含むポリマーへ53%の修飾率で変換されることが明らかとなった。なお，修飾PANの付加率の決定には^{13}C NMRのゲートデカップル法が有効であり，生成したオキサジアゾールのピークと残存CN基の積分比より容易に求めることが可能である。得られたポリマーは，原料のPANが溶けないようなクロロホルムやTHFなどの様々な有機溶媒に対し，高い溶解性を示すことがわかった。

1.4　2官能性安定ニトリルオキシドの合成と架橋反応

上記のモデル反応の結果を踏まえ，次に2官能性安定ニトリルオキシド**4**を用い，PANの架橋反応を調査した。架橋剤**4**は，ビスフェノール化合物から3段階，通算収率88%で簡便に調製でき，結晶として単離することが可能であった（mp248.1～249.8℃）[8, 9]。得られた**4**は冷蔵庫で1年以上保存することが可能であり，実際20 gスケールでの合成も可能であった。

PANをDMFに溶解させ，CN基に対して2.0 mol%の**4**を添加し，無触媒下で60℃に加熱を

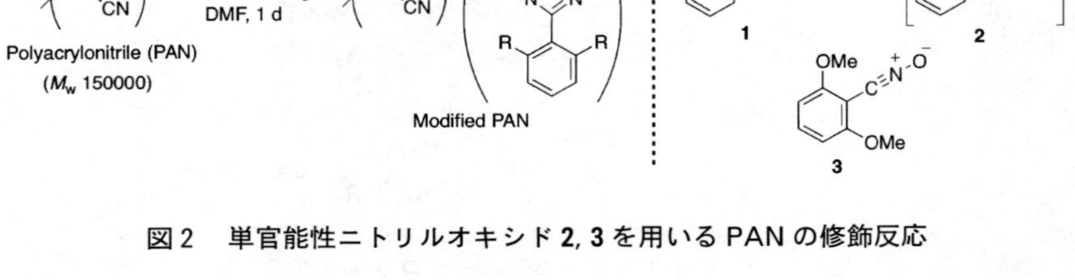

図2　単官能性ニトリルオキシド2, 3を用いるPANの修飾反応

すると，期待通り架橋反応が進行し，1時間以内に透明なゲルが得られることがわかった（図3）。架橋が十分に完結するよう1日反応した後で加熱を停止し，共有結合的に架橋されたPANを収率95%で得た。

架橋剤としての汎用性を明らかにすべく，次に3置換内部オレフィンを持つ天然ゴムの架橋について検討した。天然ゴムのクロロホルム溶液をテフロンシャーレに入れ，様々な添加量でニトリルオキシド**4**を加えて40℃に加熱し，溶媒を揮発させながら反応を行ったところ，いずれの反応からも対応する架橋体が得られることがわかった（図4）。網目鎖濃度と架橋度については，トルエンに対する膨潤率を求め，修正Flory-Rehnerの式より算出した（表1）[28]。その結果，①架橋度は仕込み比とよい一致を示し，②架橋効率が十分に高いことがわかったため，ニトリルオキシドが天然ゴムの内部アルケンに対し高効率で反応していることが明らかとなった。また，それぞれの架橋ポリマーの熱物性を調査した結果，標準配合から調製した加硫ゴムに比べ(Entry 7)，熱安定性に優れていることが明らかとなった。

次に，2置換オレフィンとCN基を併せ持つニトリルブタジエンゴム（NBR）の架橋について検討した（図5）。架強度はニトリルオキシド**4**の仕込み比とよい一致を示し，効率的な架橋が可能であることが明らかとなった。興味深いことに，架橋速度は天然ゴムよりも低温で迅速に進行することがわかった。加硫においては，天然ゴムの方がNBRよりも迅速に架橋することが知られており，それは主鎖のアリル位のラジカル的な水素引き抜き反応の速度に依存しているためである[29, 30]。一方，ニトリルオキシドを用いる架橋は明らかに1,3-双極子付加環化反応の速度依存であり，不飽和結合の電子的および立体的要因によって支配されているため，天然ゴムとNBRの反応性の違いは加硫と対照的になったものと考えられる。

さらに，不飽和結合の含有率が少ない高分子としてエチレンプロピレンジエンターポリマー(EPDM)を選定し，その架橋について，同様の手法を用いて検討した。結果として，EPDMは

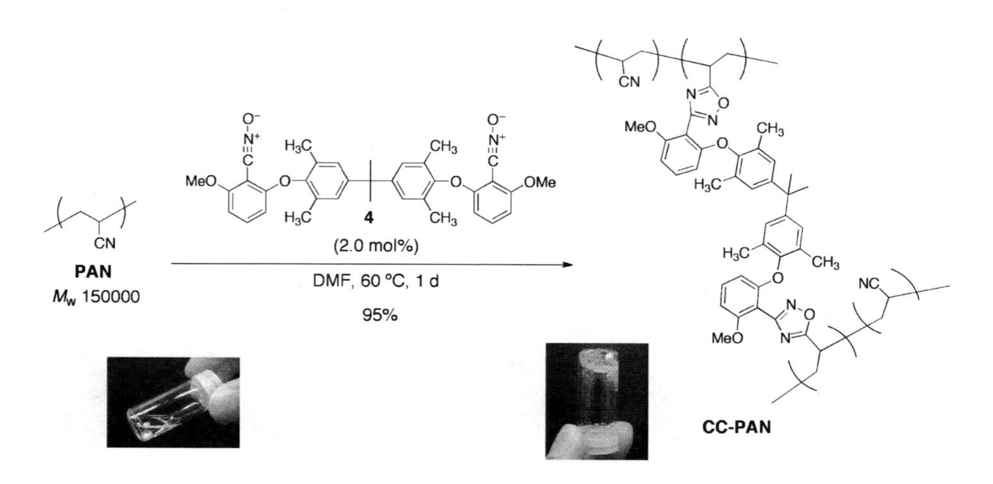

図3　2官能性安定ニトリルオキシド4を用いたPANの架橋反応

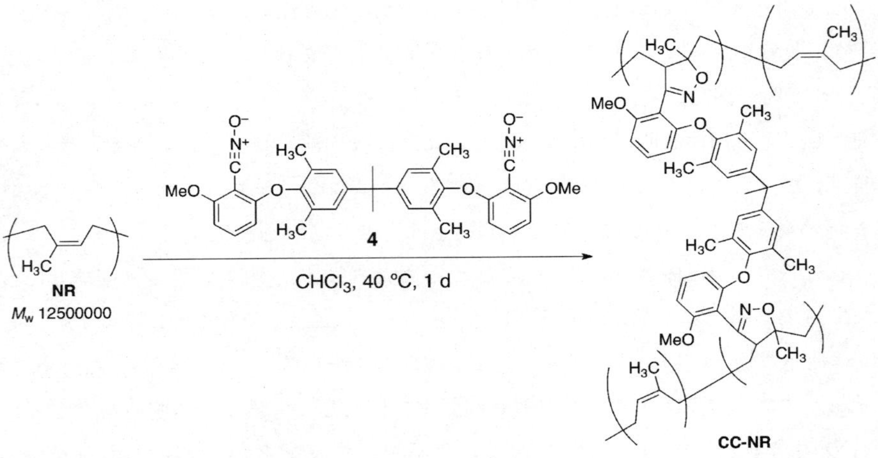

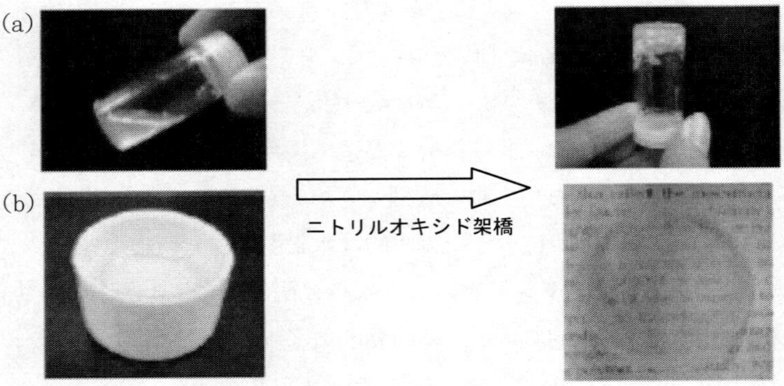

図4　2官能性安定ニトリルオキシド4を用いる天然ゴムの架橋（(a) 架橋ゲル，(b) 架橋シート）

表1　4を用いる天然ゴムの架橋と仕込み比の影響および生成ゴムの熱物性

Entry	Feed ratio of **4***1/wt% (mol%)	Yield /%	Swelling ratio*2/%	v*3/ (mol/cm^3)	Degree of cross-link*4/%	Cross-link ratio of 4*5/%	T_{d5}/℃	T_{d10}/℃	T_g/℃
1	0 (0)	−	−	−	−	−	353	365	− 66.7
2	1.0 (0.2)	90	1400	1.4×10^{-5}	0.2	95	351	361	− 58.0
3	2.0 (0.5)	94	890	3.1×10^{-5}	0.5	98	354	365	− 64.3
4	5.0 (1.2)	95	610	6.1×10^{-5}	1.0	77	353	365	− 57.2
5	8.5 (2.0)	92	500	9.0×10^{-5}	1.4	64	350	363	− 64.3
6	10 (2.4)	99	440	1.1×10^{-4}	2.0	77	349	362	− 60.6
7*6	−	97	470	8.9×10^{-5}	0.9	−	339	357	− 62.7

＊1　ポリマー中の不飽和結合に対するニトリルオキシドのモル比。　＊2　膨潤率＝[(W_s − W_d)/W_d] × 100，ただし，W_d は乾燥状態のゲルの重量，W_s は膨潤状態のゲルの重量。　＊3　v は架強度。　＊4　ポリマー中の不飽和結合における架橋構造の割合。　＊5　ニトリルオキシドとの反応によって導入された架橋構造の割合。　＊6　加硫天然ゴムはJIS標準配合によって調製された（JIS K6251）。

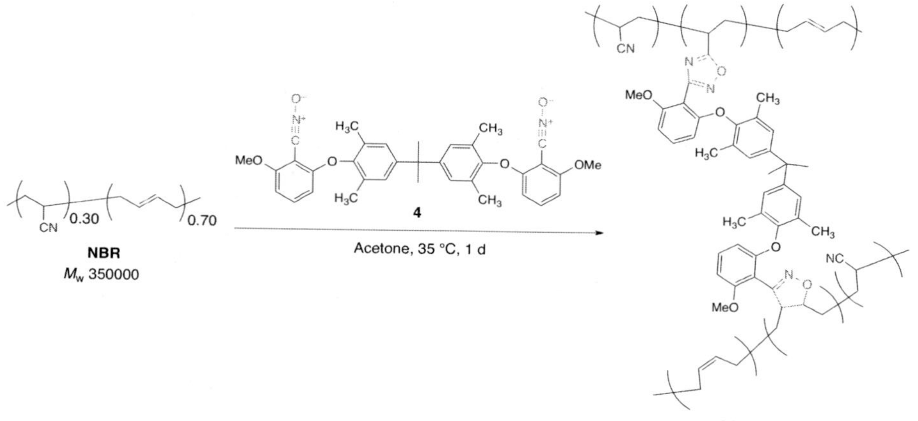

CC-NBR

図 5　4 を用いる NBR の架橋反応

非常に長い反応時間が必要であったものの（5 日），対応する架橋ポリマーが 94%の収率で得られることが明らかとなった（図 6）。これは反応部位である 2 重結合が低濃度であることに依存していると考えられる。

架橋天然ゴムの応力歪み曲線を図 7 に示す。その曲線の形状はニトリルオキシドの添加率に依存しており，Hooke の式より引張強度と伸びの結果から，ヤング率を算出した（表 2）。これらの結果は，膨潤率とよい一致を示した。

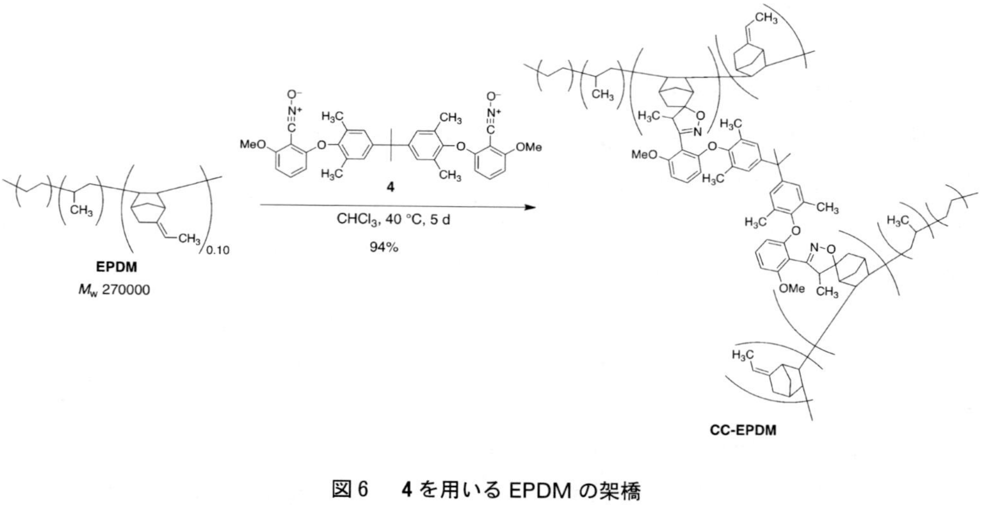

CC-EPDM

図 6　4 を用いる EPDM の架橋

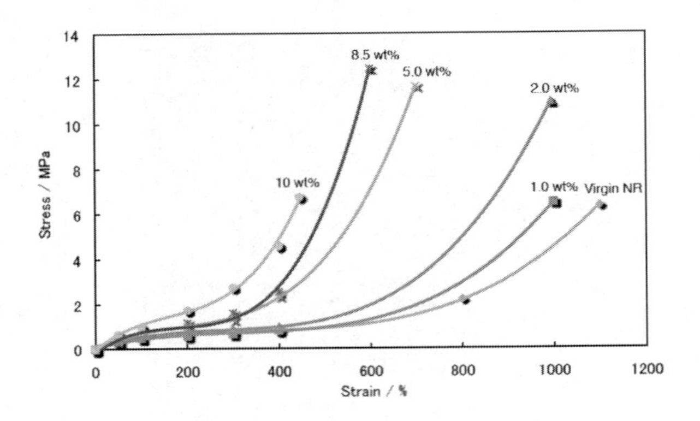

図7　NR の応力歪み曲線における **4** の仕込み比の影響

表2　架橋天然ゴム（CC-NR）の機械的特性

Cross-linked polymer	Feed ratio of **4**^{*1}/wt% (mol%)	Degree of cross-link^{*2}/%	Tensile strength^{*3} /MPa	Elongation^{*3} /%	Young's modulus^{*3} /MPa
CC-NR1	0	−	6.34	1100	0.58
CC-NR 2	1.0 (0.2)	0.23	6.48	1000	0.65
CC-NR 3	2.0 (0.5)	0.47	11.0	1000	1.10
CC-NR 4	5.0 (1.2)	0.95	11.7	700	1.67
CC-NR 5	8.5 (2.0)	1.4	12.4	600	2.06
CC-NR 6	10 (2.4)	2.0	6.74	450	1.50

＊1　ポリマー中の不飽和結合に対するニトリルオキシドのモル比。　＊2　ポリマー中の不飽和結合における架橋構造の割合。　＊3　機械的特性については次の式より求めた：$\sigma = E\varepsilon$，ただし σ は引張強度，E はヤング率，ε は架橋天然ゴムおよび架橋 NBR の伸び。

1.5　無溶媒条件下での架橋反応

EPDM の架橋において，架橋速度が濃度に大きく依存していることがわかったため，次に無溶媒下での架橋反応について検討した。すなわち，一般的な Diels-Alder 反応の速度は濃度に大きく依存しているため，同様の反応様式である 1,3-双極子付加環化反応についても反応速度の加速が起こるのではないかと期待したためである[31]。キュラストメーターを利用し，天然ゴムに対するニトリルオキシドの架橋挙動を加硫およびパーオキシド架橋（ジクミルパーオキシド）と比較した（図8）。図8（A）に 100℃における天然ゴムの架橋曲線を示す（①ニトリルオキシド **4**：3.5 wt%，②ジクミルパーオキシド：3.5 wt%，シリカゲルマトリックス，③標準配合1：硫黄：3.5 wt%，酸化亜鉛：6.0 wt%，ステアリン酸：0.5 wt%，メルカプトベンゾトリアゾール：0.5 wt%）。ニトリルオキシド **4** では 100℃において架橋を示す曲線が得られた一方，ジクミルパーオキシドや硫黄を用いた時には架橋が観測されなかった。また，**4** は 70℃から 150℃の間でいずれも架橋戻りを起こすことがないこともわかった（図8（B））。典型的な加硫は架橋時間の増加に伴い，加硫戻りを起こすことが知られており，それは架橋高分子に含まれるポリス

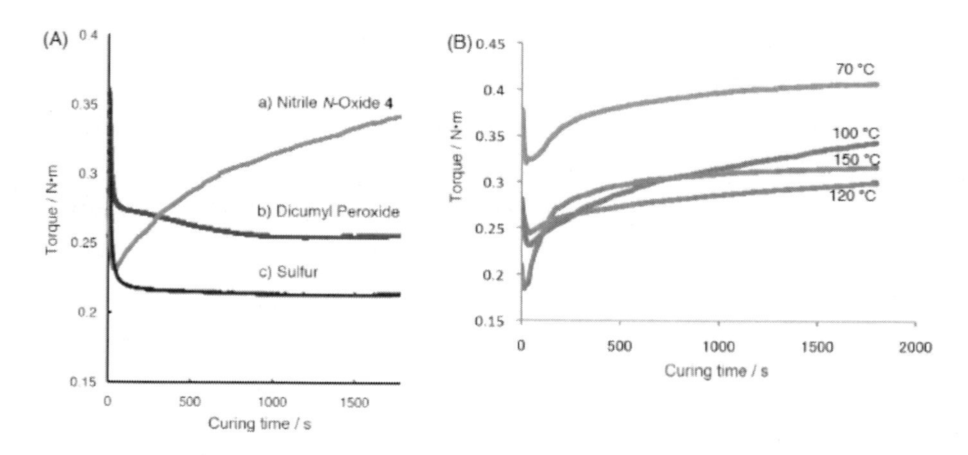

図8　天然ゴムの100℃におけるキュラストキュア曲線
（A）a）ニトリルオキシド**4**，b）ジクミルパーオキシド，c）加硫剤，（B）**4**を用いる様々な温度下での架橋。

ルフィドの弱いS-S結合の開裂に由来する。ニトリルオキシドを用いた時に全く架橋戻りが見られないのは，架橋反応が強固なC-C結合形成反応であることに起因すると考えられる。

この結果を基にして，熱プレス下で200 gスケール（300 × 300 mm^2）の架橋反応を行ったところ，迅速に架橋が進行し（70℃，100 atm，22 min），95%の収率で架橋ゴムが得られた（図9）。

1.6　アンビデント反応剤を用いる架橋

こうした不飽和結合高分子間の架橋の結果を踏まえ，さらに自在な架橋が可能となるような，安定ニトリルオキシドと末端エポキシドを併せ持つ反応剤（アンビデント反応剤**5**）を新規に合成した[11]。天然ゴムのクロロホルム溶液に対し，**5**を加えると，反応活性なエポキシドの分解を起こすことなく，ニトリルオキシドと内部オレフィンとの間で1,3-双極子付加環化反応が高立

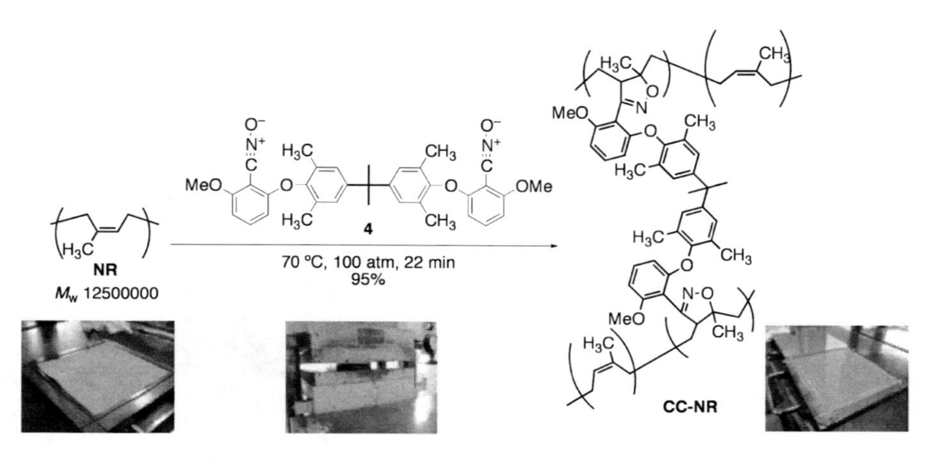

図9　熱プレスによる200 gスケール（300 × 300 mm²）での天然ゴムの架橋（4：3.5 wt%，0.83 mol%）

体選択的に進行し，加えた量に応じた任意の付加率で対応する修飾ポリマーが得られた（図10）。この際，固相で修飾反応を行うと反応が著しく加速することもわかった[31]。次に，2％のみアンビデント反応剤で修飾したポリマーを用い架橋反応を行った。2官能性求核剤としてビスアミンを用い，ビスアミンとポリマーのクロロホルム溶液をテフロンシャーレに入れ，溶媒を留去しながら40℃に加熱すると，エポキシドに対する2級アミンの付加反応が無触媒下でも十分に進行し，半透明の架橋フィルムが得られた。また，ビスアミンの仕込み比を種々変化させて各種架橋ポリマーを調製し，架橋度を修正 Flory-Rehner の式より算出したところ[28]，1：1でエポキシドとアミンが定量的に付加しており，ビスアミンの仕込み比に応じた架橋度になることが明らかとなった。

反応剤**5**は，架橋度の厳密な制御を可能にするのみならず，任意の架橋構造を架橋点に導入することや，求核性有機分子の付加によるポリマー上への簡便な分子集積を可能とする新しい分子連結ツールになると期待している。

1.7 おわりに

2官能性安定ニトリルオキシド**4**を架橋剤として用いると，PAN，天然ゴム，NBR，EPDMなどの様々な不飽和結合を含む高分子を高効率的に架橋できることを今回実証した。この手法は，無触媒条件下での汎用高分子の新しい架橋法を提供するものであり，加硫やパーオキシド架橋に比べ低温下で効率的な架橋が進行することを示している。また，この［2+3］双極子付加環化反応は内部オレフィンのみならず，CN基を持つ高分子鎖を足がかりとして，溶液でも固相でも効果的に架橋できることを明らかとした。この架橋法は高い信頼性を持つ共有結合架橋に依るため，架橋点の化学構造や結合位置が明確であり，化学的に安定な架橋高分子を再現性よく供給できる方法論と言える。この架橋法を用いることで，例えば①完全水素化NBRの架橋や，②固相条件下での反応を用いることで樹脂やファイバーなどの形状を損なうことのない補強反応，さ

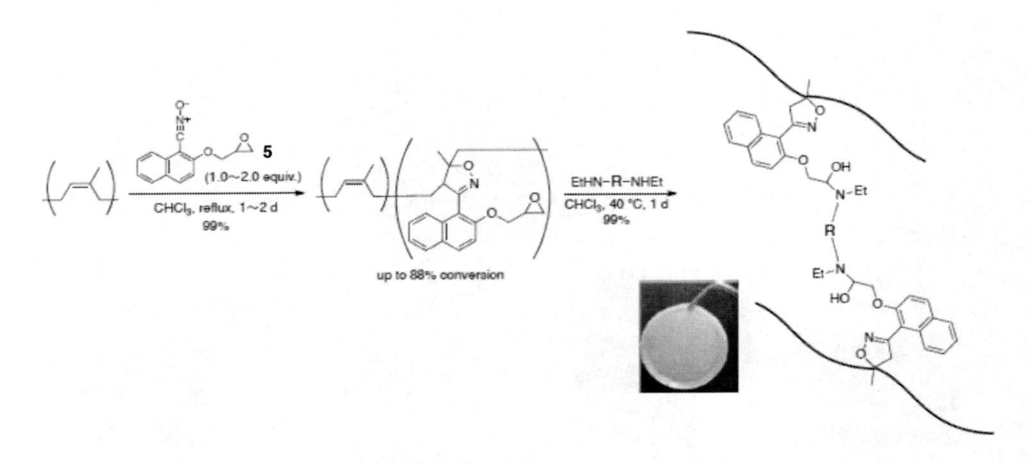

図10　架橋点間距離を制御したアンビデント反応剤5を利用する架橋反応

らに③ソフト界面間の接着など，これまで未開拓の領域での架橋プロセスが達成できると期待される。また，アンビデント反応剤によって柔軟な架橋ポリマーの設計・合成が可能になっただけでなく，高分子構造体を分子集積の土台とする新しい高分子化学が展開可能になると期待される。本研究で開発したツールを利用することで，汎用高分子から高度に設計された機能性マテリアルが構築できると期待され，将来的に重要な高分子素材を世に提供できるようになると確信している。

文　　献

1) Goodyear, C. U.S.Patent, 3633 (1844)
2) 秋葉光雄，ゴム・エラストマーの架橋と脱硫，ポリマーダイジェスト (2005)
3) Oenslager, G. *Ind. Eng. Chem.*, **25**, 232 (1933)
4) Hertz Jr., D. L., *Elastomerics*, p.17 (November 1984)
5) Crowther, B. G., Lewis, P. M., Metherell, C., Natural Rubber Science and Technology, Roberts, A. B. Ed., Oxford University Press, Ch.6, p.1888 (1988)
6) Takata, T., *et al.*, *Chem. Lett.*, **37**, 918 (2008)
7) Takata, T., *et al.*, *Macromolecules*, **42**, 7709 (2009)
8) Takata, T., *et al.*, *Macromolecules*, **43**, 4070 (2010)
9) Takata, T., *et al.*, *Chem. Lett.*, **39**, 420 (2010)
10) Koyama, Y., Takata, T., *et al.*, *Nippon Gomu Kyokaishi* (*Japanese*), **84**, 111 (2011)
11) Koyama, Y., Takata, T., *Kobunshi Ronbunshu* (*Japanese*), **68**, 147 (2011)
12) Quilico, A., *et al.*, *Gazz. Chim. Ital.*, **67**, 589 (1937)
13) Huisgen, R., *et al.*, *Angew. Chem. Int. Ed.*, **2**, 565 (1963)
14) Dondoni, A., *et al.*, *J. Chem. Soc.* (*B*), 588 (1970)
15) Grundmann, C., *et al.*, *Angew. Chem.*, **82**, 637 (1970)
16) Grundmann, C., *et al.*, *Liebigs Ann. Chem.*, **761**, 162 (1972)
17) Grundmann, C., *et al.*, *J. Org. Chem.*, **33**, 476 (1968)
18) Beltrame, P., *et al.*, *J. Chem. Soc.* (*B*), 867 (1967)
19) Belen'Kii, L., Nitrile Oxides, Nitrones, and Nitronates in Organic Synthesis (2nd ed.), Feuer, H. Ed., Wiley, New York, p.1 (2006)
20) Boardman, H. *et al.*, *J. Appl. Polym. Sci.*, **32**, 4657 (1986)
21) Schlom, P. J., *et al.*, *Polym. Bull.*, **47**, 159 (2001)
22) Paton, R. M. *et al.*, U.S. Patent, 3931106 (1976)
23) Kanbara, T., *et al.*, *Polym. Bull.*, **36**, 673 (1996)
24) The Dow Chemical Company, World patent, WO-97/03142 (1997)
25) The Goodyear Tire & Rubber Company, U.K. Patent, GB2347142A (2000)
26) Mortier, R. M., *et al.*, *J. Polym. Sci. Polym. Lett. Ed.*, **20**, 573 (1982)
27) Larock, R. C., *et al.*, *Org. Lett.*, **12**, 1180 (2010)
28) Anseth, K. S., *et al.*, *Polymer*, **41**, 7715 (2000)
29) Chough, S.-H., *et al.*, *J. Appl. Polym. Sci.*, **61**, 449 (1996)

30) Brandrup, J., Immergut, E. H., Grulke, E. A., Polymer Handbook, John Wiley & Sons, Inc., New York (1999)
31) Fringuelli, F., Taticchi, A., The Diels-Alder Reaction: Selected Practial Methods, Wiley, New York (2002)

2　可動な架橋点を持つポリロタキサンの塗料への応用

クリスティアン・ルスリム[*1]，田畑　智[*2]

2.1　はじめに

ポリロタキサン（PR）とは，図1に示すように環状分子が直鎖分子にすかすかのネックレス状に入っており，その直鎖分子の末端に封鎖基を設けた分子である。封鎖基が設けられていない直鎖分子と環状分子の包接錯体を擬ポリロタキサンと呼び，PRとは区別される。このように，幾何学的に拘束された構造を有することで，従来の高分子とは異なる「トポロジカル超分子」として基礎から用途研究が盛んに進められ，その成果として多数の技術論文発表や特許出願が行われてきている。

PRの直鎖分子にポリエチレングリコール（PEG），環状分子にα-シクロデキトリン（α-CD），封鎖基に2,4-ジニトロフルオロベンゼンを用いて，原田らが1992年に両末端アミノ基を有するPEG鎖を利用してPRを作製することに成功した[1]。奥村と伊藤は，α-CDがまばらに包接したPR中のα-CDの水酸基間を架橋することで，従来の化学ゲルや物理ゲルとは異なった粘弾性を有するゲルを得た[2,3]。図1に示すように，引張り変形時に，可動な架橋点がその応力を分散することができる。この応力分散機能は滑車効果と名づけられた。また，滑車効果を発現できるPR，およびそのPRを含む3次元構造体は，スライドリングマテリアル（Slide-Ring Material®，SRM）と呼ばれている。SRMおよび滑車効果については種々の解説が報告されているため，詳細は省略する[4]。

以下，SRMの基本的な作製方法，化学修飾，用途，特に塗料用材料としての用途について紹介する。

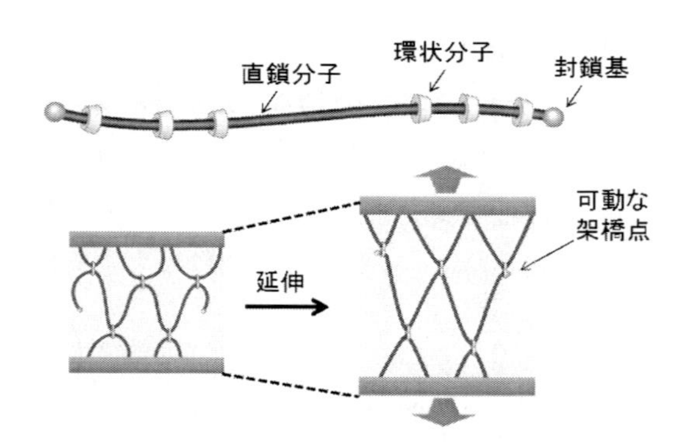

図1　ポリロタキサン（PR）の分子構造，PRの架橋による3次元構造体（スライドリングマテリアル，SRM）およびその構造体の延伸による滑車効果

＊1　Christian Ruslim　アドバンスト・ソフトマテリアルズ㈱　技術統括部　部長
＊2　Tomo Tabata　アドバンスト・ソフトマテリアルズ㈱　事業統括部　副部長

2.2　PR の合成と分子設計

2.2.1　量産に適した合成

超分子としての PR を幅広く応用するためには，まず量産に適用可能な合成方法の確立が重要である。PR に関する合成方法は，いくつか提案されている。例として，ポリテトラメチレングリコールと α-CD の包接錯体を超音波で形成したのち，固相反応で擬 PR の直鎖分子末端に封鎖基を反応させる製造方法[5]，チオール・ジスルフィド交換反応とポリクラウンエーテルを用いたロタキサンの製造方法[6]，生体分解性能を示す PR の製造方法[6] などがあげられる。また，PR の単独ポリマーを単離せずに，架橋構造を直接形成する方法も報告される[6~8]。伊藤らは図 2 に示す方法によって良好な収率で PR を製造した[9]。当社では本合成法を改良して，より生産性の高い方法を独自に開発してきた。

直鎖分子 PEG（平均分子量，たとえば 2 万～ 10 万）と環状分子 α-CD 溶液とを混合すると，包接錯体が形成される。PEG と α-CD の比率，分子量，温度，溶剤などの作製条件によって，α-CD が包接される量が異なる。PEG 鎖のエチレンオキシドの繰り返しが 2 ユニットで α-CD の側面の厚みに相当する。このように最密に PEG を包接できる状態よりも，α-CD の量を少なくし，PEG 鎖が十分に移動できる空間を設ける必要がある。α-CD が PEG を包接できる最大の数に対して，作製された包接錯体の α-CD の数を包接率と定義し，上記の組成を用いる場合，標準的には包接率 15 ～ 30%の範囲に調整することができる。次に包接錯体の α-CD が抜けないように，封鎖基であるアダマンチル基を PEG の両末端に設け，精製することでポリロタキサンを得る。さらに，この方法で作製された PR を基本とし，α-CD の水酸基を化学修飾して高機能性 PR の検討も行ってきた。

2.2.2　PR の分子設計

PR の用途展開を図るには，溶剤に対する溶解性の改良が欠かせない。PR 中の α-CD は隣接分子間で強い水素結合を形成するため，一般有機溶剤や水には不溶である。水素結合を解除するためには，たとえば水酸基をイオン解離する必要がある。たとえば，強アルカリ水溶液中で水酸基が解離すると，PR は可溶になる。また，極性の高いジメチルスルホキシド（DMSO）溶剤にも可溶であるが，工業的には好まれない。そこで，α-CD の水酸基を種々の官能基によって修

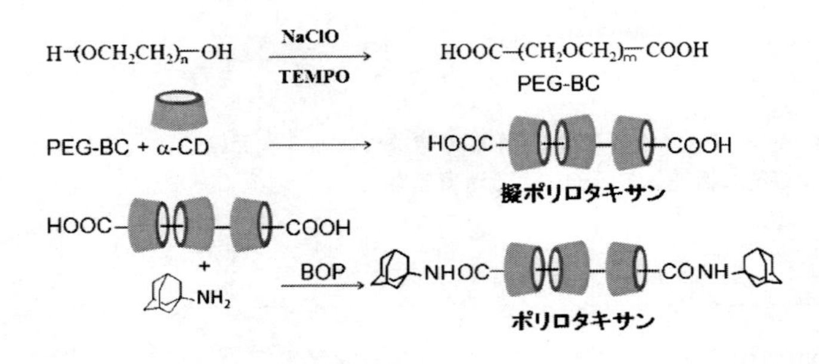

図 2　PR の合成方法

飾したところ，溶解性が飛躍的に向上した[10]。水酸基が多数存在するので，水酸基数に対する官能基の修飾の比率（修飾率）を変えるだけで溶解性などの特性を大きく変化させることができる。たとえば，比較的工業利用性の高いヒドロキシプロピル基とアセチル基の修飾基の組み合わせによって，幅広い有機溶剤に可溶が得られる[11]。

表1に，α-CDの水酸基にヒドロキシプロピル基を反応させたPRの溶解性をまとめた。ヒドロキシプロピル基を修飾することで，まずジメチルアセトアミド（DMA）に可溶になり，修飾率が高くなるにつれてアルコール類やハロゲン類溶剤にも可溶になっていく。また表2から明らかなように，ヒドロキシプロピル基とアセチル基とを組み合わせると，さらに可溶な溶剤の種類を広げることができる。特にアセチル基を加えることで，ケトン系溶剤，エステル系溶剤にも可溶になることがわかった。すべての水酸基を官能基に修飾するのではなく，一部を残存し，またはその他の官能基に変えることにより，PRの架橋に使用することが可能である。上述の例のように，修飾できる水酸基が豊富に存在することで，比較的容易な反応で修飾を組み合わせることができるため，溶解性，反応性，親水疎水性などの分子設計が広い範囲で可能となる。

溶解性のみならず，修飾基の種類と量によって架橋したPRの特性が大きく変わり，新たな特

表1　ポリロタキサンのヒドロキシプロピル基修飾と溶解性の関係

溶剤種	修飾率（%）			
	0	35	48	63
水	○	○	○	○
強アルカリ水	○	○	○	○
DMSO	○	○	○	○
DMF	×	○	○	○
DMA	×	○	○	○
アセトニトリル	×	×	×	×
ジクロロエタン	×	×	×	×
ジクロロメタン	×	×	△	○
クロロホルム	×	△	△	○
アセトン	×	×	×	×
メチルエチルケトン	×	×	×	×
シクロヘキサノン	×	×	×	×
メタノール	×	○	○	○
エタノール	×	×	○	○
イソプロピルアルコール	×	×	○	○
オクタノール	×	×	×	○
酢酸エチル	×	×	×	×

DMSO：ジメチルスルホキシド，DMF：*N,N*-ジメチルホルムアミド，DMA：*N,N*-ジメチルアセトアミド，○：2 wt%以上可溶，△：膨潤，×：不溶

表2　ヒドロキシプロピル基修飾（修飾率48%）およびアセチル基を修飾したポリロタキサンの溶解性

溶剤種	修飾率（%）			
	0	8	18	48
水	○	○	○	○
強アルカリ水	○	○	○	○
DMSO	○	○	○	○
DMF	○	○	○	○
DMA	○	○	○	○
アセトニトリル	×	×	×	○
ジクロロエタン	×	×	△	○
ジクロロメタン	△	△	○	○
クロロホルム	△	○	○	○
アセトン	×	×	×	○
メチルエチルケトン	×	×	×	○
シクロヘキサノン	×	×	○	○
メタノール	○	○	○	○
エタノール	○	○	○	○
イソプロピルアルコール	○	×	×	×
オクタノール	×	×	×	×
酢酸エチル	×	×	×	○

○：2 wt%以上可溶，△：膨潤，×：不溶

性も生み出せる。以下，水を溶剤とする架橋PRハイドロゲル（スライドリングゲル，Slide-Ring Gel®，以下「SRG」）と，溶剤を含有していない架橋PR（SRMエラストマー）について説明する。

2.3 SRMとその物性

2.3.1 スライドリングゲル（SRG）

SRMの滑車効果を引き出すには，架橋反応による3次元構造体を形成することが必要である。架橋剤を使用し，熱による架橋方法や，アクリル基のような光重合性基をα-CDに修飾することで，光照射による架橋が可能になる。また，溶解性を改良することで，PRが他のポリマーと混合しやすくなる。その混合組成物を架橋するとPRと他ポリマーの架橋構造が形成され，図1に示す滑車効果が材料に発現する。熱による架橋工程から得られたSRGの応力－ひずみ特性の例を図3に示した。柔軟性，強度，高伸張率を有するハイドロゲルであることがわかる。PRの濃度，架橋剤などの反応条件を調製することでこうした特性を変えることが可能である。

ヒドロキシプロピル基とアセチル基の組み合わせを選択すれば，良好な親水性を有しかつ温度変化によって含水率および体積（または含水率）が変化する温度応答性ゲルを作製できる。温度応答範囲の設計はヒドロキシプロピル基とアセチル基の修飾率で制御可能である。図4は，架橋した温度応答性SRGシートの温度変化特性を示す。疎水性基で修飾されたPR水溶液において，温度による可逆的なゾル－ゲル転移が知られている。疎水性相互作用によるα-CD間の凝集体形成がその転移のメカニズムであることも解明された[12, 13]。図4のゲルの場合，架橋した構造体においても加温によるα-CDの凝集体形成が起こり，機械強度を保持しながら体積が収縮し，含水量が減少する。また，冷却による逆のプロセスも起こる。この特性を生かし，薬物送達システム用材料や化粧品における有効成分の保水力用材料としての用途が期待できる。

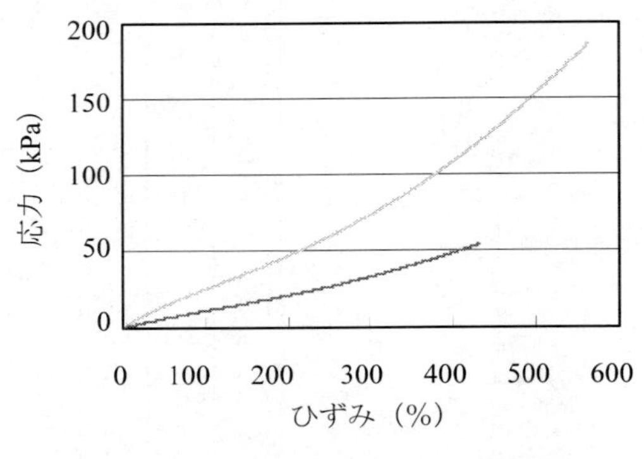

図3　親水性PRから作製したSRGの代表的な応力－ひずみ曲線

PRや架橋剤の濃度を変えることにより，一軸応力伸長特性を制御可能

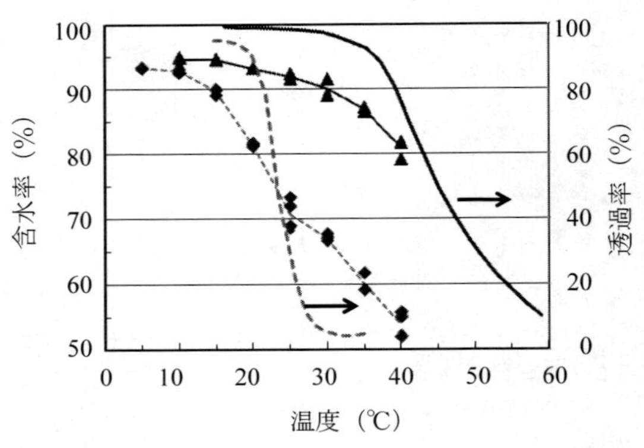

図4　修飾率が異なるヒドロキシプロピル基およびアセチル基で修飾されたSRGの含水率および透過率（波長：530 nm）の温度依存性

2.3.2　SRM エラストマー

適切な官能基で修飾されたPRを有機溶剤に溶解すれば，良好な無溶媒薄膜を形成することができる。特に，比較的ガラス転移点または結晶性が低い場合には，熱硬化型機能性フィルムとして工業利用価値が高い。比較的低ガラス転移点を示す主な修飾基としては，ラクトン基やアシル基などがあげられる。また，構造の一部に水酸基，アミノ基，カルボキシル基，アクリル基，メタクリル基などの反応基を付与して，架橋剤と反応させ溶剤を除去することで，さまざまな無溶媒架橋物（薄膜，フィルム，シート）を作製することも可能である。一例として，熱硬化した硬化物の動的粘弾性測定結果を図5に示す。軟質ウレタン単独の材料に比べて，そのウレタンに修飾ポリロタキサンを混合して架橋した熱硬化材料のほうがより大きな損失正接を示しており，高い衝撃緩和性を調節できることを示唆している。

また，さまざまなポリオールや変性アクリル樹脂と良好な相溶性を示し，これらのポリマーやプレポリマーをブレンドして，材料の物性改良，新機能性付与を図る方法も開発されている。ポリオールとブレンドして作製したフィルムの中には，柔軟性が優れ，かつ繰り返し引張り試験の応力－ひずみ曲線における履歴がほとんどないエラストマーが見い出されている（図6）。

2.3.3　SRM の用途

これまで述べてきたように，SRMの架橋構造はユニークな特性を有するため，機能材料としての用途が飛躍的に展開している。柔軟性に富みながら，変形によるひずみ履歴が少ないことで，低駆動電圧の誘電アクチュエーター用材料としての期待が高く，研究開発が進められている。また化粧品分野への応用例として，ハイドロゲルのフェースマスク（シート状パック剤）があげられる。柔軟性，十分な強度，高い保湿力，ひんやりとした感触といった優れた特徴のほかに，従来の材料では実現が困難であった顔全体を覆うフェースマスクに適用できる。また，無機

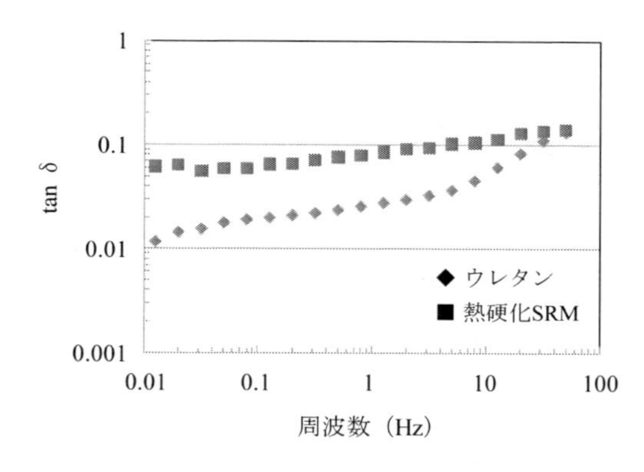

図5　ポリカーボネートからなる軟質ウレタンおよびポリカーボネートに修飾 PR を混合した熱硬化材料の損失正接の周波数依存性

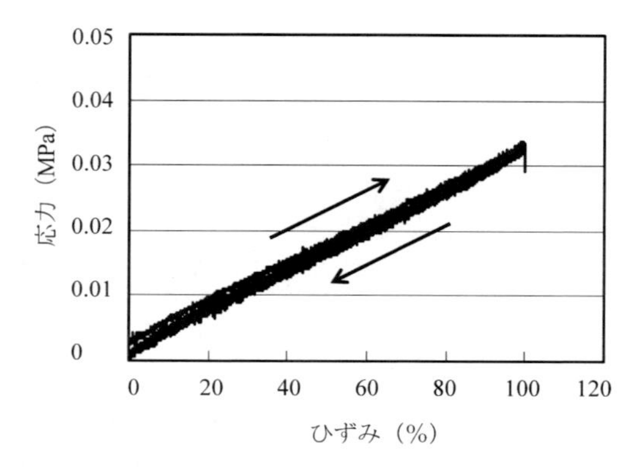

図6　修飾 PR とウレタンプレポリマーの混合で作製したエラストマーの繰り返し引張り試験（3サイクル）

ひずみ100%とは，元のシートを2倍に延伸したことに対応する

－有機ハイブリッド材料として用いた場合にも，滑車効果由来の粘弾性，優れた復元性などの特性が損なわれないことも確認した。

最近注目されている応用例として，機能性塗料用材料があげられる。次項では，機能性塗料としてのSRMの構造の最適化，SRM塗料から作製された塗膜とその優れた特性を一般塗膜と比較して解説する。

2.4　SRMの塗料への応用

ここでは，PRを特に2液反応硬化型の塗料用材料として配合する場合の具体的な設計，加工プロセスおよびクリアコートとしての性能評価を紹介する。

2.4.1　塗料用材料検討に関する構造最適化

まず，PRを一般的な塗料に組み込むため，

① 塗料溶剤へ溶解させるための疎水性基の導入

② 硬化剤と反応させるための反応性基による修飾

を行う必要がある（図7）。

2.4.2　SRMクリア塗膜の特徴

疎水性基の導入と反応性基による修飾を行うことで，PRを一般的な塗料に組み込むことが可能となった。また，図8に示すように硬化剤などと混合することで，塗膜も形成できる。

通常のクリア塗膜（以下，通常塗膜）は，高分子どうしを化学的に架橋するなど，いわば高分子どうしを「固定」することによって強度を出していた。しかし，それによって逆に伸縮性が失われるという欠点があった。それに対して，PRを組み込んだクリア塗膜（以下，SRM塗膜）は，

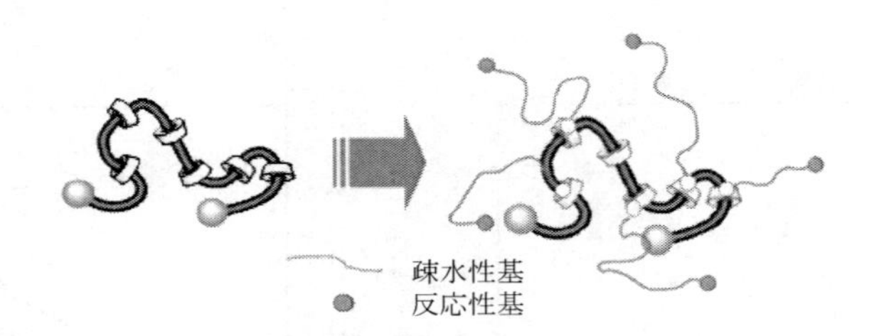

図7　疎水基と反応性基によるPRの修飾の模式図

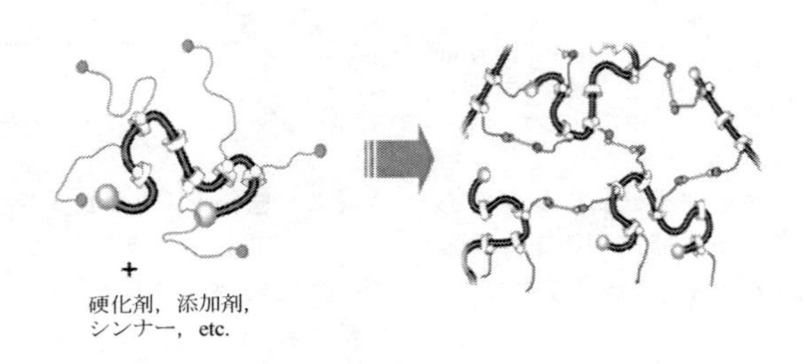

図8　SRM塗膜形成

PRと硬化剤が化学反応により架橋するが，「滑車効果」により架橋点が自由に動ける。そのため，通常塗膜にはみられない優れた特性を発現する。以下，通常塗膜にはみられない優れたSRM塗膜の主な特性を示す。

① 傷特性（傷復元性）：日常生活で起こる軽微な傷が復元する（ただし，通常塗膜と同様に破断した傷や，下層のくぼみに起因する塗膜のくぼみは復元しない）。また，傷が付いた場合でも傷が広がりにくい。

② 応力緩和性（衝撃吸収性）：衝撃による塗膜の割れからくるはがれが起こりにくい。

③ 温度依存性が少ない：温度による塗膜特性の変化が通常塗膜に比べて少ない。

以下に，SRM塗膜の優れた特性について，通常塗膜と比較した結果を述べる。今回の試験体は，PC-ABS上にカラーベース（約10 μm）を塗布し焼き付け乾燥後，クリアコート（約15 μm）を塗布し，焼き付け乾燥を行い作製した。

最初に，先端が鋭い針を用いて塗膜に傷を付け，時間経過後の傷が復元する様子を観察した。通常塗膜の傷が復元する様子を観察したところ，図9（a）に示したように時間経過後も通常塗膜に付けた傷はまったく復元しなかった。それに対して，SRM塗膜の場合には，図9（b）に示したように時間経過後には塗膜の傷が復元している様子を確認した（復元時間や復元の程度などは，塗装仕様，クリアコートの膜厚，傷の深さや周囲の環境などに影響を受けて変化する）。

次に，日常生活で起こる軽微な擦り傷を再現する試験として，試験体上に複数の樹脂成形品（たとえば携帯ストラップなど）や金属製品（たとえば鍵や硬貨など）を置き，一定時間塗膜へ細かくこすり付ける実験を試みた。通常塗膜の擦り傷の様子を観察したところ，図10（a）のように塗膜中央から左側にかけて，細かい傷が重なり合ってできたと思われる顕著な光沢低下がみられた。また，中央から右側にかけても，左側よりは程度は低いものの塗膜の光沢低下がみられ

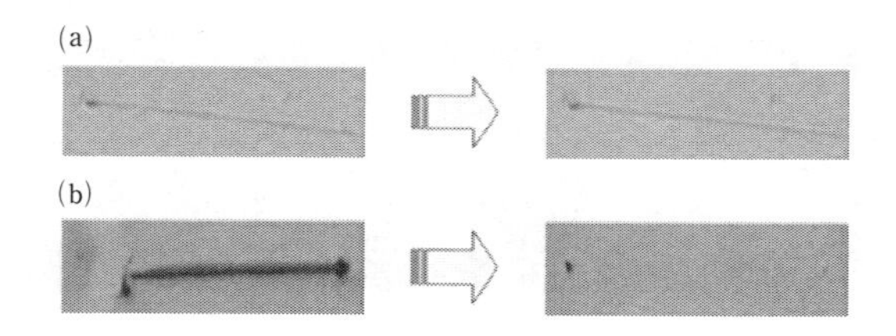

図9　通常塗膜の傷復元の様子（a），およびSRM塗膜の傷復元の様子（b）

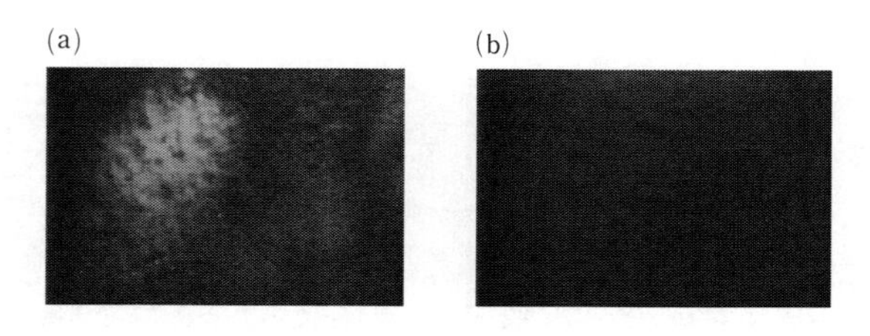

図10　通常塗膜の傷付きの様子（a），およびSRM塗膜の傷付きの様子（b）

た。しかし図 10 (b) に示すように，SRM 塗膜には，塗膜の光沢低下はまったくみられなかった。先述の結果のように SRM 塗膜では細かい傷が復元するので，細かい傷が重なり合ってできる塗膜の光沢低下を防げる，あるいはかなり低減する効果が期待できる。その結果，初期の外観を長期にわたって維持することが可能になると考えられる。

また，傷が付いた場合の傷の広がりやすさについても観察した。基材に達する鋭利な傷を試験体に付け，その部分を金属製品（たとえば鍵や硬貨など）で傷に対して垂直に軽くこすって傷の広がり具合を観察した。通常塗膜の傷の広がり具合を観察したところ，図 11 (a) にみられるように，こすった方向に大きく傷が広がっていることが確認できた。しかし，図 11 (b) に示すように，SRM 塗膜には傷の広がりがほとんどみられなかった。この結果から，SRM 塗膜は通常塗膜よりも，傷が付いた場合でも傷が広がりにくいことが確認できた。

さらに，日常生活でよく起こるような，塗膜された物体を落とした場合や塗膜を硬いものにぶつけたときなどを再現する試験として，試験体上に複数の金属製品（たとえば鍵や硬貨など）を置き，塗膜へ衝突させる実験を試みた。通常塗膜のはがれの様子を観察したところ，図 12 (a) にみられるように，塗膜の右下に大きなはがれと左上に小さなはがれが認められた。しかし図 12 (b) に示すように，SRM 塗膜には，はがれがまったくみられなかった。

最後に，塗膜の総合的な密着性や伸縮性など評価するため，デュポン衝撃試験機（JIS K5600-5-3）を用いて，衝撃を受けた塗膜の様子を確認した。なお，図は衝撃を受けた塗膜を斜め上から観察したものである。衝撃を受けた通常塗膜の様子を観察したところ，図 13 (a) のように半球のおもりの外周に沿って顕著な割れとはがれがみられた。半球の外周は，衝撃によって塗膜が

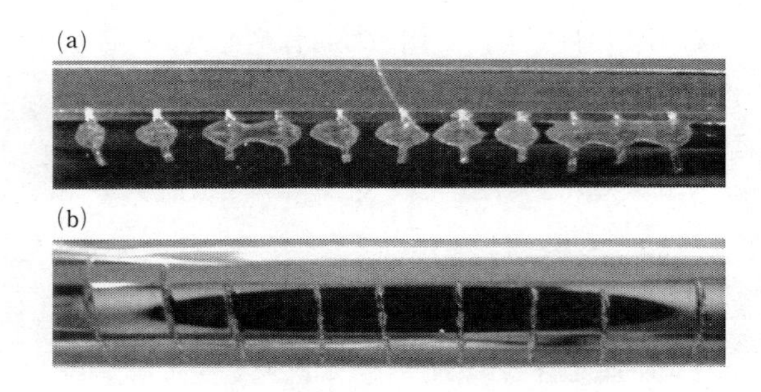

図 11　通常塗膜に傷が付いた場合の傷の広がりの様子（a），および SRM 塗膜に傷が付いた場合の傷の広がりの様子（b）

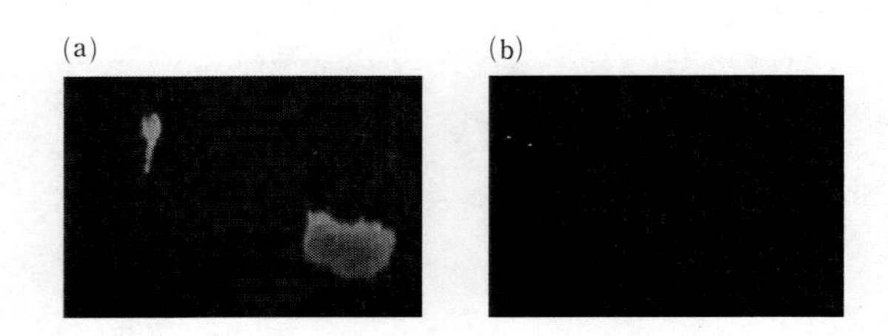

図 12　通常塗膜のはがれの様子（a），および SRM 塗膜のはがれの様子（b）

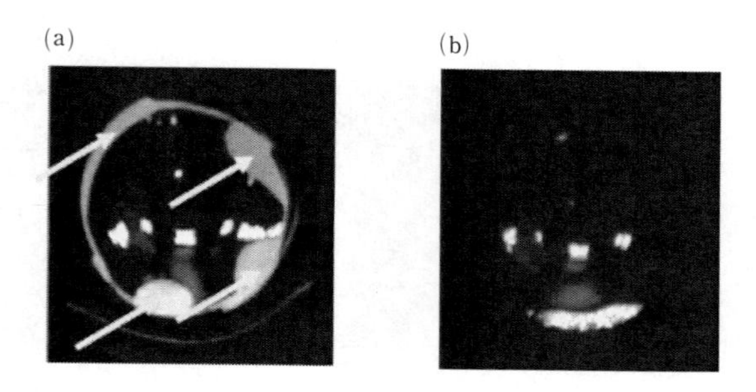

図 13　衝撃を受けた通常塗膜の様子（a），および衝撃を受けた SRM 塗膜の様子（b）
矢印は割れとはがれの部分を指している。写真の白く見える部分は蛍光灯の写り込み。

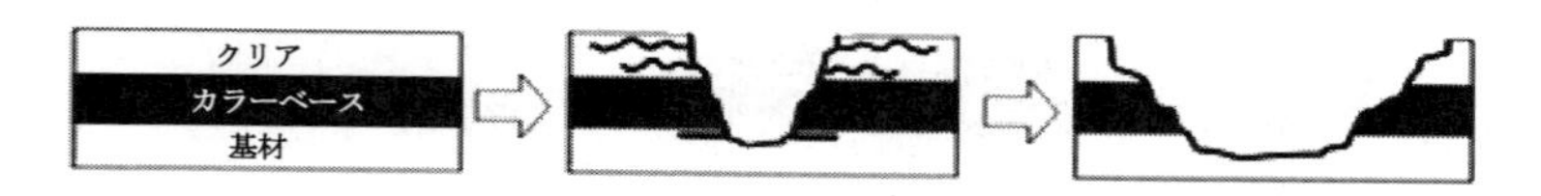

図 14　通常塗膜の想定されるはがれのメカニズム

図 15　SRM 塗膜の想定されるはがれのメカニズム

いちばん伸ばされる部位のため，このような顕著な割れとはがれがみられたと考えられる。それに対して，図 13（b）に示すように，SRM 塗膜には半球の外周にもまったく割れとはがれがみられなかった。通常塗膜の挙動とは大きく異なり，くぼみがみられただけにとどまった。

以上の結果から，日常生活で想定されるはがれのメカニズムについて考察を行った。通常塗膜は，SRM 塗膜に比べて表面硬度は高いが，伸縮性が格段に低い。そのため，図 14 に示すように，はがれの周囲には四方八方に亀裂が入っていると推測される。そして，最初にはがれが生じた部位近辺に力が加わるたびに塗膜がはがれていき，最後には亀裂の入った塗膜部分がすべてはがれると考えられる。

しかし，SRM 塗膜は「滑車効果」により架橋点が自由に動けるため，くぼみの周囲に亀裂が入らないと考えられる。そのため，くぼみが生じた部位近辺に力が加わっても，それ以上に塗膜のはがれが広がることがないと考えられる（図 15）。

2.5　おわりに

PR の簡易な合成方法によって，トポロジカル超分子としての量産が初めて可能になった。それによってさまざまな応用展開が現在進行中であり，本節では特に，その中で最近実用化された機能性塗料用材料について詳しく紹介した。今後，構造の改良や配合の開発をさらに進めることで，機能材料として幅広い分野への応用展開をめざしている。SRM の滑車効果を巧みに利用すれば，工業，電気電子，化粧品の分野のみならず，バイオマテリアルとしても十分に適用可能であり，開発も進んでいる。本節の SRM に関する用途例が，高分子材料全般における革新な製品開発につながることを期待したい。

文　献

1） A. Harada, J. Li, M. Kamachi, *Nature*, **356**, 325（1992）
2） Y. Okumura, K. Ito, *Adv. Mater.*, **13**, 485（2001）
3） 先端科学技術インキュベーションセンター，特許 第 3475252
4） K. Ito, *Polym. J.*, **39**, 489（2007）
5） ブリヂストン，特開 2005-075979
6） ブリヂストン，特開 2005-68032
7） 由井伸彦，ジャパン・ティッシュ・エンジニアリング，特許 第 4104556
8） リンテック，東京工業大学，特開 2009-51994
9） 伊藤耕三，特開 2005-154675
10） J. Araki, K. Ito, *Soft Matter*, **2**, 1456（2007）
11） アドバンスト・ソフトマテリアルズ，WO08/108411
12） M. Kidowaki *et al.*, *Chem. Commun.*, 4192（2006）
13） T. Kataoka *et al.*, *J. Phys. Chem. B*, **110**, 24377（2006）

第5章　ポリマーのリサイクル技術

1　リサイクルを意図したポリマーの開発

西田治男*

1.1　はじめに

効果的な資源循環システムを構築する上で，資源循環しやすい高分子素材の開発とその精密な反応制御は不可欠な技術要素である。2000年に施行された循環型社会形成推進基本法と個別リサイクル法は，確実に資源の有効利用に関する意識を変えてきた。さらに中国やインド，ブラジルなどの膨大な人口を抱える国の経済発展とともに，化石資源の枯渇は現実化しつつある。主に燃料として消費されてきた化石資源をより有効に利用するために，化石資源由来の高分子材料の循環利用と再生可能資源由来の高分子材料へのシフトは徐々にではあるが，着実に進行している。現在，“リサイクル”というキーワードは“モノマーへの還元”という分子レベルでの基礎化学反応に立ち返り，“循環”という上位概念をも取り込んで，将来において必要不可欠な基本技術として捉えられるようになり，精密重合などの分野でもしばしば使われるようになってきた。本節では，“リサイクル”，とりわけ“モノマーへの還元”を意図したポリマー設計とそれに関連した技術開発について紹介する。

1.2　リサイクルを可能とする要因－ヘテロ原子を主鎖に有するポリマーを中心にして

モノマーへの還元反応は，分子連鎖の確率論的な分解によりオリゴマー化し，最終的にモノマーに至るランダム分解反応と，分子末端より順次モノマー単位で脱離していく連鎖的解重合反応とがある。一般に，加溶媒分解などではランダム分解反応，接触分解などでは連鎖的解重合反応で進行することが多い。しかし，高温で実施されるリサイクルプロセスにおいては，ランダム分解反応と連鎖的解重合反応とが同時に進行する。

1.2.1　熱力学的要因

あるモノマーの重合が熱力学的に可能かどうかは，重合に伴う自由エネルギーの変化$\varDelta G_p$の大きさによって決定される。

$$\varDelta G_p = \varDelta H_p - T\varDelta S_p \tag{1}$$

式(1)において，$\varDelta H_p$と$\varDelta S_p$は，重合に伴うエンタルピーおよびエントロピー変化の値である。この自由エネルギーの変化が負であれば，その開環重合は少なくとも熱力学的には可能である。開環重合の場合，一般的に，6員環あるいは5員環化合物では，その環状構造が熱力学的に安定

*　Haruo Nishida　九州工業大学　エコタウン実証研究センター　教授

であるため，開環に伴う自由エネルギー変化は0に非常に近いか正の値をとる。したがって重合は進行しにくい。環員数が3および4の場合は$\varDelta H_p$の値が大きな負の値をとり，環員数が7～8の場合には$\varDelta S_p$が小さな負の値から正の値を持つため，自由エネルギー変化は負の値をとりやすく，開環重合が可能である。しかし，熱力学的に可能であっても，遷移状態における活性化錯合体を経て進行するため，反応の活性化エネルギー（E）が大きいときには，より小さいEを持った他の反応が優先して起こる。

環状モノマーは，その環構造の歪エネルギーの解放（$\varDelta H_p$）が重合の推進力であるが，重合に伴うエントロピーの減少（$\varDelta S_p$）は，環鎖平衡を環状モノマー側に押し戻す（解重合）方向に働く。このような重合／解重合の平衡状態の中で重合を行う方法が平衡重合である。環構造の歪エネルギーが小さい（$\varDelta H_p$の負の値が小さい）化合物の場合，平衡は環状モノマー側に偏在するため重合は進行しにくい。このような環鎖平衡は，温度の関数としてDaintonの式[1](2)で表される。

$$\mathrm{In}\ [M]_e = (1/T)(\varDelta H_p/R) - \varDelta S_p^0/\mathrm{R} \qquad (2)$$

式(2)のように環鎖平衡は平衡モノマー濃度$[M]_e$を指標として表される。重合を進めるには，より低温で反応を行い平衡モノマー濃度を低く抑えるか，あるいは，生成したポリマーを反応系内で結晶化させながら重合を行う固相後重合法によって重合を完結に近づける方法が考案されている。重合とは逆に，解重合でも，生成したモノマーの濃度$[M]_e$は平衡モノマー濃度に収束していく[2]。環化解重合プロセスでは，この環鎖平衡を環状モノマー側に偏位させるために発生したモノマーをすみやかに気化させ，平衡モノマー濃度$[M]_e$をつねに低く保ちながら解重合を進行させる。環鎖平衡を制御する際に，反応のためのターゲットとなるヘテロ原子が有効に働く（図1中の**X**)。例えば，ポリマー主鎖あるいはモノマーの環構造を形成する原子群の中にC以外のヘテロ原子たとえばOやNが存在した場合，このヘテロ原子とそれに隣接する炭素原子間で電子が偏在し，これら電子が偏在した場所が開環重合および環化解重合におけるターゲットとなり，連鎖反応（開環重合と環化解重合）が進行する。

開環重合－環化解重合のエネルギーと反応座標の関係が図2に示されている。モノマーの環のひずみが小さいほど$\varDelta H_p$は小さく，また，活性化錯合体を形成しやすいものほど分解の活性化エネルギー（E_d）は小さく，結果として，環化解重合が速やかに進行する。

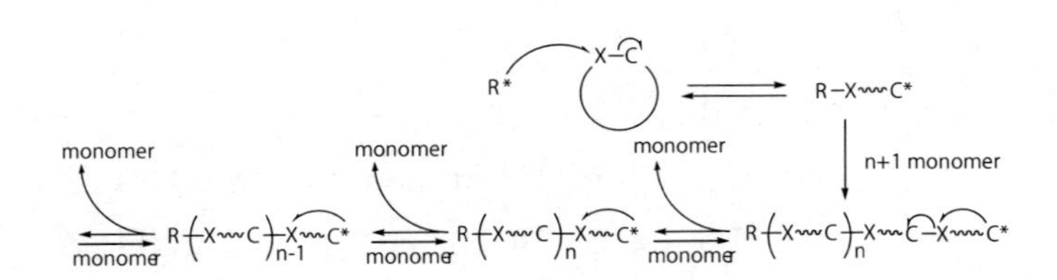

図1　環鎖平衡系の反応

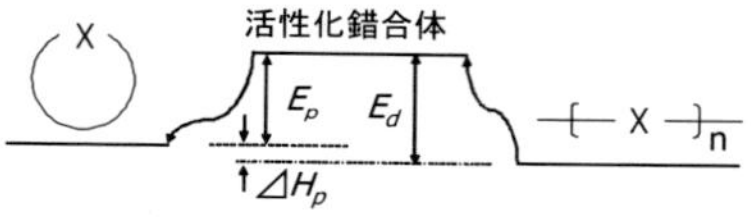

活性化錯合体
E_p　E_d
ΔH_p

図2　重合－解重合のエネルギーと反応座標の関係

1.2.2　構造的要因

モノマーへの還元の構造的な要因としては，主鎖中に繰り返し現れるヘテロ結合や3級炭素，sp_2結合部位などがある。これらは，アニオン／カチオン活性種による攻撃を受けやすかったり，結合解離エネルギーが小さかったり，あるいは結合開裂後のラジカル種が共鳴安定化するなどの要因によって開裂反応を受けやすい。

（1）　繰り返しヘテロ結合の加溶媒分解

ポリエチレンテレフタレート（PET）やポリブチレンテレフタレート，ポリエチレンナフタレートなどの芳香族ポリエステル類は，そのエステル結合を加水分解あるいは加アルコール分解によってランダムに切断することによって，原料の芳香族カルボン酸および低分子エステル誘導体へと変換される[3]。PETの加溶媒分解に関しては，超臨界流体によるモノマー還元が効率的であり，超臨界メタノールを用いたパイロットプラントによる実証が行われている[4]。さらに原料化を進めて，ベンゼンやナフタレンまで還元する方法として，$Ca(OH)_2$の存在下に加熱水蒸気処理する方法が提案されている[5]。

ヘテロ結合としてカーボネート結合を有するビスフェノールA型ポリカーボネートについては，N,N'-ジメチルジアミノエタンなどのα,ω-ジアミノアルカン類の存在下にモノマー還元反応が進行し，ビスフェノールAが非常に高い収率で得られている（図3）[6]。芳香族ポリウレアについても，超臨界炭酸ガス中での加水分解によって原料モノマーである芳香族ポリアミン類が効率的に還元されている[7]。

（2）　主鎖にヘテロ原子を有するポリマーの環化解重合およびβ脱離型解重合

ナイロン-6やポリテトラヒドロフラン，さらにポリ乳酸などの脂肪族ポリマー類は，主鎖中に一定間隔で反応性の高いヘテロ結合，たとえば，アミド結合，エーテル結合，およびエステル結合などを持っている。熱分解によって生じた活性末端基が，反応性の高い分子内のヘテロ結合部位を攻撃するバックバイティング反応によって主鎖が開裂し，環状モノマーが生成・遊離す

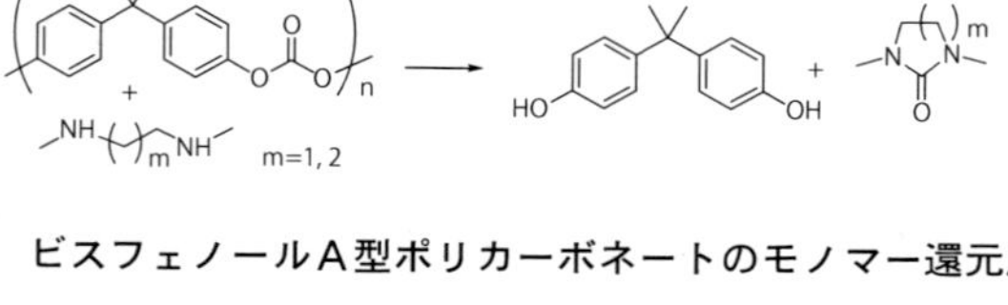

m=1, 2

図3　ビスフェノールA型ポリカーボネートのモノマー還元反応

る。これが環化解重合反応である。

高温下での熱分解は，環化解重合反応以外にもビニルモノマー誘導体へのβ脱離反応や二次的な熱分解を含めたいくつもの副反応が起こりやすく，その制御は，一般に低温で行われる重合反応以上に難しい。既に1970年代にLüderwaldらは，脂肪族ポリエステルの解重合反応の基本的な考え方を示した（図4）[8]。即ち，カルボニル基のα位炭素上の活性水素とエステル酸素からβ位の炭素上の水素（疑似6員環形成水素）の有無，および生成する環状モノマーの環の安定性が重要な要因となる。

α位炭素上水素とβ位炭素上水素を持たない場合（ポリピバロラクトン（PPvL））は，環化解重合が選択的に起こり，環状モノマーおよび環状オリゴマーを形成する。α位炭素上水素とβ位炭素上水素が同一の水素であった場合（ポリ-3-ヒドロキシ酪酸（PHB）およびポリプロピオラクトン（PPL））では，容易に活性水素の引抜き反応とそれに続くC-O結合の開裂（β脱離反応）が起こり，PHBの場合にはクロトン酸エステル末端，PPLの場合にはアクリル酸エステル末端を持った末端ビニル基鎖状オリゴマーが生じる。

これらの活性水素がいずれも存在するが同一水素ではない場合（ポリ-δ-バレロラクトン（PVL），ポリ乳酸（PLA），およびポリカプロラクトン（PCL）の場合），環化解重合とβ脱離反応が競争的に起こり，環状モノマー／オリゴマーの生成と末端オレフィン鎖状生成物の双方が

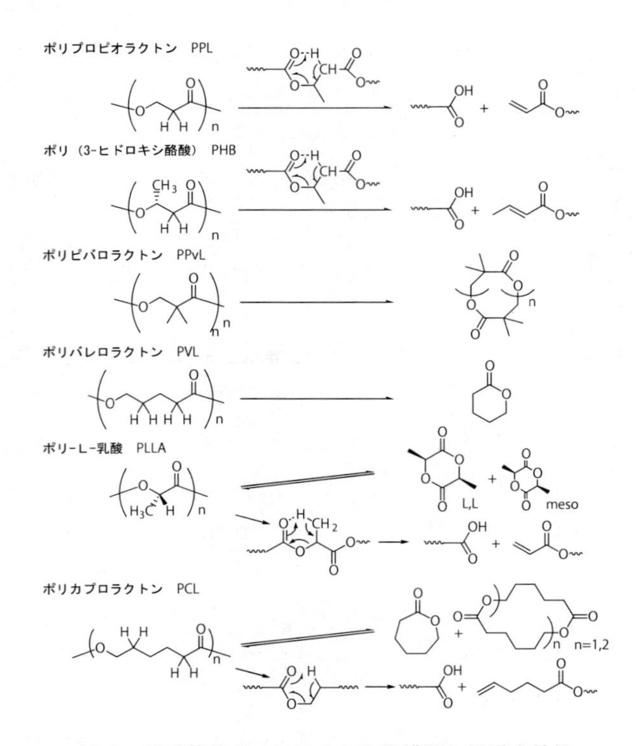

図4　脂肪族ポリエステルの化学構造と解重合特性

生成する。その選択性には環構造の安定性（6員環(PVL)，5員環＞7員環＞その他の環）が重要な要因として働く。

1.3　分解制御可能な結合の導入によるリサイクル性ポリマーの合成

種々の可逆的な反応性基がリサイクル性ポリマーの合成に用いられてきている。この反応性基を主鎖に導入する際，2つの方法が採られる。1つは，物性に優れた安定な汎用ポリマーの主鎖の一部をこの反応性基によって置き換える方法である。もう1つは，この可逆的反応基を繰り返し単位として導入する方法である。前者は既存ポリマーにリサイクル性を付与するという目的で導入され，後者はリサイクル機能を基本に置いた新規ポリマーの開発である。以下に，これらを例示する。

1.3.1　ポリオレフィン類似リサイクル性ポリマーの合成

図2に示されているように，モノマー還元性に優れたポリマーは，その一方で，熱的に不安定なポリマーでもある。熱的に安定で物性に優れた汎用ポリマーの特性とリサイクル可能な原料への変換機能を併せ持ったポリオレフィン類似リサイクル性ポリマーの合成が検討されている。

可逆的な反応性基を一部含有するポリオレフィン類似ポリマーを合成するために，ブタジエン(BD）ユニットのメタセシスを利用する反応がShionoらによって提案され，両末端ビニル基のポリエチレンあるいはポリプロピレンがエテノリシスによって合成された（図5）[9]。1,4-BDユニットを挿入したポリ（プロピレン-ran-1,3-ブタジエン）連鎖中の1,4-BDユニットの平均導入量とプロピレンユニットの平均連続長さは，導入時のブタジエンの濃度によって制御され，つづくエテノリシスによってα,ω-ジビニルイソタクチックポリプロピレンに変換された。つづいてこれらの末端ビニル基は水酸基化され，二官能性酸クロリドとの縮合反応によって高分子量の分解型ポリオレフィン類似ポリマーが合成された。

ポリエチレン類似のポリエステルを合成するために，マクロラクトンの接触開環重合がアルミニウム－サレン複合体を触媒として用いて行われた。ラクトンの環張力はほとんどないにもかかわらず，数平均分子量150,000以上のポリペンタデカラクトンなどが合成された[10]。

両末端水酸基のテレケリックポリ（エチレン-co-1,3-ブタジエン）も，第一世代のGrubbs触媒と連鎖移動剤としてのブテンジアセテートの存在下に，メタセシス解重合とアセトキシ連鎖末端の加水分解を経て合成された（図6）[11]。このポリマーも両末端カルボン酸誘導体との縮合反応によってポリオレフィン類似のポリエステル合成が可能である。

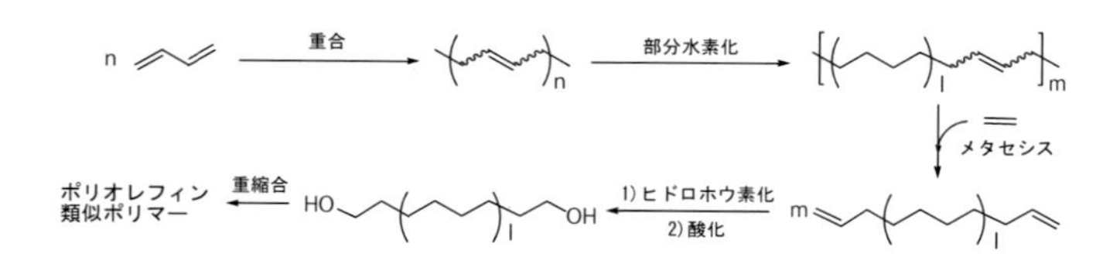

図5　ポリオレフィン類似リサイクル性ポリマーの合成

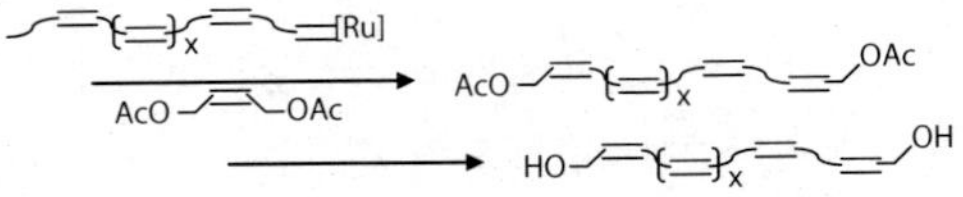

図6　両末端水酸基テレケリックポリ（エチレン-co-1,3-ブタジエン）の合成

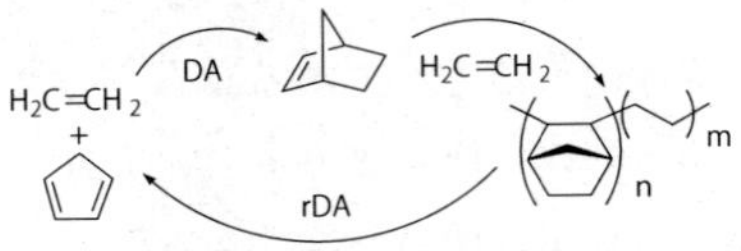

図7　DA/レトロ-ＤＡ反応によるシクロオレフィンコポリマーの合成とモノマー還元

ディールス－アルダー（DA）反応によって合成された2-ノルボルネンから，シクロオレフィンコポリマーがDonnerらによって合成された（図7）[12]。このポリマーは，流動床反応器中での熱分解により，モノマーの2-ノルボルネンにとどまらず，さらにレトロ-DA反応を受けて基本原料のシクロペンタジエンとエチレンまで解重合した。

1.3.2　各種制御可能な化学結合を持った新規リサイクル性ポリマーの合成

熱可逆的なDA反応を使って，フリル－テレキーリックポリ（ブチレンサクシネート）プレポリマーとビス－およびトリス－マレイミドリンカーとからリサイクル可能なバイオベースのプラスチックが設計・合成された[13]。DA反応とその逆反応であるレトロ-DA反応は，25～80℃および145℃で進行し，DA/レトロ-DA反応のサイクルはプレポリマーの分解なしに繰返し可能であった。

可逆的なアシルヒドラゾン生成反応による動的ゲルが，両末端をアシルヒドラジン基で修飾したポリエチレンオキシドとトリス［(4-ホルミルフェノキシ）メチル］エタンとの縮合反応によって合成された（図8）[14]。これらのゲルはアシルヒドラゾン結合によって形成されており，その結合は，pH＝4を境に酸性条件下でモノマーに変化し，塩基性条件下で再結合してゲル状態に戻った。さらに，自己修復機能も明らかにされた。

熱可逆的な共有結合としてアルコキシアミンユニットを側鎖に有するポリメタクリル酸エステルが合成された（図9）[15]。これを加熱することによって，アルコキシアミン残基のラジカル交

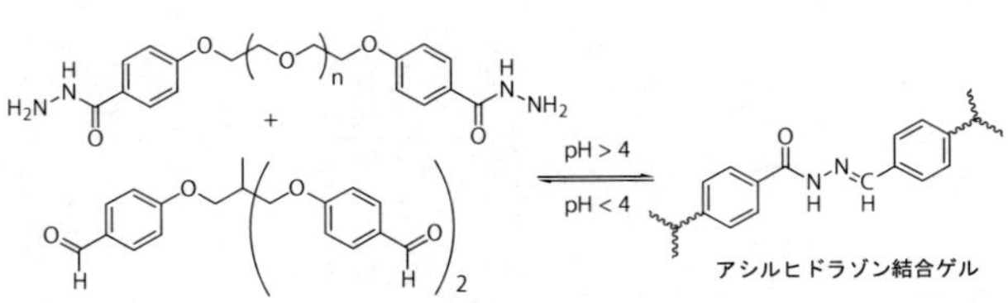

図8　可逆的なアシルヒドラゾン結合ゲルの合成

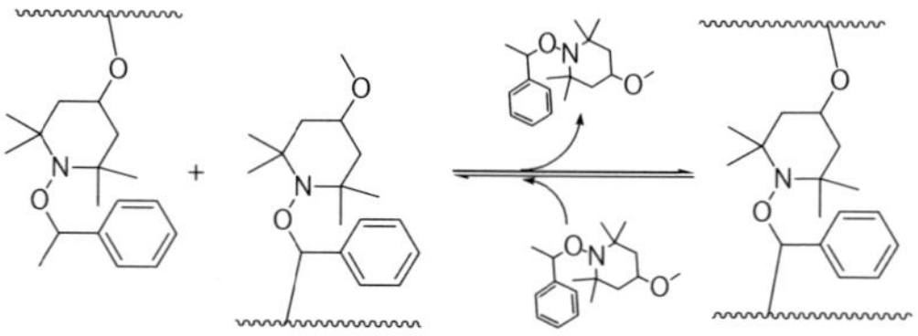

図9　熱可逆的なアルコキシアミン結合の結合／解離制御

換反応が起こり，架橋反応が形成された。架橋点は熱的に解裂し，過剰量のアルコキシアミンがあれば解架橋し，等量になると再架橋した。

チタニウムテトラクロライドの存在下に芳香族アミンとケトンとの脱水反応によって，フェニルアゾメチン結合が一段で合成された[16]。さらに，過剰の芳香族アミンと多官能カルボン酸から直接重縮合によって，芳香族ポリアミドが合成された（図10）。熱分析から，このポリマーは10%重量減少温度が500℃以上と高い熱安定性を持っていた。このポリマーは，希硫酸の存在下に選択的なアゾメチン結合の酸触媒加水分解が定量的に起こり，99%以上のアゾメチン結合が室温下，すみやかに加水分解された。この芳香族ポリアミドは，高い熱安定とともに効果的なケミカルリサイクル特性も持つことが示された。

アセタール結合を主鎖に導入したポリ（テトラメチレンエーテル）グリコールとジイソシアネート，および1,4-ブタンジオールとからポリウレタンがHashimotoらによって合成された[17]。得られたポリウレタンは，室温で塩酸処理を行うとアセタールユニットが加水分解され，ポリ（テトラメチレンエーテル）グリコールプレポリマーが再生した。

1.4　バイオマス由来ポリマーのリサイクル性制御

バイオマス由来のポリマーは，本質的にカーボンニュートラルな材料であるため，リサイクルの必要性が特に要求されていない。しかしながら，バイオマスの供給量は無限ではなく，バイオマスそのものを輸入に頼っている日本の状況からいえば，資源戦略的には化石資源と何ら違いはない。一般的に，バイオマス由来のポリマーは，その主鎖中にヘテロ原子を有しているため，上記したリサイクルを可能とする構造的要因を内包している。従って，図11に示したようにバイ

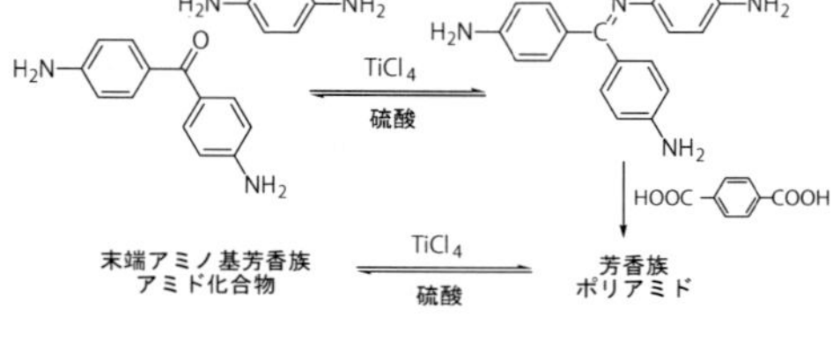

図10　熱可逆的なアゾメチン結合の結合／解離制御

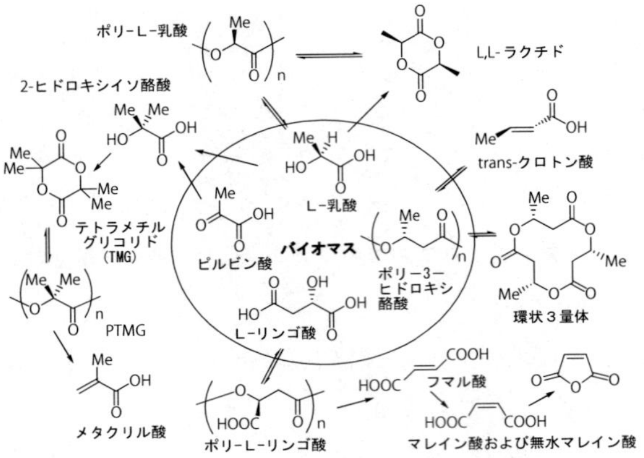

図 11　バイオマス由来ポリマーのリサイクル性

オマス由来ポリマーの優れたリサイクル性を引き出す，あるいは新たに付与することは，化学反応論的にも合理的なストラテジーである。

1.4.1　ポリ乳酸の物性および解重合性の制御

バイオマス由来のポリマーとして代表的なポリマーがポリ-L-乳酸（PLLA）である。しかし，PLLA には，加熱条件下でラセミ化しやすいという欠点があり，熱分解による L,L-ラクチドへのモノマー還元の際の最大の問題点となっている。ポリテトラメチルグリコリド（PTMG）は，メタクリル酸の製造プロセスの中間体として得られる 2-ヒドロキシイソ酪酸（2-HIBA）の重縮合体であるが，PLLA の光学活性炭素上の水素をメチル基で置換したラセミ化フリーの構造を持っている。この 2-HIBA が D/L-乳酸から合成されうることが報告された[18]。さらに，この PTMG の原料である 2-HIBA は，アセチル-CoA から完全なバイオ合成によって誘導することができることが最近報告された[19]。2-HIBA の環状 2 量体であるテトラメチルグリコリド（TMG）を開環重合することによって得られる PTMG は PLLA よりもガラス転移温度と融点に関して数 10℃以上の高い値を示し，さらに熱分解時に触媒を選ぶことで環状モノマーの TMG とビニルモノマーであるメタクリル酸のいずれかに選択的に解重合することが可能である。得られたメタクリル酸からバイオマス由来のポリメタクリル酸メチルが合成されている[20]。

1.4.2　ポリ-3-ヒドロキシ酪酸からの選択的ビニルモノマー変換と酵素法による再重合

ポリ-3-ヒドロキシ酪酸（PHB）は，多糖類や油脂，さらに炭酸ガスと水素を原材料にして生合成[21] されるバイオマス由来の脂肪族ポリエステルである。上述した通り，PHB の熱分解においては，まず β 脱離反応によって主鎖がランダムに切断し，その末端にクロトン酸エステル構造を形成する。つづいて，末端クロトン酸エステルが隣接する 3-ヒドロキシブタン酸エステルユニットの β 脱離反応を促進するため，結果的に連鎖的にクロトン酸が脱離する解重合反応が進行する（図 12）。この末端クロトン酸エステル基による β 脱離反応の促進効果は，半経験的分子軌道法計算によって説明されている[22]。

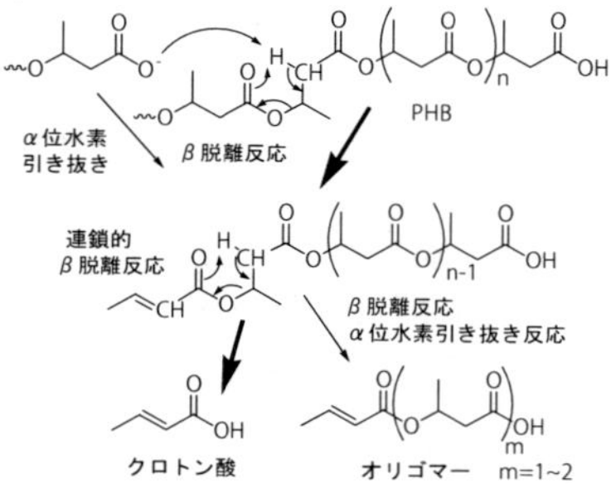

図12　ポリ-3-ヒドロキシ酪酸からの選択的ビニルモノマー変換

PHBの熱分解において，Ariffinらは，分解触媒として$Mg(OH)_2$を用いることで，ほぼ定量的にtrans-クロトン酸に変換できることを示した[23]。さらに柘植らは，ここで生成したクロトン酸を補酵素Aの付加反応，*Aeromonas caviae*由来の*R*-ヒドラターゼによる*R*特異的水和反応，*Ralstonia eutropha*由来のPHA重合酵素PhaCReによる重合反応の3ステップを経て，分子量が400万を超える超高分子量PHBの酵素合成に成功している[24]。

1.5　ポリマーアロイからの選択的リサイクル分離

ポリ乳酸はバイオマス度向上を目的に各種汎用ポリマーにブレンドされている。しかし，その一方でバイオマス由来のポリマーブレンドは汎用ポリマーのマテリアルリサイクルを阻害するという問題点が指摘されている。この問題点を解決するために，ブレンド体中のポリ乳酸成分と汎用ポリマー成分の選択分離とその再利用法が検討されている。Matsumuraらは，ポリ乳酸とポリエチレンとのブレンド体から，モンモリロナイトを触媒にしてポリ乳酸成分をオリゴ乳酸へと選択分解し，再び高分子量のポリ乳酸が合成できることを示した[25]。Nishidaらは，MgOや$Al(OH)_3$などの触媒を用いた選択的接触熱分解によってポリエチレン[26]，ポリプロピレン[27]，ポリスチレン[28]，ポリコハク酸ブチル[29]，ポリカーボネート[30]などとのブレンドからポリ乳酸成分を選択的に解重合し，高純度L,L-ラクチドを回収できることを示した。

1.6　おわりに

ポリマーの歴史は安定化の歴史といわれる。比較的低温で溶融し流動性に優れたポリマーは，その溶融成型性によって様々な形状の成形品を世に送り出してきた。この優れた溶融成形性を支えているのが，ポリマーの熱安定化の技術であった。現在，資源の循環利用という目的に沿って，多くのリサイクルを意図したポリマーが開発されているが，その可逆的な結合／分解特性の付与は，これまで以上に溶融成形時の熱安定性や耐久性といった従来からの基本要求性能を同時に満足させるという難しい課題に立ち向かうことになるであろう。そこには最先端の合成化学，物性化学，成形加工学，分析化学，シミュレーション科学などがこぞって動員されなければならないであろう。

文　　献

1） F. S. Dainton, K. J. Ivin, *Quart. Rev.*, **12**, 61-92（1958）
2） D. R. Witzke, R. Narayan, J. J. Kolstad, *Macromolecules*, **30**, 7075-7085（1997）
3） A. Noritake, M. Hori, M. Shigematsu, M. Tanahashi, *Polym. J.*, **40**, 498-502（2008）
4） M. Goto, *J. Supercrit. Fluids*, **47**, 500-507（2009）
5） T. Yoshioka, T. Handa, G. Grause, Z. Lei, H. Inomata, T. Mizoguchi, *J. Anal. Appl. Pyrolysis*, **73**, 139-144（2005）；T. Yoshioka, G. Grause, S. Otani, A. Okuwaki, *Polym. Degrad. Stab.*, **91**, 1002-1009（2006）
6） S. Hata, H. Goto, E. Yamada, A. Oku, *Polymer*, **43**, 2109-2116（2002）
7） T. Matsumoto, S. Motokucho, K. Kojio, M. Furukawa, *Polym. Prepr. Jpn*, **58**, 5389-5390（2009）
8） I. Lüderwald, *Makromol. Chem.*, **178**, 2603-2607（1977）
9） T. Shiono, N. Naga, K. Soga, *Macromol. Rapid Commun.*, **14**, 323-327（1993）；T. Ishihara, T. Shiono, *Macromolecules*, **36**, 9675-9677（2003）
10） I. van der Meulen, E. Gubbels, S. Huijser, R. Sablong, C. E. Koning, A. Heise, R. Duchateau, *Macromolecules*, **44**, 4301-4305（2011）
11） F. Lucas, F. Peruch, S. Carlotti, A. Deffieux, A. Leblanc, C. Boisson, *Polymer*, **49**, 4935-4941（2008）
12） M. Donner, W. Kaminsky, *J. Anal. Appl. Pyrolysis*, **74**, 238-244（2005）
13） K. Ishida, N. Yoshie, *Macromol. Biosci.*, **8**, 916-922（2008）
14） G. Deng, C. Tang, F. Li, H. Jiang, Y. Chen, *Macromolecules*, **43**, 1191-1194（2010）
15） Y. Higaki, H. Otsuka, A. Takahara, *Macromolecules*, **39**, 2121-2125（2006）
16） H. Kanazawa, M. Higuchi, K. Yamamoto, *Macromolecules*, **39**, 138-144（2006）
17） T. Hashimoto, H. Mori, M. Urushisaki, *J. Polym. Sci., Part A: Polym. Chem.*, **46**, 1893-1901（2008）
18） K. Watanabe, Y. Ando, Y. Shirai, H. Nishida, *Chem. Lett.*, **39**, 698-699（2010）
19） T. Rohwerder, R. H. Muller, *Microbial Cell Factories*, **2010**, 9:13.
20） H. Nishida, Y. Andou, K. Watanabe, Y. Arazoe, S. Ide, Y. Shirai, *Macromolecules*, **44**, 12-13（2011）
21） A. Ishizaki *et al.*, *Appl. Microbiol. Biotechnol.*, **57**, 6（2001）
22） H. Ariffin, H. Nishida, Y. Shirai, M. A. Hassan, *Polym. Degrad. Stab.*, **93**, 1433-1439（2008）
23） H. Ariffin, H. Nishida, Y. Shirai, M. A. Hassan, *Polym. Degrad. Stab.*, **95**, 1375-1381（2010）
24） 柘植丈治，石井直樹，吉岡真佐子，佐藤俊，*Polym. Preprints, Jpn*，**59**，5260-5261（2010）
25） Y. Tsuneizumi, M. Kuwahara, K. Okamoto, S. Matsumura, *Polym. Degrad. Stab.*, **95**, 1387-1393（2010）
26） M. Omura, T. Tsukegi, Y. Shirai, H. Nishida, T. Endo,, *Ind. Eng. Chem. Res.*, **45**, 2949-2953（2006）
27） H. Nishida, Y. Arazoe, T. Tsukegi, Y. Wang, Y. Shirai, *Int. J. Polym. Sci.*,（2009）. doi: 10.1155/2009/287547.
28） 大村昌己，附木貴行，白井義人，西田治男，高分子論文集，**64**，745-750（2007）
29） 大村昌己，附木貴行，白井義人，西田治男，高分子論文集，**64**，751-757（2007）
30） T. Yasukata, Y. Shirai, H. Nishida, *Polym. Prepr. Jpn*, **59**, 2032（2010）

2　ケミカルリサイクル用ポリマーとしてのアセタール結合を導入したポリウレタン材料とエポキシ樹脂

橋本　保*

2.1　はじめに

三次元架橋構造を有する熱硬化性高分子は優れた耐熱性，耐薬品性，機械的強度がある一方，不溶・不融であり，溶融・再成形に基づくマテリアルリサイクルをすることができない。架橋高分子をリサイクルするには，共有結合で構成されている架橋鎖を化学的に分解し，原料などに戻すケミカルリサイクルが求められる。しかし，不溶・不融の架橋高分子に不均一条件下で分解反応を施し，一般に安定な架橋鎖中の共有結合を100%に近い収率で分解することは困難である。

そこで，材料の合成の段階から，のちに高収率で架橋を解くことができるように分子設計された架橋高分子が近年活発に研究されている。このような解架橋を前提とした新しい架橋ポリマーの分子設計は，少なくとも以下の2つの方法に分類される。

①　可逆的な共有結合ないしは非共有結合性の相互作用に基づく結合を架橋鎖に用いた架橋高分子

②　従来の架橋鎖中に新たに易分解性の結合を導入した架橋高分子

図1(a) に示す従来の架橋鎖の共有結合を，図1(b) に示すように可逆的な共有結合または非共有結合性の相互作用に置き換えたのが①の架橋高分子である。また，図1(c) に示すように，従来の架橋鎖の共有結合はそのまま利用し，分解しやすい結合を別に組み込んだのが②の架橋高分子である。熱硬化性高分子の架橋形成過程で生成する共有結合は，架橋鎖を作る働きを担っているだけではない。たとえばポリウレタンの場合は，ウレタン結合の水素結合部位が分子間力を増大させ機械的強度を増加させる。エポキシ樹脂を硬化させる際に生成する結合部位のエーテル結合やヒドロキシ基は接着剤としての耐薬品性や接着性に寄与する。したがって，従来の架橋結合の特性を活かしたまま解架橋が容易な熱硬化性樹脂を設計するには，新たに分解しやすい部位を架橋鎖に導入する②の方法（図1(c)）が有効である。ここでは，そのようなケミカルリサイクルを前提とした架橋高分子材料の一例として，筆者らが開発した分解性基としてアセタール結合を導入したポリウレタン材料およびエポキシ樹脂の合成とそのケミカルリサイクルについて述べる。

2.2　アセタール結合を有するポリウレタン材料

ポリウレタンフォームは，自動車シート，家具・寝具クッション材，工業用緩衝材・断熱材など様々な用途に使用されている。ポリウレタンフォームは発泡体であるので非フォームに比べ体積は数十倍になり，その廃棄物の対策が非フォームポリウレタンよりも深刻である。さらに，三次元架橋構造を有する熱硬化性樹脂のため不溶・不融であり，溶融・再成形に基づくマテリアル

*　Tamotsu Hashimoto　福井大学　大学院工学研究科　材料開発工学専攻　教授

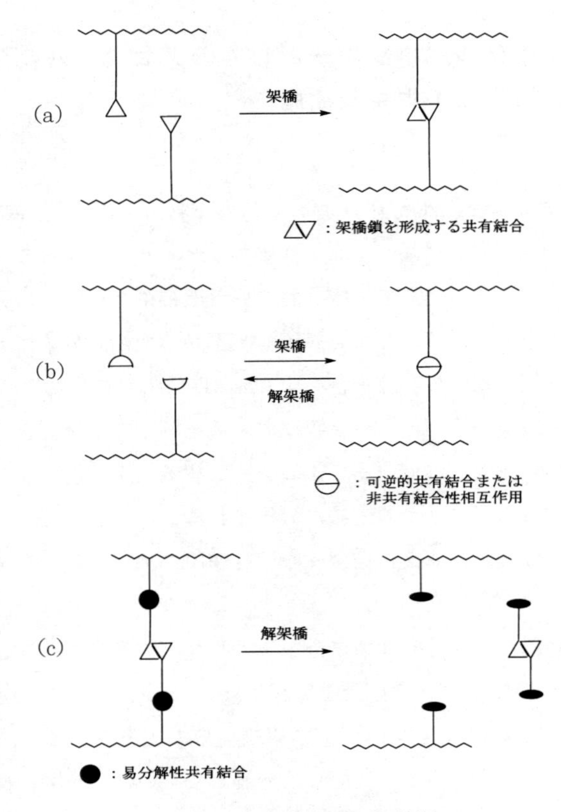

図１　高分子の架橋－解架橋

リサイクルをすることができない。たとえば，廃自動車の座席クッション，インパネなどのウレタン内装部品はそのままシュレッダーダスト中に混入し，そこから分離されればサーマルリサイクルに回すことができるが，相当量が埋め立てか単純焼却されている。

工業用のポリウレタン中のウレタン結合は，一般にアルコール性のヒドロキシ基とイソシアナートとの反応で生成している。このウレタン結合を加水分解，アミン分解，アルコール分解などにより切断して原料ポリオールなどを再生するケミカルリサイクルが数多く検討されている[1,2]。しかし，ウレタン結合の高い化学・熱安定性のため，通常かなりの高温（～200℃以上）で分解反応を行わなくてはならない。さらに様々な分解生成物の混合物からポリオールを分離回収するのも容易ではない場合が多い。また，回収されるポリオールは反応試剤の付加物の状態が一般的で，再びポリウレタンの合成に使用できたとしても同じ種類やグレードの製品にはならない。
筆者らが開発したアセタール結合を有するポリウレタンフォームの合成とそのケミカルリサイクルの反応スキームを図２に示す[3~5]。まず原料ポリオールの分子中にあらかじめアセタール結合単位を導入する。アセタールの合成は教科書的にはアルコールとアルデヒドの縮合反応が一般的であるが，アルコールとビニルエーテルの酸触媒による付加反応を利用するほうが，副生成物がなく非可逆反応なので工業的には優れている[3,6]。そのポリオールを用いて通常のフォーム製造

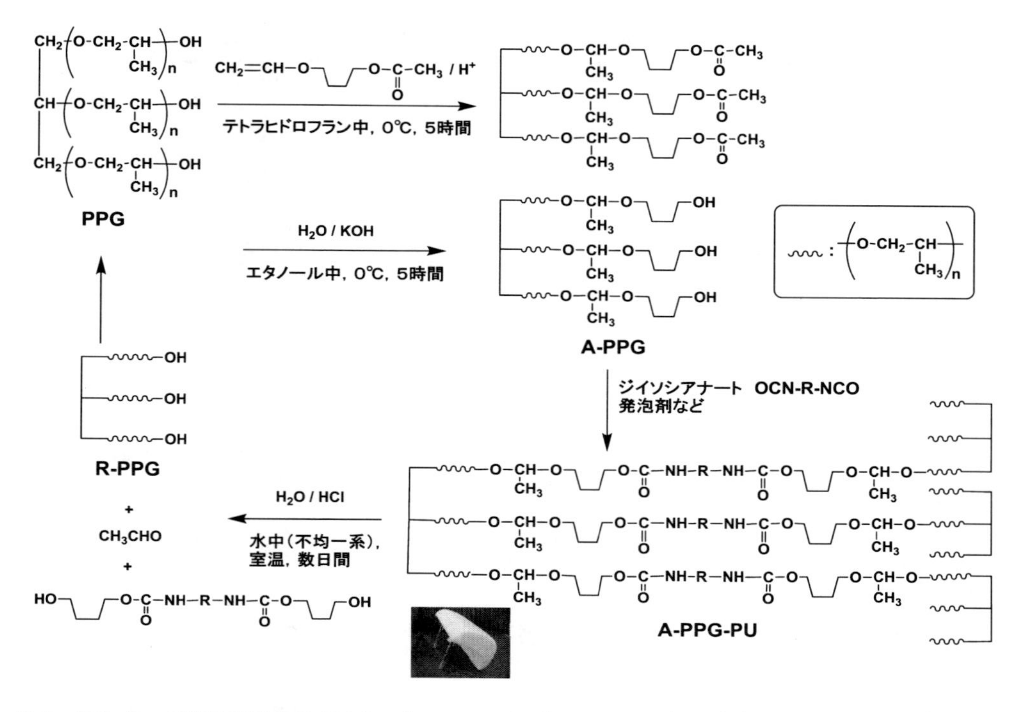

図2　アセタール結合を有するポリウレタンフォーム（A-PPG-PU）の合成とそのケミカルリサイクルの反応スキーム

法によりポリウレタンフォームを合成した。こうして得られたフォーム材料は，室温で塩酸などの強酸水溶液中，不均一系で処理するだけでアセタール結合単位が選択的に加水分解し，原料ポリオールとウレタン化合物およびアセトアルデヒドを生成する。一般にポリオールのようなオリゴマーの分離精製は困難な場合が多いが，生成物のウレタン化合物とポリオールは溶媒への溶解性が著しく違うため，エーテルやトルエンを用いた溶媒抽出によりポリオールは高純度で容易に分離回収される。

ポリウレタンフォームの最も一般的なポリオールである三官能性のポリプロピレングリコール（PPG；分子量約5,000）を原料に用いて，アセタール化PPG（A-PPG）の合成，フォーム合成，フォームの分解とPPGの回収精製，再生PPG（R-PPG）によるフォーム合成を行った[3~5]。それぞれの過程でのポリオールの分析値とそれらから得られたポリウレタンフォームの熱的性質を表1に示す[7]。アセタール結合を導入してもフォームのガラス転移温度（T_g）や熱分解温度（T_d）はほぼ変わりない。さらに，一連の合成・分解反応を経ても，再生されたPPGポリオール（R-PPG）の分子量，分子量分布，および水酸基価はバージンのPPGと変わらず，再合成されたフォームのT_gやT_dも，バージンのPPGを用いて合成したフォームとほぼ同じであった[7]。フォームを分解して得られるPPGの収率はもともと使用されたPPGに対して一般に80 wt%以上である。さらに本技術を用いてアセタール結合を導入したポリオールを原料に用い，ウレタン

表１　各ポリオールの分析値と合成されたポリウレタンフォームの熱的性質

	ポリオール			ポリウレタンフォーム	
	M_n ＊1	M_w/M_n ＊1	水酸基価＊2 (mgKOH/g)	T_g ＊3 (℃)	T_d ＊4 (℃)
PPG	7,390	1.06	33.2	－59.3	258
A-PPG	7,530	1.08	33.1	－58.9	255
R-PPG	7,700	1.12	32.9	－59.2	261

＊1　GPC による数平均分子量と多分散度（ポリスチレン換算）
＊2　アセチル化法による
＊3　DSC によるポリオールセグメントのガラス転移温度
＊4　TG-DTA による熱分解温度

フォームメーカーの協力を得て，実用サイズの自動車用ウレタンフォーム材料を試作した。得られたフォームは，密度，硬さ，反発弾性率，引張強度，破断伸び，引裂強度などの基本的な物性値がアセタール結合を持たないポリオールから製造されたフォームとほぼ同程度であり，実用レベルの物性を有していることがわかった[8]。

また，架橋高分子ではないが，ポリウレタンエラストマーにも同様の方法でケミカルリサイクル性を付与できる。ポリウレタンエラストマーは一般に熱可塑性であるので，マテリアルリサイクルが可能であるが，ケミカルリサイクルするには安定なウレタン結合を分解する必要があるのでフォームと同じ問題がある。ポリオールにあらかじめアセタール結合を導入し，ポリウレタンエラストマーの代表である，ポリテトラメチレングリコール（PTMG）鎖を有するポリウレタン（PTMG-PU）のソフトセグメント（PTMG 鎖）とハードセグメント（ウレタン結合単位）の間にアセタール結合を導入したポリウレタン（A-PTMG-PU）を合成した[9]。また，PTMG のリサイクル性代替ポリオールとしてヒドロキシ末端ポリアセタールを合成し[10,11]，これからポリウレタンエラストマー（PHBVE-PU）を得た[12,13]。熱的性質と力学的性質の検討の結果，アセタール結合を含むポリウレタン A-PTMG-PU と PHBVE-PU の熱分解温度は 300℃程度で，汎用ポリウレタンエラストマー PTMG-PU と同等の熱安定性を有しており，ソフトセグメント鎖の分子量が同じであれば，引張弾性率もほぼ同じで，動的粘弾性試験において観測されるゴム状平坦部の温度領域もほとんど同じであることがわかった。一方，ポリウレタン A-PTMG-PU と PHBVE-PU を，塩酸を含むテトラヒドロフラン溶液中，室温で加水分解すると，24 時間以内にポリマー中のアセタール結合は完全に分解し，A-PTMG-PU からは PTMG が，PHBVE-PU からは 1,4-ブタンジオールが再生された。たとえば再生された PTMG の回収率は約 80%であり，再び PTMG-PU や A-PTMG-PU の合成原料として使用できる。1,4-ブタンジオールは PTMG のモノマーであるテトラヒドロフランの製造原料である。

2.3　アセタール結合を有するエポキシ樹脂

エポキシ樹脂は代表的な熱硬化性樹脂であり，接着剤，被膜剤，電子回路基板材料，繊維強化プラスチックなどに幅広く使われている。エポキシ樹脂は通常，アミンなどの硬化剤を用いて熱硬化させることによって，高度に架橋した三次元の網目構造を有している。そのため高強度であり耐熱性や耐薬品性にも優れている。しかし，不溶・不融であるため使用後剥離除去することが困難であり，安定な架橋構造を化学的に分解するのも容易ではない。もしエポキシ樹脂が使用後，特定の条件下で分解，可溶化できれば，使われた部品の回収，利用に役立ち，さらに，分解生成物を再びエポキシ樹脂の原料に利用するケミカルリサイクルも可能になる。このような観点から，使用後，化学分解や熱分解できる官能基を導入したエポキシ樹脂の開発が近年活発に行われている[14～19]。

筆者らは，代表的なエポキシ樹脂の原料であるビスフェノール-Aとクレゾールノボラック型フェノール樹脂に，エポキシ基を有するビニルエーテルを付加させることによりアセタール結合を導入したエポキシ樹脂を合成した。その合成とケミカルリサイクルの反応スキームを図3に示す[20, 21]。ビスフェノール-Aとクレゾールノボラック型フェノール樹脂に4-ビニロキシブチルグリシジルエーテルとシクロヘキサンジメタノールビニルグリシジルエーテルを酸触媒の存在下，

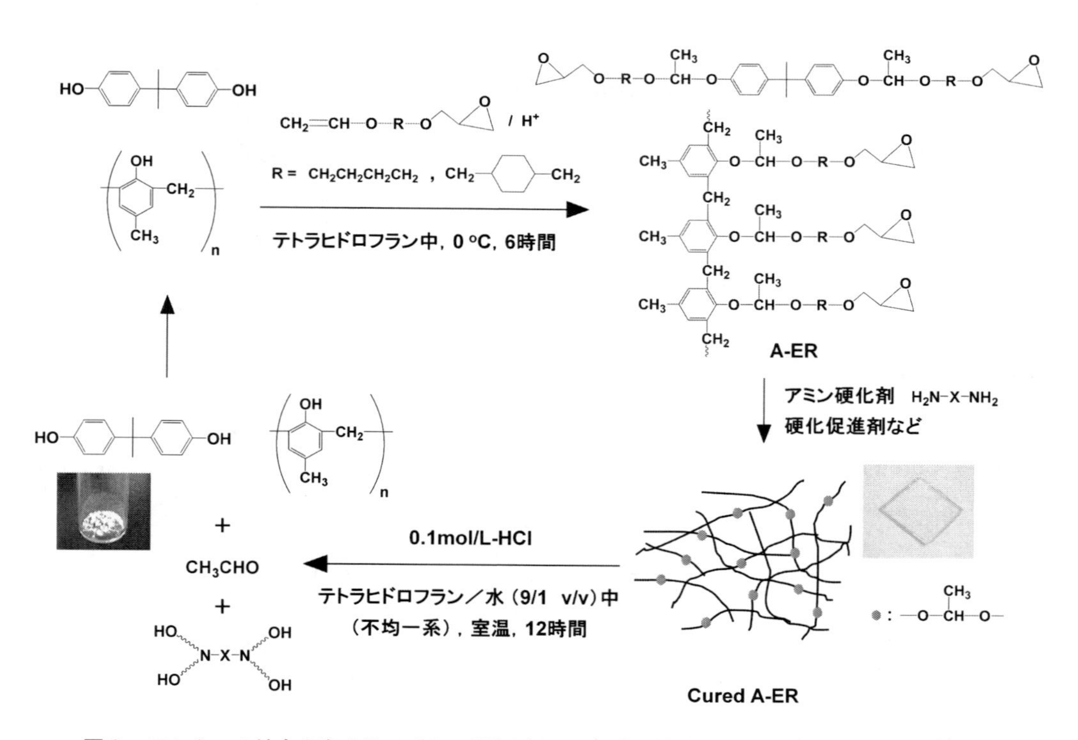

図3　アセタール結合を有するエポキシ樹脂（A-ER）とその硬化物（Cured A-ER）の合成とそのケミカルリサイクルの反応スキーム

0℃，6時間反応させ，アセタール結合を有する4種類のエポキシ樹脂を合成した（図3，図4）。いずれのエポキシ樹脂もほぼ100%の収率で得られた。こうして合成したアセタール結合を有するエポキシ樹脂をアミン硬化剤としてテトラエチレンペンタミンを用いて熱硬化した（図4）。たとえばビスフェノール-A型エポキシ樹脂（A-ER-1とA-ER-2）は100℃，6時間の反応により，クレゾールノボラック型エポキシ樹脂（A-ER-3とA-ER-4）は120℃，2時間次いで140℃，2時間の2段階の反応により，4種類のシート状の成形体である硬化物を得た。

これらの硬化させたエポキシ樹脂（Cured A-ER）の熱的性質を図4に示す。示差走査熱量測定（DSC）により求めたT_gは，Cured A-ER-1とCured A-ER-3が，それぞれ21℃と41℃であり，Cured A-ER-2とCured A-ER-4が，それぞれ62℃と91℃であった。シクロヘキサンジメチレン鎖を有するエポキシ樹脂A-ER-2とA-ER-4の硬化物のT_gは比較的高く，特にCured A-ER-4は，市販されている一般的なビスフェノール-A型エポキシ樹脂の硬化物（同じ条件で作製した成形体）のT_g（120℃）に近い値であった。熱重量示差熱分析（TG-DTA）により求められた熱分解温度（T_d）は，Cured A-ER-1とCured A-ER-3が，それぞれ245℃と225℃であり，Cured A-ER-2とCured A-ER-4が，それぞれ273℃と258℃であった。市販品のビスフェノール-A型エポキシ樹脂の硬化物のT_dは332℃であり，アセタール結合

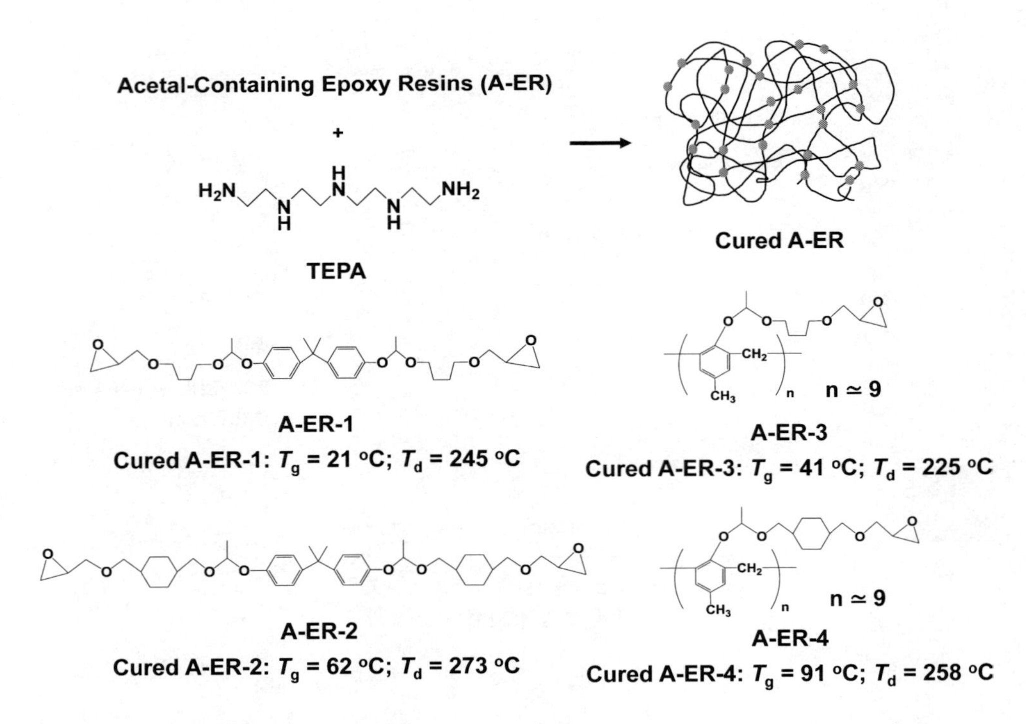

図4　アセタール結合を有する4種類のエポキシ樹脂（A-ER-1～4）とテトラエチレンペンタミン（TEPA）との反応による硬化物（Cured A-ER-1～4）の合成とCured A-ER-1～4のガラス転移温度（T_g）と熱分解温度（T_d）

を含有しているA-ERの硬化物のT_dはより低かった。これはA-ERのフェノール性ヒドロキシ基のアセタール結合が分解温度付近で熱解離するためと考えられる。

次にアセタール結合を有するエポキシ樹脂A-ER-1～4の各硬化物の酸の作用による室温での分解を検討した。分解反応は，0.1 mol/Lの濃度の塩化水素を含むTHFと水の9：1の体積比の混合溶液中に，室温で12時間，シート状の硬化物をそれぞれ浸すことで行った（図3）。時間の経過とともにポリマーシートが崩壊し，シートの形状がなくなった。分解反応後，ビスフェノール-Aを骨格とするCured A-ER-1とCured A-ER-2ではビスフェノール-Aとアミン架橋鎖が，クレゾールノボラック型フェノール樹脂を骨格とするCured A-ER-3とCured A-ER-4では，フェノール樹脂とアミン架橋鎖が，溶媒への溶解性の違いから容易に分離でき，それぞれ回収された。ビスフェノール-Aの回収率は，Cured A-ER-1で96%，Cured A-ER-2で71%であり，フェノール樹脂の回収率は，Cured A-ER-3で94%，Cured A-ER-4で83%であり，いずれのエポキシ硬化物からも原料が高収率で再生，回収されることがわかった。

これらの分解・可溶化可能なエポキシ樹脂を用いて，福井県工業技術センターの協力を得て，炭素繊維強化プラスチック（CFRP）を作製した。そしてエポキシ樹脂の分解により，含まれる炭素繊維が再生，回収できるかどうかを検討した。エポキシ樹脂に硬化物のT_gが比較的高かったA-ER-2とA-ER-4を用いて，硬化剤と硬化促進剤には，一般的にCFRPの製造に使われているジシアンジアミド（DICY）とジクロロフェニルジメチルウレア（DCMU）を用いた。これらを炭素繊維に含浸させプリプレグシート（pre-impregnated sheetの略称。複合材料製造用の中間素材）を作成し，5枚積層して積層板とした。それを135℃，4時間熱硬化させCFRP板を作成した。得られたCFRP板は従来の市販のエポキシ樹脂を用いて作成したCFRP板と外見は全く変わらず，同様な硬度を有していた。このCFRP板の分解反応を，0.1 mol/Lの濃度の塩化水素を含むTHFと水の9：1の体積比の混合溶液中に，室温で24時間浸すことにより検討した。図5に示すように，時間の経過とともに樹脂が徐々に崩壊し，繊維状の炭素繊維が分離してきた。分解開始から24時間後，溶媒を除去することで，炭素繊維をほぼ100%回収することができた。

回収された炭素繊維モノフィラメントの表面の状態を走査型電子顕微鏡写真により検討した。図5に示すように，未使用の炭素繊維の表面と比較して，樹脂の未分解物の付着などは観察されず，エポキシ樹脂の分解と完全な除去が行われていることがわかる。また，繊維表面にキズなども存在しない。さらに，回収炭素繊維の強度をJIS R7606-02に基づくモノフィラメントの引張試験により測定した。その引張強度は未使用の炭素繊維とほぼ同じであり，酸を作用させてCFRPからエポキシ樹脂を除去して回収した炭素繊維は，再利用するのに十分な強度を保有していることがわかった。

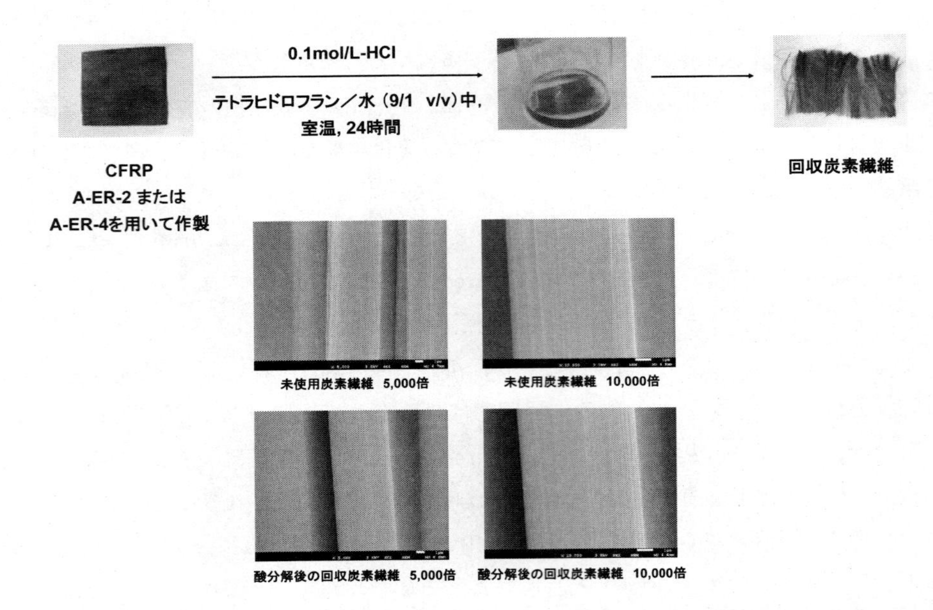

図5 A-ER-2またはA-ER-4と硬化剤ジシアンジアミド（DICY）と促進剤ジクロロフェニルジメチルウレア（DCMU）を用いて作製した炭素繊維強化プラスチック（CFRP）とその酸分解後の回収炭素繊維の状態：A-ER-2を用いて作製したCFRPの酸分解後の回収炭素繊維表面の走査型電子顕微鏡写真

2.4 おわりに

本節で紹介した筆者らが開発したポリウレタン材料とエポキシ樹脂は，アセタール結合という特定の分解性基をポリマー中に導入することによって，ケミカルリサイクル性を付与した高分子材料である。アセタール結合が分子構造中に存在することのみが，従来から使われているポリマー材料との違いである。そのため，通常使用における性能や物性は同レベルであり，なおかつ，分解して原料の再生が可能な架橋高分子である。

文　　献

1） J. Scheirs, Polymer Recycling：Science, Technology and Applications, John Wiley & Sons, Chapter 10（1998）
2） K. M. Zia, H. N. Bhatti, I. A. Bhatti, *Reac. Funct. Polym.*, **67**, 675（2007）
3） 橋本　保，特開 2005-307083（2005）
4） 橋本　保，中野宏美，漆﨑美智遠，高分子学会予稿集，**55**，3361（2006）
5） 漆﨑美智遠，阪口壽一，橋本　保，高分子学会予稿集，**56**，2358（2007）
6） T. Hashimoto, K. Ishizuka, A. Umehara, T. Kodaira, *J. Polym. Sci., Part A: Polym.*

Chem., **40**, 4053 (2002)
7) 漆﨑美智遠，阪口壽一，橋本　保，高分子学会予稿集，**57**，2118 (2008)
8) 中野宏美，漆﨑美智遠，橋本　保，未発表結果
9) T. Hashimoto, H. Mori, M. Urushisaki, *J. Polym. Sci., Part A: Polym. Chem.*, **46**, 1893 (2008)
10) T. Hashimoto, A. Umehara, K. Ishizuka, T. Kodaira, Proceedings of the Japan Academy, **77**, Ser. B, 63 (2001)
11) 橋本　保，梅原章弘，石塚耕治，小平俊之，特開 2003-119281 (2003)
12) T. Hashimoto, A. Umehara, M. Urushisaki, T. Kodaira, *J. Polym. Sci., Part A: Polym. Chem.*, **42**, 2766 (2004)
13) 橋本　保，三澤蔵充，漆﨑美智遠，高分子論文集，**65**，178 (2008)
14) G. C. Tesoro, V. Sastri, *J. Appl. Polym. Sci.*, **39**, 1425 (1990)
15) V. R. Sastri, G. C. Tesoro, *J. Appl. Polym. Sci.*, **39**, 1439 (1990)
16) S. L. Buchwalter, L. L. Kosbar, *J. Polym. Sci., Part A: Polym. Chem.*, **34**, 249 (1996)
17) M. Shirai, S. Morishita, H. Okamura, M. Tsunooka, *Chem. Mater.*, **14**, 334 (2002)
18) M. Shirai, A. Kawaue, H. Okamura, M. Tsunooka, *Polymer*, **45**, 7519 (2004)
19) M. Shirai, *Prog. Org. Coat.*, **58**, 158 (2007)
20) 明治宏幸，漆﨑美智遠，阪口壽一，橋本　保，高分子学会予稿集，**59**，2030 (2010)
21) 明治宏幸，漆﨑美智遠，阪口壽一，橋本　保，高分子学会予稿集，**60**，5352 (2011)

第 6 章　植物由来材料の利用

1　バイオベースポリマーの分子・材料設計

増谷一成[*1]，木村良晴[*2]

1.1　はじめに

近年，環境や資源による制約が顕在化するようになり，エネルギーや材料源を化石資源ではなく再生可能な非化石資源に置き換える努力がなされている。特に，材料面では自然界で産生されるバイオマス原料を用いた素材の開発が注目されるようになった。このようなバイオマス由来の新しい植物由来材料を「バイオベースマテリアル」とよんでいるが[1,2]，それらは廃棄や焼却によって新たな大気中への炭酸ガスの負荷を生じないため，カーボンニュートラルを実現できることが特徴の 1 つとされている。この種のポリマーは，もともと生分解性ポリマーとして開発されてきたもので[3]，1980 年前後には，生体内で吸収される医用材料[4~8]として，また，1990 年代には廃棄プラスチックによる環境破壊の低減を目指した生分解性プラスチック[9~11]として利用が進められた。現在，前者は再生医療用の細胞マトリックス[12]として，また，後者はパッケージング材料や農業用のマルチフィルムなど[13]として展開されている。2000 年頃に，いくつかの生分解性プラスチックがある程度の規模で工業生産されるようになったが，それと相前後して，生分解性ポリマーの多くが「バイオベースポリマー」となることが認識され始めた[14,15]。すなわち，バイオマス由来の持続性材料として開発が始められるようになったのである。バイオベースポリマーは，生分解性ポリマーより広範なプラスチック素材の代替を目指しており，より高い耐久性や機能・特性を有することが要求される。ここでは，これまでに開発されてきたバイオベースポリマーの合成，構造，物性をみながら，今世紀における開発動向についてまとめてみたい。また，バイオベースポリマーの先駆けとして期待されているポリ乳酸の分子材料設計についても紹介したい。

1.2　バイオベースポリマー

一般に，バイオベースポリマーはその生成過程により，天然高分子と合成高分子に大別される。前者はさらに天然物利用型とバイオ産生型に，後者は代謝物利用型と化学変換型（従来型）に分類することができ，それぞれ次のような特徴を有する。

＊1　Kazunari Masutani　京都工芸繊維大学　大学院工芸科学研究科

＊2　Yoshiharu Kimura　京都工芸繊維大学　大学院工芸科学研究科　バイオベースマテリアル学専攻　教授

（1）　天然高分子・天然物利用型

天然物をそのままポリマーとして用いるのが特徴で，天然多糖類をベースとしているものが多い。この種の素材は19世紀後半から利用されてきたが，ポリマーの単離精製や成形加工が容易でないため，新しい展開は望みにくい。多糖類は分子間および分子内の水素結合が強固であり，この分子間の“からみ”をコントロールして望みの物性を得ることが難しい。もともと天然物であるため高い生分解性を示すのが特徴となる。

（2）　天然高分子・バイオ産生型

この種のポリマーは微生物により生産される。したがって遺伝子工学の手法により大腸菌や植物を用いて生産できるようになり，新しいポリマー生産法として注目を集めてきた。その代表例は，ポリ-3-ヒドロキシアルカン酸（PHA）である。特に，ポリ-3-ヒドロキシブタン酸（PHB）は，微生物が細胞内に蓄えるエネルギー貯蔵物質として知られており[16]，その共重合体[17～19]が開発の対象となっている。また，微生物が産生するバイオセルロースもこのタイプに分類される。

（3）　合成高分子・代謝物利用型

バイオマスのバイオリファイナリー（後述）により得られる代謝物質モノマーを重合して合成されるポリマーである。発酵で得られる乳酸を重合したポリ乳酸やひまし油から得られるアミノカルボン酸を重合したナイロン11などが代表例である[20]。デュポン社のApexa®，Sorona®（ポリ（トリメチレンテレフタレート）：PTT）[21]，は石油由来のテレフタル酸と，バイオ由来であるコハク酸，1,3-プロパンジオールなどとの共重合体であり，部分的にバイオベースである。

（4）　合成高分子・化学変換型（石油系高分子）

発酵によって得られるバイオエタノールからエチレンやプロピレンを合成して化学原料として利用すれば，現在用いられている石油化学製品の多くをバイオマス由来に転換することが可能である。また，バイオマスの熱分解によって水性ガスを作り，C1化学法により化学原料を得ることもできる。これらの方法に基づいて容易にポリエチレンやポリプロピレンが得られるため，その工業化が進められている。また，（ポリ（エチレンテレフタレート）：PET）においても，バイオエタノールから合成して得られるエチレングリコールを用いることで，部分的にバイオベースのものが得られている。もう1つのモノマーであるテレフタル酸についても，バイオマス原料から合成する試みが行われている（Gevo社）[22]。一方，BASF社のEcoflex®などは石油由来のテレフタル酸，アジピン酸，ブタンジオールなどを共縮合したポリマーである。従って，バイオベースポリマーではないが，生分解性ポリマーとして扱われ，環境適合性ポリマーとして認定されている。

1.3　新しいバイオベースポリマー

表1に，現在開発されている合成高分子系のバイオベースポリマーをまとめて示す[23]。

多くは開発中であるが，工業生産されているか，もしくはその計画段階にあるポリマーとしては，上述のPTT，ポリ乳酸（ポリ-L-乳酸（PLLA），ステレオコンプレックス型ポリ乳酸

表1　開発中のバイオベースポリマー

分類	ポリマー	モノマー	モノマーの合成手段	開発状況	備考（バイオ原料など）
ポリオレフィン	PE	エチレン	バイオエタノールの化学変換	Braskem，開発中	
	PP	プロピレン	〃	〃	
ポリエステルなど	PTT	1,3-プロパンジオール	グルコース / グリセリンから微生物変換	Du Pont，Sorona	テレフタル酸は石油由来
	PET	エチレングリコール	発酵合成	帝人，Plantpet	〃
		テレフタル酸	イソブチルアルコールからの化学変換	東レ / Gevo 社，開発中	
	コポリエステル	コハク酸	発酵合成	Du Pont，Apexa	PBS の高性能化 コハク酸以外は石油由来
		テレフタル酸			
		エチレングリコール	発酵合成		
		ブタンジオール	×	BASF，Ecoflex	
	PLLA	L-乳酸	発酵合成	Nature Works，Ingeo Purac	大規模生産
	sc-PLA	L-乳酸 / D-乳酸	〃	帝人，繊維化	Neo-PLA
	sb-PLA	L-乳酸 / D-乳酸	〃	木村らの開発	Neo-PLA
	PBS	コハク酸	〃	三菱化学・味の素 Roquette/DSM （コハク酸）	高性能化が困難
		1,4-ブタンジオール	発酵コハク酸の化学変換		
	PHA	微生物ポリエステル	微生物合成，遺伝子導入による制御	ADM/Metabolix で生産開始	カネカは PHBH を開発
ポリカーボネート	PC	イソソルビド	ソルビトールから化学合成	三菱化学，Durabio	高性能
ポリアミド類	ナイロン 54	コハク酸	発酵合成	東レ，開発中	バイオベース
		カダベリン	酵素によるリジンの脱炭酸		
	ナイロン 4	γ-ブチロラクタム	酵素によるグルタミン酸の脱炭酸	産総研，開発中	バイオベース
	ナイロン 610	セバシン酸	ひまし油，リシノール酸	BASF で製造	ヘキサメチレンジアミンは石油由来
	ナイロン 46	1,4-ジアミノブタン	発酵	DSM で製造	アジピン酸は石油由来
	ナイロン 11	11-アミノウンデカン酸	ひまし油	アルケマで製造	
アクリル	ブチロラクトン系	チューリパリン	植物合成	Du Pont，開発中	
		MMT	レブリン酸から化学合成	Du Pont，開発中	
ポリウレタン	PU	油脂系ポリオール	主としてヒマシ油由来	Du Pont，BASF，開発中	イソシアナートは石油由来
		ジイソシアナート	×		

×：バイオ法の検討なし

(sc-PLA))，PHA，ナイロン11，イソソルバイドを単位とするポリカーボネートなどがあげられる。また，グルタミン酸から誘導される2-ピロリドンの開環重合によって得られるポリアミド4も開発されている[24]。いずれも，発酵合成もしくはバイオマスのブレークダウンにより得られるモノマーの重合によって得られる。テレフタル酸を構成単位とするPTTや植物由来のポリオールとジイソシアネートを混合・反応して製造されるバイオポリウレタンは部分的にバイオベースである。これらのポリマーにより，現在用いられている石油系ポリマーのすべてを代替することはできないが，一部の代替は確実に進むであろう。

1.4　機能性バイオベースポリマーの開発

バイオベースポリマーの開発は現行の石油系ポリマーのプラットフォームの中で進める必要があるため，後者との性能・コスト比較を免れない。従って，石油系ポリマーでは実現できない性能と機能を有する高付加価値のバイオベースポリマーが開発されないと早期に市場における定着を図ることはできないであろう。このような高性能・高機能バイオベースポリマー（bio-based specialty polymers）の合成への試みは多くはないが，表1に掲げられたイソソルバイド（ソルビトールから誘導）系のポリカーボネート，チューリパリン（チューリップから抽出）やレブリン酸から誘導されるMMT（3-methylene-5-methyl- tetrahydrofuran-2-one）を重合したアクリルポリマーがあげられる。この他，ピルビン酸のエノールエステルを重合したアクリルポリマー，マンデル酸の共重合によるガラス状ポリラクチドなども有望な機能性バイオベースポリマーとして検討が進められている。

1.5　バイオリファイナリー

バイオベースポリマーの出発モノマーをバイオマス原料から効率的に生産するプロセスを石油精製と対比してバイオリファイナリーとよぶようになったが，その手法の開拓は今世紀の重要な課題となる。その最初の試みとして，2004年にアメリカの研究機関から提言された12の基幹物質（platform chemicals）の選定がある（図1）[25]。これらはバイオマスのバイオリファイニングを行うときに効率的に産生されやすいこと，かつ他の誘導体への変換がしやすいことを指標にして選定されたものである。特徴的なのは12の基幹物質のうちの8種がカルボン酸であり，酸化が中心となるバイオプロセスに依存していることを示している。これら基幹物質の用途としては，主にポリマー材料への応用が想定されている。

一方，基幹物質として選定されなかった乳酸やトリメチレングリコールなどでも世界規模での工業化が行われており，脂肪族ポリエステル，ポリアミドの原料として重要なセバシン酸も植物由来である。またバイオポリウレタンの原料となるポリオールにひまし油などの油脂の部分加水分解物（ひまし油脂肪酸）の活用が進められている。

プランテーションによって大規模生産されるバイオマスはエネルギー源として重要視されているが，繊維状のバイオマスそのものをパルプや補強用繊維として直接利用することも可能であ

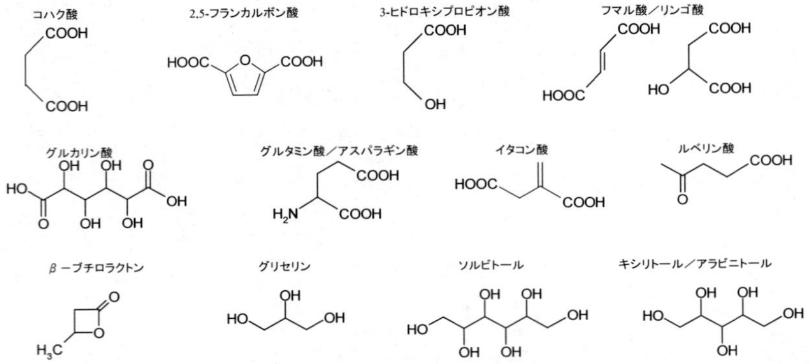

図1　バイオマスを出発物質として合成が有望とされる12の基幹物質

る。最近，パルプからナノファイバー状となったセルロースの結晶を抽出して，ポリマーに分散させることも可能となった[26]。このセルロースナノファイバーの弾性率は140 GPaであり，ケナフの4倍，ガラス繊維の2倍の値となっている。そのため得られてくるナノファイバーコンポジットは，高い補強効果を示すだけでなく，透明性など特異的なナノ効果を示すことも認められている。

1.6　生分解性とバイオマス度

ポリマー材料の生分解性やバイオベース度（バイオマス度）に関しては一定の定義がなされており，規格化された試験によって科学的尺度のもとでその大小，優劣が決定されねばならない。

ポリマーの生分解挙動を実際の環境中において評価することは容易ではなかったが，長年にわたる検討の結果，標準化試験法が制定されるようになった。その結果，ISOやJISによる規格化が行われるようになり，現在ではそのいくつかが一般化している。これらの規格は，活性汚泥などの水系培養液を用いた方法（ISO-14851-1999：JIS K 6950-2000)，ISO-14852-1999：JIS K 6951-2000）およびコンポスト（堆肥）を用いた方法（ISO-14855-1999：JIS K 6953-2000）に大別される。前者では，6ヶ月で60%以上，後者では6ヶ月で70%以上の分解が確認されたとき，その材料は生分解性を有していると認定される。他にもいくつかの試験法が提案されており，対象となる高分子の暴露環境に応じた試験法を選択することとなる。

一方，ポリマーのバイオベース度（バイオマス度）は全有機炭素中のバイオマス由来炭素(new carbon）の重量パーセントで規定される（図2）。長時間埋まっていた化石資源の炭素(old carbon）中には放射性同位元素^{14}Cがほぼ消失しているのに対して，大気中の二酸化炭素を固定して産生されるバイオマス中の炭素には^{14}Cが一定の割合で存在する。後者は^{14}Nが成層圏で放射線の影響を受けて生成されるものである。この^{14}C含有量を測定することによりバイオ炭素量，すなわちバイオベース度が決定できる。少量しか含まれない^{14}C量の分析法としては，サンプルを燃焼後グラファイト化してマススペクトルにより測定する方法がASTM法となって

米国試験材料規格(ASTM) D6866-05: マススペクトルを用いた放射性同位体炭素の比率の決定による材料のバイオベース度標準化試験法

^{14}As: 試料の ^{14}C/^{12}C　　pMC: percent modern carbon （現代炭素濃度）

^{14}Ar: 標準物質（シュウ酸）の ^{14}C/^{12}C

$$\Delta^{14}C = [(^{14}As - ^{14}Ar) / ^{14}Ar] \times 1000 \quad (‰) \quad (1)$$

$$pMC = 100 + \Delta^{14}C / 10 \quad (\%) \quad (2)$$

$$\text{バイオベース度} = 0.93 \times pMC \quad (\%) \quad (3)$$

$\delta\ ^{13}$C:同位体補正

$$^{14}As = ^{14}As \times (0.975 / (1 + \delta\ ^{13}C/1000))^2$$

図2　バイオベース度の測定法

いる。現在，ISO においてもこの方法の規格化が検討されているが，バイオベース度に対して，炭素に付随して化合物・材料内に含まれてくる酸素や窒素元素を入れてバイオベース度を計算するか否かについて議論が分かれている。いずれにしても，バイオ炭素量の測定により化石資源由来かバイオマス由来かを識別できることは，バイオベースマテリアルの開発の推進には欠かせない重要な要素となっている。

1.7　ポリ乳酸

バイオベースポリマーの中で最も開発の進んでいるのがポリ乳酸（PLA）である。PLA はバイオマス（主としてデンプン）を出発原料とした発酵乳酸から合成される代表的な代謝物利用型バイオベースポリマーである。PLA には D-乳酸，L-乳酸を単位とするものがあり，それぞれポリ-D-乳酸［poly（D-lactic acid)；PDLA］，ポリ-L-乳酸［poly（L-lactic acid)；PLLA］とよぶ。その他，乳酸単位の D，L 比（光学純度）の異なるポリ-DL-乳酸（poly（DL-lactic acid)；PDLLA)，PLLA と PDLA を混合して得られるステレオコンプレックス型のポリ乳酸（sc-PLA)，乳酸の D，L 連鎖をブロック状に配置したステレオブロック型ポリ乳酸（sb-PLA）があり，いずれも異なった性質を示す。表2に各種ポリ乳酸の特性を示してある。比較のためにポリグリコール酸（PGA）およびポリグラクチン（乳酸-グリコール酸共重合体：PGLA）[27] の特性も併記している。この表から，PLLA，sc-PLA の材料物性が石油系の汎用ポリマーとほぼ同じレベルにあることがわかる。しかしながら，PLLA 素材は耐衝撃性や耐熱性において，石油系ポリマーより劣っているため工業利用が制限されているのが現状である。耐衝撃性を改善させる方法として，ポリマーブレンドによる改質や他のソフトセグメントとの共重合化が検討されている。また，耐熱性を向上させる方法としては高融点を示す sc-PLA の利用が検討されている。

表2　ポリ乳酸関連ポリマーの繊維物性

Polylactides		Tm (℃)	Tg (℃)	Td (℃)	ΔHm (J/g)	d (g/cm^3)	σ (GPa)	E (GPa)	ε (%)
PGA	結晶性	230	36	260	207	1.69	1.0	14	30
PGLA *	結晶性	220	40	250	−	−	0.8	8.6	30
PLLA	結晶性	180	58	250	93, 203	1.29	0.8	10	25
PDLLA	非晶性	−	58		−	1.27	0.05	0.2	5
sc-PLA	結晶性	230	58	250	142		0.6	10	30

Tm：融点，Tg：ガラス転移点，Td：熱分解点，ΔHm：融解熱量，d：密度，σ：繊維強度，E：引張弾性率，ε：破断伸度
＊　polyglactin（グリコリド / ラクチド = 9/1)，組成によって異なる

1.8　ステレオコンプレックス型ポリ乳酸

上述したように，最も広範に利用されているPLLA素材は，ポリマー融点（Tm）が180℃，ガラス転移温度（Tg）が58℃であるため，Tg付近で軟化しやすいという課題を有している。それに対して，230℃のTmを有するsc-PLA素材は結晶化によって耐熱性材料となる可能性が高い[28)]。このsc-PLA素材の実用化には2つの課題解決が必要となる。1つは，微生物発酵によるD-乳酸の安定供給であり，2つ目はsc形成の制御法の開拓である。高分子量のPLLAとPDLAを混合するとsc結晶のみならず単独結晶も形成され，sc-PLAの特徴が発揮されにくい。そこで，我々はPLLA鎖とPDLA鎖からなるステレオブロック型ポリ乳酸（sb-PLA）に着目し，ブロックシーケンスの異なるマルチ（Multi-sb-PLA)，ジ（Di-sb-PLA)，トリステレオブロック型ポリ乳酸（Tri-sb-PLA）を開発してきた。これらの合成は，乳酸の溶融・固相重合（図3）[29〜31)]やD-およびL-ラクチドの二段階開環重合（図4）[32)]により行うことができる。いずれの場合も，PLLA組成の多い偏組成型の方が合成が容易であるが，Sc化に関与しない余剰のブロック鎖が非晶として存在することとなり，Tg以上で軟化を生じやすい。我々は，最近sb-PLAの新たな合成手法として，PLLAとPDLAのプレポリマーをカップリングさせながらセグメント化するクリックケミストリー法を開発した。すなわち，片末端あるいは両末端にジエンおよびジエノフィル基を有するPLLAとPDLAを合成し，そのDiels-Alder反応によるカップリングにより各種のsb-PLAを合成するものである（図5）[33)]。sb-PLAは，そのブロックシーケンスにより特性が異なるため，広範な用途に対応できる。我々は，このようにL体とD体をうまく組み合わせて形成されるポリ乳酸素材を“Neo-PLA”と名付けてその工業化を急いでいる。

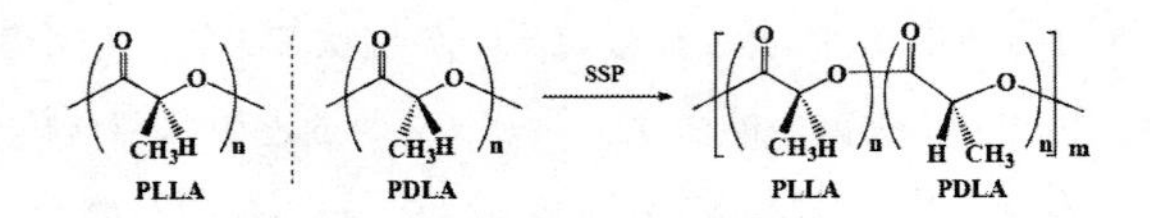

図3　固相重合（SSP)：multi-sb-PLA

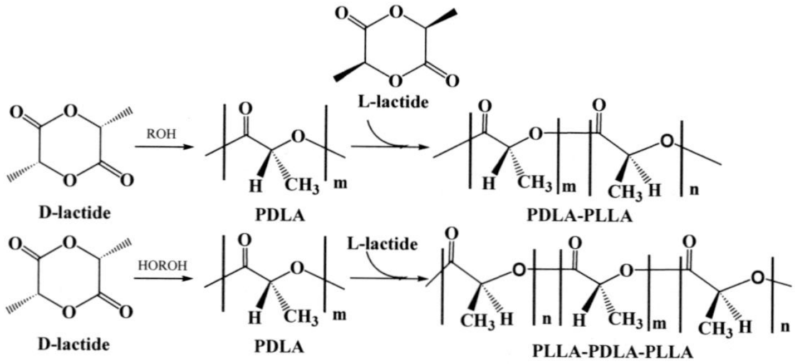

図4　D-およびL-ラクチドの二段階開環重合：di-sb-PLA，tri-sb-PLA

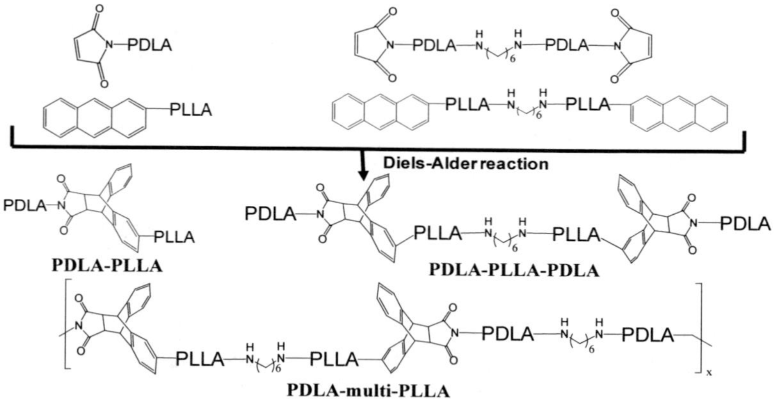

図5　Diels-Alder 反応による sb-PLA のカップリング合成：di-sb-PLA，tri-sb-PLA，multi-sb-PLA

1.9　おわりに

上述したように，低炭素社会へのシフトという観点から化石資源を再生可能資源に代替する試みが行われているが，原料転換しやすい可食性農産物（デンプン，砂糖，植物油）を非可食用途に大量に使用することとなり，食糧の高騰が引き起こされる状況を招いた。従って，バイオベースポリマーの開発を進めていくには，非可食性のバイオマス（セルロースなど）を効率的に利用するバイオリファイナリー技術の実現が必須となる。また，物性とコストを考慮し，新たなバイオベースマテリアルの開発やバイオベースならではの新素材の分子設計をしていく必要がある。より詳細については筆者の近著を参考にしていただきたい[34]。

文　献

1）S. S. Im., Y. H. Kim., J. S. Yoon., I.J. Chin., Ed., Biobased Polymers：Recent Progress, Macromol. Symp., 227, Wiley VCH（Weinheim）(2005)
2）Kimura, Y., *Polym. Jounal.*, **41**, 797（2009）
3）生分解性プラスチック研究会編,「生分解性プラスチックハンドブック」, エヌ・ティー・エス（1995）
4）E. J. Frazza., E. E. Schmmit., *J. Biomed. Mater. Res. Symp.*, **1**, 43（1971）
5）P. H. Craig., J. A. Williams., K. W. Davis., A. D. Magoun., A. J. Levy., *S. Bogdansky., Surg Gynecol Obstet.*, **141**, 1（1975）
6）D. L. Wise., T. D. Fellmann., J. E. Sanderson., R. L. Wentworth., in "Drag carriers in Biology and Medicine", by G. Gregoriadis, Academic Press, New York, p.237-270（1979）
7）M. vert., S. M. Li., G. Spenlehauer., P. Guerin., *J. Mater. Sci. Mater. Med.*, **3**, 432（1992）
8）K. W. Leong., B. C. Brott., R. Langer., *J. Biomed. Mater. Res.*, **19**, 941（1985）
9）Y. Shirakura., T. Fukui., T. Tanio., K. Nakayama., R. Matsuno., K. Tomita., *Biochim. Biophys. Acta.*, **748**, 331（1983）
10）M. Steib., B. Schink., *Arch. Macrobiol.*, **154**, 253（1984）
11）H. J. Sterzel., Ger Offen DE 4313136（1994）
12）木村良晴, 生体内吸収性材料, 松島綱治, 酒井敏行, 石井昌, 稲寺秀邦編集,「予防医学事典」, p.404-406, 朝倉書店（2005）
13）西村弘, 榎田晃, 望月政嗣, *WEB Jounal*, **39**, 36（2001）
14）木村良晴, 高分子, **54**(8), 576-577（2005）
15）日本有機資源協会,「平成15年度バイオ生分解性素材開発・利用評価事業報告書」(2004)
16）T. K. Ghose., A. Fiechter., *In Advances in biochemical Engineering/Biotechnology.*, **41**, 78（1990）
17）Y. Doi., A. Tamaki., M. Kunioka., K. Soga., *Appl. Macrobiol. Biotechnol.*, **28**, 330（1998）
18）Y. Saito, Y. Doi., *Int. J. Biol. Macromol.*, **16**, 99（1994）
19）Y. Doi., S. Kitamura., H. Abe., *Macromolecules.*, **28**, 4822（1995）
20）望月政嗣, 大島一史,「バイオプラスチックの素材・技術最前線」, p.71-84, シーエムシー出版（2009）
21）J. V. Kurian, in "Natural Fibers, Biopolymers, and Biocomposites", **15**, p.487-525, CRC press（2005）
22）S. Atsumi., T. Y. Wu., E. M. Eckl., S. D. Hawkins., T. Buelter., J. C. Liao., *Appl. Microbiol. Biotechnol.*, **85**, 651-657（2010）
23）A. Steinbuechel., "Biopolymers", Wiley-VCH（Weinheim, FRG）(2001)
24）N. Kawasaki., A. Nakayama., N. Yamano., S. Takeda., Y. Kawata., N. yamamoto., S. Aiba., *Polymer.*, **46**, 9987-9993（2005）
25）T. Werpy., G. Petersen., "Top Value Added Chemicals from Biomass", The National Renewable Energy Laboratory & DOE National Laboratory（2004）
26）矢野浩之, 繊維と工業, **62**(12), 356-358（2006）
27）D. K. Gilding., A. M. Reed., *Polymer.*, **20**, 1459（1979）
28）M. Kakuta., M. Hirata., Y. Kimura., *J. Macromol. Sci., Part C: Polym. Rev.*, **49**, 107(2009)
29）K. Fukushima., Y. Furuhashi., K. Sogo., S. Miura., Y. Kimura., *Macromol. Biosci.*, **5**,

51 (2005)
30) K. Fukushima., Y. Kimura., *Macromol. Symp.*, **224**, 133 (2005)
31) K. Fukushima., Y. Kimura., *J. Polym. Sci., Part A: Polym. Chem.*, **46**, 3714 (2008)
32) M. Hirata., K. Kobayashi., Y. Kimura., *J. Polym. Sci., Part A: Polym. Chem.*, **48**, 794 (2010)
33) K. Masutani., S. Kawabata., T. Aoki., Y. Kimura., *Polym. Int.*, **59**, 1526 (2010)
34) 木村良晴，「高分子先端材料 5，天然素材プラスチック」，共立出版 (2006)

2　植物由来高性能バイオベースポリマー材料の開発

宇山　浩*

2.1　はじめに

温暖化ガス（CO_2）排出量の増大に基づく地球温暖化の防止に向け，バイオマスを利用したエネルギーおよび材料開発は社会的に強く求められている技術である[1~3]。バイオマスから作る樹脂（バイオマスプラスチック）は，その多くが生分解性を志向した環境調和型材料として開発されてきたが，最近はCO_2の発生抑制（カーボンニュートラル）および化石資源の節約の観点から植物由来に役割が変化しつつある。また，バイオマスアジア構想に基づき，偏在している石油資源依存度の低減（安全保障），工業原料を育成する新産業の創生による農村部の活性化に寄与できる点でその普及は社会的要請が高い。しかし，バイオマスプラスチックの性能および機能は限定的であり，しかも生産プロセスは多段階かつ高コストであるため，バイオマスプラスチックの代表例であるポリ乳酸の市場シェアは0.1%にも満たず，その普及には高性能化（付加価値の向上）が必要である。

植物油脂は全世界で年間約1億トン以上生産され，その多くが食用として利用されており，油脂化学に用いられているのは約1500万トンである。近年，植物油脂の生産量は堅調に増加しており，中長期予測でもこの傾向は続くと考えられている。そのため，植物油脂は化石資源から製造される汎用高分子材料の代替出発物質として高い潜在性を有している[4]。大豆油を多く産出するアメリカでは，政府主導の研究プロジェクトとして大豆油ベースの材料開発が活発に行われ，大豆油ポリオールを原料とするポリウレタンがトラクターのバンパーや絨毯に利用されている。本節では筆者らの研究を中心に，接着剤，粘着剤，塗料といった用途に対して高い潜在性を有する油脂ベースの架橋高分子材料を紹介する。

2.2　柔軟性に優れた油脂架橋ポリマー

既存のプラスチックには軟質系，アモルファスのものも多く，接着剤，塗料などの重要な工業用途がある。そこで筆者らはエポキシ化植物油脂からの軟質系アモルファスのバイオベースポリマーの開発に取り組んできた。エポキシ化植物油脂は，大豆油と亜麻仁油のエポキシ化物がポリ塩化ビニルの添加剤として工業生産されており，パーム油のエポキシ化物はタイヤの改質剤として工業化されている。これらは比較的安価であり，製造量も多いことからバイオベースポリマーの原料として適している。エポキシ化植物油脂は酸，塩基により容易に反応し，硬化物を与えるが，その単独硬化物の物性・機能は低く，実用レベルには達していない。そのため，シランカップリング剤や有機変性クレイの添加により，物性の向上が検討されてきた[5~7]。

天然物であるロジン（松脂）の各種誘導体は比較的安価であり，接着・粘着力を付与できることから，工業的に幅広く用いられる樹脂改質剤である。油脂ベース高分子材料を開発するにあた

---

*　Hiroshi Uyama　大阪大学　大学院工学研究科　応用化学専攻　教授

り，できるだけ天然物を多く利用することでカーボンニュートラルへの貢献度を高めることを考え，ロジン系添加剤（ロジンペンタエリトリトールエステル（RPE）およびロジン変性フェノール樹脂（RMPR））を油脂ポリマーの改質に用いた（図1）。これらのロジン誘導体をエポキシ化大豆油（ESO）に溶解させ，これにカチオン熱潜在性開始剤を添加して加熱処理を行うことにより，透明な樹脂硬化物が得られた。これらのロジン系添加剤と油脂架橋ポリマーは良好な相溶性を示した。また，このロジン含有の油脂架橋ポリマーは柔軟性に富み，テスト片を完全に折り曲げても割れない（図2）。この特性はエポキシ樹脂をはじめとする既存の架橋ポリマーにはあまり見られないものであり，ロジン系添加剤と油脂架橋ポリマーの優れた相溶性に基づく効果と考えられる。

ロジン（RPE，RMPR）を含有する油脂架橋ポリマーはESO単独硬化物と比較してゴム領域における貯蔵弾性率が小さく，高い柔軟性を示した（図3）。また，RPEやRMPRの添加系効

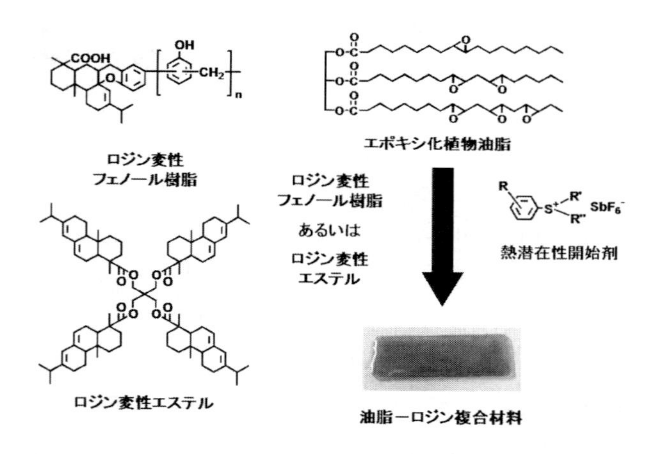

図1　ロジン誘導体を添加した油脂架橋ポリマーの合成

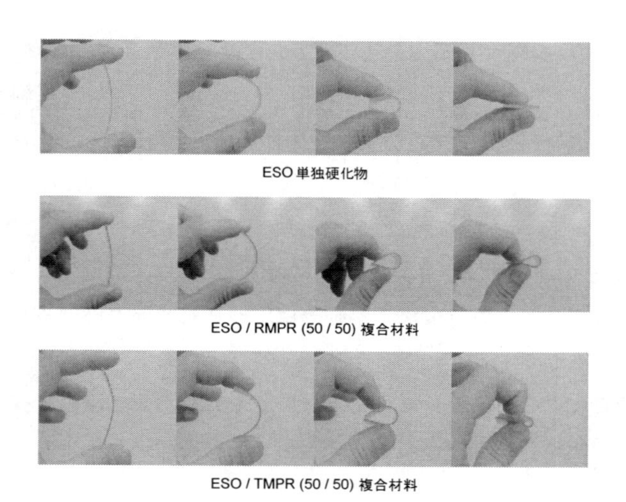

図2　バイオベース添加剤を利用した油脂架橋ポリマーの柔軟化

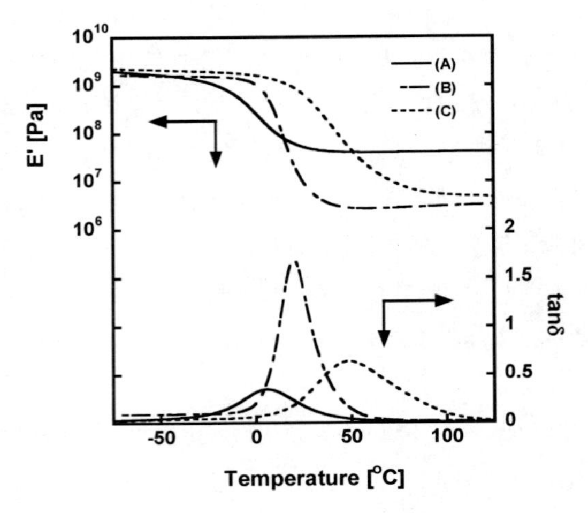

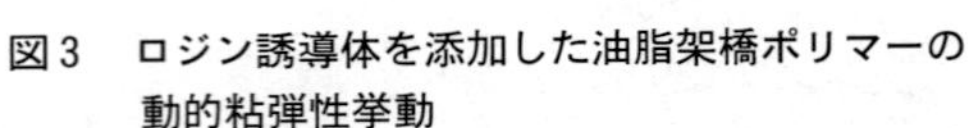

図3　ロジン誘導体を添加した油脂架橋ポリマーの動的粘弾性挙動

(A) ESO 単独硬化物，(B) ロジン変性エステル添加，(C) ロジン変性フェノール樹脂添加

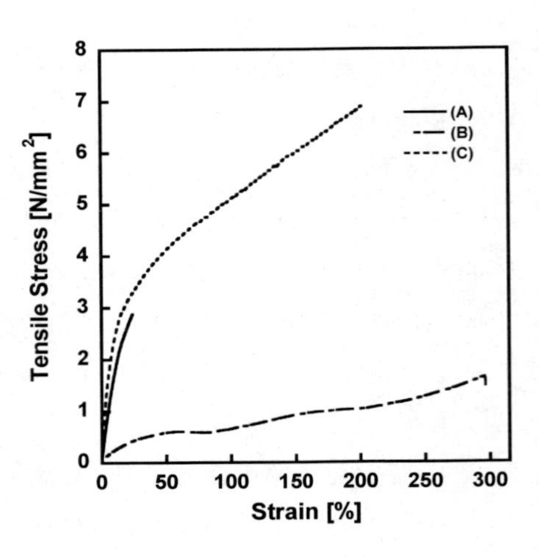

図4　ロジン誘導体を添加した油脂架橋ポリマーの機械的特性

(A) ESO 単独硬化物，(B) ロジン変性エステル添加，(C) ロジン変性フェノール樹脂添加

果として，ガラス転移温度の上昇が明らかとなった。また，RPE 添加系は ESO 単独硬化物に比べて弾性率が小さく柔軟であるとともに，破断ひずみが約 10 倍向上した（図 4）。一方，RMPR 添加系は弾性率および引張強度がともにに ESO 単独硬化物に比べて大きくなった。エポキシ化油脂の単独硬化では架橋密度が高いために十分な延性は得られないが，RPE や RMPR の添加により機械的特性が大幅に改善した。接着機能について，RPE の添加により実用レベルの性能を見られた（接着強度：約 8 MPa）。

植物の樹液から得られるテルペン油は重要なバイオマス資源であり，テルペン油から得られるテルペン変性フェノール樹脂（TMPR）も ESO からの架橋ポリマーに柔軟性を付与した（図 2）[8]。TMPR もエポキシ化ポリマーと優れた相溶性を示し，透明な材料が得られた。また，TMPR の添加量の増加に伴い生成物の初期弾性率が減少し，破断ひずみが大きく向上したことから，TMPR の添加により柔軟で高靱性な高分子材料が得られたことがわかった。

2.3　油脂架橋ポリマー／バイオファイバー複合材料

プラスチックの補強材としてガラス繊維が頻繁に用いられる。安価であり，プラスチックの物性・機能を容易に向上させることができるが，リサイクルにおいてはプラスチックとの分離が困難であるため，環境調和型のフィラーとは言えない。そこで，天然繊維で補強したプラスチックが積極的に開発され，実用化が進みつつある。ケナフ繊維を配合したポリ乳酸が携帯電話のパーツに用いられたのが好例である。

天然に最も豊富に存在するバイオマス資源であるセルロースは高強度の繊維であることから，

セルロースファイバーとの複合化により油脂ポリマーの物性の向上が期待される。木質パルプの機械的な解繊によって直径がナノからマイクロメートルオーダーにまで微細化されたミクロフィブリル化セルロース（MFC）の存在下にESOの硬化を行うことにより，植物油脂－セルロースファイバー複合材料が開発された。十分に乾燥させたMFCのシート成形物に触媒量のカチオン熱潜在性開始剤を含むESOを含浸・熱硬化させることにより複合材料が得られる。

ESO-MFC複合材料ならびに，ESO単独硬化物，MFCシートの動的粘弾性評価では（図5），ESO単独硬化物では－30℃付近からガラス転移による貯蔵弾性率の大きな減少が見られたが，MFCシートは測定温度範囲で貯蔵弾性率がほとんど変化せず，熱的に安定な材料である。このMFCシートにESOを含浸・硬化させることで得られるESO-MFC複合材料は多孔質なMFCシートに比べ高い貯蔵弾性率を示し，さらにMFCの補強効果によりESO硬化物のゴム領域における貯蔵弾性率の減少が大きく低減した。また，MFC導入率の高い複合材料ほど補強効果が大きく，高い貯蔵弾性率を維持した。機械的特性評価では，ESO-MFC複合材料はESO単独硬化物やMFCシートより高い破断応力を示した（図6）。MFCの導入率の増加と相関して破断応力が向上し，MFC導入率52 wt%の複合材料において最大の58 MPaにまで向上した。これはESO単独硬化物の破断応力2 MPaの29倍となる。

ケナフはアオイ科フヨウ属の植物であり，非常に成長が早いために二酸化炭素を効率的に吸収することが知られている[9]。半年ほどで高さ3～4メートルになり，茎は直径約3センチになる。また，生産性が高く，東南アジアでは二期作が可能である。ケナフの靭皮と呼ばれる皮の部分のファイバーが紙，繊維材料，建材，自動車部品に用いられている。

ESOよりも1分子あたりのエポキシ基数が多く高強度の硬化物が得られるエポキシ化亜麻仁油（ELO）を油脂ポリマーに用いて，ケナフ繊維との複合材料が合成された。ELO単独硬化物

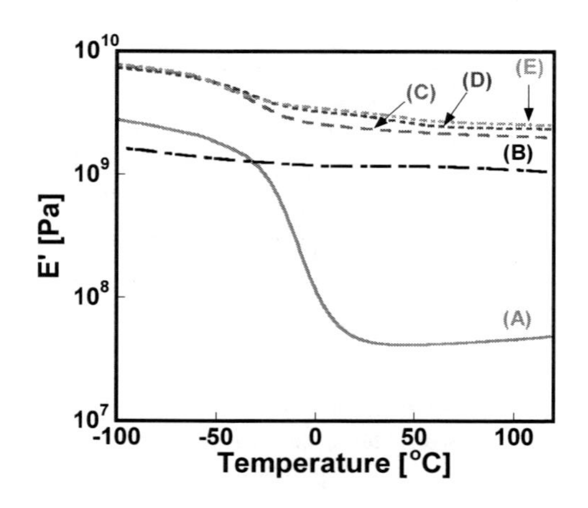

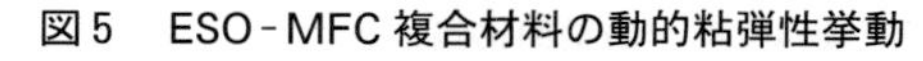
図5　ESO-MFC複合材料の動的粘弾性挙動
（A）ESO単独硬化物，（B）MFCシート，
（C）ESO-MFC複合材料：MFC導入率35 wt%，
（D）41 wt%，（E）52 wt%

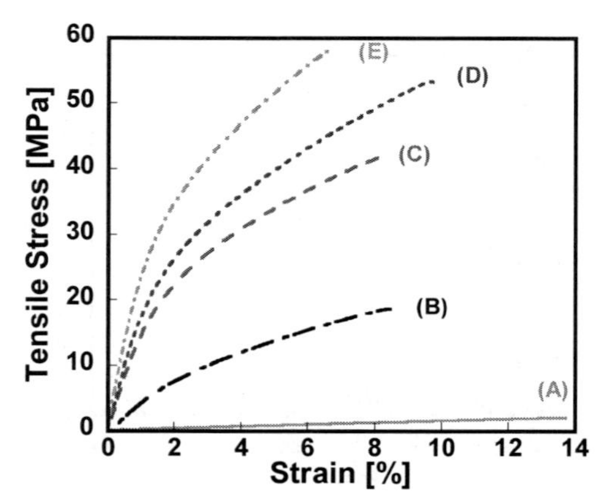

図6　ESO-MFC複合材料の機械的特性
（A）ESO単独硬化物，（B）MFCシート，
（C）ESO-MFC複合材料：MFC導入率35 wt%，
（D）41 wt%，（E）52 wt%

とELO-ケナフ繊維複合材料の動的粘弾性の評価では，ELO単独硬化物では－13℃付近からELO硬化物のガラス転移による貯蔵弾性率の大きな減少が見られたが，複合材料では高強度のケナフ繊維の導入によって複合材料中のELO硬化物のガラス転移による貯蔵弾性率の減少が顕著に低減した。機械的特性評価では，ELO単独硬化物の破断応力（8 MPa）がケナフ繊維との複合化により破断応力が最大で48 MPaにまで向上した。

2.4 酸無水物を硬化剤に用いる油脂架橋ポリマー

エポキシ樹脂の合成には，アミンや酸無水物，チオールといった硬化剤が頻繁に用いられる。このような一般的な硬化剤を用いるエポキシ化植物油脂の硬化と硬化物の特性が調べられた。一般的なエポキシ樹脂用の酸無水物硬化剤であるメチルヘキサヒドロ無水フタル酸（MHHPA）を用いたESOの硬化では反応促進剤として4級アンモニウム塩が用いられ，ESOとMHHPAの混合物を130℃で反応させたところ，透明なESO-MHHPA硬化物が得られた。

動的粘弾性測定による熱的性質の評価では，酸触媒により合成したESO単独硬化物のガラス転移温度は室温以下であったのに対し，酸無水物硬化剤を利用したESO-MHHPA硬化物では約50℃にまで上昇した（図7）。これは，剛直なシクロヘキシル基がネットワーク中に導入されたためと考えられる。また，ゴム状領域における貯蔵弾性率の低下が見られた。引張試験による機械的特性評価では，ESO-MHHPA硬化物はESO単独硬化物よりも高い最大応力を有し，応力緩和の後に破断することがわかった（図8）。破断ひずみはESO単独硬化物の約4倍にまで向上した。これは架橋点間距離が増大したためと考えられる。

酸無水物種の影響を調べるために，MHHPAに代えて芳香環を有する無水フタル酸（PA）を用いてESO-PA硬化物が作製された。動的粘弾性測定により，芳香環を油脂ネットワーク中に

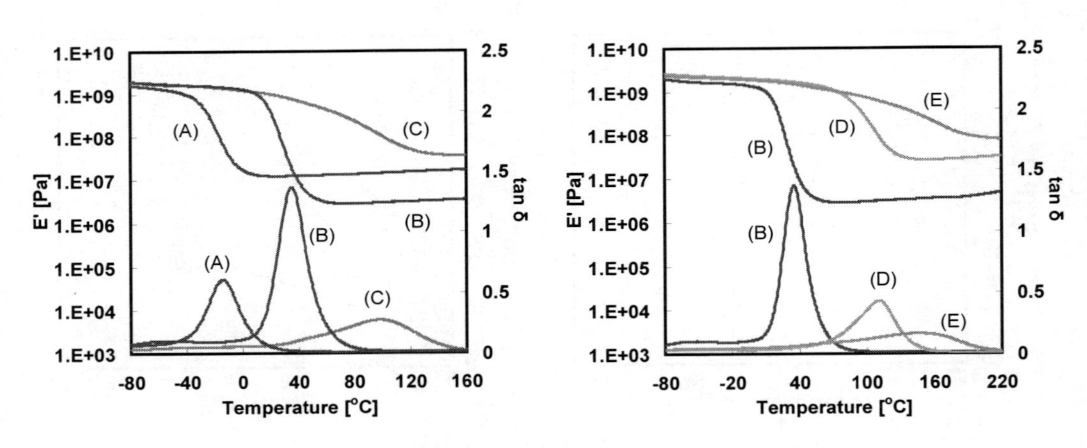

図7 酸無水物硬化剤を用いる油脂架橋ポリマーの動的粘弾性
（A）ESO単独硬化物，（B）ESO-MHHPA硬化物，（C）ESO-PA硬化物，
（D）ELO-MHHPA硬化物，（E）ELO-PA硬化物

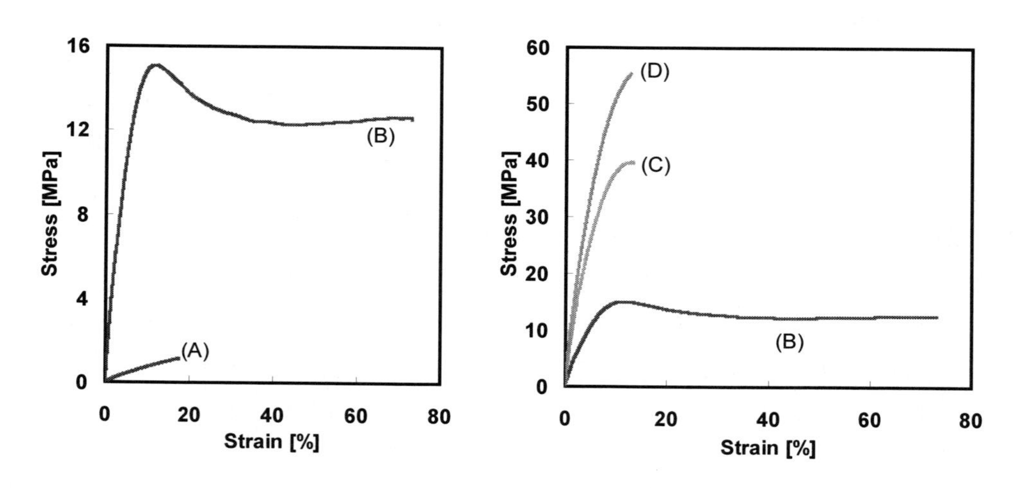

図8　酸無水物硬化剤を用いる油脂架橋ポリマーの機械的特性
（A）ESO単独硬化物，（B）ESO-MHHPA硬化物，（C）ELO-MHHPA硬化物，（D）ELO-PA硬化物

導入したことにより貯蔵弾性率とガラス転移温度が著しく上昇し，酸無水物種を選択することで物性の制御が可能であることがわかった。油脂種の影響を調べるためにESO（エポキシ基数：4.0個）に代えて，1分子あたりのエポキシ基数が1.7個であるエポキシ化パーム油を用いて硬化を検討したが，ESOの場合と同様の作製条件では硬化反応が進行しなかったが，1分子あたりのエポキシ基数が6.2個であるELOからは対応する硬化物が得られた。動的粘弾性測定より求めたガラス転移温度は酸触媒によるELO単独硬化物で約40℃であるが，ELO-MHHPA硬化物で約100℃，ELO-PA硬化物で約160℃と上昇した。また，ESO-MHHPA硬化物とELO-MHHPA硬化物のガラス転移温度を比較すると，ELOを用いた硬化物のほうが高かった。これらの結果からELOを用いることで酸無水物硬化物のガラス転移温度が上昇し，剛直なベンゼン環を有する酸無水物の利用によりガラス転移温度がさらに上昇することがわかった。ELOからの硬化物の機械的特性に関し，ELO単独硬化物は10 MPaの引張応力で破断したのに対し，酸無水物硬化剤を用いることで破断ひずみを減少させることなく引張応力が上昇することがわかった。特に，ELOとPAを硬化させた場合に50 MPa以上の応力に耐える優れた機械的特性を有する材料が得られた。

2.5　エポキシ化油脂を用いる屋根用塗料の実用化

植物油脂成分を組込んだアクリルポリオールが水谷ペイントらにより開発され，屋根用塗料として上市された[10]。既存品はアクリルポリオールをイソシアネートと反応させてウレタン結合で架橋する2液型である。開発された製品ではアクリルポリオールに油脂ベースのエポキシ基（バイオマスエポキシ）を導入し，これにより塗料の主剤となるアクリル樹脂にアルコールとエポキシの2つの架橋基が付与された。既存の石油系エポキシの多くは高い反応性という利点とともにに，低い耐候性，毒性といった問題点がある。一方，油脂エポキシ化物は耐候性に優れ，毒性も低いというメリットがある半面，反応性は低い。そこで主剤樹脂のアルコールを反応性の高いイソシアネートと反応させて（図9③），一定の強度を有する塗膜を得るための架橋反応を速やかに進行させるとともに，時間とともに反応性の低いバイオマスエポキシの二次架橋を進行させることで強靭な塗膜を形成させ（図9①），同時にエポキシ基により屋根基材との付着性を向上させた（図9②）。エポキシの架橋によって高い強度を得ることができるためにイソシアネートの使用量の低減が可能となった。イソシアネートは価格も高いため，その使用量の低減により，バイオマスを用いることによる価格の上昇が相殺された。ポリ乳酸をはじめとするバイオマスプラスチックが既存の石油系樹脂製品に対して価格や性能面で劣るために競争に打ち勝つことが困難である現状に対し，このバイオベース塗料はバイオマスを用いることでの環境面での訴求点のみならず，イソシアネートの使用量を低減することで環境負荷低減をよりアピールでき，さらにバイオマスエポキシによる基材との密着性の向上や価格面で既存製品と同等であるため，環境調和と性能の両面から市場に受け入れられる製品として期待される。

2.6　おわりに

本節ではエポキシ化植物油脂をベースとする架橋材料に関する最近の研究事例を紹介した。バイオマスプラスチックをはじめとするバイオベースポリマーの導入は，バイオエネルギーと比して CO_2 排出の効果は必ずしも大きくないかもしれないが，循環型社会の構築には必須のものである。そのため，バイオベースポリマーに対する社会的要請は近年，急速に高まっており，その需要の顕著な増大が期待される。

我々のバイオマスの利用は身近なところにも沢山あり，例えば，日本を代表する伝統文化と技術の象徴である「漆」のモノマー（ウルシオール）は広義に植物油脂である[11]。漆によるコーティング材料は優れた光沢性を有し，その質感は他のいかなる人工塗料の追随を許さない。筆者

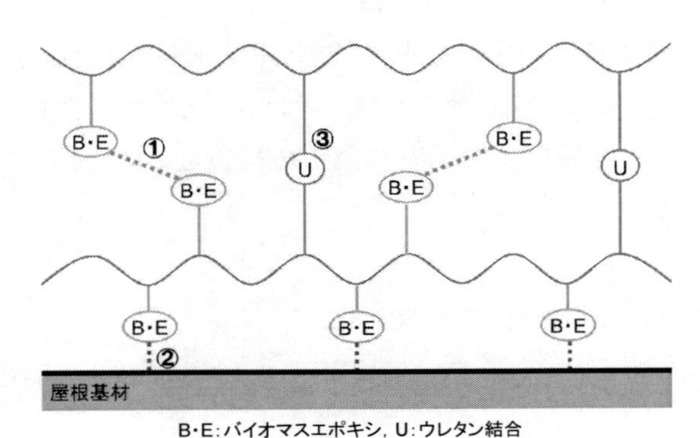

図9　バイオベース屋根用塗料の架橋模式図

らは漆を見本とする「人工漆」を開発し，カシューナッツ殻液（フェノール脂質）から高性能コーティング材料を開発している[12)]。今後のバイオベースポリマーの開発において最先端技術の駆使も重要であるが，もう一度，原点に戻り，先人の知恵を活用し，それを最先端技術と融合させることが必要かもしれない。

文　　献

1）地球環境産業技術研究機構編，“バイオリファイナリー最前線”，工業調査会（2008）
2）日本バイオプラスチック協会編，“バイオプラスチック材料のすべて”，日刊工業新聞社（2008）
3）木村良晴ほか，“天然素材プラスチック”，共立出版（2006）
4）U. Biermann *et al., Angew. Chem. Int. Ed.*, **50**, 3854（2011）
5）T. Tsujimoto *et al., Macromol. Rapid Commun.*, **24**, 711（2003）
6）H. Uyama *et al., Chem. Mater.*, **15**, 2492（2003）
7）T. Tsujimoto *et al., Polym. Degrad. Stab.*, **95**, 1399（2010）
8）T. Tsujimoto *et al., J. Network Polym., Jpn.*, **29**, 192（2008）
9）釜野徳明ほか，“地球にいいことしよう！　ケナフで環境を考える”，文芸社（2001）
10）http://www.polyma.co.jp/newproducts/biomass_r/index.html.
11）寺田　晃ほか，“漆－その科学と実技－”，理工出版社（1999）
12）宇山　浩，“高分子架橋と分解の新展開”，角岡正弘ほか監修，シーエムシー出版，pp121-131（2007）

3　星型ポリ乳酸ポリオールの2液硬化型およびUV硬化型塗料への応用

薮内尚哉*

3.1　はじめに

近年，地球環境の悪化や石油資源の枯渇により，太陽光，風力，バイオマスといった再生可能資源を用いた「持続可能な循環型社会」の実現が強く望まれている。そこで，石油資源の維持やCO_2などの温暖化ガス削減のため，石油代替技術やカーボンニュートラル材の開発に関する研究が盛んに行われている。カーボンニュートラル材とはライフサイクルにおいて排出されるCO_2量と吸収されるCO_2量の増減に影響を与えない材料のことであり，ポリ乳酸（以下PLA），バイオエタノール，セルロース，大豆ポリオールといったバイオマス材料が注目されている。バイオマス材料の中でもPLAは代表的なバイオマスプラスチックであり，トウモロコシなどのデンプンを酵素分解により糖質とし，乳酸菌で発酵させることで得られる乳酸や，乳酸の環状二量体であるラクチドを原料としている[1)]。近年，PLAは成形材料，繊維，フィルムなど種々の分野で実用化されており，自動車部品にも採用され始めている[2,3)]が，我々は塗料のバイオマス化も必須であると考え，「バイオマス塗料」の市場展開による地球環境への負荷低減を目指している。しかし，PLA材料は性能面では石油由来材料に比べ耐熱性，耐衝撃性，耐加水分解性に劣り，経済面では原料であるラクチドが高価であることなどが問題点として挙げられる[1)]。

そこで，PLA系塗料用材料の低コスト化と硬化物の高架橋密度化による耐加水分解性の向上を目的として，乳酸と多価アルコールを脱水重縮合することにより，星型PLAポリオールを合成した。安価な乳酸を出発原料として合成される星型PLAポリオールはラクチドを用いる方法よりも極めて低価格であり，分子鎖末端が水酸基となるため，ポリイソシアネート化合物を用いた2液硬化型塗料用材料として用いることが可能である。しかも，多官能であるため，硬化物が高架橋密度となり耐加水分解性能向上を達成することが可能であると考えられる。

この星型PLAポリオールの分子鎖末端には反応性二重結合を導入することが可能であり，焼付硬化型塗料よりもCO_2や揮発性有機化合物の排出量が少なく，環境に優しい塗料であるUV硬化型塗料用材料としても展開できると考えられる。

本研究では，乳酸と多価アルコールを出発原料として星型ポリ乳酸ポリオールを合成し，2液硬化型塗料用材料への応用を試みた。さらに，この星型PLAポリオールの分子鎖末端に反応性二重結合を導入して多官能星型PLAオリゴマーを合成し，UV硬化型塗料への応用を検討した。

3.2　実験

3.2.1　星型PLAポリオールの合成

攪拌翼，温度調節計，還流管，窒素導入口およびディーンスタークトラップを備えた2Lのセパラブルフラスコに，L-乳酸（Purac HS88；ピューラック㈱製）1433.09 g（固形分率88%）

＊　Naoya Yabuuchi　日本ビー・ケミカル㈱　技術ブロック　グループ長

とペンタエリスリトール（キシダ化学㈱製）136.15 g（モル比 L-乳酸 / ペンタエリスリトール = 14/1）を仕込み，さらに，共沸溶剤としてのキシレン 69.90 g と反応触媒を加え，170 〜 180℃で約 7 時間，酸価が 1.0 mgKOH/g 以下になるまで脱水重縮合を継続した（図 1）。ディーンスタークトラップには予めキシレンを充填しておいた。反応終了後，酢酸ブチル 420.0 g を加えて固形分率 70.0%に希釈した。

同様に，6 官能の星型 PLA ポリオールを L-乳酸とジペンタエリスリトール（広栄化学工業㈱製）を 14/1 のモル比で合成した（図 2）。

3.2.2　多官能星型 PLA オリゴマーの合成

撹拌翼，温度調節計，還流管を備えた 1 L のセパラブルフラスコに，得られた 6 官能の星型 PLA ポリオール 284.24 g（固形分率 77.5%），バイオマス由来となることが将来的に有望視されている無水コハク酸[4] 94.06 g（PLA ポリオールの水酸基に対して 90 mol%），酢酸ブチル 124.30 g を添加し，触媒の存在下に 60℃で 5 時間反応を継続した。さらに，グリシジルメタクリレート（以下，GMA）113.64 g（生成したカルボキシル基に対して 85 mol%）と重合禁止剤を添加し，80℃で 7 時間付加反応を継続した。これにより，反応性二重結合を分子鎖末端に有する多官能星型 PLA オリゴマーを得た（図 3）。固形分率は 68.3%であった。得られた星型 PLA の分子量は GPC にて測定した。

3.2.3　塗膜作製方法

ポリオールは星型 PLA ポリオール単独，星型 PLA ポリオールとアクリルポリオール（Mw 8200，Mn 4000，Tg 40℃，水酸基価 150 mgKOH/g，酸価 4.6 mgKOH/g）を 60/40 の重量比で混合したもの，2 種類を用意し，硬化剤としてポリイソシアネート（日本ポリウレタン工業㈱製 コロネート HX）を用いて 2 液硬化型植物由来塗料を作製した。OH/NCO 比は 1.0 とした。あらかじめ 2 液硬化型ベースコート（日本ビー・ケミカル㈱製 R-241MB 202 ブラック）を塗布した ABS 基板上にエアスプレー塗装し，80℃で 30 分間焼き付けることにより硬化塗膜を作製した。膜厚は 30 μm とした。

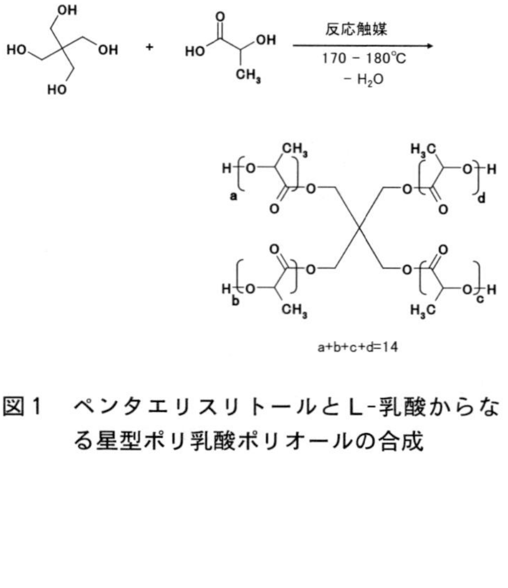

図 1　ペンタエリスリトールと L-乳酸からなる星型ポリ乳酸ポリオールの合成

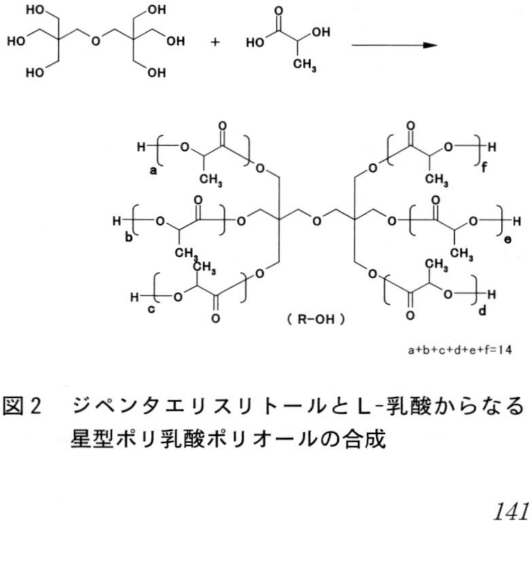

図 2　ジペンタエリスリトールと L-乳酸からなる星型ポリ乳酸ポリオールの合成

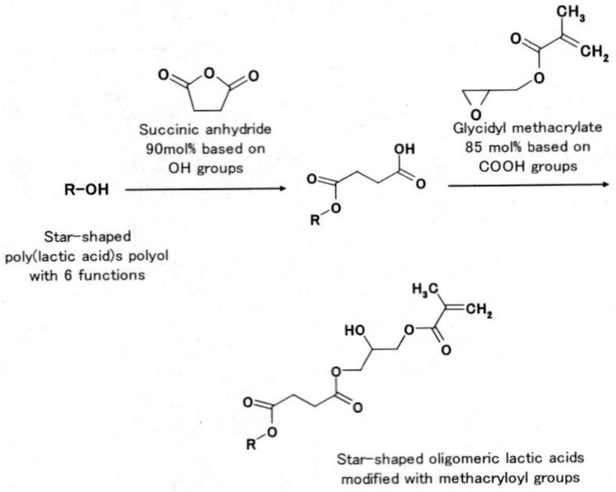

Succinic anhydride
90mol% based on
OH groups

Glycidyl methacrylate
85 mol% based on
COOH groups

R–OH

Star–shaped
poly(lactic acid)s polyol
with 6 functions

Star–shaped oligomeric lactic acids
modified with methacryloyl groups

図3　ジペンタエリスリトールとL-乳酸からなる星型ポリ乳酸ポリオールを出発物質とする光硬化性オリゴマーの合成

また，UV 硬化系についても，光硬化性オリゴマーとしては多官能星型 PLA オリゴマー単独，多官能星型 PLA オリゴマーと多官能ウレタンアクリレート化合物（根上工業㈱製 アートレジン UN3320HC，平均 6 官能）を 70/30 の重量比で混合したものに，それぞれ 5 phr の光重合開始剤（BASF 製 Irgacure 184）を加えて UV 硬化型植物由来塗料を作製した。ポリカーボネート基板上にエアスプレー塗装し，高圧水銀灯（出力 240 W/cm，Fusion UV Systems 製）を用いて硬化させた。積算光量は 1000 mJ/cm^2（at 365 nm），照度は 750 mW/cm^2 とし，膜厚は 15 μm とした。

硬化塗膜のバイオマス度はその中に占めるバイオマス成分の重量%とした。

3.2.4　塗膜評価方法

①　初期密着性試験

カッターナイフで塗膜上に 2 mm の碁盤目 100 個を作り，その上にセロハン粘着テープを完全に付着させ，テープの一方の端を持ち上げて上方に剥がす。この剥離動作を同一箇所で 3 回実施し，1 桝目内で塗膜が面積比 50%以上剥がれた正方桝目の個数で示す。0 個を合格（Good）とし，1 個以上を不合格（No good）とした。

②　耐湿性試験

温度 50 ± 2 ℃，湿度 98 ± 2 %の雰囲気中に 240 時間放置し，1 時間以内に塗膜表面の観察および碁盤目密着性試験を行う。Good：白化，フクレなどの塗膜表面異常が認められず，かつ剥離箇所 0 個である。No good：白化，フクレなどの塗膜表面異常が認められるか，または剥離箇所が 1 個以上である。

③　耐アルカリ性試験

塗膜表面に円筒型のリングを取り付け，そこへ 0.1 N の水酸化ナトリウム水溶液 5 mL を加えて，ガラス板で蓋をし，55℃で 4 時間放置する。その後水洗し，塗膜の表面を観察する。Good：

白化，フクレなどの塗膜表面異常が認められない。No good：白化，フクレなどの塗膜表面異常が認められる。

④　耐水性試験

塗膜表面に円筒型のリングを取り付け，そこへ蒸留水5 mLを加えて，ガラス板で蓋をし，55℃で4時間放置する。その後水洗し，塗膜の表面を観察する。Good：白化，フクレなどの塗膜表面異常が認められない。No good：白化，フクレなどの塗膜表面異常が認められる。

⑤　耐酸性試験

塗膜表面に円筒型のリングを取り付け，そこへ0.1 Nの硫酸5 mLを加えて，ガラス板で蓋をし，室温で24時間放置する。その後水洗し，塗膜の表面を観察する。Good：汚れ，フクレなどの塗膜表面異常が認められない。No good：汚れ，フクレなどの塗膜表面異常が認められる。

⑥　促進耐候性試験

フェードメーターを用いて400時間経過後の外観を評価した。Good：外観異常がない。No good：割れ，剥がれ，変色などの外観異常が認められる。

⑦　耐摩耗性試験

スチールウール（#0000）を用いて100 g/cm^{2}の荷重で5往復した後のHazeを測定した。Good：3％未満である。No good：3％以上である。

⑧　鉛筆硬度

JIS-S-6006に規定された高級鉛筆を用い，JIS-K-5400に準じて傷が付かない硬さを調べた。

⑨　硬化塗膜の物性値

約40 μの硬化フィルムを作製して所定の大きさに裁断し，引張試験および動的粘弾性測定により諸物性を測定した。

3.3　結果と考察

図4に星型PLAポリオールのGPCチャートを示す。図4より，ペンタエリスリトールと共重合していない乳酸オリゴマーは微量であり，目的物である星型PLAポリオールを高収率で得ることができた。得られた星型PLAポリオールはMw 1700，Mn 1400，Mw/Mn 1.2であり，バイオマス度は約88 wt%であった。また，DSC測定において吸熱ピークはほとんど見られず非晶性であることを示し，溶剤溶解性は良好であった。

表1にポリイソシアネートを硬化剤とした2液硬化型塗膜（ABS基材上）の性能評価結果，表2に硬化フィルムの物性値を示す。星型PLAポリオール単独塗膜（表1 No.1）は耐アルカリ性，耐水性，耐酸性試験といった耐加水分解性試験を含む短期性能は満足したが，促進耐候性試験を満足しなかった。これは促進耐光性試験中に，塗膜中のPLA由来のエステル結合部分が加水分解されたためと考えられる。そこで，塗膜のバイオマス度は減少するが，塗膜中のエステル結合濃度を小さくするためにアクリルポリオールを配合したところ，促進耐光性を含む塗膜性能を満足することがわかった（表1 No.2）。また，アクリルポリオールを配合することによって

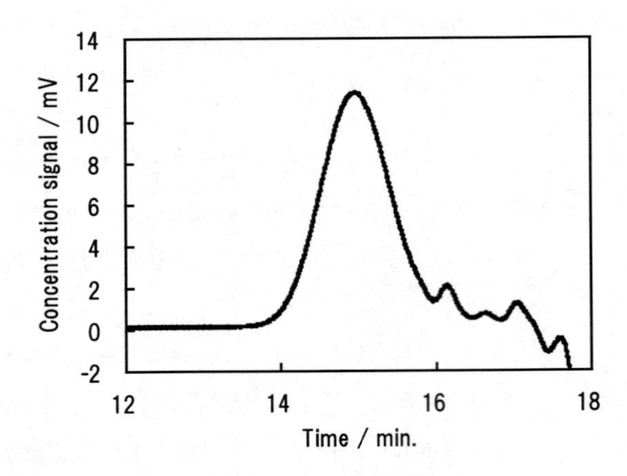

図4　ペンタエリスリトールとL-乳酸からなる星型ポリ乳酸ポリオールのGPCチャート

表1　ペンタエリスリトールとL-乳酸からなる星型ポリ乳酸ポリオールを用いたイソシアネート硬化塗膜の塗膜性能（ABS基板上）

No.	1	2
Oligomers	Star-shaped poly(lactic acid)s	Star-shaped poly(lactic acid)s /Acryic polyols
Bio-content（%）	46	30
Initial adhesion	Good	Good
Humidity resistance	Good	Good
Spot test		
Alkaline（0.1N NaOHaq.）	Good	Good
Water	Good	Good
Acid（0.1N N_2SO_4aq.）	Good	Good
Accelerated weathering test with Fade Meter	No good	Good

表2　ペンタエリスリトールとL-乳酸からなる星型ポリ乳酸ポリオールを用いたイソシアネート硬化フィルムの物性

No.	1	2
Oligomers	Star-shaped poly(lactic acid)s	Star-shaped poly(lactic acid)s /Acryic polyols
Bio-content（%）	46	30
Rate of elongation（%）	5.1	4.9
Breaking strength（kgf/cm^2）	820	840
Young's module（kgf/cm^2）	21300	22700
Tg（℃）	71	77
Crosslinking density（mmol/cc）	0.89	1.38

塗膜のTgおよび架橋密度が増加しており（表２），これらも促進耐光性が向上した要因と考えられる。その時の塗膜のバイオマス度は約30 wt%であった。以上より，バイオマス材料である星型PLAポリオールは２液硬化型塗料用材料として適用できることがわかった。

この星形PLAポリオールを用いた２液硬化型バイオマス塗料（硬化塗膜のバイオマス度40 wt%）はトヨタ自動車㈱のパーソナルモビリティ「i-REAL」のグリップ部分へ試験採用された（図５）。

次に，多官能星型PLAオリゴマーについて述べる。図６に多官能星型PLAオリゴマーのGPCチャートを示す。図６より，得られた多官能星型PLAオリゴマーは付加反応を経るごとに分子量ピークが高分子量側にシフトしており，付加反応が進行していることが示唆された。また，低分子量体がほとんど見られず，目的物である多官能星型PLAオリゴマーを高収率で得られていることがわかった。得られた多官能星型PLAオリゴマーはMw 2800，Mn 2600，Mw/Mn 1.1，バイオマス度が約41 wt%（無水コハク酸込みでは約63 wt%），平均官能基数が約4.6，平均二重結合当量が約416であった。

表３にUV硬化塗膜の性能評価結果を示す。多官能PLAオリゴマー単独塗膜（表３ No.1）は初期付着性および耐摩耗性を満足しなかった。これは得られた塗膜のポリカーボネートへの付着力が小さく，かつ塗膜硬度が低いため十分な初期付着性と耐摩耗性を得ることができなかった

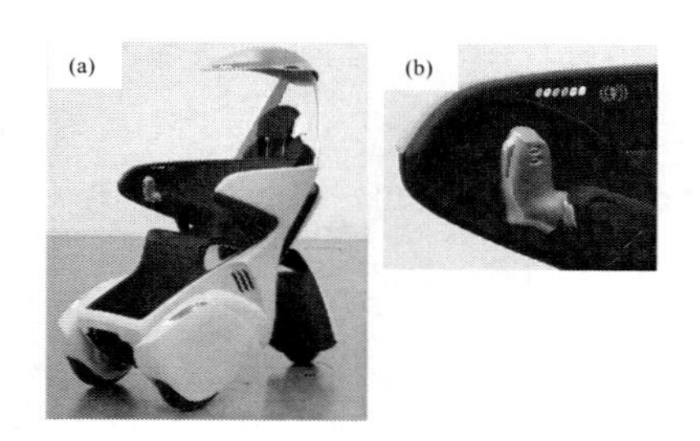

図５　トヨタ車パーソナルモビリティ「i-REAL」（(a) 全体像，(b) グリップ部分）

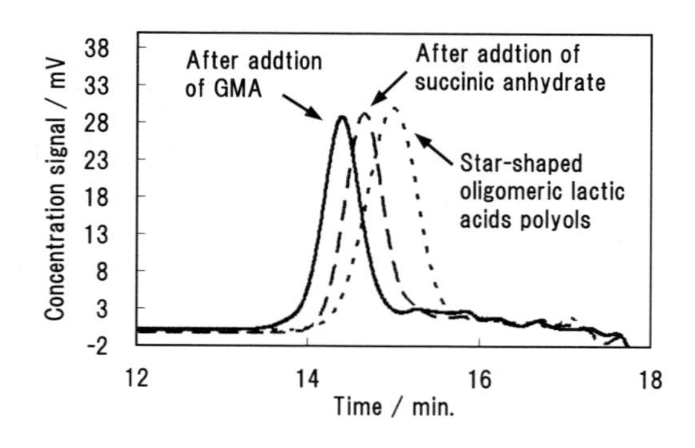

図６　ジペンタエリスリトールとL-乳酸からなる星型ポリ乳酸ポリオール，無水コハク酸付加後，およびGMA付加後のGPCチャート

表3　UV硬化塗膜の緒物性

No.	1	2
Oligomers	Star-shaped poly(lactic acid)s	Star-shaped poly(lactic acid)s /Urethane acrylate
Bio-content (wt%)	41 (63*)	29 (44*)
Initial adhesion	No Good	Good
Humidity resistance	Good	Good
Alkaline resistance (0.1N NaOH aq.)	Good	Good
Pencile hardness	HB	F
Abration resistance	No Good	Good

＊　Bio-content contains succinic anhydride

と考えられる。そこで，付着性を付与するために多官能ウレタンアクリレートを配合することで初期付着性が向上した（表3 No.2)。同時に，多官能星型PLAオリゴマーよりも官能基数が大きいウレタンアクリレートを配合しているため架橋密度が大きくなることで塗膜硬度が高くなり，耐摩耗性も改良することができた。その時の塗膜のバイオマス度は約44 wt%であった。また，鉛筆硬度はFを示し，ポリカーボネート基板の鉛筆硬度HBよりも高い値を示したことより，ハードコート性を有していることがわかった。以上より，バイオマス材料である多官能星型PLAオリゴマーはUV硬化型塗料用材料として適用できることがわかった。

PLAポリオールにしても，多官能PLAオリゴマーにしても，前述したデータに見る通り，通常のアクリルポリオールやポリエステルポリオールなどと比べて明らかに分子量分布の狭いものが得られている。これは核物質となるペンタエリスリトールやジペンタエリスリトールの水酸基が1級であるのに対し，乳酸の水酸基が2級で反応速度が遅いため，ペンタエリスリトールやジペンタエリスリトールの水酸基と乳酸のカルボキシル基との反応が優先されることに起因していると考えられる。分子量分布が狭いことの効果を今後明らかにしていきたい。

3.4　まとめ

安価な乳酸と多価アルコールから星型PLAポリオールを合成でき，さらに無水コハク酸およびGMAを付加することにより，反応性二重結合を有する多官能星型PLAオリゴマーを合成することができた。また，得られた星型PLA材料は2液硬化型およびUV硬化型バイオマス塗料用材料として適用できることがわかった。今後は実用化に向けて，さらなる高バイオマス度の達成，および塗膜の性能向上を目指す。

また，乳酸は可食物質である，トウモロコシから得られる材料であるが，非可食物質を原料とする植物由来物質からのコーティング用材料の創製を試みる予定である。

謝辞

本研究を進めるにあたり，京都工芸繊維大学の小原仁実先生，小林四郎先生，石本聖明様，トヨタ自動車㈱の石井正彦様，早田祐貴様より，数々の有益な助言をいただきましたことに，深く御礼申し上げます。また，当社において開発に従事された山下博文さん，森田晃充さんに感謝いたします。

文　献

1）木村良晴，"天然素材プラスチック"，共立出版，p.17-47（2006）
2）猪股　勲，"植物由来プラスチックの高機能化とリサイクル技術"，サイエンス＆テクノロジー，p.5-8（2007）
3）稲生隆嗣，三宅裕一，加藤　亨，トヨタテクニカルレビュー，**57**，88-92（2011）
4）木村良晴，第19回ポリマー材料フォーラム予稿集，名古屋，p.5-6（2010）

第7章　可逆的な架橋・分解可能なポリマー

1　ラジカルプロセスに基づく架橋高分子の合成と反応

大塚英幸*

1.1　はじめに

高分子材料は分子鎖の化学構造や分子鎖凝集構造の違いに応じて多彩な特性を発現する。そのため，汎用のプラスチックや繊維から，電子材料，光学材料，構造材料，医用材料，航空宇宙材料に至るまで，幅広い用途に利用されている。特に，三次元の網目構造を有する架橋高分子材料は，優れた力学物性や耐溶剤性などを持つことから，極めて広範囲に利用されている。その一方で改善すべき点も多く，一般に不溶不融であり加工性に劣ること，分解が困難でリサイクル性に乏しいこと，さらには架橋反応のメカニズムや架橋構造の解析が困難であること，などの問題を抱えている。

一般的な架橋高分子は共有結合という比較的強固な結合により構成されているために，分子構造が一度構築されると，容易には構造変化を起こすことができない。これを解決する1つの方法は，共有結合ではなく水素結合のような非共有結合による擬似的な架橋を利用することである(図1)[1]。同じ非共有結合系でも，トポロジカルな結合を利用する架橋高分子も構造変化を起こすことができるため，近年，精力的に研究が行われている[2]。一方，非共有結合系とは別のアプローチとして，解離可能な共有結合を架橋高分子骨格中に導入する方法がある。例えば，ジスルフィド結合の酸化還元反応[3]，可逆的なDiels-Alder反応[4]，スピロオルトエステルの平衡重合反応[5]，などを巧みに用いることで，共有結合系でありながら直鎖状高分子と架橋高分子との可逆的な構造変換系が報告されている。このように可逆的な共有結合を用いる系は，架橋－脱架橋反応にとどまらず，網目構造の再編成や機能性材料へ展開されつつある[6]。特に近年，高分子骨格中の共有結合が均一開裂し，ラジカルプロセスを経由して，結合が組み換わる新しいタイプの高分子反応が精力的に研究されている。本節では，組み換えを起こす共有結合を利用した架橋高分子の合成と反応について紹介する。

1.2　熱刺激を利用するラジカルプロセスに基づく架橋高分子の合成と反応

ラジカル反応は様々な官能基や溶媒に対して許容性があり，幅広い応用が可能である。安定ラジカルとして知られる2,2,6,6-テトラメチルピペリジン-1-オキシ（TEMPO）より誘導されたアルコキシアミンと呼ばれる誘導体は，リビングラジカル重合の一種であるニトロキシド媒介ラジカル重合法の開始骨格あるいは生長末端ドーマント種の構造として知られているが[7,8]，加熱に

＊　Hideyuki Otsuka　九州大学　先導物質化学研究所　准教授

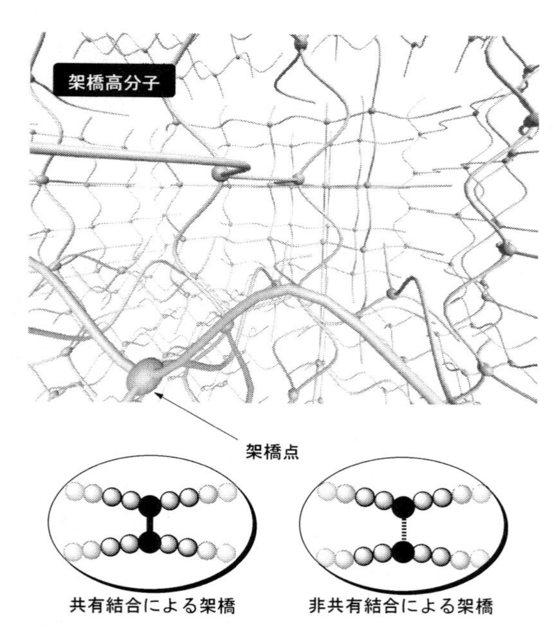

図1　架橋高分子の模式図（共有結合系および非共有結合系による架橋）

よる結合組み換え反応も起こす[9, 10]。例えば，両端に異なる置換基を持つアルコキシアミン誘導体を有機溶媒中で等モル混合して反応系を100℃に加熱すると，徐々に交換反応由来の化合物が生成し，最終的には異なる置換基を有する4種類の等モル混合物が得られ平衡状態に到達することが報告されている（図2）[10]。

アルコキシアミン誘導体の組み換え反応はラジカルプロセスであるにもかかわらず，副生成物をほとんど与えないため，多彩な高分子反応に適用されている[11～19]。このようにクリーンな反応が実現できるのは，安定ラジカルが介入するラジカル反応系で観測される“Persistent

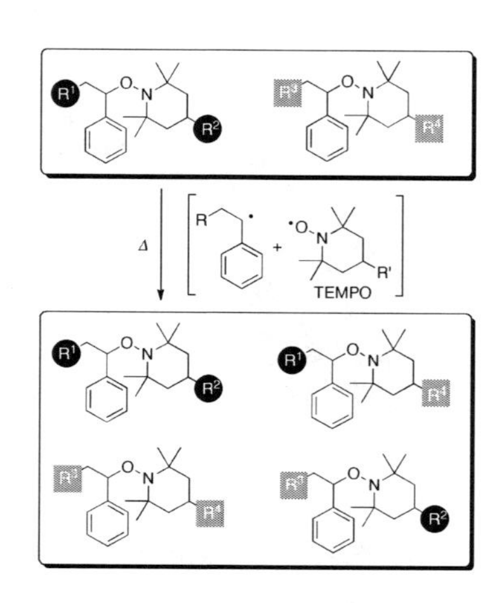

図2　アルコキシアミン誘導体の加熱下での交換反応

Radical Effect”によって，炭素原子どうしが結合した副生成物がほとんど生じないためである[20]。アルコキシアミンの交換反応は60℃以上で進行し，高温になるほど速く平衡に到達する。

一方で，解離温度よりも低い50℃以下でアルコキシアミンは安定である。実際に，合成反応や重合反応を行うことで，アルコキシアミン骨格に影響を与えることなく，アルコキシアミンユニットを高分子骨格中に導入することができる。例えば，アルコキシアミン骨格が非対称な分子構造を有することに着目して，側鎖にアルコキシアミン骨格を有するメタクリル酸エステル系高分子間でのラジカル交換反応に基づく架橋反応が検討されている[21]（図3）。

図3に示す2種類の反応性高分子（**1**および**2**）は，アルコキシアミン骨格を有するメタクリル酸エステル誘導体とメタクリル酸メチル（MMA）とのリビングラジカル共重合により合成されたものである。原子移動ラジカル重合法を用いて50℃で反応を行うことで，比較的分子量分布の狭い高分子が得られている。反応性高分子**1**と**2**の混合アニソール溶液を100℃で加熱すると，アニソール溶液はゲル化し，結合組み換え反応の進行により架橋高分子**3**が生成する[21]。架橋高分子**3**はアルコキシアミン骨格により架橋されているため，過剰のアルコキシアミン**4**を含むアニソールで膨潤させ，再び100℃に加熱をすると，脱架橋反応が進行して反応系の流動性が回復することが明らかにされている。

上述のような側鎖に導入された相補的に反応するアルコキシアミンを利用する高分子反応系は，2種類のアルコキシアミン含有モノマーを事前に共重合させておくことで，図4に示すように，よりシンプルな反応系となる[22]。さらに，有機溶媒中と同様に水中でもラジカル交換反応による架橋反応に基づくゲル化反応が進行する。例えば，メタクリル酸ジメチルアミノエチルとアルコキシアミン骨格を側鎖に有する2種類のメタクリル酸エステルとのランダム共重合体が，低温開始剤を用いて合成されている。この共重合体は塩酸で処理されると，ジメチルアミノエチル基がアンモニウム塩構造となり，水溶性の共重合体へと変換される。共重合体の水溶液を加熱すると，アルコキシアミンの結合組み換え反応に基づくヒドロゲルの形成が確認されている（図4）[23]。この反応系においても，過剰の低分子アルコキシアミン誘導体を含む水で膨潤させて，

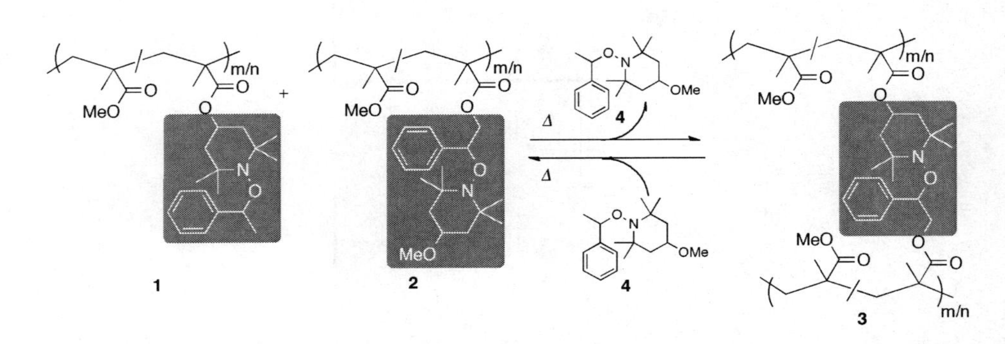

図3　側鎖にアルコキシアミン骨格を有するメタクリル酸エステル系高分子間でのラジカル交換反応による可逆的架橋

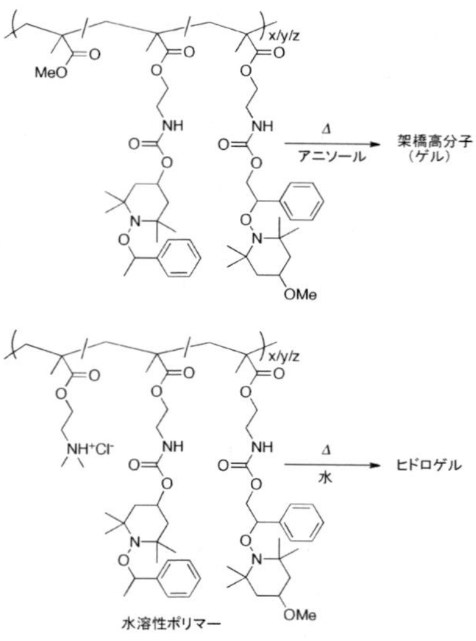

図４　側鎖にアルコキシアミン骨格を有する高分子（例えば，x：y：z＝18：1：1）のラジカル交換反応による架橋反応

再び100℃に加熱をすると，脱架橋反応が進行して反応系の流動性が回復することが観測されている。

アルコキシアミン骨格を架橋部位に有する架橋高分子は，スチレンやMMAなどのモノマーと，アルコキシアミン骨格をスペーサーとする二官能性モノマーとの共重合反応でも合成できる。アルコキシアミン骨格をスペーサーとした二官能性のスチレン誘導体（**5**）とスチレンとのラジカル共重合を，低温（40℃）で作動するラジカル重合開始剤を用いて行うことで，架橋部位にアルコキシアミン骨格を有する架橋ポリスチレン（**6**）が得られている（図５）[24]。アルコキシアミ

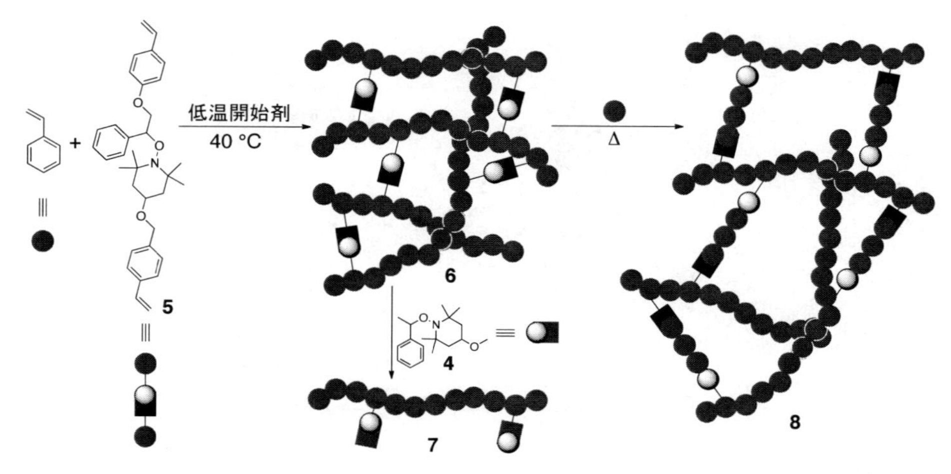

図５　アルコキシアミン骨格を架橋部位に有する架橋ポリスチレンの合成と脱架橋反応および架橋点へのモノマー挿入反応

ン架橋ポリスチレン（**6**）は，反応性を有する架橋高分子であり，アルコキシアミンの基礎的な反応性（結合組み換え能および重合開始能）に基づく，2つの異なる高分子反応が可能である。

1つ目の反応として，結合組み換え反応による脱架橋反応が挙げられる。この反応は上述したものと同様のメカニズムである。具体的には架橋密度の異なる架橋ポリスチレン**6**のサンプル（$[スチレン]_0/[ジビニルモノマー]_0 = 9/1$，19/1，49/1）を用いて，100℃で48時間加熱することで20当量のアルコキシアミン**4**との結合組み換え反応による脱架橋が検討されている。$[スチレン]_0/[ジビニルモノマー]_0 = 49/1$および19/1の系については，反応前はゲル状であったが，反応の進行に伴い溶液の流動性が増し，それぞれ反応時間12，30時間においてゲルが消失した。得られた可溶性ポリマー**7**のサイズ排除クロマトグラフィー測定の結果から，いずれの試料においても排除限界を超えるピークは観測されず，分子量15,000から25,000の高分子の生成が確認され，脱架橋反応の進行が示されている[24)]。過剰量のアルコキシアミン**4**存在下で架橋高分子**6**を加熱すると，反応の進行と共に貯蔵弾性率も減少することが明らかにされている（図6）。

もう1つの反応として，溶媒不溶のアルコキシアミン架橋ポリスチレン**6**を，スチレン（モノマー）とアニソール（溶媒）の混合物で膨潤させてゲルを調製し加熱を行うことで，架橋部位のアルコキシアミンを開始剤としたスチレンの重合反応（モノマー挿入反応）も検討されている（図5）。モノマー転化率が増加するにつれてゲルの乾燥重量が直線的に増加し，モノマー初濃度$[M]_0$とモノマー濃度［M］の比の自然対数$\ln([M]_0/[M])$が，反応時間に対して直線的に増加したことから重合がリビング的に進行したことが支持される。さらに，生成した架橋ポリスチレン**8**の有機溶媒に対する平衡膨潤度が**6**と比較して大きくなることが明らかにされている。これは，アルコキシアミン部位にポリスチレンが挿入されて，架橋密度が小さくなったためと考えられる。

架橋ポリマーの網目構造の解析手段として，溶媒で膨潤したゲル状態における小角X線散乱（SAXS）測定は有用である。実際に，SAXS測定により網目サイズを評価した結果，見積もら

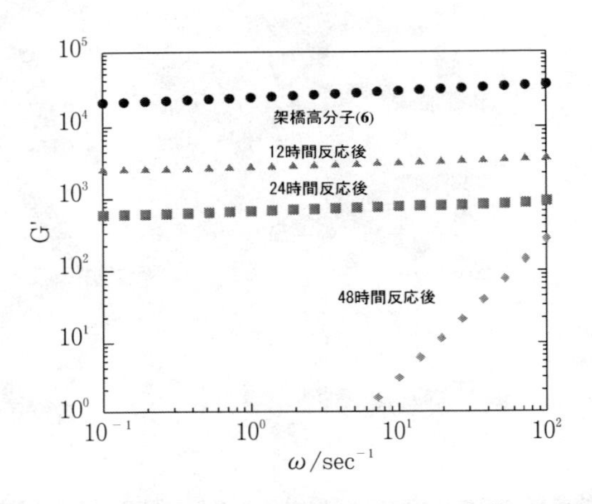

図6　20当量のアルコキシアミン**4**存在下で架橋高分子**6**を加熱した際の貯蔵弾性率の経時変化

れた網目サイズを反映する相関長の値が，今回の反応系では重合反応の進行に伴って大きくなることが示されている（図7）[24]。

このように架橋高分子**6**を出発原料とした結合組み換え反応およびモノマー挿入反応では，どちらも架橋高分子の架橋密度が減少する方向に反応が進行する。これらの反応とは対照的に，架橋点のアルコキシアミンから二官能性モノマーを重合すると，架橋密度が増加することも明らかにされている。アルコキシアミン骨格をスペーサーとした二官能性のメタクリル酸エステル誘導体とMMAとのラジカル共重合により得られた架橋高分子を出発原料として，単官能性のスチレンおよびスチレン誘導体の挿入反応を行うと網目サイズが拡大したのに対し，二官能性モノマーであるジビニルベンゼンを用いた場合には網目サイズが縮小することがSAXS測定を用いて示された（図8）[25]。網目サイズを反映する相関長の値が，単官能性スチレン誘導体の挿入では反応の進行に伴い増加し，ジビニルベンゼン挿入の場合は減少した（図9）。いずれの重合系においても，$\ln([M]_0/[M])$の値は反応時間に対して直線的に増加しており，ラジカル重合はリビング的に進行していると考えられている。

1.3　光刺激を利用するラジカルプロセスに基づく架橋高分子の合成と反応

次に光刺激を利用するラジカルプロセスに基づく架橋高分子の反応を紹介したい。力学物性を維持したまま架橋高分子の形状を変えられる系として，光照射による共有結合組み換え反応によりネットワーク構造の再編成ができる新しいタイプの高分子材料デザインが提案された[26]。基本となるネットワーク構造として，二官能性のビニルエーテル誘導体と四官能性のチオール誘導体とを「チオール－エン」タイプのラジカル重付加反応することで得られる架橋高分子が用いられており，この架橋反応系の中に開環重合性のモノマーを添加することで，ネットワーク中にアリルスルフィド結合を組み込むことに成功している。ラジカル重付加反応は，チオール由来の硫黄中心ラジカルとビニルエーテル由来の炭素中心ラジカルとが交互に生成し逐次的に進行するが，

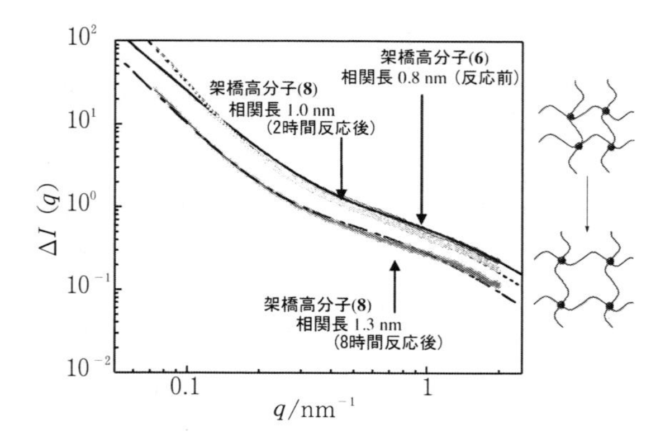

図7　架橋高分子6へのモノマー挿入反応に基づく小角X線散乱プロファイルの変化（プロットは実測値，ラインはフィッティングカーブ）

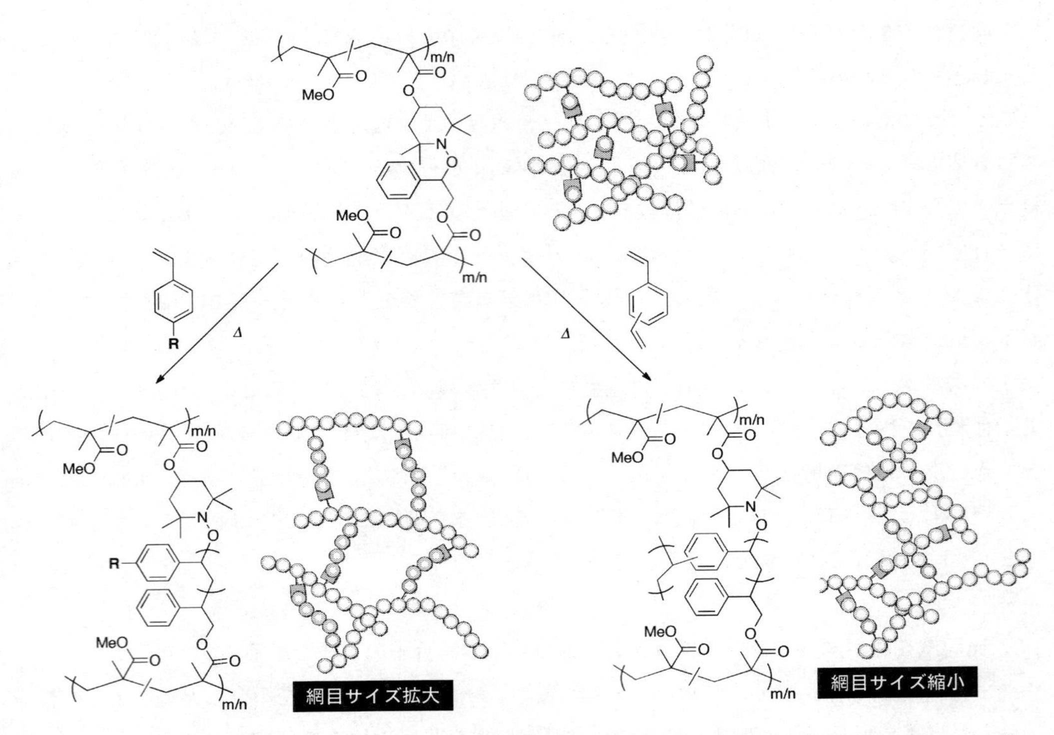

図８　アルコキシアミン骨格を架橋部位に有する架橋高分子の脱架橋反応および架橋点へのモノマー挿入反応

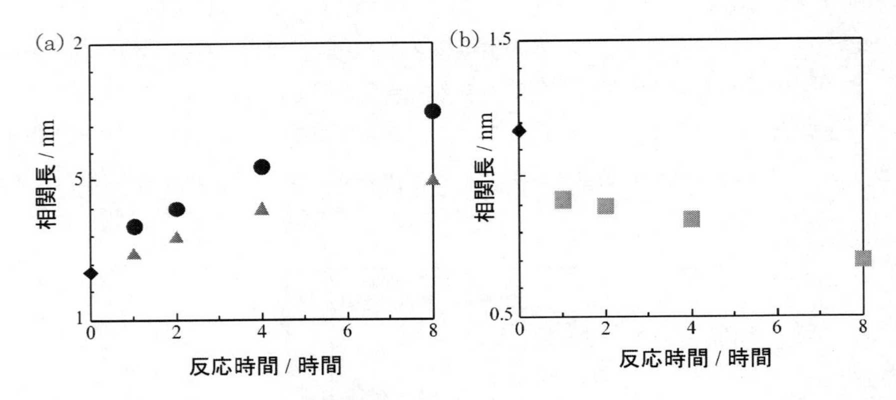

図９　アルコキシアミン骨格を有する架橋高分子へのモノマー挿入反応における相関長変化，（a）スチレン誘導体，（b）ジビニルベンゼン

環状モノマーは硫黄中心ラジカルにより開環重合し硫黄中心ラジカル生長末端を与えるので，化学量論比には影響を与えることなく，添加割合を自由に制御できるという特徴を有する（図10）。

こうしてチオール－エンのラジカル重付加反応により得られた架橋高分子は，一般的な有機溶媒に対して溶解はせずに膨潤するのみである。さらに，力学物性評価からも通常の条件下では典

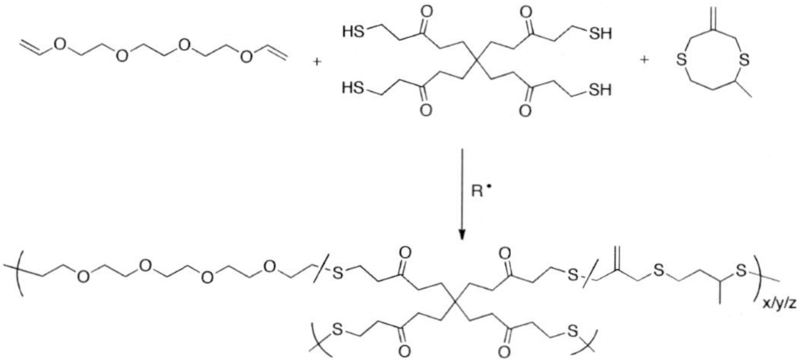

図10　ラジカル重付加反応を利用したアリルスルフィド骨格を有する架橋高分子の合成

型的な架橋高分子であることが明らかにされている。この架橋高分子のネットワーク構造中に導入されたアリルスルフィド結合は特殊な反応性を有しているため[27]，通常の架橋高分子とは全く異なる特徴を有する。架橋高分子に光照射を行うと，高分子マトリクス中に残存する光開始剤より発生したラジカルが，アリルスルフィドを攻撃し，さらに付加−解離型の連鎖移動機構によってネットワーク中の多くのアリルスルフィドへと拡散する。その結果，結合の組み換え反応がドミノ的に進行し（図11），全体として化学結合の数をほとんど変えることなくネットワーク構造のトポロジーを変えられることが示された[26]。

実際に，アリルスルフィド含有架橋高分子に暗所で引張応力を印加した場合は，弾性変形を示すのに対し，光照射下で同様の実験を行うと，応力を取り除いた後も歪みが完全には元に戻らないことが示されている。また，残存した歪みの大きさはアリルスルフィドの含有率が高いほど顕著であり，未含有率のサンプルでは歪みは全く観測されていない。さらに，光照射下での応力緩和も明確にされており，光反応前後で弾性率や化学構造にほとんど変化がないことも証明されている。このように，架橋高分子であっても光照射による結合組み換え反応を利用することで可塑性を付与でき，高分子の形状を変えることができる。同じようなコンセプトに基づいて，ラジカルプ

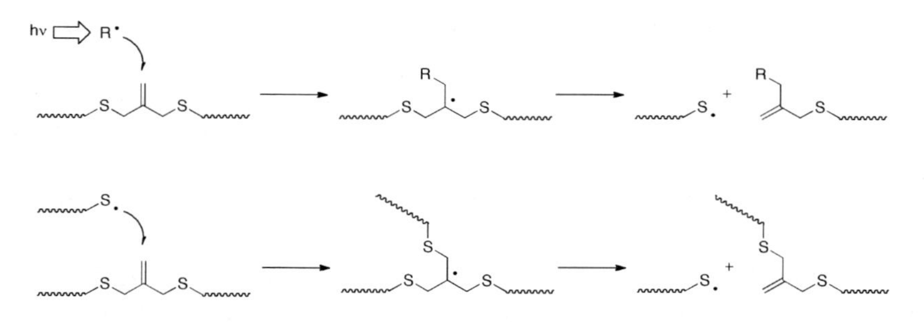

図11　架橋高分子中におけるアリルスルフィド骨格の結合組み換え反応

ロセスではないが，エステル交換反応による結合組み換えを利用することで加熱時に自由に加工できる架橋高分子が最近報告されており，熱可塑性の化学架橋高分子として注目されている[28]。また，トリチオカーボネート結合の連鎖的なラジカルプロセスに基づく結合組み換え反応を利用して光照射による自己修復性架橋高分子も報告されている[29]。

1.4 おわりに

本節では，熱刺激および光刺激を利用するラジカルプロセスに基づく架橋高分子の合成と反応について紹介した。高分子骨格中の共有結合が均一開裂し，ラジカルプロセスを経由して，結合の組み換え反応あるいはモノマーの挿入反応が進行する新しいタイプの架橋高分子は，分子設計をさらに工夫することで，ナノサイズの架橋されたコアを有する星型高分子[30〜33]など，様々な発展的な展開もなされている。さらに，ラジカルプロセスに基づく組み換え可能な共有結合を利用した，熱や光などの外部刺激を必要としない自己修復性架橋高分子も開発され始めている[34]。ラジカル反応は高い官能基許容性を有しているため，様々な高分子骨格に適用可能であり，将来の産業応用も含めて大きな波及効果が期待できる。従来，化学架橋高分子は加工性に劣ることから「高分子の最終形態」とも呼ばれていたが，本節で紹介したような目覚ましい発展により応用範囲や取り巻く環境が大きく変わろうとしている。今後も本分野のさらなる発展から目が離せない。

文　　献

1）(a) Ronald F. M. Lange, M. Van Gurp, E. W. Meijer, *J. Polym. Sci., Part A：Polym. Chem.*, **37**, 3657 (1999) (b) K. Chino, M. Ashiura, *Macromolecules*, **34**, 9201 (2001) (c) L. R. Rieth, R. F. Eaton, G. W. Coates, *Angew. Chem., Int. Ed.*, **40**, 2153 (2002) (d) C.-C. Peng, V. Abetz, *Macromolecules*, **38**, 5575 (2005) (e) P. Cordier, F. Tournilhac, C. Soulie-Ziakovic, L. Leibler, *Nature*, **451**, 977 (2008)

2）(a) C. Gong, H. W. Gibson, *J. Am. Chem. Soc.*, **119**, 8585 (1997) (b) H. Oike, T. Mouri, Y. Tezuka, *Macromolecules*, **35**, 6229 (2001) (c) Y. Okumura, K. Ito, *Adv. Mater.*, **13**, 485 (2001) (d) M. Kubo, N. Kato, T. Uno, T. Itoh, *Macromolecules*, **37**, 2762 (2004) (e) T. Oku, Y. Furusho, T. Takata, *Angew. Chem. Int. Ed.*, **43**, 966 (2004)

3）(a) Y. Chujo, K. Sada, A. Naka, R. Nomura, T. Saegusa, *Macromolecules*, **26**, 883 (1993) (b) J. K. Oh, C. Tang, H. Gao, N. V. Tsarevsky, K. Matyjaszewski, *J. Am. Chem. Soc.*, **128**, 5578 (2006)

4）(a) J. P. Kennedy, K. F. Castner, *J. Polym. Sci., Polym. Chem. Ed.*, **17**, 2055 (1979) (b) Y. Chujo, K. Sada, T. Saegusa, *Macromolecules*, **23**, 2636 (1990) (c) S. A. Canary, M. P. Stevens, *J. Polym. Sci., Polym. Chem.*, **30**, 1755 (1992)

5）(a) T. Endo, T. Suzuki, F. Sanda, T. Takata, *Macromolecules*, **29**, 3315 (1996) (b) K. Yoshida, F. Sanda, T. Endo, *J. Polym. Sci., Part. A：Polym. Chem.*, **37**, 2551 (1999)

6） (a) S. D. Bergman, F. Wudl, *J. Mater. Chem.*, **18**, 41 (2008) (b) C. J. Kloxin, T. F. Scott, B. J. Adzima, C. N. Bowman, *Macromolecules*, **43**, 2643 (2010)
7） (a) M. K. Georges, R. P. N. Veregin, P. M. Kazmaier, G. K. Hamer, *Macromolecules*, **26**, 2987 (1993) (b) C. J. Hawker, *J. Am. Chem. Soc.*, **116**, 11185 (1994) (c) C. J. Hawker, A. W. Bosman, E. Harth, *Chem. Rev.*, **101**, 3611 (2001)
8） (a) Y. Higaki, H. Otsuka, T. Endo, A. Takahara, *Macromolecules*, **36**, 1494 (2003) (b) Y. Higaki, H. Otsuka, A. Takahara, *Polymer*, **47**, 3784 (2006) (c) Y. Higaki, H. Otsuka, A. Takahara, *Polymer*, **44**, 7095 (2003)
9） C. J. Hawker, G. G. Barclay, J. Dao, *J. Am. Chem. Soc.*, **118**, 11467 (1996)
10） (a) H. Otsuka, K. Aotani, Y. Higaki, A. Takahara, *Chem. Commun.*, **2002**, 2838 (b) H. Otsuka, K. Aotani, Y. Higaki, Y. Amamoto, A. Takahara, *Macromolecules*, **40**, 1429 (2007)
11） Y. Higaki, H. Otsuka, A. Takahara, *Macromolecules*, **37**, 1696 (2004)
12） G. Yamaguchi, Y. Higaki, H. Otsuka, A. Takahara, *Macromolecules*, **38**, 6316 (2005)
13） H. Otsuka, K. Aotani, Y. Higaki, A. Takahara, *J. Am. Chem. Soc.*, **125**, 4064 (2003)
14） 高田十志和，大塚英幸，有機合成化学協会誌，**64**，194 (2006)
15） 大塚英幸，化学と工業，**62**，626 (2009)
16） T. Maeda, H. Otsuka, A. Takahara *et al.*, *Prog. Polym. Sci*,, **34**, 581 (2009)
17） T. Maeda, H. Otsuka, A. Takahara *et al.*, Ed. B. L. Miller, Dynamic Combinatorial Chemistry in Drug Delivery, Bioorganic Chemistry and Materials Science, Willey & Sons (2009)
18） T. Sato, Y. Amamoto, H. Yamaguchi, H. Otsuka, A. Takahara, *Chem. Lett.*, **39**, 1209 (2010)
19） 大塚英幸，日本接着学会誌，**46**，122 (2010)
20） (a) H. Fischer, *Chem. Rev.*, **101**, 3581 (2001) (b) A. Studer, *Chem. Soc. Rev.*, **33**, 267 (2004) (c) W. Tang, T. Fukuda, K. Matyjaszewski, *Macromolecules*, **39**, 4332 (2006)
21） Y. Higaki, H. Otsuka, A. Takahara, *Macromolecules*, **39**, 2121 (2006)
22） Y. Amamoto, Y. Higaki, Y. Matsuda, H. Otsuka, A. Takahara, *J. Am. Chem. Soc.*, **129**, 13298 (2007)
23） J. Su, Y. Amamoto, M. Nishihara, A. Takahara, H. Otsuka, *Polym. Chem.*, **2**, 2021 (2011)
24） Y. Amamoto, M. Kikuchi, H. Masunaga, S. Sasaki, H. Otsuka, A. Takahara, *Macromolecules*, **42**, 8733 (2009)
25） Y. Amamoto, M. Kikuchi, H. Masunaga, H. Ogawa, S. Sasaki, H. Otsuka, A. Takahara, *Polym. Chem.*, **2**, 957 (2011)
26） T. F. Scott, A. D. Schneider, W. D. Cook, C. N. Bowman, *Science*, **308**, 1615 (2005)
27） (a) G. F. Meijs, E. Rizzardo, S. H. Thang, *Macromolecules*, **21**, 3122 (1988) (b) R. A. Evans, E. Rizzardo, *Macromolecules*, **29**, 6722 (2000)
28） D. Montarnal, M. Capelot, F. Tournilhac, L. Leibler, *Science*, **334**, 965 (2011)
29） Y. Amamoto, J. Kamada, H. Otsuka, A. Takahara, K. Matyjaszewski, *Angew. Chem. Int. Ed.*, **50**, 1660 (2011)
30） Y. Amamoto, Y. Higaki, Y. Matsuda, H. Otsuka, A. Takahara, *Chem. Lett.*, **36**, 774 (2007)
31） Y. Amamoto, T. Maeda, M. Kikuchi, H. Otsuka, A. Takahara, *Chem. Commun.*, **2009**, 689

32) Y. Amamoto, M. Kikuchi, H. Masunaga, S. Sasaki, H. Otsuka, A. Takahara, *Macromolecules*, **43**, 1785 (2010)
33) Y. Amamoto, M. Kikuchi, H. Otsuka, A. Takahara, *Polym. J.*, **42**, 860 (2010)
34) K. Imato, T. Kanehara, Y. Amamoto, M. Nishihara, A. Takahara, H. Otsuka, *Angew. Chem. Int. Ed.*, 印刷中

2　動的架橋を利用したネットワークポリマーの機能化－硬軟物性変換性と修復性

吉江尚子*

2.1　はじめに

ネットワークポリマーは，モノマーの化学構造や架橋密度に応じて，ゲルやエラストマーのような柔軟な材料から高強度・高耐久性樹脂まで，広範な物性領域をカバーする魅力的な材料である。一方で，ネットワークポリマーは架橋により不溶・不融化するため，リサイクル性や再成型性が失われることが欠点として挙げられる。このような欠点を克服するための試みの1つに，動的結合の利用が検討されてきた。架橋点に可逆性を持たせることにより，低分子や直鎖状高分子と架橋体の間を繰り返し変換可能な材料が開発されている。動的架橋の利用は，最近，新たな機能を有するネットワークポリマー開発へも進展してきている。熱，光，化学物質などの刺激に応答して変形／物性変換／分子認識するスマート材料[1~3]や，修復性材料[4~6]などの開発が進められている。本節では動的架橋により達成される新しい機能のうち，テレケリックプレポリマーとリンカーを動的結合により架橋して得られるネットワークポリマーの熱応答物性変換と修復性について述べる。

2.2　動的結合を有する結晶性ネットワークポリマーの硬軟物性変換

準結晶性の分子鎖を架橋したネットワークポリマーの場合，物性制御のパラメータとして，モノマーの化学構造や架橋密度に加えて，結晶化も重要である。結晶相の存在は架橋反応の進行を妨げるが，逆に，架橋の導入は結晶成長を制限することもある。したがって，架橋反応と結晶化という2種類のダイナミックな構造形成過程がどのような影響を及ぼし合うのか，得られるネットワークポリマーはどのような固体構造や物性を有しているのかを知ることは大変重要である。さらに，結晶性ネットワークポリマーの架橋点として熱可逆性の動的結合を利用すると，結晶化／融解と架橋／解架橋を繰り返し行えるようになり，熱刺激に応答して物性変換する材料の設計も可能となる。

ここでは，準結晶性の末端フラン化テレケリックプレポリマーと三官能性マレイミド（図1）のDiels-Alder（DA）反応により得られる，熱可逆性の結晶性ネットワークポリマーについて紹介する。このようなポリマーでは，架橋形成と結晶化のタイミングを逆転させると，同一の原料から機械的特性の全く異なる材料を得ることができる。さらに，この材料は熱刺激に応答して物性変換する。

2.2.1　架橋反応と結晶化の動的過程がネットワークポリマーの構造と物性に与える影響[7]

ブチレンサクシネートとプロピレンサクシネートの共重合体を主鎖とする末端フラン化テレケリックプレポリマー（$PBPSF_2$，プロピレンサクシネート分率＝48 mol%，$M_n^{NMR}=4.3\times10^3$,

---

*　Naoko Yoshie　東京大学　生産技術研究所　教授

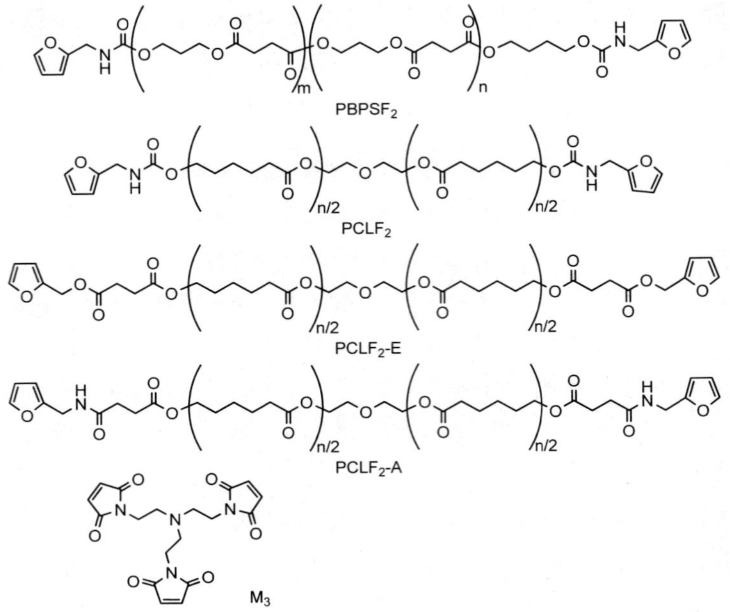

図1　硬軟物性変換性を示したネットワークポリマーの原料の化学構造

$M_w/M_n = 1.26$）とトリスマレイミド（M_3）をフランとマレイミドのモル比1/1で混合し，25℃および70℃に保つと，フラン／マレイミド間のDA付加反応が進行し，それぞれ，48時間および6時間程度で溶媒に不溶なネットワークポリマー$PBPSF_2M_3$となる。$PBPSF_2$は融点が約60℃の結晶性ポリマーであり，25℃では1時間程度で結晶化が終了する。このため，25℃の反応では$PBPSF_2$の結晶化が先行し，後から架橋形成する（CRY^{1st}）。一方，70℃で調整された試料では溶融状態で架橋した後，室温で結晶化が進行するため（CL^{1st}），2つの過程が逆転している。CRY^{1st}とCL^{1st}の架橋密度に大きな差はないが，CRY^{1st}の微結晶サイズはCL^{1st}より大きい。また，CRY^{1st}とCL^{1st}は機械的性質は全く異なり（表1），CL^{1st}では弾性率と降伏応力は小さいが，破断伸びが400%程度と大きく，エラストマー的な性質を持つのに対し，CRY^{1st}は破断伸びが小さいが，弾性率や降伏応力が大きく，比較的硬いプラスチックである。

CRY^{1st}とCL^{1st}の構造および物性の違いは，結晶化と架橋反応の順序の逆転によるものであると考えられる。結晶化が先行するCRY^{1st}ではほとんど架橋がない状態で結晶化するため，十分

表1　各種条件下で調整した$PBPSF_2M_3$の機械的特性 [7)]

試料	ヤング率 / MPa	降伏応力 / MPa	破断伸び / %
CL^{1st}	70（± 4）	6（± 1）	464（± 37）
CRY^{1st}	138（± 7）	10（± 1）	61（± 16）
RECRY	67（± 3）	6（± 1）	380（± 29）

な結晶成長が可能だが，架橋が先行するCL^{1st}では網目構造の存在下で結晶化するため，結晶成長が空間的に制限され，欠陥の多い小さな結晶しか形成されない。このために比較的硬いCRY^{1st}と柔軟なCL^{1st}が作り分けられたと考えられる。

CRY^{1st}とCL^{1st}の間の物性差を利用すると，硬質－軟質の物性間熱変換が可能となる。CRY^{1st}を，架橋を保ったまま70℃で融解した後，再び結晶化したRECRY試料では，CL^{1st}に類似の機械的特性に変換される（表1）。これは，再結晶化時に存在する架橋構造が結晶成長を阻害したことによる。また，CRY^{1st}からRECRYへの硬質→軟質変換に加えて，逆DA反応による解架橋を経る再成型では，軟質から硬質への物性の変換も可能である。つまり，$PBPSF_2M_3$における物性変換性は双方向性を有する。

2.2.2　プレポリマー分子量が硬軟物性変換に与える影響[8)]

$M_n^{NMR} = 4.3 \times 10^3$の$PBPSF_2$と$M_3$による結晶性ネットワークポリマーでは，$CL^{1st}$でも結晶化は完全には抑制されず，多くの微結晶が形成された。しかし，当然，架橋構造が結晶化を阻害する傾向は，架橋点間距離，すなわちプレポリマー分子量に依存すると考えられる。分子量が大きい場合には，架橋は結晶化をほとんど阻害せず，CRY^{1st}とCL^{1st}で硬／軟の物性差はあまり期待できない。一方，重合度が小さくなると，CL^{1st}において架橋が完全に結晶化を阻害し，CRY^{1st}との物性差が広がる可能性があるが，重合度がさらに小さくなると，どのような条件下でも架橋点間で結晶を形成することが困難になり，CRY^{1st}とCL^{1st}を作り分けることはできないであろう。つまり，中程度の分子量のときにだけ，CRY^{1st}とCL^{1st}の高次構造に明確な差が現れ，硬軟の物性の作り分けが可能であることが予想される。このようなプレポリマー分子量依存性は，ポリ（ε-カプロラクトン）をプレポリマー主鎖とした$PBPSF_2M_3$に類似の系により調べられている。

分子量の異なる4種類の末端フラン化ポリ（ε-カプロラクトン）（$PCLF_2$；$M_n^{NMR} = 1.8 \times 10^3$, 2.5×10^3，3.4×10^3，4.2×10^3；$T_m = 49 \sim 57$℃）とM_3を用いて，$PBPSF_2M_3$と同様の方法でCRY^{1st}とCL^{1st}を調製すると，いずれの分子量の$PCLF_2$を用いた場合にも，CRY^{1st}とCL^{1st}の結晶サイズおよび機械的特性に$PBPSF_2M_3$の場合と同様の違いが現れる。この違いを，分子量の異なる$PCLF_2$間で詳細に比較してみよう。CRY^{1st}，CL^{1st}ともに$PCLF_2$の分子量が減少するにつれて結晶化度が減少するが，減少量はCL^{1st}の方が大きい。このため，$M_n^{NMR} = 4.2 \times 10^3$の$PCLF_2$を用いた場合には$CRY^{1st}$と$CL^{1st}$の間に結晶化度の差はないが，$M_n^{NMR} \leq 3.4 \times 10^3$では$CL^{1st}$の方が結晶化度が小さくなり，$M_n^{NMR} = 2.5 \times 10^3$では$CRY^{1st}$は結晶性を示すものの$CL^{1st}$はほとんど結晶化しない。$CRY^{1st}$と$CL^{1st}$間の微結晶サイズの差も同様に，$PCLF_2$の分子量が減少するにつれて増加する傾向がある。機械的特性の$PCLF_2$分子量依存性は，CRY^{1st}ではあまり顕著ではないが，CL^{1st}では固体構造変化の傾向と対応するように，弾性体としての機械的特性が変化する（図2）。すなわち，プレポリマー分子量が大きいほど，CL^{1st}のヤング率と破断伸びがCRY^{1st}に近づく。

$PCLF_2M_3$のCRY^{1st}を融解・再結晶化して得たRECRYは，CL^{1st}と同様の$PCLF_2$分子量依存

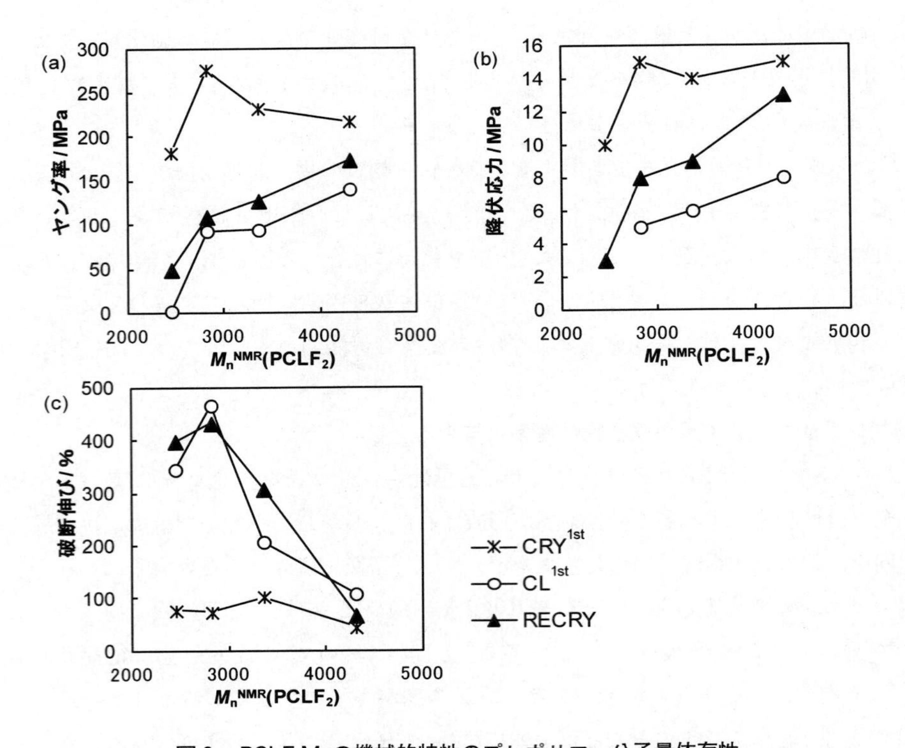

図2　$PCLF_2M_3$ の機械的特性のプレポリマー分子量依存性

文献5）より引用したデータに基づき作図した。(a) ヤング率，(b) 降伏応力，(c) 破断伸び

性を示すが，RECRY の方が CL^{1st} よりも硬く，CRY^{1st} に近いヤング率と降伏応力を持つ（図2）。また，RECRY の微結晶サイズは CL^{1st} よりやや大きい。CRY^{1st} では架橋のない状態で結晶化するため，分子鎖の折りたたみに伴って分子鎖の絡み合いの一部がほどかれると考えられる。この絡み合いが少ない状態は架橋によって固定され，RECRY 中でも保たれる。このために，RECRY では CL^{1st} より大きな，より CRY^{1st} に近いサイズの結晶が形成されたのであろう。RECRY と CRY^{1st} の差は $PCLF_2$ 分子量が大きいほど小さく，$M_n^{NMR} = 4.2 \times 10^3$ の $PCLF_2$ では，RECRY は CRY^{1st} と似た特性を持つようになる。つまり，プレポリマー分子量がある程度以上小さい場合にのみ硬質から軟質への熱応答変換を行うことができる。

2.2.3　架橋と結晶化制御による更なる機械特性チューニング

ここまで，結晶化と架橋の順序を明確に逆転させた CRY^{1st} と CL^{1st} の固体構造と物性の違いを見てきた。では，結晶化と架橋をほぼ同時に進行させたらどのような材料が得られるのであろうか。$PCLF_2$ と M_3 の DA 反応による架橋は，$PCLF_2$ の融点（55℃）に近い温度では24時間程度で平衡に達する。そこで，数十分から数時間かけて $PCLF_2$（$M_n^{NMR} = 5.0 \times 10^3$）が結晶化する40℃前後で3種類の $PCLF_2M_3$ が調製された[9]。25℃で調製された CRY^{1st} と70℃で調製された CL^{1st} も含めて，これらの $PCLF_2M_3$ の機械的特性を比較すると，調製温度が上昇するにつれて，ヤング率と降伏応力は低下し，破断伸びは増加する。そこで，中間の調製温度において，良好な強度と伸びを兼ね備えた材料を得ることができる。

また，DA 反応による架橋速度はフランとプレポリマー主鎖の結合様式にも依存する[10]。フラン末端をエステル結合で導入した $PCLF_2$-E では，上記のウレタン結合で導入した $PCLF_2$ と比較して，M_3 との DA 反応の速度や転換率が低下し，それに伴い架橋体の機械的強度も，特に CRY^{1st} で低下する。フラン基をアミド結合で導入した $PCLF_2$-A では，DA 反応性は $PCLF_2$ と同程度であるが，CL^{1st} の破断伸びは $PCLF_2$ の CL^{1st} と比較して 1.6 倍に増加した。DA 反応性がジエンとジエノフィルの電子密度に依存することはよく知られている[11]。フラン環の電子密度は，$PCLF_2$-A ≈ $PCLF_2$ > $PCLF_2$-E となっており，この順に DA 反応性が向上したと考えられる。加えて，アミド結合とウレタン結合の N-H とマレイミドの C = O との間の水素結合が機械的特性に寄与し，特に高い水素結合能を有する $PCLF_2$-A で水素結合部位が超分子的な架橋点となり，破断伸びを向上させたのであろう。

2.3　動的結合を有するネットワークポリマーの修復性

生き物が軽い怪我なら自然に治癒する能力を持つように，人工構造物や材料が微細な傷を自発的に修復する機能を持てば，長寿命化を通じた低資源化社会および安心安全社会の構築に大いに貢献することができる。このような機能を高分子材料において実現するために，様々な方法が検討されている[4,5]。その 1 つに動的結合により架橋したネットワークポリマーがある[6]。動的結合は一般的な共有結合よりも弱いため，材料が損傷を受ける際には，分子鎖中のこの部位が優先的に切断されると考えられる。しかし，動的結合は可逆性を持つため，分子鎖切断により生じた官能基が破壊面間で再結合されれば，損傷は修復されることになる。

この機構による修復は，分子レベルでの完全な修復であること，および，同じ場所で繰り返し修復が可能であることを特徴とする。一方，動的結合を利用した修復材料設計においては，破壊面間での動的結合再形成を促進するために，分子運動性を確保する必要がある。また，動的結合は一般に高温で解離することが多いため，耐熱性と修復性の両立にも課題がある。2.3 では，これら 2 つの課題，分子運動性と耐熱性について，2.2 で述べたのと同様の化学構造を持つネットワークポリマー（図 3）による修復性ポリマーを通じて概観する。

2.3.1　柔軟な非晶性ネットワークポリマーの修復性[12]

末端フラン化ポリプロピレングリコール（$PPGF_2$，$M_n^{GPC} = 5.0 \times 10^3$）と M_3 を DA 反応させると，修復性を有するネットワークポリマー $PPGF_2M_3$ が得られる。実際，$PPGF_2M_3$ を切断し，断面同士を接触させて室温で静置すると接合する。図 4 (a) に，接合面を離すように引っ張りながら観測した光学顕微鏡像を示す。切断面間が接合されている様子がわかる。$PPGF_2M_3$ に見られるように，室温において自発的に進行する修復性は自己修復性と呼ばれる。

一方，成型後，数日間放置した試料表面同士を接触させて放置しても，表面間に接合などの変化は全く起きない（図 4 (b)）。成型後，十分に時間経過した表面では，大部分のフランとマレイミドは既に付加体を形成しており，表面間をつなぐ付加体が新たに形成されることはほとんど

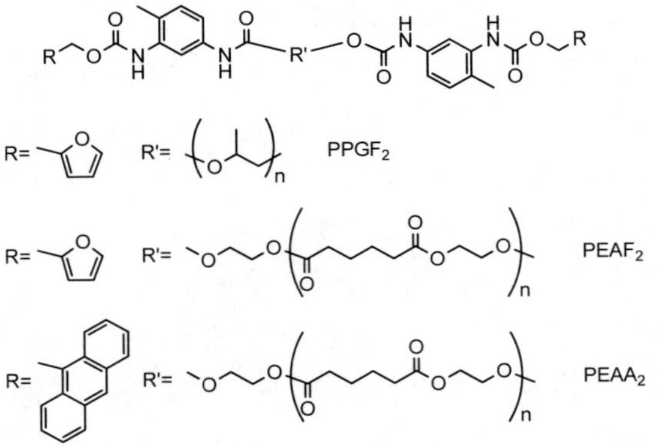

R= R'= PPGF$_2$

R= R'= PEAF$_2$

R= R'= PEAA$_2$

図3　修復性を有するネットワークポリマーの原料（テレケリックプレポリマー）の化学構造

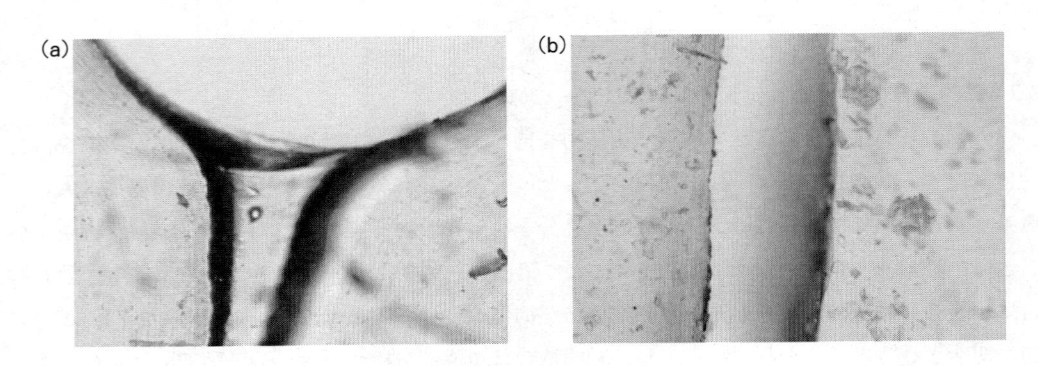

図4　修復処理後の PPGF$_2$M$_3$ の光学顕微鏡像

(a) 切断直後の切断面同士と，(b) 成型して数日後の表面同士を接触させて室温で放置した試料の接触面近傍

ないため，接合しないと考えられる。一方で，切断面にはDA付加体の解離により生じた遊離フランやマレイミドが多数存在しており，これらが再結合することにより修復が進行する。また，切断時のDA付加体の解離は同時に，切断面近傍にダングリング鎖としてのPPGF$_2$末端も生じさせる。これらダングリング鎖の絡み合い再生も修復には寄与しているであろう。

2.3.2　結晶性と修復性[13]

末端フラン化ポリエチレンアジペート（PEAF$_2$，$M_n^{GPC} = 8.7 \times 10^3$）とM$_3$の架橋体PEAF$_2M_3$は，融点が47℃の結晶相を形成する。しかし，結晶化度は低く，引張強度が約40 MPa，破断伸びが約700%の良好なエラストマー特性を有する[14]。PEAF$_2$M$_3$に対して，PPGF$_2$M$_3$と同様の方法で修復を試みたところ，室温では1カ月以上放置しても何の変化も観察されなかった。PEAF$_2$M$_3$もPPGF$_2$M$_3$も，同じフラン／マレイミド付加体＝動的結合により架橋されており，しかも，架橋点間距離の指標となるプレポリマー分子量も同程度である。そこで，DA反応の可逆性を熱力学的観点から考慮すれば，PEAF$_2$M$_3$もPPGF$_2$M$_3$と同条件下で付加体が再生し，修復が進行してもよいはずである。しかし，PPGF$_2$M$_3$の場合，結晶性を持たないことに加えて，ガラス転移温度が低く，室温で十分な分子運動性を有するために，切断表面間で DA 付加体の再形成反応が進行し，修復したのに対し，$PEAF_2M_3$ では結晶相の存在により分子運動性が制限され，動力学的因子により再結合が妨げられたために修復しなかったと考えられる。

実際，$PEAF_2M_3$ の修復は融点以上の温度では進行する。60℃，1 週間の修復後の回復率は，未切断試料と修復後の試料の破断長の比で，約 70%と良好である。さらに，60℃で一旦溶融すれば，その後の処理を室温で行っても修復が進行するようになる。$PEAF_2M_3$ の結晶化速度は非常に小さく，融解後には過冷却状態が 1 週間程度保たれる。この過冷却状態では分子運動性が高いために，修復が進むのである。つまり，$PEAF_2M_3$ は融解のためのヒートショックで修復する熱刺激応答性修復材料である。

2.3.3　修復性 DA ポリマーの耐熱性の改善[15)]

フランとマレイミドの DA 反応は高温では平衡が逆転し解離反応が進むため，$PPGF_2M_3$ や $PEAF_2M_3$ の耐熱性は約 100℃である。一方，アントラセンとマレイミドの DA 反応も熱可逆性があるが，平衡の逆転は一般的なポリマーの熱分解温度以上で起こる。このため，フランに代えてアントラセンを両末端に持つ PEA（$PEAA_2$，$M_n^{NMR} = 5.3 \times 10^3$）から合成した $PEAA_2M_3$ は耐熱性が約 150℃となり，$PEAF_2M_3$ と比較して 50℃ほど向上する（図 5）。$PEAA_2$ は結晶化するが，その架橋体 $PEAA_2M_3$ は非晶性高分子である。嵩高いアントラセンが分子鎖中に組み込まれることにより，結晶化が阻害されたと考えられる。また，$PEAA_2M_3$ は引張強度が約 25 MPa，破断伸びが約 1000%の優れたエラストマーである[11)]。$PEAA_2M_3$ は修復性も有している。加熱条件下（100℃）において，破断伸びから求めた回復率で約 80%と非常に良好な修復性を示すのに加え，室温でも修復する自己修復性エラストマーである。

2.4　おわりに

2.2 で見てきたように，結晶性ネットワークポリマーにおいて，単に調製温度を選択するだけで，架橋反応と結晶化のダイナミックスを制御し，硬質から軟質まで様々な物性の材料を，全く同じ原料から得ることができる。プレポリマー分子量を変化させることにより，この物性のバリエーションをさらに広げることも容易である。このような物性の作り分けは，適切な架橋点間距

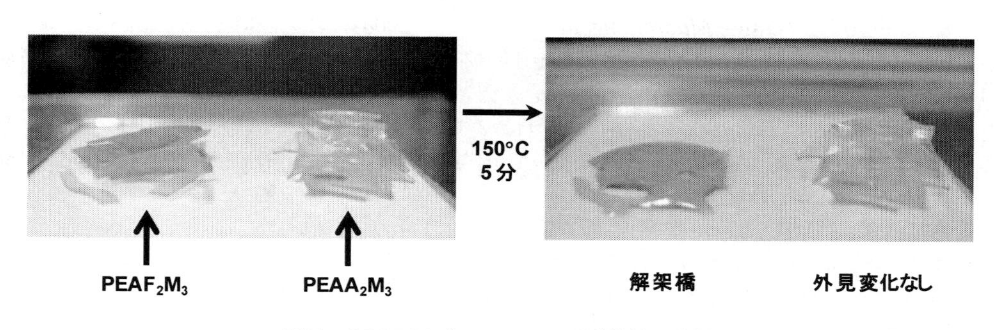

図 5　$PEAF_2M_3$ と $PEAA_2M_3$ の耐熱性の比較

離の選択と，架橋と結晶化の時間序列の制御が可能であれば，可逆反応に限らず各種架橋様式の結晶性ネットワーク高分子で実現できる。しかし，可逆反応性の架橋を用いると，解重合を経る軟質／硬質物性間の相互変換性も確保される。

2.3では，動的結合の再生により修復が進むためには分子運動性が必要であることを述べた。このため，新規の動的結合の研究の多くは，ゲルやエラストマーのような柔軟な材料で自己修復性や，加熱条件下での修復性を検討している[4~6]。ここで紹介した過冷却状態の利用は，より硬い樹脂での修復性の可能性を広げるものである。また，ここでは破壊過程についてはほとんど触れなかったが，動的結合による修復は，この結合が機械的な力を受けて解離することを前提としている。機械的な力により誘導される化学変化＝メカノケミストリーは，超音波照射による溶液中の高分子の分子量低下などの限られた現象を除き，まだほとんど研究されていない。機械的な力による解離のための必要条件にも不明な点が多い。また，同じ分子の反応であっても，熱，光，機械的な力によって，それぞれ異なる機構で進む場合がある。機械的な力による解離についても基礎的な研究を積み重ねていくことが，修復性高分子材料の開発には必要であろう。

ネットワークポリマー中に架橋の可逆性という非常に単純な機構を組み入れただけで，本節で紹介した熱による硬軟物性変換や修復性を持たせることができる。本節のはじめにも述べたが，可逆性の架橋により実現できる機能は他にも多数存在する。未開拓の機能も残されているはずである。動的架橋を利用した革新的な材料の出現が続くことを期待したい。

文　　献

1） C. J. Kloxin *et al.*, *Macromolecules*, **43**, 2643（2010）
2） T. Miyata, *Polym. J.*, **42**, 277（2010）
3） R. J. Wojtecki *et al.*, *Nature Mat.*, **10**, 14（2011）
4） S. D. Bergman, F. Wudl, *J. Mater. Chem.*, **18**, 41（2008）
5） T. C. Mauldin, M. R. Kessler, *Int. Mater. Rev.*, **55**, 317（2010）
6） 吉江尚子，機能材料，**30**，22（2010）
7） K. Ishida, N. Yoshie, *Macromolecules*, **41**, 4753（2008）
8） K. Ishida *et al.*, *Macromolecules*, **43**, 1011（2010）
9） N. Oya *et al.*, in preparation.
10） K. Ishida *et al.*, *Polymer*, **52**, 2877（2011）
11） F. Fringuelli, A. Taticchi, The Diels-Alder reaction : selected practical methods, John Wiley & Sons（2002）
12） 吉江尚子，荒木ひとみ，塗装工学，**46**，146（2011）
13） N. Yoshie *et al.*, *Polym. Degrad. Stab.*, **95**, 826（2010）
14） M. Watanabe, N. Yoshie, *Polymer*, **47**, 4946（2006）
15） N. Yoshie *et al.*, *Polymer*, **52**, 6074（2011）

第8章　ポリマーの分解を活用する機能性材料

1　光分解性ポリシランブロック共重合体を用いたハイブリッド材料の開発

松川公洋*

1.1　はじめに

光機能性高分子の1つであるポリシランは，Si-Si 結合のポリマー主鎖上に非局在化したσ電子を持つ有機ケイ素高分子であり，他の炭素系高分子やポリシロキサンなどには見られない特異な光機能性がある[1~3]。その機能には，①紫外域における強い吸収と発光，②大きな非線形感受率，③有機高分子の中では非常に高い正孔移動度（$\sim 10^{-4}$ cm^2/Vs），④光分解を含んだ多彩な光化学反応，などがあり，電子写真感光体，発光ダイオード，フォトレジストなどへの応用が検討されてきた[4,5]。一方，我々は，ポリシランの高屈折率や光照射による屈折率変化に注目して，ポリシランブロック共重合体と金属アルコキシドより有機無機ハイブリッドを創製し，その光機能性と光学材料としての可能性について研究してきた[6~8]。ポリシランを無機酸化物中にナノメートルサイズで均一に分散させたポリシラン－無機ハイブリッド薄膜において，ポリシラン成分のみを光分解することにより，薄膜中に屈折率変調構造の作製に成功している。また，金イオンを添加したポリシラン－ハイブリッド薄膜中のポリシランの光分解に伴う還元反応で，金ナノ粒子含有ハイブリッド薄膜が得られることも見出している。本節では，ポリシランブロック共重合体の合成，ハイブリッド薄膜の作製，それらの光学特性や機能性について紹介する。

1.2　ポリシランブロック共重合体の合成

高分子とシリカなどの無機酸化物からなる有機無機ハイブリッドを作製するには，金属アルコキシドの加水分解／縮合反応（ゾルーゲル法）中にポリマーを相溶分散する必要がある[9]。しかし，ポリシランを高分子成分とするハイブリッド材料においては，ポリシランと金属アルコキシドより得られるゾルとを単純に混合しただけでは，両者の間に安定な化学結合を形成できないので，相分離による白濁した膜になってしまう。そこで，金属アルコキシドと化学結合できる官能基をポリシランに導入することが必要であり，その化学的変性の1つとしてポリシラン共重合体が有効である。ポリシランは，紫外光照射下で，Si-Si 結合が解裂し，末端にシリルラジカルが生成し，ラジカル重合に寄与することが知られている[10]。したがって，ポリシランは，高分子光ラジカル重合開始剤として用いることで，官能性アクリルモノマーとのブロック共重合体の合成

*　Kimihiro Matsukawa　(地独)大阪市立工業研究所　電子材料研究部　ハイブリッド材料研究室長

が可能である。具体的には，最も一般的な可溶性ポリシランであるポリメチルフェニルシラン（PMPS）を高分子重合開始剤として用いたポリシランブロック共重合体の合成を検討した[11]。その結果，図1に示すように，PMPS（重量平均分子量：約50,000）とメタクリロキシプロピルトリメトキシシラン（MPTMS）またはメタクリロキシプロピルトリエトキシシラン（MPTES）との光ラジカル重合で，ブロック共重合体（P(MPS-*co*-MPTMS)，P(MPS-*co*-MPTES)）が得られた。これらの紫外吸収スペクトルにはSi-Si結合に由来する340 nm付近の吸収があり，一定のセグメント長のポリシランを含んだブロック共重合体であることをNMRスペクトル，GPC測定および紫外吸収スペクトルから確認している。これらのポリシラン共重合体は，A-BあるいはA-B-Aブロック構造であると考えられる。また，同様の方法で，アクリルモノマーとしてアクリルアミド[12]，アセトアセトキシエチルメタクリレート[13]，2-メチルチオエチルメタクリレート[14]を用いた種々のポリシランブロック共重合体を合成している。これらは，水素結合，配位結合などにより，ポリシラン－無機ハイブリッドの作製に適用できる。

1.3 ポリシラン－シリカハイブリッド薄膜の作製

ポリシラン共重合体中のアルコキシシランとのゾル－ゲル反応で形成される共有結合（Si-O-Si）を介したポリシラン－シリカハイブリッド薄膜の作製を検討した。P(MPS-*co*-MPTMS)とテトラエトキシシラン（TEOS）のTHF溶液中に，酸触媒を添加，室温で攪拌した後，各種基板上にスピンコートし，加熱ゲル化して，有機溶剤に不溶で，ガラスやシリコンウェハ基板との密着性に優れたポリシラン－シリカハイブリッド（P(MPS-*co*-MPTMS)/TEOS）薄膜が得られた[11]。この薄膜は，可視領域では透明で，紫外領域（340 nm付近）にポリシランセグメント（Si-Siのσ-σ^*）に由来する吸収があり，ゾル－ゲル反応中でもポリシランは安定に存在することを確認できた。図2にポリシラン－シリカハイブリッドの類推構造を示す。通常，PMPS薄膜は，トルエン，THFなどの有機溶剤に侵されるという欠点があったが，このハイブリッド薄膜ではこれらが大きく改善された。また，同様に，ポリシラン／アクリルアミド共重合体とTEOSの加水分解で生じるシラノールとの水素結合によってもポリシラン－シリカハイブリッドを生成することができた[12]。

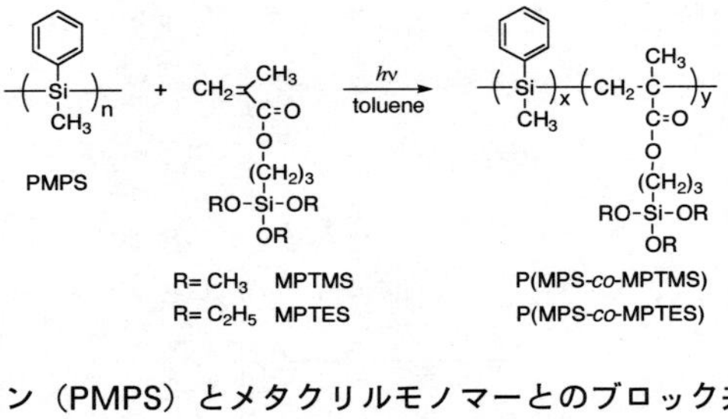

PMPS + MPTMS (R= CH_3) / MPTES (R= C_2H_5) —hν, toluene→ P(MPS-*co*-MPTMS) / P(MPS-*co*-MPTES)

図1　ポリシラン（PMPS）とメタクリルモノマーとのブロック共重合体の合成

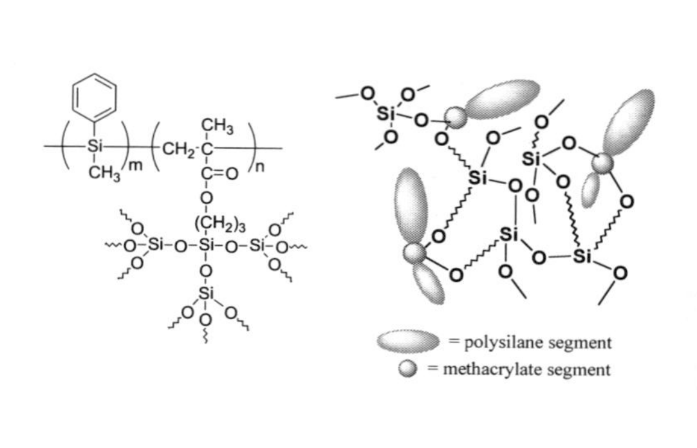

図2　ポリシラン－シリカハイブリッドの推定化学構造

図3　ポリシラン－シリカハイブリッド薄膜［P(MPS-*co*-MPTMS)/TEOS = 1/3.18］の UV 照射（3000 mJ），ヘキサン洗浄後の AFM 像

ポリシランは，本来，光分解しやすい性質を有しているので，ポリシラン－シリカハイブリッドにおいても強い紫外光を照射することで，ポリシランセグメントのみを完全に分解させることができる。よって，ハイブリッド薄膜に紫外光照射した後，溶剤現像することで薄膜表面には 20～40 nm の細孔が生じた（図3）[11]。空隙部分は，光分解したポリシランセグメントを溶剤で溶かし出した跡であり，TEOS の組成量を変えることで種々のナノポーラスシリカ薄膜を作製することが可能であった[15]。また，TEOS の代わりにチタンアルコキシドを用いて作製したポリシラン－チタニアハイブリッド薄膜からも，同様の方法でポーラスチタニア薄膜が得られた[16～18]。

1.4　ポリシラン－シリカハイブリッドの屈折率変調薄膜

PMPS の屈折率は 1.67 と極めて大きく，ポリシラン－シリカハイブリッド薄膜ではシリカ含有量に応じてその値は変化し，P(MPS-*co*-MPTMS)/TEOS = 1/1（仕込重量比）の場合，屈折率は 1.60 となった。ハイブリッド薄膜中のポリシランセグメントの光分解により，露光部分の屈折率は低下し，さらに，光分解物を除去することで，シリカ並みの低屈折率にすることができる。実際に，図4に示すように P(MPS-*co*-MPTMS)/TEOS = 1/1 のハイブリッド薄膜では，紫外線照射量を調節することにより屈折率が 1.60 から 1.45 まで，連続的に変化した[15]。シリカ成分が増加すると屈折率の変化量は減少するが，P(MPS-*co*-MPTMS)/TEOS = 1/10 の場合には，屈折率変化が 0.05 程度の変調構造を作製できた。しかし，このような屈折率変調構造は，ポリシラン－シリカハイブリッド薄膜の未露光部分にポリシランを残すことにより形成しているので，空気中での酸化や光によるポリシランの劣化によって，屈折率差が経時変化する可能性がある。したがって，これらの屈折率変調構造を実用化するためには，ポリシランの劣化に影響されないプロセスを考える必要がある。PMPS の光分解で，Si-Si 主鎖結合が解裂してオ

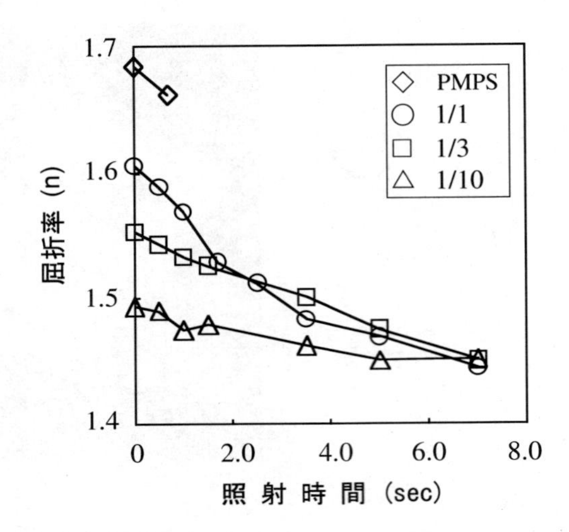

図4　PMPSおよびポリシラン－シリカハイブリッド薄膜
[P(MPS-*co*-MPTMS)/TEOS = 1/1, 1/3, 1/10]
のUV照射（141 mW/cm²）による屈折率変化

リゴマー化し，酸化によりSi-O-Si結合に化学変化しても，側鎖のフェニル基の影響で分解物の屈折率は比較的高く，溶剤現像後に生じるナノポーラスシリカマトリックスとの屈折率差を大きくすることができる。そこで図5に示すように，ハイブリッド薄膜をパターニングした後に，再度紫外線を全面照射すると[19, 20]，残存していたポリシラン成分はすべて分解するものと考えられる。次に，溶剤洗浄を行わずに150℃での加熱を行い，紫外線照射で生じたシラノールやオリ

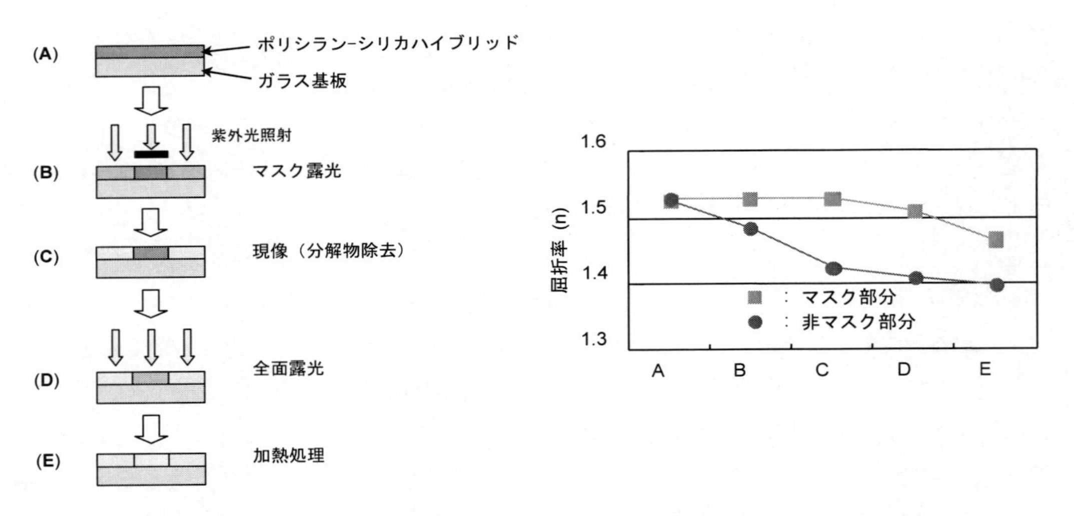

図5　PMPSおよびポリシラン－ハイブリッド薄膜の屈折率固定化とP(MPS-*co*-MPTES)/TEOS = 1/5（重量比）の各工程（A～E）での屈折率変化

ゴマーを縮合させるプロセスにより，ポーラスシリカのみの部分とフェニル基などの有機基が残存する部分の屈折率パターンが形成できた。全面露光をしないでポリシランを残したパターン薄膜に比べると屈折率差は若干小さくなるが，このプロセスを経た薄膜には，耐光性の低いポリシランはもはや存在しないので，屈折率差は安定に維持されるものと考えられる。このように容易に屈折率変調構造を形成できる材料は少なく，導波路，回折格子，ホログラムなどの光学材料への応用が考えられる。

1.5　ポリシラン－シリカハイブリッド薄膜の光誘起異方性

ポリシラン－シリカハイブリッドの光分解性をPMPSと比較したところ，ハイブリッド薄膜の方が紫外光に対して安定であった[21]。ポリシランセグメントがシリカ中にナノメートルオーダーで分散し，孤立した状態で存在していることから，紫外光照射で生じた励起種がポリシラン分子間を移動することなく，エネルギー移動を伴う非輻射的緩和が抑えられているものと推測される。これらの知見を基に，偏光照射で光分解したポリシラン－シリカハイブリッド薄膜の励起発光現象から，興味深い現象が得られている[22]。強い水平偏光を長時間照射したP(MPS-*co*-MPTMS)/TEOSハイブリッド薄膜の偏光励起による発光スペクトルを測定した。垂直成分のポリシランセグメントだけが残ったと考えられるサンプル（V）に，垂直方向の偏光励起（VV）による発光成分（VVV配置）は，水平方向の偏光励起（VH）による水平方向の発光成分（VHH配置）に比べて，その発光強度は極めて大きいことがわかった（図6）。これらの結果から，強い直線偏光した紫外光をハイブリッド薄膜に照射した場合，偏光方向に平行な遷移双極子モーメントを持つポリシランセグメントだけが選択的に分解され，残存した垂直方向成分のポリシランセグメントが発光していることを示唆している。よって，本来，等方的な有機無機ハイブリッド薄膜に発光の異方性を光誘起できることを見出した。

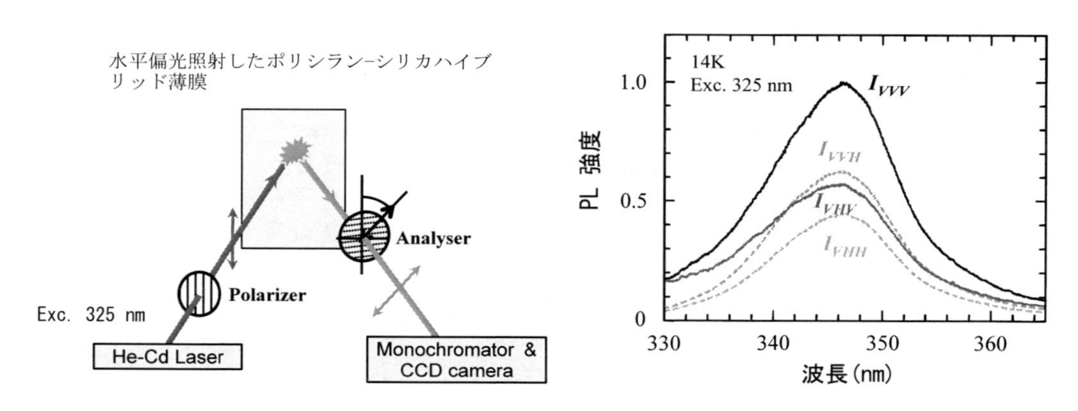

図6　偏光励起によるポリシラン－シリカハイブリッドの発光スペクトルの異方性

1.6　ポリシラン－ジルコニアハイブリッドのサーモクロミズム抑制と熱光学特性

ジルコニアは無機酸化物の中で“硬い”材料であり，これらの中にポリシランを閉じ込めることにより，ポリシラン分子鎖が受ける影響と光機能性に及ぼす変化に興味が持たれる。ジルコニアの原料となるジルコニウムアルコキシドは，チタニウムアルコキシドやシランアルコキシドと比べると格段にゾル－ゲル反応の速度が速いので，有機無機ハイブリッドを作製するためには，アセチルアセトンなどとの錯体形成による安定化が必要である。そこで，アセトアセトキシ基を有するメタクリルモノマーとポリシランとのブロック共重合体を合成し，ジルコニウムアルコキシドとのゾル－ゲル反応から，ポリシラン－ジルコニアハイブリッド薄膜を作製した[13]。ここで用いたポリ（ジ-n-ヘキシルシラン）（PDHS）は，PMPSと同様に紫外域に吸収を有するが，その吸収波長は温度依存性（サーモクロミズム）を示す。PDHS薄膜において，低温からの昇温で，40℃付近でポリマー主鎖の構造が“transoid”から“disorder”に転移する。この構造の変化は吸収スペクトルの変化にも現れ，吸収波長が370 nm付近から310 nm付近に変化する。そこで, PDHSとメタクリル酸2-(アセトアセトキシ）エチル（AAEM）から合成できるブロック共重合体（P(DHS-*co*-AAEM)）を用いて，ジルコニウムブトキシドとのハイブリッド（図7）を作製し，PDHS主鎖のジルコニアマトリックス内での挙動を調べた。赤外スペクトルからZr-O-Zr結合の生成およびアセトアセトキシ基のジルコニウム原子への配位が確認された。また，PDHS-ジルコニアハイブリッド薄膜に紫外線照射，現像によりポリシラン成分を除去し，AFMでその表面形態を調べたところ，紫外線照射前は比較的平坦な表面構造を有しているが，照射後の表面には数10 nm幅の凹凸が生じていた。これらは前述と同じく，PDHSが除去された後に残ったジルコニアマトリックスであり，PDHSとジルコニアは数10 nmのオーダーで均一に分散しているものと考えられる。

P(DHS-*co*-AAEM）の紫外可視吸収スペクトルの温度依存性は，図8(a）に示すように，40℃以下で長波長側（370 nm）に吸収が存在するが，40℃以上になるとそれらが消失し短波長側（310 nm）に吸収が現れた。一方，ハイブリッド薄膜においては図8(b）に示すように，紫外吸収は0℃においても310 nmにしか現れず，温度依存性はほとんど見られなかった。これはPDHSセグメントがジルコニアマトリックス中に固定されて“disorder”から“transoid”への転移が起こらずサーモクロミズムが抑制されていることを示唆している。ハイブリッド化に伴う

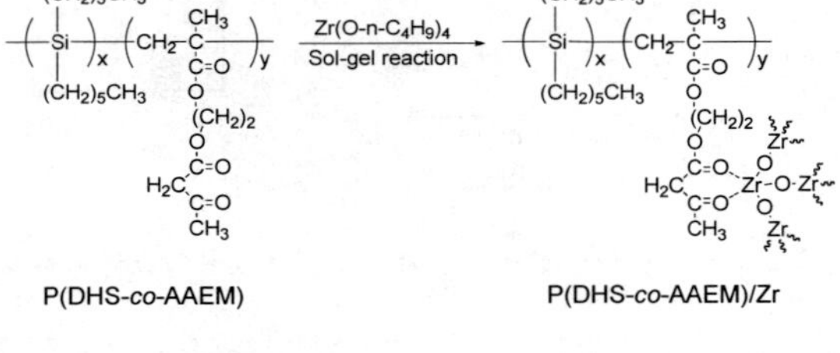

$Zr(O\text{-}n\text{-}C_4H_9)_4$
Sol-gel reaction

P(DHS-*co*-AAEM)　　　P(DHS-*co*-AAEM)/Zr

図7　ポリシラン－ジルコニアハイブリッドの化学構造

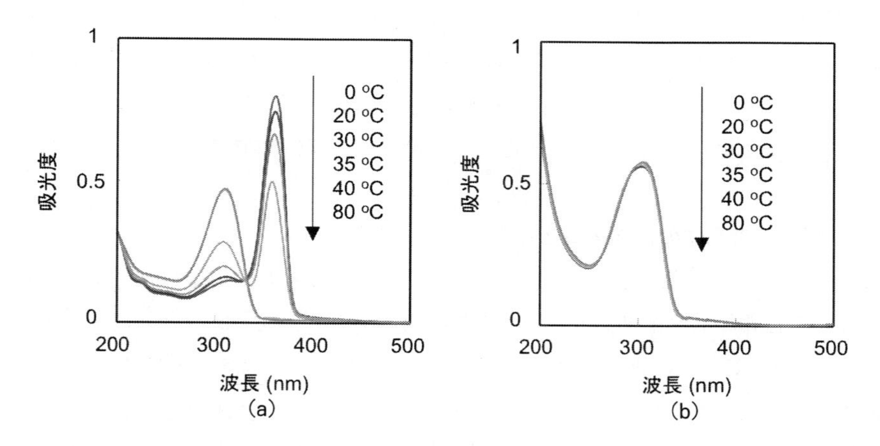

図8　(a) P(DHS-*co*-AAEM) 薄膜および，(b) P(DHS-*co*-AAEM)/Zr ハイブリッド薄膜の紫外可視吸収スペクトルの温度依存性

サーモクロミズムの抑制現象は，その他の測定においても観測されている。例えば，示差走査型熱量測定（DSC）では，P(DHS-*co*-AAEM) 薄膜の温度を上昇させた際には40℃付近で吸熱反応が観測されたが，ハイブリッド薄膜では40℃付近の吸熱反応は全く見られず，ジルコニアマトリックスにより構造が固定されていることがわかった。同様に，ハイブリッド薄膜中のPDHS セグメントが“disorder”で固定されていることは，ラマンスペクトルの温度依存性においても確認された。

PDHS のサーモクロミズムに由来する構造変化は，屈折率などのバルクの光物性にも温度依存性を与える[23]。そこで，P(DHS-*co*-AAEM) およびジルコニアハイブリッド薄膜の屈折率の温度依存性を調べた[24]。図9に示すように，P(DHS-*co*-AAEM) 薄膜では，昇温時に30～40℃付近で屈折率が1.60付近から1.55以下に段階的に大きく減少した。一方，ハイブリッド薄

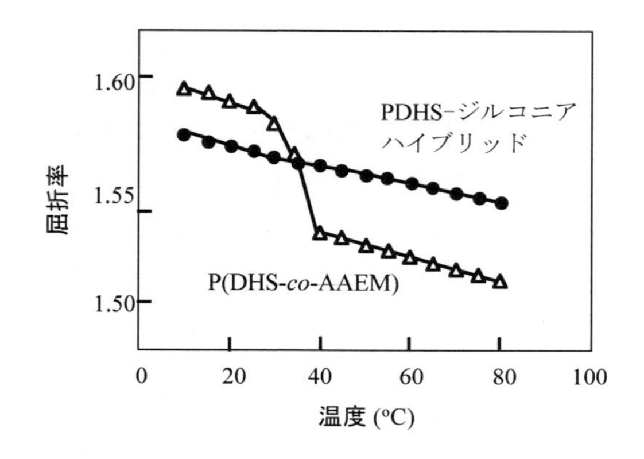

図9　P(DHS-*co*-AAEM) および，PDHS-ジルコニアハイブリッドの屈折率における昇温時の温度依存性

膜では，屈折率の大きな段階的変化が見られずに，直線的に変化することが認められた。これは“disorder”から“transoid”への転移が抑制された結果によるものと考えられる。このハイブリッド薄膜の熱光学（Thermo Optics）定数は-4.0×10^{-4}/℃で，PMMA（-1.2×10^{-4}/℃）に比べると大きな絶対値を示しており，温度により屈折率を制御できる材料として有用である。

1.7 ポリシラン共重合体の化学吸着と金ナノ粒子の作製

金表面へのイオウ化合物の化学吸着はよく知られた現象であり，末端にスルフィド基を持ったポリシランが自己組織的に配列することが報告されている[25]。我々は，2-メチルチオエチルメタクリレート（MTEM）とのポリシラン共重合体（P(MPS-*co*-MTEM)）を合成し，各種基板へのコーティング後，THFによる洗浄を行った結果，この共重合体が金表面に化学吸着することを確認した[14]。P(MPS-*co*-MTEM)が吸着した部分には，20 nm程度の凹凸が見られ，金表面はほぼ単分子のポリシラン共重合体で覆われていることが推測される。また，このP(MPS-*co*-MTEM)/Au薄膜を加熱することで，金がコロイド化して金ナノ粒子を生成することも見出している。

PMPSとN,N-ジメチルアクリルアミド（DMAA）とのブロック共重合体（P(MPS-*co*-DMAA)）に塩化金（Ⅲ）酸（$HAuCl_4 \cdot 4H_2O$）を添加した混合溶液に紫外光を照射したところ，金ナノ粒子の生成が観測され，ポリシランの光還元作用を確認した[26～28]。図10に示した可視スペクトルの変化から，530 nm付近に金ナノ粒子の生成を指示するプラズモン共鳴による吸収が出現した。一方，PMPSと$HAuCl_4 \cdot 4H_2O$との混合溶液に紫外光照射しても，プラズモン共鳴は全く認められず，黒色の金の凝集物が得られたにすぎなかったが，P(MPS-*co*-DMAA)/$HAuCl_4 \cdot 4H_2O$では，図11に示すように均一に分散した平均粒径5 nm程度の金ナノ粒子の生成が確認された。この反応は，ポリシランセグメントの光分解に伴った酸化と同時に，金イオンが還元され，共重合成分であるポリアクリルアミドが保護基として金ナノ粒子を安定化しているものと考えられる（図12）。さらに，P(MPS-*co*-DMAA)/$HAuCl_4 \cdot 4H_2O$の溶液をガラス基板にスピンコートして作製した淡黄色の薄膜に，紫外線を照射するとプラズモン共鳴の赤紫色を呈した薄膜に変化した。$HAuCl_4 \cdot 4H_2O$の還元反応で発生する塩酸はポリシランの光分解物であるシラノールのゲル化に作用して，光照射後に，120℃，10分間程度加熱することで，基板との密着性に優れた不溶性の金ナノ粒子含有薄膜とすることができた。また，フォトマスクを介した露光，加熱，現像の工程を経て，金ナノ粒子含有ハイブリッド薄膜のネガ型パターンを作製できるので，機能材料として興味がある。

1.8 おわりに

ポリシランはその特異な光物性から興味あるケイ素ポリマーであるが，合成や安定性，特に光分解性の問題から，実用化が困難視されてきた。しかし，我々はポリシランブロック共重合体とシリカ，チタニア，ジルコニアなどの無機酸化物とのハイブリッド化を検討し，ポリシランセグ

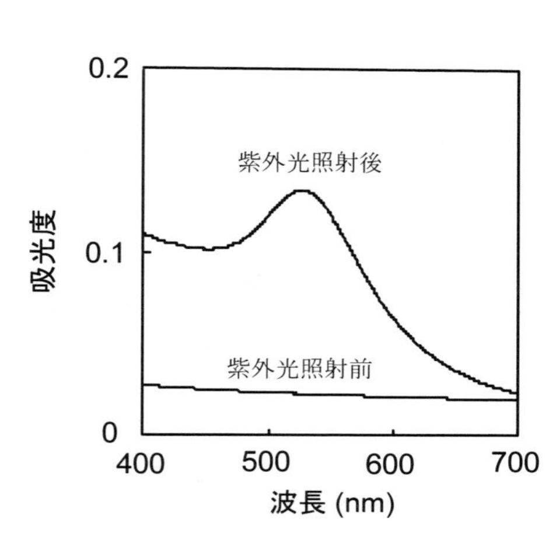

図10　P(MPS-*co*-DMAA)/$HAuCl_4 \cdot 4H_2O$ 溶液の紫外光照射前後の紫外可視吸収スペクトルの変化

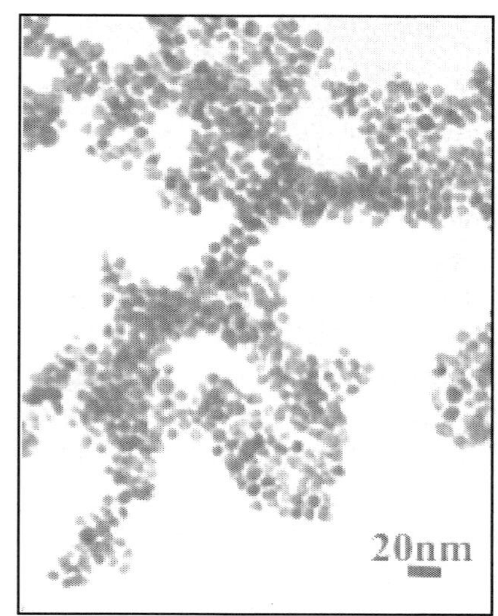

図11　P(MPS-*co*-DMAA)/$HAuCl_4$ の光還元で得られた金ナノ粒子

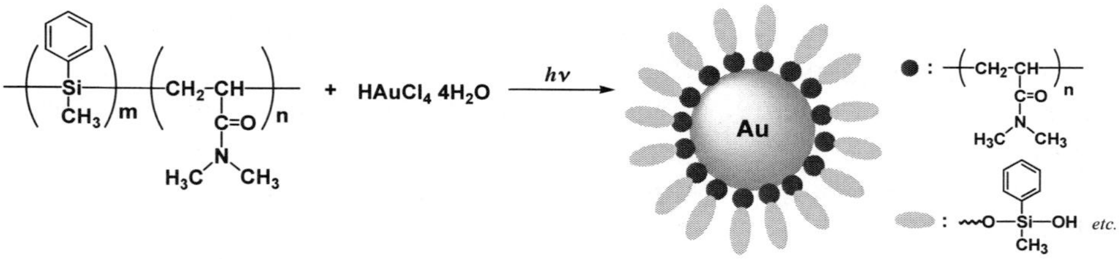

図12　P(MPS-*co*-DMAA)/$HAuCl_4$ の光照射により調製される金ナノ粒子

メントの光分解性を活用することで，発現する新しい機能性を追求してきた。特に，屈折率変調，光誘起異方性，熱光学特性などの光機能性は，次世代の光学材料に有効な特性であり，非常に興味深い。また，ポリシラン－無機ハイブリッド薄膜からポリシランセグメントだけを光分解することで，ナノポーラス無機酸化物薄膜を容易に形成できる手法は，ナノ加工の分野で活用できる。また，光分解性ポリマーをゾル－ゲル法を用いてハイブリッド化することで，今までにない特性を持った新素材を創製できる。このように，ポリシラン－無機ハイブリッドには，ポリシラン単独では成し得なかった多くの新しい機能（光還元性など）が見出され，今後の実用展開が期待できる材料である。

文　　献

1) R. D. Miller, *J. Michl, Chem. Rev.*, **89**, 1359 (1989)
2) R. D. Miller, *Adv. Mater.*, **28**, 1733 (1989)
3) R. West, "Organopolysilanes", in E. W. Abel, F. G. A. Stone, G. Wilkinson, Ed., Comprehensive Organometallic Chemistry, II, vol. 2, Chapter 3, Pergamon, New York, (1996)
4) R. G. Joens, W. Ando eds., "Silicon-Containing Polymers", Kluwer Academic Publishers (2000)
5) S. Hayase, *Prog. Polym. Sci.*, **28**, 359 (2003)
6) 松川公洋，松浦幸仁，井上　弘，内藤裕義，金光義彦，固体物理，**37**，19 (2002)
7) 松川公洋，"21世紀の有機ケイ素化学"，シーエムシー出版 (2004)，p.119，ポリシラン・無機ハイブリッド薄膜の光物性
8) 松川公洋，"ナノハイブリッド材料の最新技術"，シーエムシー出版 (2005)，p.63，ナノハイブリッドの薄膜の光機能性
9) 作花済夫，"ゾルーゲル反応の応用"，アグネ承風社 (1997)
10) R. Wolff, R. West, *Appl. Organomet. Chem.*, **1**, 7 (1987)
11) K. Matsukawa, S. Fukui, N. Higashi, M. Niwa, H. Inoue, *Chem. Lett.*, 1073 (1999)
12) Y.Matsuura, K.Matsukawa, R.Kawabata, N.Higashi, M.Niwa, H.Inoue, *Polymer*, **43**, 1549 (2002)
13) Y. Matsuura, H. Inoue, K. Matsukawa, *Macromol. Rapid. Commun.*, **25**, 623 (2004)
14) Y. Matsuura, H. Inoue, K. Matsukawa, *Polymer J.*, **36**, 560 (2004)
15) Y. Matsuura, K. Matsukawa, H. Inoue, *Chem. Lett.*, 244 (2001)
16) Y. Matsuura, K. Kumon, N. Tohge, H. Inoue, K. Matsukawa, *Thin Solid films*, **422**, 4 (2002)
17) Y. Matsuura, S. Miura, H. Naito, H. Inoue, K. Matsukawa, *J. Photopolym. Sci. Tech.*, **15**, 761 (2002)
18) Y. Matsuura, S. Miura, H. Naito, H. Inoue, K. Matsukawa, *J. Organomet.Chem.*, **685**, 230 (2003)
19) K. Matsukawa, K. Katada, N. Nishioka, Y. Matsuura, H. Inoue, *J. Photopolym. Sci. Tech.*, **17**, 51 (2004)
20) K. Matsukawa, *J. Photopolym. Sci. Tech.*, **18**, 203 (2005)
21) S. Mimura, H. Naito, Y. Kanemitsu, K. Matsukawa, H. Inoue, *J. Organomet.Chem.*, **611**, 40 (2000)
22) S. Mimura, H. Naito, Y. Kanemitsu, K. Matsukawa, H. Inoue, *J. Luminescence*, **87-89**, 715 (2000)
23) T. Sato, N. Nagayama, M. Yokoyama, *J. Mater. Chem.*, **14**, 287 (2004)
24) M. Marusaki, H. Naito, Y. Matsuura, K. Matsukawa, *Appl. Phys. Lett.*, **86**, 191907 (2005)
25) K. Furukawa, K. Ebata, H. Nakashima, Y. Kashimura, K. Torimitsu, *Macromolecules*, **36**, 9 (2003)
26) 松浦幸仁，松川公洋，井上　弘，第53回高分子学会年次大会予稿集，No.1，1424 (2004)
27) 松川公洋，松浦幸仁，井上　弘，第53回高分子学会年次大会予稿集，No.1, 1425 (2004)
28) K. Matsukawa, Y. Matsuura, *Mater. Res. Soc. Symp. Proc.*, **847**, 45-56 (2005)

2　高分子の分解・反応を利用した微細パターン形成法 ー反応現像画像形成

大山俊幸*

2.1　はじめに

感光性ポリマーを用いた微細パターン形成は，大面積への露光・現像による大量生産や，目的の場所のみへの選択的なパターン形成，複雑な形状のパターンの簡便な作製などが可能であり，これらの点において，分子の自己集合に基づくボトムアップ型パターン形成などの他の手法よりも優れている。このような利点を活かし，感光性ポリマーは，集積回路（IC）の超微細パターン形成のためのフォトレジストや多層配線板の層間絶縁膜，IC チップ／封止樹脂間の熱膨張率差緩和のためのバッファコート層といった電子材料用途，種々の刷版の作製などの印刷用途，カラーフィルター作製などのディスプレイ用途，さらには光導波路や Micro-Electro-Mechanical System（MEMS）の作製など，微細パターンの形成が必要とされる分野を中心に非常に幅広く用いられている[1,2]。これらの用途のそれぞれにおいて，感光性ポリマーには様々な特性が要求されており，その要求に応じた感光性ポリマーを開発する努力が続けられている。例えば，バッファコート層や層間絶縁膜などに用いる感光性材料では，微細パターン形成後にポリマーをそのまま残し絶縁層などとして使用するため，高い熱的・機械的安定性，耐久性，電気絶縁性などが強く求められるが，一方で，このような用途では現状で求められる解像度は数十～数μm 程度となっている。

感光性ポリマーを用いた微細パターン形成は「露光」「現像」を経て行われるが，パターン形成機構を考えた場合，パターン形成の鍵となる化学反応（光分解・光二量化・光ラジカル重合・光カチオン重合など）はすべて露光時に起こっており，現像段階では「露光時に生じた溶解性差」を利用しているだけに過ぎない系がほとんどである[3]。

これに対して我々は，ポリマー／現像液間の高分子反応を利用することにより，「露光部／未露光部間の溶解性差」を「現像時」に生じさせ微細パターンを形成する手法である“反応現像画像形成法（Reaction Development Patterning（RDP））”を開発した。RDP では，ポリマー主鎖中のカルボン酸類縁基（イミド基，カーボネート基など）と現像液中の求核剤（アミン，OH^- など）との求核アシル置換反応に基づくポリマーの溶解性変化（図 1）を露光部または未露光部で選択的に引き起こすことにより，カルボン酸類縁基含有ポリマーからのポジ型（露光部溶解）およびネガ型（露光部残存）の微細パターン形成を実現する。

本節では，ポリイミドを中心としたカルボン酸類縁基含有エンジニアリングプラスチック（エンプラ）への RDP に基づく感光性付与について述べる。感光性ポリイミド[4,5]はバッファコート層用途などに広く用いられているが，現行の感光性ポリイミドはポリアミック酸（ポリイミド前駆体）や化学修飾ポリイミドを使用しているため（図 2）[6~14]，ポリマー合成の複雑化やエン

*　Toshiyuki Oyama　横浜国立大学　大学院工学研究院　機能の創生部門　准教授

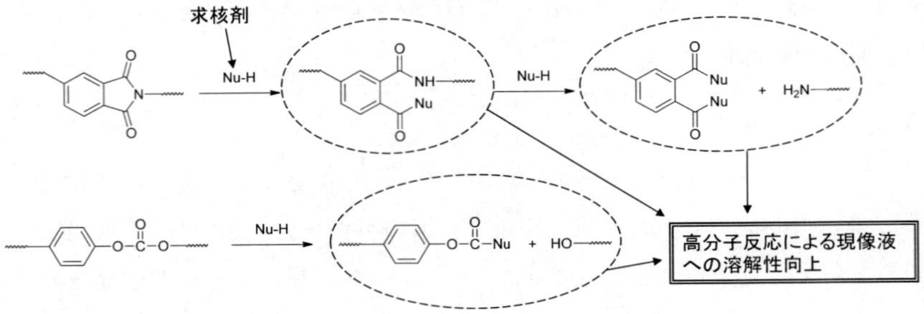

図1　ポリマー主鎖中のカルボン酸類縁基と求核剤との求核アシル置換反応に伴う溶解性変化

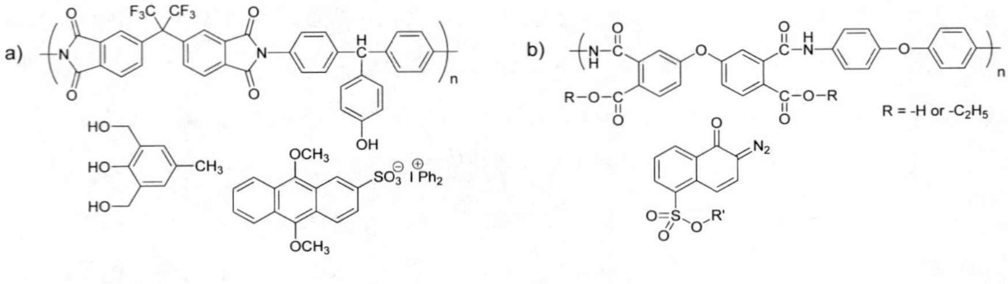

図2　現行の感光性ポリイミドの例

プラ本来の優れた特性の低下が避けられない。また，ポリアミック酸を用いた場合にはパターン形成後の高温後加熱によるポリイミドへの変換が必要であり，その際のパターン寸法の変化も問題となる。さらに，化学修飾などによるポリマーの合成コストの増大は産業利用上，大きな問題となっている。一方，ポリイミド以外のエンプラへの感光性付与が可能になれば様々な分野への応用が拓けると期待されるが，ポリベンズオキサゾール[4,5,15,16)]を除き感光性付与の研究はほとんど行われていない。RDP に基づく感光性エンプラでは，エンプラに元来存在するカルボン酸類縁基を利用して感光性を付与するため，前駆体の使用や化学修飾の必要がなく，市販エンプラも利用可能であるため，産業上の利点も大きい。

2.2　ポジ型反応現像画像形成

2.2.1　アミン含有現像液を用いたパターン形成

ポジ型 RDP（PRDP）においては，感光剤（光酸発生剤）であるジアゾナフトキノン（DNQ (PC-5®)，図3）を含有したエンプラ膜（市販のポリイミド，ポリカーボネート，ポリアリレート（図3））にポジ型フォトマスクを通して超高圧水銀灯からの UV 光を露光し，エタノールアミン（EA）などの求核剤を含む親水性現像液を用いて現像するだけで，露光部のみが溶解したポジ型微細パターンが得られる[17～27)]。市販のポリエーテルイミド（PEI, Ultem®）およびポリカーボネート（BisA-PC）に対して PRDP を適用し形成した微細パターンの走査電子顕微鏡

ポリエーテルイミド（PEI, Ultem®）

ポリ（ビスフェノールAカーボネート）（BisA-PC）

ポリアリレート（PAr, U polymer®, *m* : *p* = *ca.* 1 : 1）

DNQ（PC-5®）

図3　RDPを適用可能な市販エンプラおよび感光剤の例

（SEM）写真を図4に示す[21, 22]。これらの感光性エンプラの感度（残膜率がゼロとなる露光量（D_0））は，感光性BisA-PCで1000 mJ/cm^2，感光性PEIで2000 mJ/cm^{2}であった。現像液に溶解した露光部の分子量をGPCにより測定したところ，ポリマーの低分子量化が確認された[21～24]。また，EAとエンプラとの均一系におけるモデル反応においても短時間でエンプラの低分子量化が確認された[21～24]。

PRDPでは図5に示した機構によりパターンが形成される。すなわち，①露光時にDNQからインデンカルボン酸が生成する。②現像時に，現像液中のアミンと露光部の酸が塩を形成し，この塩により現像液への親和性が高くなった露光部に現像液が浸透する。③膜中に浸透したアミンとエンプラ主鎖中のカルボン酸類縁基との求核アシル置換反応により露光部でのみエンプラ主鎖の切断が起こり，低分子量化した露光部が現像液に溶解する。一方で，未露光部では①の酸生成が起こらないため，その後のプロセスが全て起こらずポリマーの現像液への溶解は抑制され，結果としてポジ型パターンが形成される。

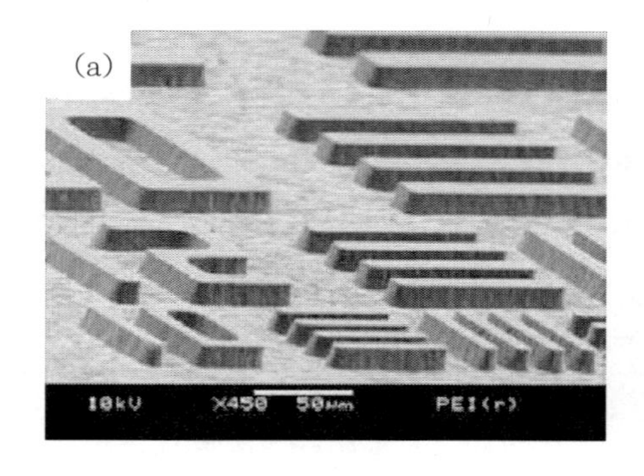

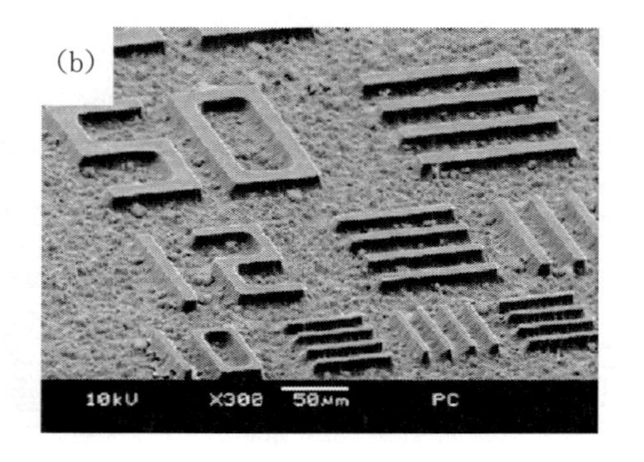

図4　PRDPによるエンプラへの微細パターン形成（～10 μm line and space（L/S））

PC-5®：ポリマーに対して30 wt%，露光量：2000 mJ/cm^2

（a）PEI（現像条件：EA/NMP/H_2O = 4/1/1（w/w/w），超音波処理，40～45℃，13分）

（b）PC（現像条件：EA/NMP/H_2O = 1/1/1（w/w/w），浸漬，40℃，7分）

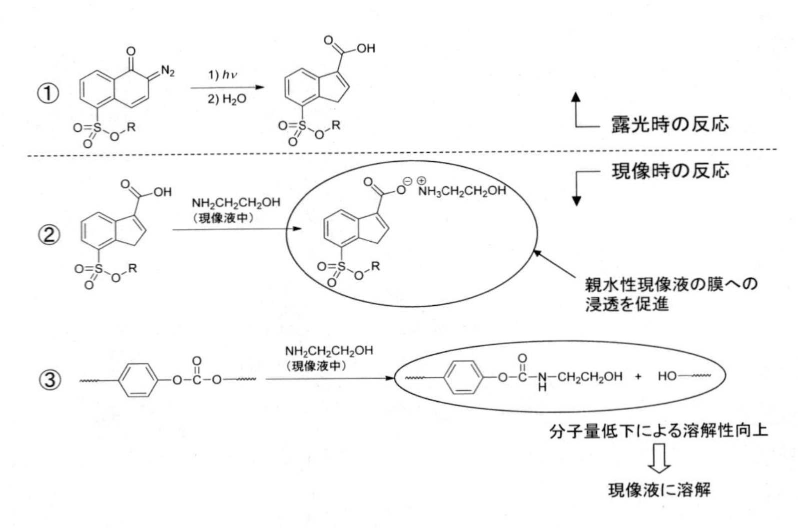

図5　PRDP におけるパターン形成機構（ポリカーボネート/EA の例）

2.2.2　アルカリ水溶液現像によるパターン形成

2.2.1 で述べた PRDP では現像液中の求核剤として一級アミンを使用しており，また現像液成分として有機溶媒を含んでいる。しかし現行の感光性ポリマーでは主にアルカリ水溶液が現像液として使用されているため，アミン含有有機現像液の使用は実用化への障害となる可能性がある。よって，求核剤として OH^- を用いたアルカリ水溶液現像型 PRDP（Alkaline-Developable PRDP, ADPRDP）について，市販の BisA-PC（図３）をポリマー成分として用いて検討した[28]。

ポリマーに対して 20 wt%の PC-5®（図３）を含んだ BisA-PC 膜にフォトマスクを被せ超高圧水銀灯で露光した後に，25 wt%水酸化テトラメチルアンモニウム（TMAH）水溶液を用いて 50℃で浸漬現像を行ったところ，60 分間現像を行ってもパターンはまったく観測されなかった（表１，Entry 1)。そこで次に，図 6 に示す BADNQ 系感光剤を用いて微細パターン形成を行った結果，全ての系で良好なポジ型微細パターンを得ることができた（表１, Entry 2 ～ 4)。また，もとの BisA-PC の数平均分子量が 23,000 であったのに対して，現像後に現像液に溶出した成分

表１　BisA-PC への ADPRDP によるパターン形成における感光剤構造の影響＊1, ＊2

Entry	DNQ＊3	膜厚（μm）		現像時間 (min'sec)＊4	溶解速度（nm/s）		残膜率＊5
		露光部	未露光部		露光部	未露光部	
1	PC-5®	11.0 → 11.0	11.0 → 11.0	60'00	-	-	-
2	BADNQ1	11.1 → 0	11.1 → 9.9	20'00	9.3	1.0	0.89
3	BADNQ2	10.3 → 0	10.3 → 9.8	24'30	7.0	0.34	0.95
4	BADNQ3	10.0 → 0	10.0 → 9.9	28'00	6.0	0.060	0.99

＊1　BisA-PC（15 wt% 1,4-dioxane 溶液），＊2　プリベーク：90℃/5 分，露光量：400 mJ/cm²,
＊3　BisA-PC に対して 20 wt%，＊4　50℃/浸漬，＊5　未露光部

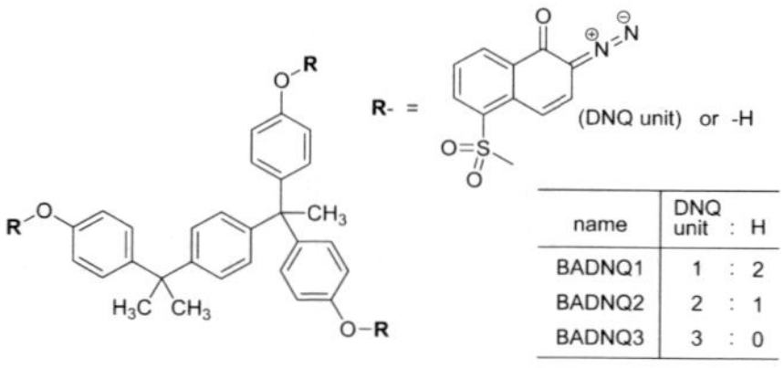

R- = (DNQ unit) or -H

name	DNQ unit : H
BADNQ1	1 : 2
BADNQ2	2 : 1
BADNQ3	3 : 0

図6　BADNQ 系感光剤

の分子量は大幅に低下していることが GPC 測定により確認され，パターン形成が現像時のポリマー主鎖切断（反応現像）により行われていることが示唆された。

表1の結果より，ADPRDP では感光剤の構造が現像特性に大きな影響を及ぼすことが示された。BADNQ 系感光剤は PC-5® よりもかさ高い構造を有しており，この構造が膜への現像液の浸透を促進した可能性が考えられる。また，現像時間は BADNQ1 < BADNQ2 < BADNQ3 の順に長くなっており，BADNQ 構造に含まれるフェノール性水酸基が現像特性の向上に寄与しているものと推測される。

そこで，フェノール性水酸基などの酸性基を有する低分子量化合物を膜に添加することにより，これらの官能基が現像特性に及ぼす影響を調査した。図7に示す化合物をポリマーに対して各 10 wt%添加した膜を用いた ADPRDP を検討した結果，いずれの系においても露光部の溶解速度が無添加系と比較して向上し，酸性化合物の添加効果が明らかとなった。特にフロログルシノール添加時には7分での現像が可能となり，大きな現像促進効果が見られた（図8）。

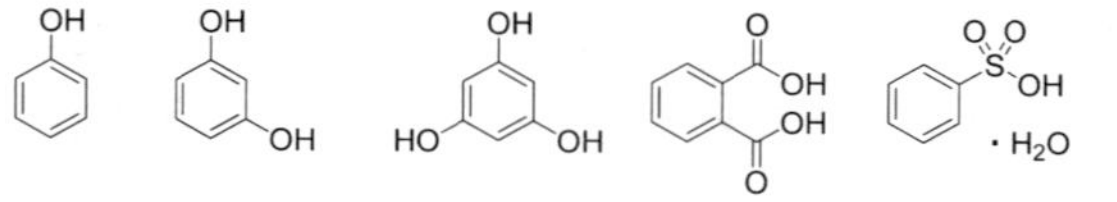

フェノール　レゾルシノール　フロログルシノール　フタル酸　ベンゼンスルホン酸

図7　ADPRDP において添加した酸性化合物

図8　BisA-PC への ADPRDP による微細パターン形成（20 μm L/S）

BADNQ2：ポリマーに対して 20 wt%，フロログルシノール：ポリマーに対して 10 wt%，
露光量：400 mJ/cm²，現像条件：25 wt% TMAH 水溶液（50℃，7分（浸漬））

2.3　ネガ型反応現像画像形成

2.3.1　OH⁻を求核剤として用いた感光性ポリイミド

PRDPでは種々のエンプラに容易に感光性を付与できるが，良好なパターンの形成のためにはDNQをポリマーに対して20～30 wt%添加する必要があり，感度も膜厚10～15 μmで1000～2000 mJ/cm^{2}程度にとどまっていた。また，アミンや有機溶媒を含む現像液や，高濃度のアルカリ水溶液を現像に使用する必要があり，これらの点は実用化への妨げとなり得る。これに対して筆者らは，PEI（図3）などのポリイミドに感光剤であるDNQとともに*N*-フェニルマレイミド（PMI）などの低分子成分を添加することにより，得られるパターンがネガ型になるとともに，TMAH水溶液含有現像液でのパターン形成が可能になる「ネガ型RDP（NRDP）」を見出した[19, 20, 29]。PC-5®（図3）およびPMIを含むPEI膜（感光剤：ポリマーに対して15 wt%，PMI：ポリマーに対して1 wt%）にネガ型フォトマスクを介して超高圧水銀灯で100 mJ/cm^{2}露光した後，TMAH水溶液／アルコール現像液（TMAH：7.4 wt%）を用いて浸漬現像を行うことにより形成したパターンのSEM画像が図9 (a) であるが，良好なネガ型パターンの形成が確認された。また，この系の感度曲線を図9 (b) に示すが，感度（残膜率が50%となる露光量（D_{50}））は31 mJ/cm^2（初期膜厚9.2 μm）であった。この値はPRDPと比較して大幅に高感度であり，現在実用化されている感光性ポリイミドの感度と比較しても同等以上の性能であった。

現像液に溶解した成分のGPC測定，およびPEI/現像液間のモデル反応生成物の^{1}H-NMRスペクトル測定結果より，NRDPではポリイミドは低分子量化せずにポリアミック酸塩の状態で現像液に溶解していることが明らかとなった[29]。

また，PMIを添加しない系においても，露光量が小さく，かつ感光剤添加量が20 wt%程度であれば，最適な現像条件の選択によりネガ型パターンが形成可能であったことから，DNQへの

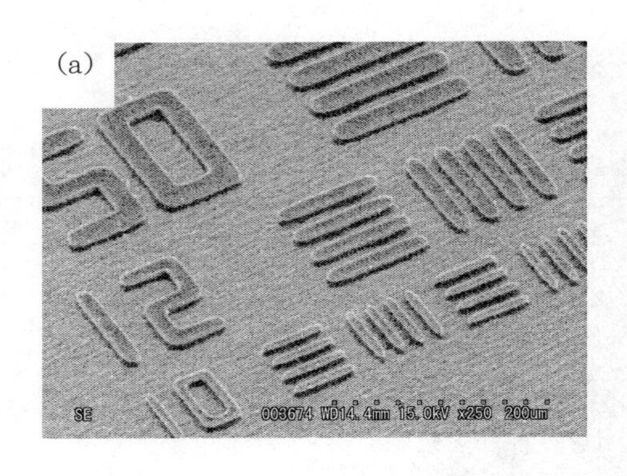

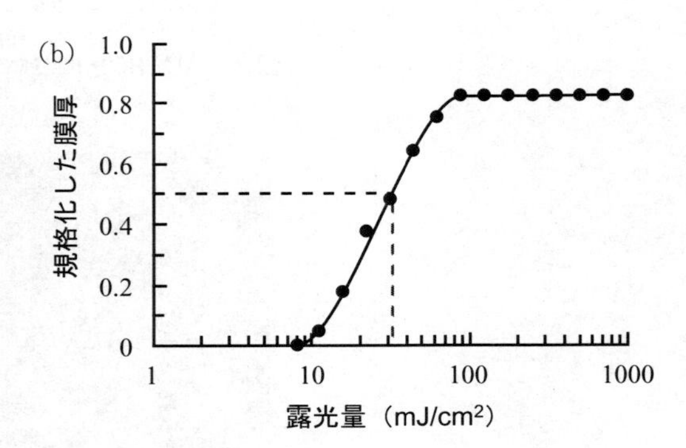

図9　NRDPによるPEIへの微細パターン形成

(a) L/Sパターン（～10 μm）（PC-5®：PEIに対して15 wt%，PMI：PEIに対して1 wt%，初期膜厚：11.1 μm，露光量：100 mJ/cm^2，現像条件：TMAH/H_2O/PEG400/CH_3CH_2OH = 2/8/5/12（重量比），50℃，浸漬，8分20秒（PEG400 = poly(ethylene glycol)（M = 400)））

(b) (a) の系の感度曲線（初期膜厚：9.2 μm，感度（D_{50}）：31 mJ/cm^2）

光照射により生成するインデンカルボン酸がネガ型パターン形成において最も重要な役割を担っていると推測された[30]。すなわち，露光量が小さい場合は，インデンカルボン酸とTMAHとの反応によって現像液中のTMAHが消費されることにより，露光部でのイミド→アミック酸の反応が遅くなり露光部の溶解が抑制されるのに対し，露光量が大きくなると，インデンカルボン酸とTMAHの反応で生成するカルボン酸塩による露光部の親水化効果の影響が大きくなり，露光部の溶解速度が向上すると考えられる。

一方，種々の*N*-置換マレイミドを添加した感光性PEI膜について，露光部における現像時間と残膜率との関係を調査したところ，アルキル鎖長が短いMMIやnPMIの溶解抑制効果は非常に小さいのに対し，nHMIやCHMIはPMIには及ばないものの大きな溶解抑制効果を示すことが明らかになった（図10 (a))[31]。この傾向は，マレイミド類への光照射により生成する二量体[32, 33]（図10 (b)）の現像液への溶解性（PMI，nHMI，CHMIの二量体は不溶，MMI，nPMIの二量体は可溶）と一致しており，マレイミド類の露光部溶解抑制効果は光照射により生じる二量体の低い溶解性に由来することが示唆された。

以上の結果より，NRDPにおけるパターン形成は，「① PMIの二量化による現像液浸透の抑制（図11の**1b**)」および「②インデンカルボン酸とTMAHとの反応によるOH^-の消費（図11の**2**)」の効果により，「ポリイミド→ポリアミック酸の反応（図11の**3**)」に伴うポリマーの溶解が露光部でより起こりにくくなることに基づいていると考えられる。

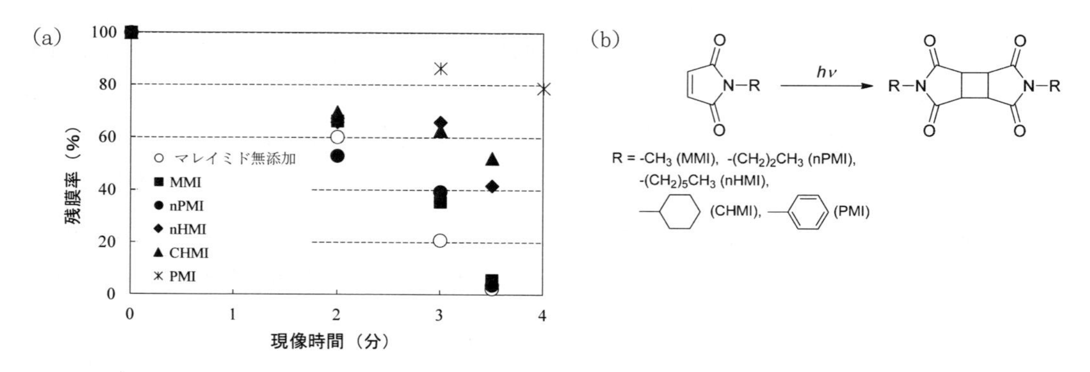

図10　NRDPにおいてマレイミド類が現像特性に及ぼす影響

(a) 露光部における現像特性とマレイミド構造との関係（ポリマー：PEI，PC-5®：PEIに対して20 wt%，マレイミド：PEIに対して10 wt%，初期膜厚：7.9～9.7 μm，露光量：2000 mJ/cm^2（PMI系のみ1000 mJ/cm^2），現像条件：TMAH/H_2O/NMP/CH_3OH = 2/5/5/18（重量比），50℃，超音波処理）
(b) マレイミド類の光二量化反応

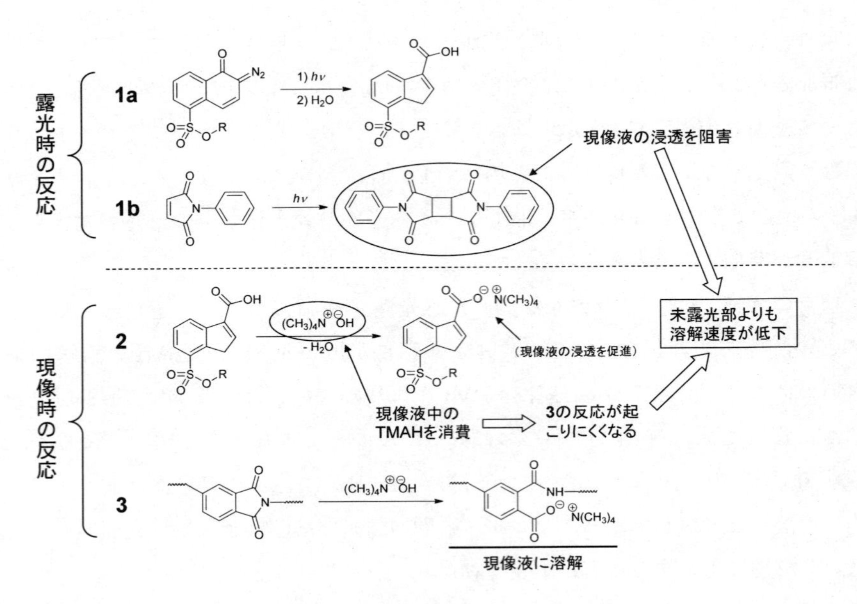

図 11　NRDP におけるパターン形成機構

2.3.2　アルカリ水溶液現像によるパターン形成

NRDP における現像液系からアルコールなどの有機溶媒を除き，TMAH 水溶液のみでのパターン形成が実現できれば，NRDP の応用範囲がさらに拡がると考えられる。NRDP においては，現像時に現像液中の OH^- とポリイミド中のイミド基とが反応し「ポリイミド→ポリアミック酸」の変換が起こり現像液に溶解していく。よって，アルカリ水溶液のみでの現像が可能なポリイミドは「①対応するポリアミック酸がアルカリ水溶液可溶」かつ「②ポリイミドが有機溶媒可溶（添加物を含んだ状態での製膜のため）」を満たす必要があると考えられる。①および②の条件を満たすポリイミド構造を探索した結果，図 12 (a) に示す構造のポリイミド（PI6DDAT50）が条件を満たすことが明らかとなったため，このポリイミドを用いたアルカリ水溶液現像型 NRDP (Alkaline-Developable NRDP，ADNRDP) を検討した。DNQ，PMI，および HBSA（図 13，HBSA は露光部溶解抑制／未露光部溶解促進の効果を有する）を添加した PI6DDAT50 膜に

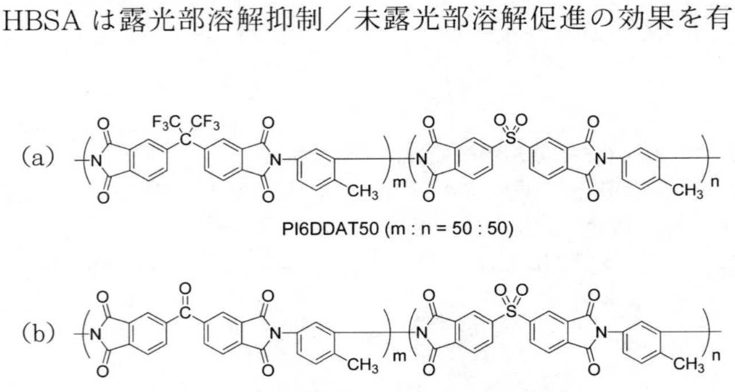

(a)
PI6DDAT50 (m : n = 50 : 50)

(b)
PI(BTDA/DSDA-DAT) (m : n = 50 : 50)

図 12　ADNRDP が適用可能なポリイミド構造

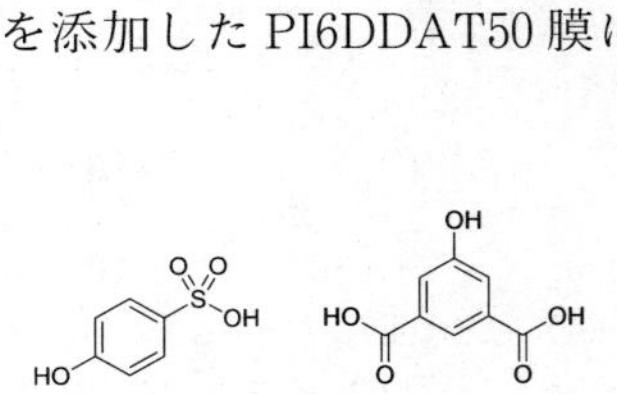

HBSA　5HIPA

図 13　ADNRDP において膜中へ添加される酸の構造

フォトマスクを通して露光した後に，工業的に使用されている濃度とほぼ同等の2.5 wt％ TMAH水溶液による浸漬現像を約20分間行った結果，ネガ型微細パターンが形成された（図14 (a))[34]。また，膜へ添加する酸性化合物をHBSAから5HIPA（図13）に変えることにより，さらなる現像時間の短縮が確認された（図14 (b))[35]。

以上の結果より，ADNRDPに基づく感光性ポリイミドが実現可能であることが示された。しかし，現行の感光性ポリイミドと比較した場合には現像時間のさらなる短縮が求められるため，ADNRDPを適用可能なポリイミド構造をさらに探索した。PI6DDAT50では，ポリイミドの有機溶媒への溶解性を確保するとともにイミド基の反応性を向上させるため，電子求引性かつかさ高いCF_3基を含有する酸二無水物モノマーを使用していた。しかし，CF_3基は疎水性であるため現像時のアルカリ水溶液の浸透を阻害してしまい，その結果としてADNRDPの現像時間が長くなっている可能性があった。よって，CF_3基を含まず，かつADNRDP用ポリイミドに必要とされる2つの条件（ポリイミドが有機溶媒可溶／対応するポリアミック酸がアルカリ水溶液可溶）を満たすポリイミド構造を探索した結果，PI（BTDA/DSDA-DAT）（図12）が条件を満たすことが明らかとなった。

そこで，PI6DDAT50の系と同じ条件の下でPI（BTDA/DSDA-DAT）に対してADNRDPを適用した結果，図15 (a) に示す通り，8分30秒の現像時間で鮮明なネガ型微細パターンを形成することができ，大幅な現像時間の短縮が達成された[35]。現像終了時の露光部の残膜率についても，PI6DDAT50系での44％からPI（BTDA/DSDA-DAT）では50％に改善された。また，ADNRDPに基づく感光性PI（BTDA/DSDA-DAT）の感度曲線を図15 (b) に示すが，感度は$D_{50} = 64\ \mathrm{mJ/cm^2}$（初期膜厚12.0 μm）であり，現在実用化されている感光性ポリイミドと同等以上の感度を有していることが明らかとなった。

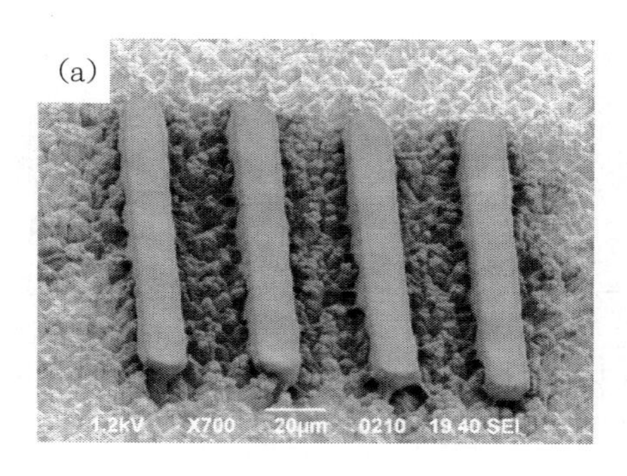

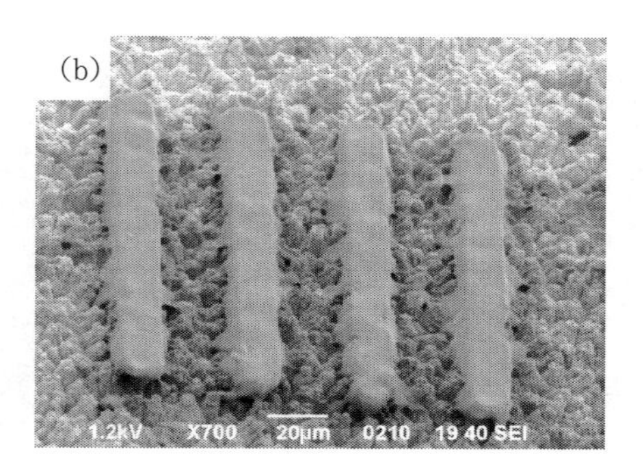

図14　2.5 wt％ TMAH水溶液を現像液として用いたNRDPにより形成された微細パターン（20 μm L/S）
ポリイミド：PI6DDAT50，PC-5®：ポリマーに対して10 wt％，PMI：ポリマーに対して20 wt％，露光量：300 $\mathrm{mJ/cm^2}$，現像条件：室温，浸漬
(a) HBSA：ポリマーに対して10 wt％，現像時間：20分14秒，露光部膜厚：8.0 → 5.3 μm
(b) 5HIPA：ポリマーに対して10 wt％，現像時間：16分59秒，露光部膜厚：8.0 → 3.5 μm

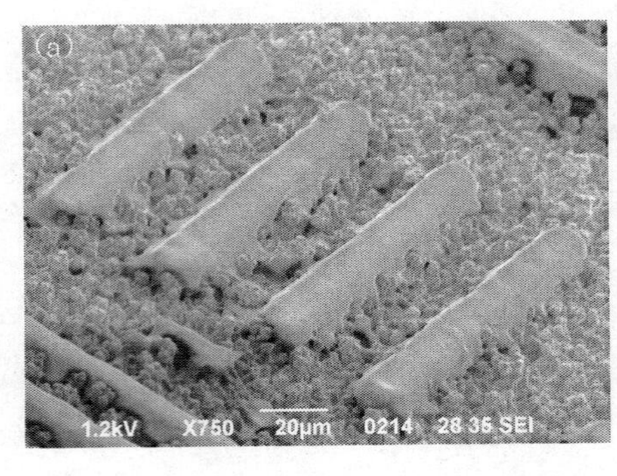

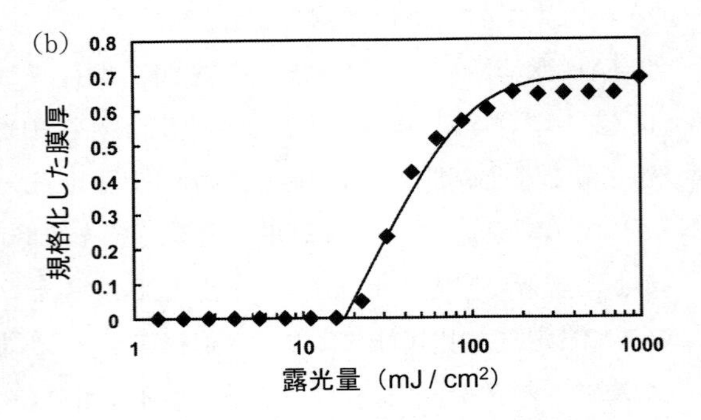

図 15　ADNRDP による CF_3 基非含有ポリイミド（PI（BTDA/DSDA-DAT））への微細パターン形成
(a) L/S パターン（20 μm）（PC-5®：ポリマーに対して 10 wt%，PMI：ポリマーに対して 20 wt%，5HIPA：ポリマーに対して 10 wt%，露光量：300 mJ/cm²，現像条件：2.5 wt% TMAH 水溶液，室温，浸漬，8 分 30 秒，露光部膜厚：11.0 → 5.5 μm）
(b)（a）の系の感度曲線（初期膜厚：12.0 μm，感度（D_{50}）：64 mJ/cm²）

2.4　おわりに

本節では，現像時におけるポリマー／現像液間の高分子反応に伴うポリマーの構造変化および分解を鍵反応とした，新しい原理に基づく感光性エンプラの開発について述べた。RDP ではエンプラ主鎖中に元来存在するカルボン酸類縁基を利用してパターン形成を行うため，エンプラに感光性付与のための特別な分子設計を施す必要がなく，「市販のエンプラが使用可能」，「合成したポリマーを使用する場合にも分子設計の自由度が大きい」といった利点がある。研究開始当初のアミン含有有機現像液での PRDP には実用面での欠点も存在したが，現在はアルカリ水溶液で現像可能な RDP の開発にも成功している。特に ADNRDP に基づく感光性ポリイミドは，感度・現像液濃度において現行の感光性ポリイミドと遜色がなく，かつポリマー鎖上にカルボン酸やビニル基などが必要ない，前駆体（ポリアミック酸）を使用する必要がなくパターン形成後の高温での熱的イミド化が不要，といった利点を有している。今後は，ADNRDP の現像時間をさらに短縮するとともに，形成されるポリイミドパターンの物性を実用時の用途に応じて最適化することにより，RDP に基づく新規感光性ポリイミドの実用化を目指す。また，ADPRDP についても現像液濃度を低減し，実用に耐えうるパターン形成法にしていきたいと考えている。

本節の研究成果は，参考文献中に記した共同研究者の皆様および学生諸氏の協力の賜物であり，ここに厚く御礼申し上げます。また，本研究の一部は NEDO・産業技術研究助成の支援を受けたものであり，深く感謝いたします。

文　　献

1）“Polymers for Microelectronics and Nanoelectronics”, Q. Lin, R. A. Pearson, J. C. Hedrick, Eds., ACS Symposium Series 874, American Chemical Society: Washington DC (2004)
2）“Micro- and Nanopatterning Polymers”, H. Ito, E. Reichmanis, O. Nalamasu, T. Ueno, Eds., ACS Symposium Series 706, American Chemical Society: Washington DC (1998)
3）“初歩から学ぶ感光性樹脂”，池田章彦，水野晶好 著，工業調査会（2002）
4）福川健一，上田充，高分子論文集，**63**，561（2006）
5）K. Fukukawa, M. Ueda, *Polym. J.*, **40**, 281 (2008)
6）A. A. Lin, V. R. Sastri, G. Tesoro, A. Reiser, R. Eachus, *Macromolecules*, **21**, 1165 (1988)
7）S. Kubota, T. Moriwaki, T. Ando, A. Fukami, *J. Appl. Polym. Sci.*, **33**, 1763 (1987)
8）S. Kubota, T. Moriwaki, T. Ando, A. Fukami, *J. Macromol. Sci., Chem.*, **A24**, 1497(1987)
9）S. Kubota, Y. Tanaka, T. Moriwaki, S. Eto, *J. Electrochem. Soc.*, **138**, 1080 (1991)
10）N. Yoda, H. Hiramoto, *J. Macromol. Sci., Chem.*, **A21**, 1641 (1984)
11）M. Tomikawa, M. Asano, G. Ohbayashi, H. Hiramoto, Y. Morishima, M. Kamachi, *J. Photopolym. Sci. Technol.*, **5**, 343 (1992)
12）N. Yoda, *Polym. Adv. Technol.*, **8**, 215 (1997)
13）S. Akimoto, D. Kato, M. Jikei, M. Kakimoto, *High Perform. Polym.*, **12**, 185 (2000)
14）M. Tomikawa, S. Yoshida, N. Okamoto, *Polym. J.*, **41**, 604 (2009)
15）K. Mizoguchi, T. Higashihara, M. Ueda, *Macromolecules*, **42**, 1024 (2009)
16）T. Ogura, K. Yamaguchi, Y. Shibasaki, M. Ueda, *Polym. J.*, **39**, 245 (2007)
17）T. Fukushima, Y. Kawakami, A. Kitamura, T. Oyama, M. Tomoi, *J. Microlith. Microfab. Microsyst.* (JM^3), **3**, 159 (2004)
18）大山俊幸，友井正男，高分子，**55**，887（2006）
19）大山俊幸，有機合成化学協会誌，**68**，802（2010）
20）大山俊幸，高分子論文集，**67**，477（2010）
21）T. Oyama, Y. Kawakami, T. Fukushima, T. Iijima, M. Tomoi, *Polym. Bull.*, **47**, 175 (2001)
22）T. Oyama, A. Kitamura, T. Fukushima, T. Iijima, M. Tomoi, *Macromol. Rapid Commun.*, **23**, 104 (2002)
23）T. Fukushima, T. Oyama, T. Iijima, M. Tomoi, H. Itatani, *J. Polym. Sci. Part A: Polym. Chem.*, **39**, 3451 (2001)
24）T. Fukushima, Y. Kawakami, T. Oyama, M. Tomoi, *J. Photopolym. Sci. Technol.*, **15**, 191 (2002)
25）T. Oyama, A. Kitamura, E. Sato, M. Tomoi, *J. Polym. Sci. Part A: Polym. Chem.*, **44**, 2694 (2006)
26）S. Sugawara, M. Tomoi, T. Oyama, *Polym. J.*, **39**, 129 (2007)
27）T. Miyagawa, T. Fukushima, T. Oyama, T. Iijima, M. Tomoi, *J. Polym. Sci., Part A: Polym. Chem.*, **41**, 861 (2003)
28）S. Yasuda, A. Takahashi, T. Oyama, *Polym. Prepr., Jpn.*, **60**, 1694 (2011)
29）T. Oyama, S. Sugawara, Y. Shimizu, X. Cheng, M. Tomoi, A. Takahashi, *J.*

Photopolym. Sci. Technol., **22**, 597 (2009)
30) Y. Shimizu, A. Takahashi, T. Oyama, *J. Photopolym. Sci. Technol.*, **22**, 407 (2009)
31) T. Oyama, Y. Shimizu, A. Takahashi, *J. Photopolym. Sci. Technol.*, **23**, 141 (2010)
32) A. Cantín, A. Corma, S. Leiva, F. Rey, J. Rius, S. Valencia, *J. Am. Chem. Soc.*, **127**, 11560 (2005)
33) J. Put, F. C. De schryver, *J. Am. Chem. Soc.*, **95**, 137 (1973)
34) Y. Nakamura, A. Takahashi, T. Oyama, *Polym. Prepr., Jpn,*. **59**, 4127 (2010)
35) A. Kasahara, Y. Nakamura, A. Takahashi, T. Oyama, *Polym. Prepr., Jpn.*, **60**, 5564 (2011)

3　高分子アゾ重合開始剤を用いたブロックポリマーへの応用

戸塚智貴*

3.1　はじめに

近年，高分子の機能化が注目され，グラフト共重合やブロック共重合の研究が活発に行われている。特に直鎖型のポリマーを合成することができるブロック共重合体の合成方法が，精密重合の観点から注目を集めており，ラジカル重合によって得られるポリマーと重縮合によって得られるポリマーのように異なった重合方法で合成される複数のポリマーユニットを組み合わせたブロック共重合体を合成できれば，従来にない新たな機能を付与でき，高分子の高機能化が期待されている。

ブロック共重合体は，古くからはリビングアニオン重合にて合成されており，近年ではリビングラジカル重合[1)]など精密重合の研究が活発に行われている。しかしながら，これらの重合方法は適用できるモノマーに制限がある場合や，反応条件の制御を厳密に行う必要があるなど，工業化の観点から考察した場合の難易度が高いことが多い。

我々は古くからアゾ重合開始剤について開発，商品化しており，その応用展開として，ポリマーユニットを分子鎖の中に複数組み込んだ高分子アゾ開始剤を用いてラジカル重合を行う手法[2～5)]に着目した。この方法は，従来のラジカル重合と同様な方法で効率よくブロック共重合体を合成でき，使用できるモノマーやポリマーユニットの選択肢も広く，異なった重合方法で合成される複数のポリマーユニットを組み合わせたブロック共重合体を容易に合成することが可能であり，工業化の観点からも非常に魅力的である。

そこで，両末端にカルボン酸を有するアゾ重合開始剤と両末端に反応性官能基を有するポリマーユニットを縮合することにより，工業規模で高分子アゾ開始剤を合成する技術を確立した。縮合の方法としては，反応の制御や副生成物の制御，除去の観点からジシクロヘキシルカルボジイミド（DCC）法を採用し，この技術を用いることで，高品位な高分子アゾ開始剤を提供できることが可能となった。現在ではポリジメチルシロキサンユニットを有する高分子アゾ開始剤およびポリエチレンオキシドユニットを有す高分子アゾ開始剤を商品化しており，これらの高分子アゾ開始剤とビニルモノマーとのラジカル重合にて得られたブロック共重合体は各々相反するユニークな特徴を付与することができ，相溶化剤，表面改質剤，塗料，化粧品材料などの分野に期待されている。

本節では高分子アゾ重合開始剤の合成とこれを用いたブロック共重合体への合成と特性について解説する。

＊　Tomotaka Totsuka　和光純薬工業㈱　化成品事業部　化成品開発本部　商品開発部
係長

3.2 高分子アゾ開始剤の原理

高分子アゾ開始剤は分子内に複数個のアゾ基とポリマーから成るユニットを有すポリマー状の開始剤で，古くからその有用性が検討されてきた[2～5]。

高分子アゾ開始剤とモノマーを溶媒中で加熱すると，アゾ基が分解してポリマー末端にラジカルを生成し，このラジカルが開始点となってラジカル重合が開始する。各ポリマーユニットの両方の末端に同じようにラジカルが発生するので，理想的に重合が進めば，A-B-A型や（A-B）n型のブロック共重合体が得られることとなる。実際には停止反応や不均化反応によってA-B型のブロック共重合体も生成するため，両型の混合物となるが，AまたはBどちらか一方だけのホモポリマーの生成量は少ないといった特長がある（図1）。

3.3 高分子アゾ開始剤の合成

高分子アゾ開始剤の合成方法としては①アゾ基の末端に酸クロライドを有するアゾ開始剤[6]と両末端にアミノ基または水酸基を有するポリマーを反応させる方法[4]と②両末端にカルボキシル基を有するアゾ開始剤（4,4'-アゾビス（4-シアノペンタン酸）：ACVA）と両末端にアミノ基または水酸基を有するポリマーをジシクロヘキシルカルボジイミド（DCC）などの脱水縮合剤を用いて直接反応させる[7]などが提案されている（図2）。

工業的観点から比較すると酸クロライドと両末端のアミノ基または水酸基を反応させる方法は，低温，短時間で反応が進行するというメリットを有しているが，酸クロライドが水分や空気中の湿気によって加水分解を受けやすいことや，酸クロライドを製造時に生成する塩酸や亜硫酸ガスによる設備腐食を回避するため設備が限定されるなど，工業的な問題点を有している。

一方，DCCのような縮合剤を用いた場合，酸クロライドよりも反応性はゆるやかではあるものの，生成する尿素誘導体を濾別で除けるといった利点を有しており，工業的観点から非常に有効な手法であると考えている。

高分子アゾ開始剤の合成の反応条件としては，原料に用いられるACVAの熱安定性の悪さを考えると，反応温度に制限を受けることになる。ACVAの分解を抑えながら反応を完結させるためには反応温度を30℃以下に保つ必要がある。そのため，この温度条件で縮合反応を完結させるためには触媒の使用が不可欠であり，ジメチルアミノピリジン（DMAP）やトリエチルアミンなどの3級アミンが一般的である。しかしながら，これらの触媒を高分子化合物の合成に使

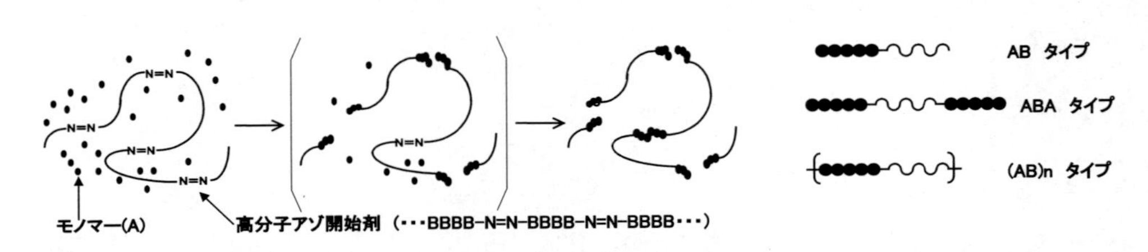

図1 高分子アゾ開始剤によるブロック共重合体の形成概念図

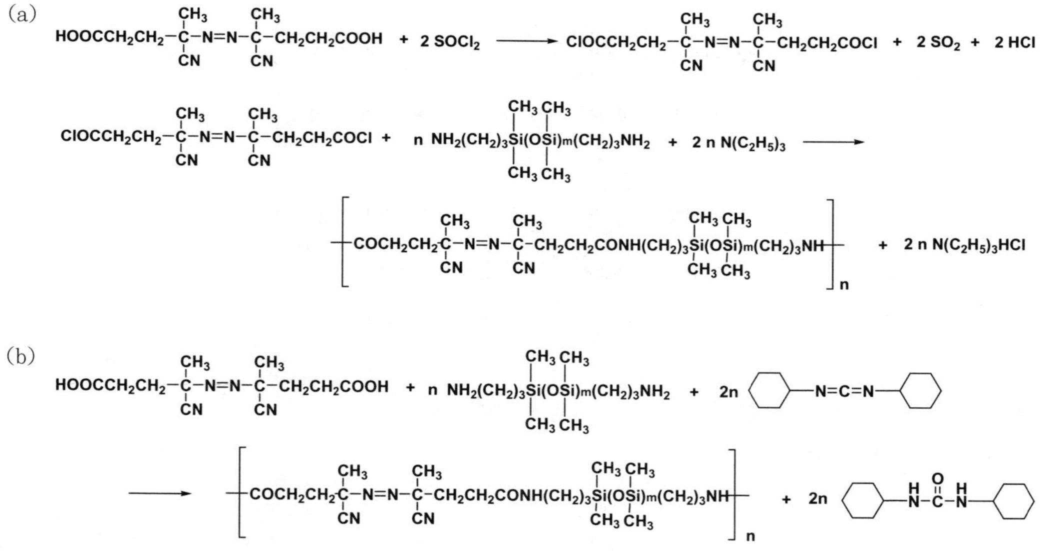

(a)

$$HOOCCH_2CH_2-C(CH_3)(CN)-N{=}N-C(CH_3)(CN)-CH_2CH_2COOH + 2\,SOCl_2 \longrightarrow ClOCCH_2CH_2-C(CH_3)(CN)-N{=}N-C(CH_3)(CN)-CH_2CH_2COCl + 2\,SO_2 + 2\,HCl$$

$$ClOCCH_2CH_2-C(CH_3)(CN)-N{=}N-C(CH_3)(CN)-CH_2CH_2COCl + n\,NH_2(CH_2)_3Si(CH_3)_2(OSi(CH_3)_2)_m(CH_2)_3NH_2 + 2\,n\,N(C_2H_5)_3 \longrightarrow$$

$$\left[-COCH_2CH_2-C(CH_3)(CN)-N{=}N-C(CH_3)(CN)-CH_2CH_2CONH(CH_2)_3Si(CH_3)_2(OSi(CH_3)_2)_m(CH_2)_3NH-\right]_n + 2\,n\,N(C_2H_5)_3HCl$$

(b)

$$HOOCCH_2CH_2-C(CH_3)(CN)-N{=}N-C(CH_3)(CN)-CH_2CH_2COOH + n\,NH_2(CH_2)_3Si(CH_3)_2(OSi(CH_3)_2)_m(CH_2)_3NH_2 + 2n\,C_6H_{11}-N{=}C{=}N-C_6H_{11}$$

$$\longrightarrow \left[-COCH_2CH_2-C(CH_3)(CN)-N{=}N-C(CH_3)(CN)-CH_2CH_2CONH(CH_2)_3Si(CH_3)_2(OSi(CH_3)_2)_m(CH_2)_3NH-\right]_n + 2n\,C_6H_{11}-NH-C(=O)-NH-C_6H_{11}$$

図2　高分子アゾ開始剤の合成ルート（酸クロライド法（a）とDCC法（b））

用する場合，水洗・分液といった後処理のために操作が非常に煩雑となったり，反応系からの除去が困難となる場合が多い。

我々は，縮合触媒としてN-ヒドロキシこはく酸イミド（NHSI）を用いることで，反応が速やかに進行し，さらに触媒であるNHSIは再沈殿により反応系から容易に除去できることを見い出した[8]。

反応が完了した高分子アゾ開始剤は分子鎖内に存在するアゾ基の平均繰り返し数が重要である。アゾ基が少ないと共重合に関与できないポリマー残基がホモポリマーとして共重合体に混入し，物性に悪影響を与える可能性があり，このような現象を最小限に抑えるためには高分子アゾ開始剤中のアゾ基の繰り返し数が平均6個以上は必要とされている。

一方，ポリマーとアゾ基の繰り返し数が増えて分子量が大きくなるにつれ，粘度が増大して，反応後の後処理，特にろ過に影響が出る可能性が大きくなる。そこで，高分子アゾ開始剤の数平均分子量（Mn）とろ過速度の関係を詳細に検討した結果，Mn70,000～80,000（分子内のアゾ基の平均繰り返し数として約7～8）を越えるあたりからろ過速度が急激に低下することがわかった。そこで，先に述べた方法で反応条件を最適化してMnを70,000～80,000に制御し，ろ過速度を安定化させることで工業規模での製造を可能にした。

現在ではポリジメチルシロキサンユニット（PDMS）を有す高分子アゾ開始剤およびポリエチレンオキシドユニットを有す高分子アゾ開始剤の上市に成功している（図3）。

$$-\!\!\left[\mathrm{COCH_2CH_2\overset{CH_3}{\underset{CN}{C}}-N{=}N-\overset{CH_3}{\underset{CN}{C}}-CH_2CH_2CONH(CH_2)_3\overset{CH_3}{\underset{CH_3}{Si}}(O\overset{CH_3}{\underset{CH_3}{Si}})_m(CH_2)_3NH}\right]_n\!\!-$$

高分子アゾ開始剤 (ポリジメチルシロキサンユニット)

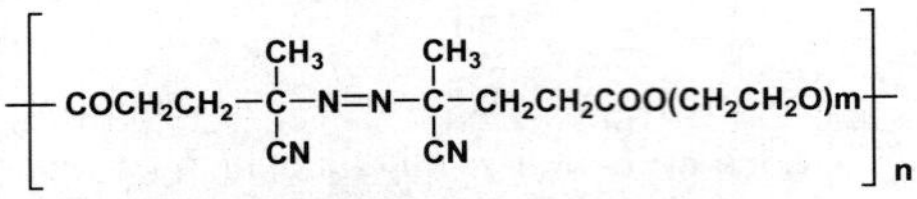

$$-\!\!\left[\mathrm{COCH_2CH_2-\overset{CH_3}{\underset{CN}{C}}-N{=}N-\overset{CH_3}{\underset{CN}{C}}-CH_2CH_2COO(CH_2CH_2O)m}\right]_n\!\!-$$

高分子アゾ開始剤 (ポリエチレンオキシドユニット)

図3　高分子アゾ開始剤の構造

3.4　高分子アゾ開始剤を用いたブロック共重合体の特性

3.4.1　ブロック共重合体の合成

ポリジメチルシロキサンユニットを有す高分子アゾ開始剤はビニルモノマーとの重合によりブロック共重合体が得られる。ジメチルシロキサンと他のポリマーをハイブリッド化することにより，ポリマー中にポリジメチルシロキサンの持つ特性（撥水性，耐熱性，耐寒性，耐候性，耐摩耗性，離型性，電気伝導性，生体親和性，気体透過性，潤滑性，表面光沢など）を素材の中に反映させることができるようになった。

また，ポリエチレンオキシドユニットを有す高分子アゾ開始剤とビニルモノマーとの重合により生成したブロック共重合体では，ポリエチレンオキシドの持つ特性（親水性，帯電防止，分散性，曇り防止など）を素材に反映させることが可能となった。

高分子アゾ開始剤は溶媒やモノマーへの溶解性が高く，通常の低分子のアゾ開始剤と同様にビニルモノマーとのラジカル重合を行うことで簡単にブロック共重合体を得ることができる。図4にポリジメチルシロキサンユニット（ユニット分子量10,000）を有する高分子アゾ開始剤を用いてメタクリル酸メチルとの溶液重合を行った際の高分子アゾ開始剤の仕込量と得られたブロック共重合体中に導入されたポリジメチルシロキサンの含有率を示した。高分子アゾ開始剤の仕込量が50%に至るまで，仕込量に見合ったポリジメチルシロキサンを導入できることがわかる。

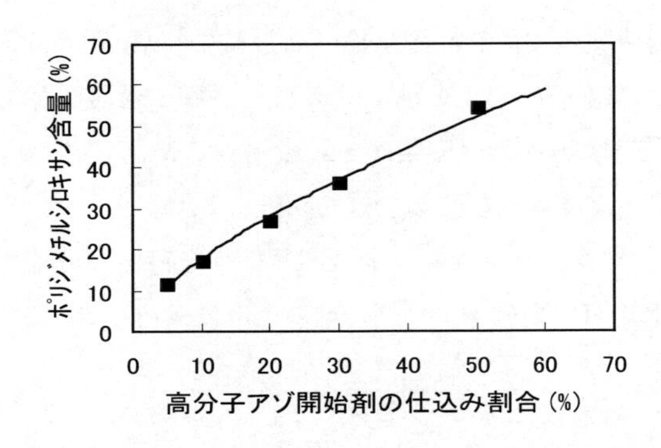

図4　ブロックポリマーへのポリジメチルシロキサン導入量の制御

3.4.2　ブロック共重合体の特性

（1）　ポリジメチルシロキサンユニット

ポリジメチルシロキサンを有する高分子アゾ開始剤を用いて得られたブロック共重合体は強い撥水性を示す。図5にポリジメチルシロキサンを有するブロック共重合体を用いたコーティング面の対水接触角とポリジメチルシロキサンの含有量の関係を示した。ポリジメチルシロキサン含有率が2％になるまで対接触角が増加し，それ以上含有率が上昇しても対接触角には変化が見られなかった。これは，ポリジメチルシロキサンの含有率が2％程度であれば膜表面がポリジメチルシロキサンに覆われて十分な撥水性が発現しているためと考えられる。

図6，表1に種々の樹脂基板を用いてポリジメチルシロキサンを有するブロック共重合体にて

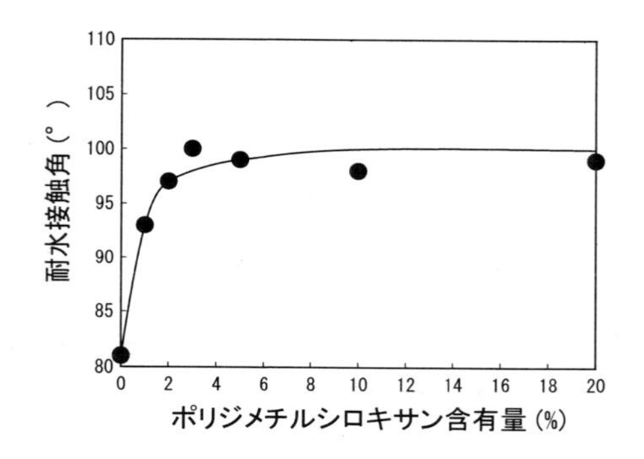

図5　ブロック共重合体中のポリジメチルシロキサン含有量と撥水性の関係

ブロック共重合体の組成：ポリジメチルシロキサン／メタクリル酸メチル／メタクリル酸n-ブチル＝20/25/55。ブロック共重合体とポリメタクリル酸メチル（PMMA）をブレンド後，ポリ塩化ビニル（PVC）板に塗布。

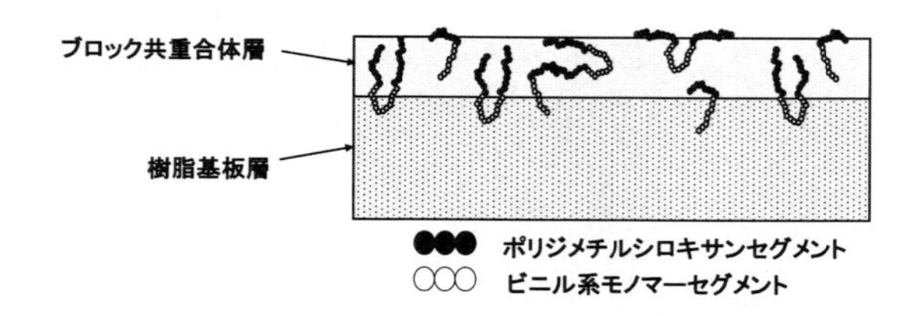

図6　ポリジメチルシロキサンを有するブロック共重合体にて改質した概念図

表1　改質前後の層表面の接触角

基材樹脂	対水接触角（°）	
	改質前	改質後
ポリ塩化ビニル	73	102.8
ポリメタクリル酸メチル	64	100.9
ポリカーボネート	72	101.5
ポリスチレン	84	100.8

改質した概念図および層表面の接触角を示す。

いずれの樹脂基板においても対水接触角は上昇し撥水性を確認できた[9]。

また，表面をブロック共重合体で改質せずにシリコーンオイルを塗布した場合についてのコーティング面の耐久性（図7）および耐溶剤性（図8）について耐水接触角を測定したところ，いずれの場合においても，ブロック共重合体にて表面改質した場合，耐水接触角の低下は見られず，シリコーンオイルの塗布のみでは耐水接触角の低下が観測された。

樹脂基板を改質することで，樹脂基板の表面を機能化（撥水性，耐候性，耐薬品性，耐汚染性，光沢性）することが可能となった。さらに塗料[10]，化粧品，透過膜[11]への応用展開についても研究がなされている。

（2） ポリエチレンオキシドユニット

ポリエチレンオキシドユニットを有す高分子アゾ開始剤は水および有機溶剤に可溶な両親媒性を持ち，溶液重合や乳化重合などが可能であり，得られたブロック共重合体は強い親水性を示す。ポリエチレンオキシド部分の含有率が増加するに従って，膜表面の耐水接触角が低下し（図

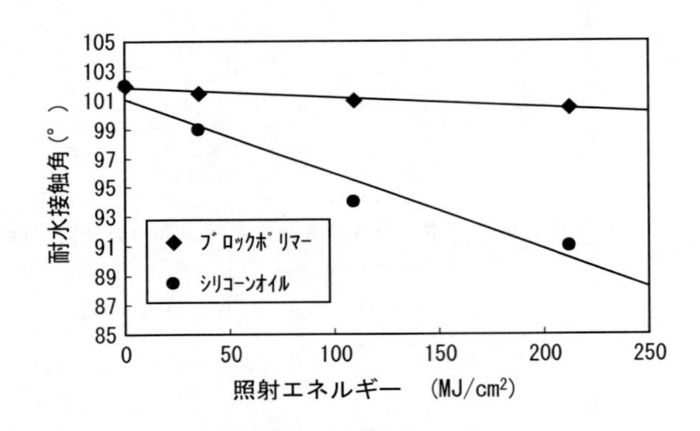

図7　耐候性試験の結果

PVC シートにブロックポリマーをコーティングしてウェザーO-メーター耐光性を測定。

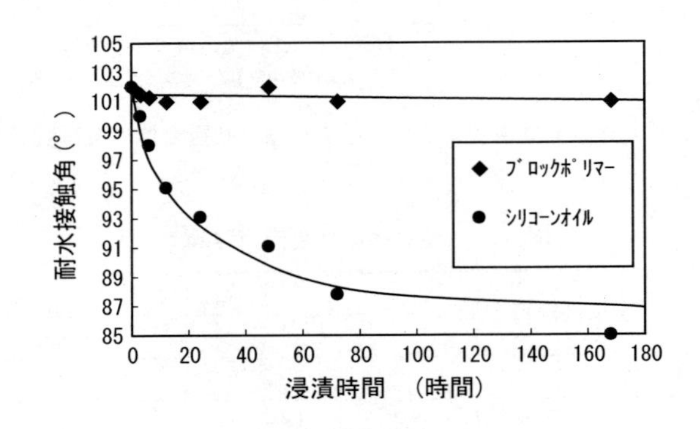

図8　耐溶剤性試験の結果

PVC シートにブロックポリマーをコーティングして n-ヘキサン中へ浸漬して測定。

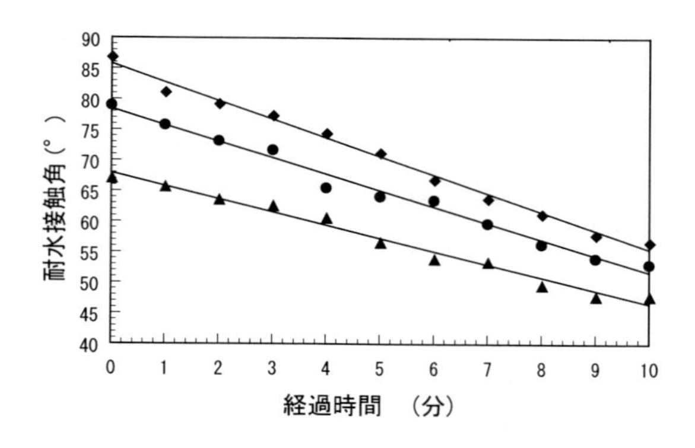

図9　ポリエチレンオキシド（PEO）を含有するブロックポリマーの耐接触角
▲：PEO 部分の分子量 6,000，●：PEO 部分の分子量 4,000，◆：PEO 部分の分子量 2,000。
スチレン（St）との共重合体（PEO/St = 20/80）のキャストフィルムについての接触角を測定。

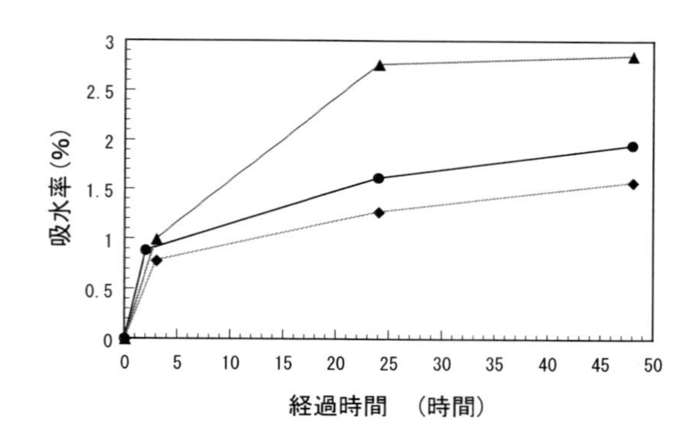

図10　ポリエチレンオキシド（PEO）を含有するブロックポリマーの吸水率
▲：PEO 部分の分子量 6,000，●：PEO 部分の分子量 4,000，◆：PEO 部分の分子量 2,000。
スチレン（St）との共重合体（PEO/St=20/80）のキャストフィルムについて 20～25℃，湿度 75%で測定。

9），含水性も含有率が増加するに従って高くなっていることがわかった（図10）。ポリエチレンオキシドの親水性がブロック共重合体の特性に付与されたためと考えられる。

ポリエチレンオキシドユニットを導入することでポリジメチルシロキサンとは全く逆の特性を付与でき，ポリエチレンオキシドの持つ特性（親水性，帯電防止，分散性，曇り防止など）を素材に反映させることが可能となった。親水性塗料や帯電防止剤[12]への応用が期待される。

3.5　おわりに

我々は，ポリジメチルシロキサンユニットおよびポリエチレングリコールユニットを有する分解を利用した反応性高分子である高分子アゾ開始剤を検討して工業化を成功することができた。これら高分子アゾ開始剤をブロック共重合体へ展開することで，様々な特性を付与させることができた。これらブロック共重合体はコーティング材料をはじめとして様々な分野への応用が検討されており，今後，高分子材料の特性向上への一助となれば幸いである。

文　　献

1） Y.Kotani, M.Kato, M.Kamigaito, M.Sawamoto, *Macromolecules*, **29**, 6979（1996）
2） 上田　明，永井　進，科学と工業，**60**（2），57（1986）
3） A.Ueda, S.Nagai, *J. Polym. Sci., PartA, Polym. Chem.*, **25**, 3495（1987）
4） H.Inoue, A.Ueda, S.Nagai, *J. Polym. Sci., PartA, Polym. Chem.*, **26**, 1077（1988）
5） 上田　明，科学と工業，**70**（5），184（1996）
6） 和光純薬工業，特許 第3911705号
7） 和光純薬工業，特許 第3271376号
8） 白木一夫，科学と工業，**77**（10），552（2003）
9） 和光純薬工業，大阪市立工業研究所，特許 第3707863号
10） 奴間伸茂，坂野珠江，富永　章，塗料の研究，**127**，10（1996）
11） T.Miyata, Y.Nakanishi, T.Uragami, *Macromolecules*, **30**, 5563（1997）
12） 上田　明，松富紳一郎，東　信行，丹羽政三，科学と工業，**76**，447（2002）

4　光塩基発生剤を利用した光解重合性ポリオレフィンスルホン

佐々木健夫*

4.1　はじめに

これまでに様々なタイプのフォトポリマーが開発され，我々の身の回りで活躍している。光照射によって高分子主鎖や側鎖が分解して分子量が小さくなる高分子も多数報告されている。しかし，光照射によって解重合を生じてモノマーに転化する高分子の報告は必ずしも多くはない[1,2)]。多数のモノマーが反応して高分子に転化することが重合であり，その逆反応でポリマーが多数のモノマーへと戻ることを解重合という。低分子量化合物への単なる分解ではなく，モノマーに戻ることが解重合のポイントである。これまでに知られている解重合性高分子はγ線や電子線の照射を必要とするものがほとんどで，300～400 nm 程度の簡便に利用できる紫外線の照射で解重合する高分子の例は少ない。高い効率で解重合を生じ，モノマーへと変換される高分子は，現像に溶媒を必要としないプロセスによる立体造形や，光剥離型接着剤などへの応用が期待される。このような光解重合性高分子の１つの例として，光塩基発生剤を組み込んだポリオレフィンスルホンが，水銀灯の照射とその後の加熱処理によって高い効率で解重合を生じることが報告されている[3～5)]。

ポリオレフィンスルホン（図１）は，オレフィンモノマーを液化亜硫酸ガス（SO_2）中でラジカル重合することによって得られる高分子である[6～8)]。この方法で生成したポリオレフィンスルホンは，SO_2 とオレフィンとが１：１で交互共重合した構造になっている。液化亜硫酸ガス中での重合というと危なそうな響きがあるが，適切なガスラインと耐圧重合管，冷却装置と排気設備があれば大丈夫である。亜硫酸ガスは常圧で－10.2℃に冷却するだけで容易に液化する。余ったガスの回収も容易である。そして液化亜硫酸ガスはジクロロメタンに近い極性の溶媒であり，様々な有機化合物を溶解することができる。オレフィンモノマーを液化亜硫酸ガスに溶解させた場合，オレフィンモノマーと SO_2 分子とが１：１で会合した電荷移動錯体が形成される。この溶液中でラジカルを発生させた場合，ラジカルはオレフィンモノマー・SO_2 錯体と反応し，アルキル－スルホニルラジカルが生じる。末端のスルホニルラジカルはまたオレフィンモノマー・SO_2 錯体と反応し，生成するラジカルはスルホニルラジカルであるため，最終的にオレフィンモノマーと SO_2 とが交互に結合した高分子が生成する。ポリオレフィンスルホン（ポリスルホン）は古くから知られている高分子である。電子線を照射すると不安定なラジカルカチオンとなり炭素－硫黄結合の切断を起こすことから，1970 年代から 1980 年代には電子線レジスト材料としての研究開発が盛んに行われた。^{60}Co－γ線照射時の Gs 値（100 eV 照射での主鎖切断数）はほぼ 10 と，他の高分子と比較して非常に大きく，電子線に対して高い感度を示す（～1 μC cm^{-2}, 20 keV)。このため，poly (1-butene sulfone) (PBS，図１）はマスク製作用レジストとして使用された。天井温度の低い poly (2-methyl-1-pentene sulfone) (PMPS，図１）の薄膜は

---

*　Takeo Sasaki　東京理科大学　理学部第二部　化学科　教授

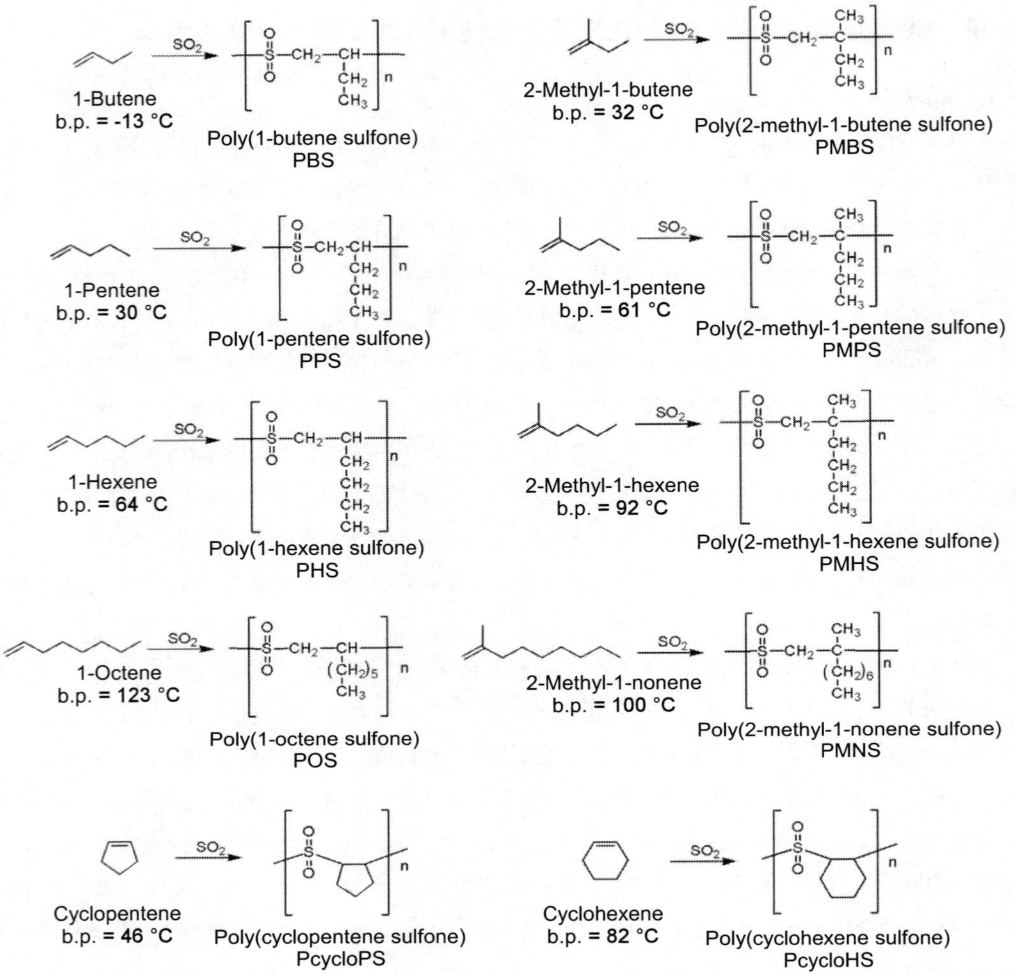

1-Butene
b.p. = -13 °C
Poly(1-butene sulfone)
PBS

2-Methyl-1-butene
b.p. = 32 °C
Poly(2-methyl-1-butene sulfone)
PMBS

1-Pentene
b.p. = 30 °C
Poly(1-pentene sulfone)
PPS

2-Methyl-1-pentene
b.p. = 61 °C
Poly(2-methyl-1-pentene sulfone)
PMPS

1-Hexene
b.p. = 64 °C
Poly(1-hexene sulfone)
PHS

2-Methyl-1-hexene
b.p. = 92 °C
Poly(2-methyl-1-hexene sulfone)
PMHS

1-Octene
b.p. = 123 °C
Poly(1-octene sulfone)
POS

2-Methyl-1-nonene
b.p. = 100 °C
Poly(2-methyl-1-nonene sulfone)
PMNS

Cyclopentene
b.p. = 46 °C
Poly(cyclopentene sulfone)
PcycloPS

Cyclohexene
b.p. = 82 °C
Poly(cyclohexene sulfone)
PcycloHS

図1　ポリオレフィンスルホンの分子構造の例

90℃以上に加熱しながら電子線照射すると，被照射部分がSO_2とオレフィンに解重合して蒸発し，溶媒現像プロセスなしで像を形成する。アセチレンとSO_2の交互共重合体においても，電子線の照射によって主鎖の切断が生じる。また，PBSにpyridine-N-oxideを加えた系では，deep UV露光後，100℃に加熱することにより，感光剤からのエネルギー移動でポリスルホンが分解し，ポジ像を与える。Poly(styrene sulfone) および類似体は，ベンゼン環が紫外線を吸収することで，主鎖が分断しdeep UVレジストとして機能する[7]。

スルホニル基（$-SO_2-$）は電子吸引性であるため，ポリオレフィンスルホン主鎖中のSO_2基に隣接する炭素は電子密度が低下し，その炭素上の水素は脱離しやすくなっている。そのため，この水素はアミンなどの塩基によって容易に引き抜かれる。図2に示すように，SO_2に隣接する炭素上の水素が引き抜かれると，主鎖中で電子移動が起こり，連鎖的な解重合が進行する[8]。これ

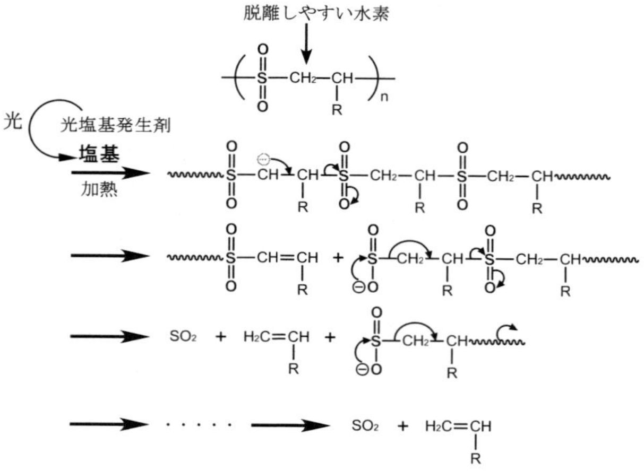

図2　塩基との反応によって誘起されるポリオレフィンスルホンの解重合反応

は，コモノマーであるSO_2が常温常圧で気体であるために，本来は平衡反応であるモノマーとポリマーラジカルの反応がモノマー生成側に一方的に偏るためである。ポリオレフィンスルホンの濃厚溶液に触媒量のトリエチルアミンを加え，加熱すると，溶液の粘性は劇的に低下する（図3）。したがって，光によって塩基を発生する化合物を組み込んだポリオレフィンスルホンを作れば，光照射によって解重合を示す高分子ができることになる（図4）。

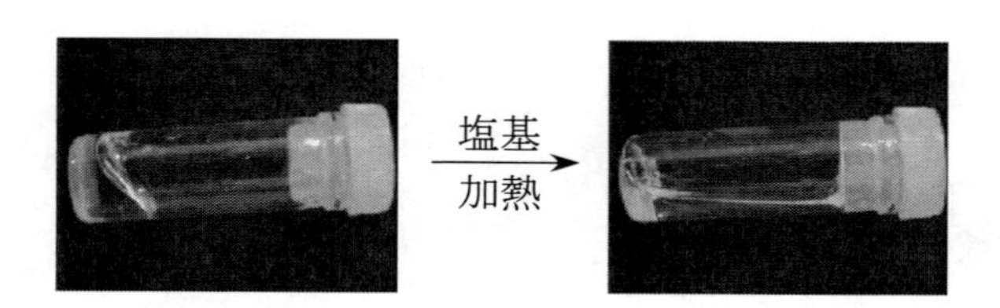

図3　ポリオレフィンスルホンの濃厚溶液に微量の塩基（トリエチルアミン）を加えると粘性が劇的に低下する

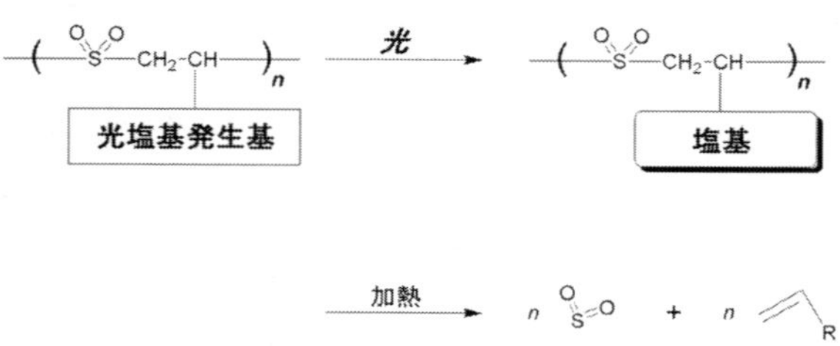

図4　光解重合性ポリオレフィンスルホン

4.2　光塩基発生剤を組み込んだポリオレフィンスルホンの光解重合

光塩基発生剤（photobase generator，PBG）は，近年活発に研究開発が行われている（図5）。たとえば，C. Kutal とC. G. Willson によって開発されたcobalt-amine complex[9]，J. M. J. Fréchet とJ. F. Cameron による *o*-nitrobenzyl carbamate[10] や3,5-dimethoxybenzylcarbamate[11]，角岡と白井らによる *o*-acyloxime[12] やquaternary ammonium salt[13]，西久保らによるblocked amine[14]，K. H. Chae らによるoxime urethane[15]，B. R. Harkness と竹内らによる *N*-methylnifedipine[16]，そしてA. M. Sarker とD. C. Neckers によるTriphenylbutylborate[17]，などを始めとして，現在も新たな光塩基発生剤が開発され続けている[18]。これらの光塩基発生剤をポリオレフィンスルホンに導入することで，光解重合性のポリオレフィンスルホンを得ることができる。光を吸収してアミンを発生する光塩基発生剤をポリオレフィンスルホンの側鎖に導入したものの感光特性が報告されている[4]。それらの構造を図6，7に示す。これらの色素は200～400 nm の光を吸収することによって，脱炭酸反応を生じ，アミンを発生する。これらの高分子に254 nm の紫外線の照射実験を行ったところ，分子量の減少とともに，オレフィンが生成することが確認された。図

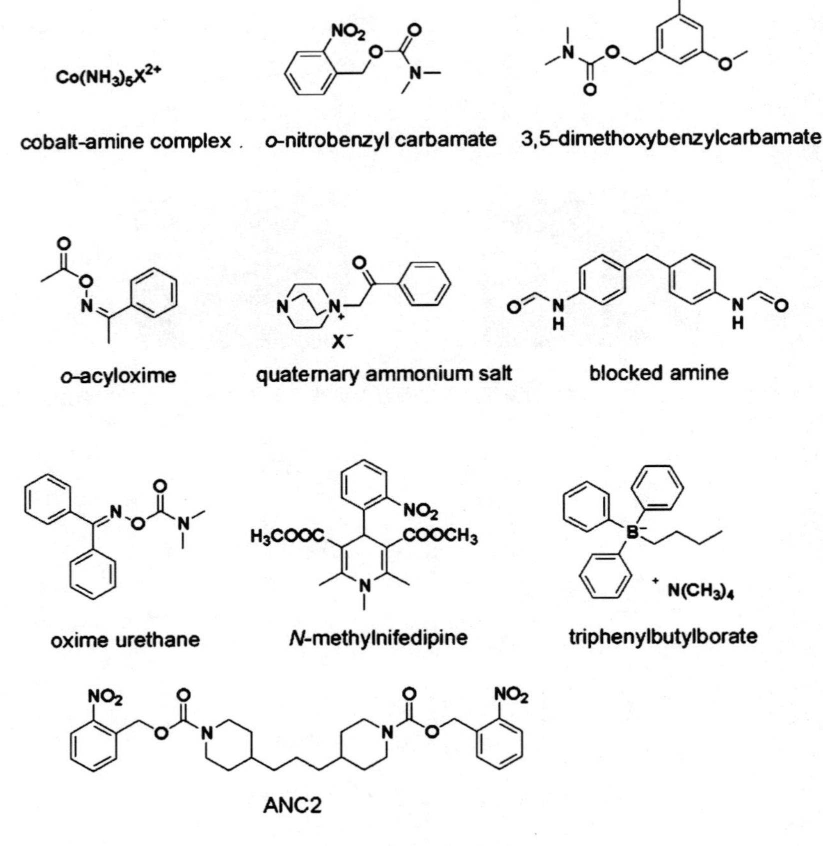

図5　光塩基発生剤

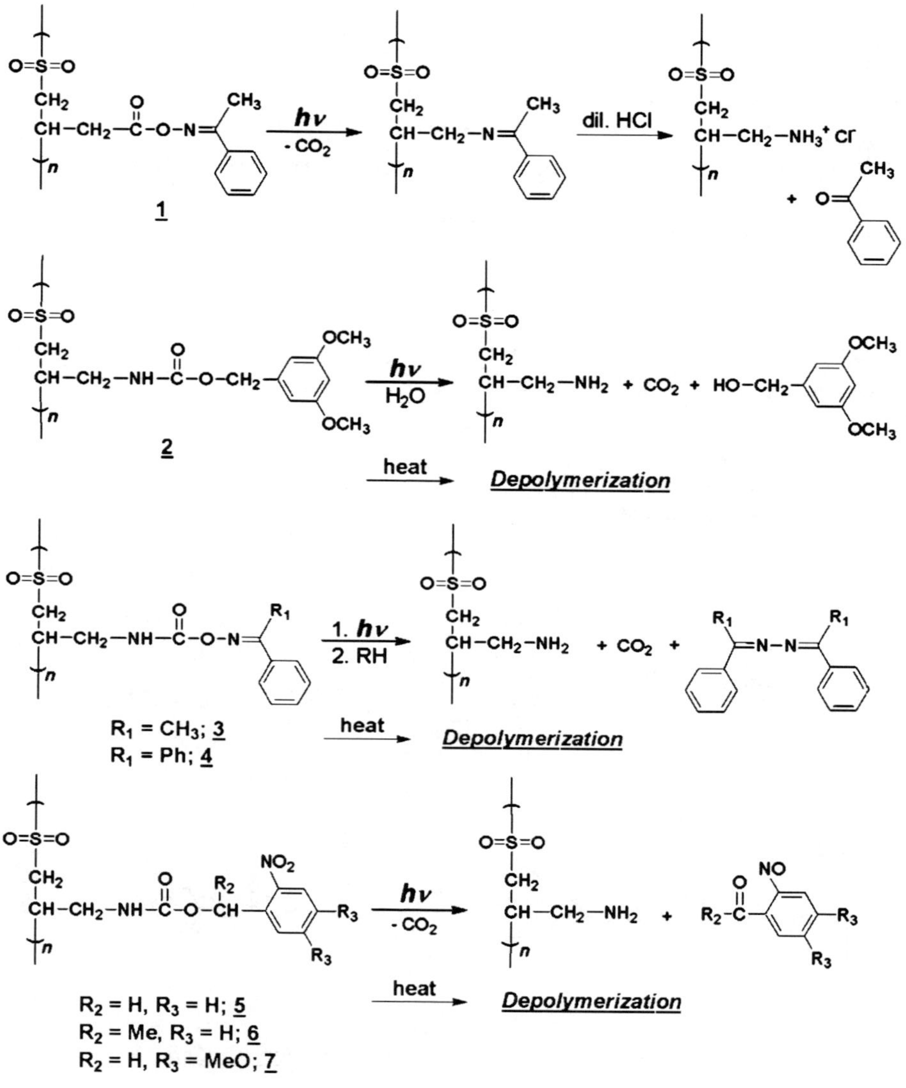

図6　光塩基発生剤を側鎖に有するポリオレフィンスルホン

8に光照射前後のNMRスペクトルを示す。光照射後は，オレフィンの二重結合の炭素上のプロトンに帰属されるシグナル（5～6 ppm）が見られる。分解生成物のNMRシグナルはモノマーとほぼ一致している。光照射にともなう高分子（フィルム状試料）の分解率は98%以上であった。また，そのうち50%以上はオレフィンへ転化していた。光照射後の生成物をゲル浸透クロマトグラフ（GPC）で分析すると，図9に示すように成分はオレフィンモノマーと，2～3量体程度の分子量の分解物であった。オレフィンへの転化率が50%程度と低いのは，1本の高分子鎖から複数の水素が引き抜かれた場合に解重合が停止するためと考えられる。側鎖に光塩基発生剤を導入したポリオレフィンスルホンでは，主鎖と光塩基発生剤を繋ぐスペーサーの長さ

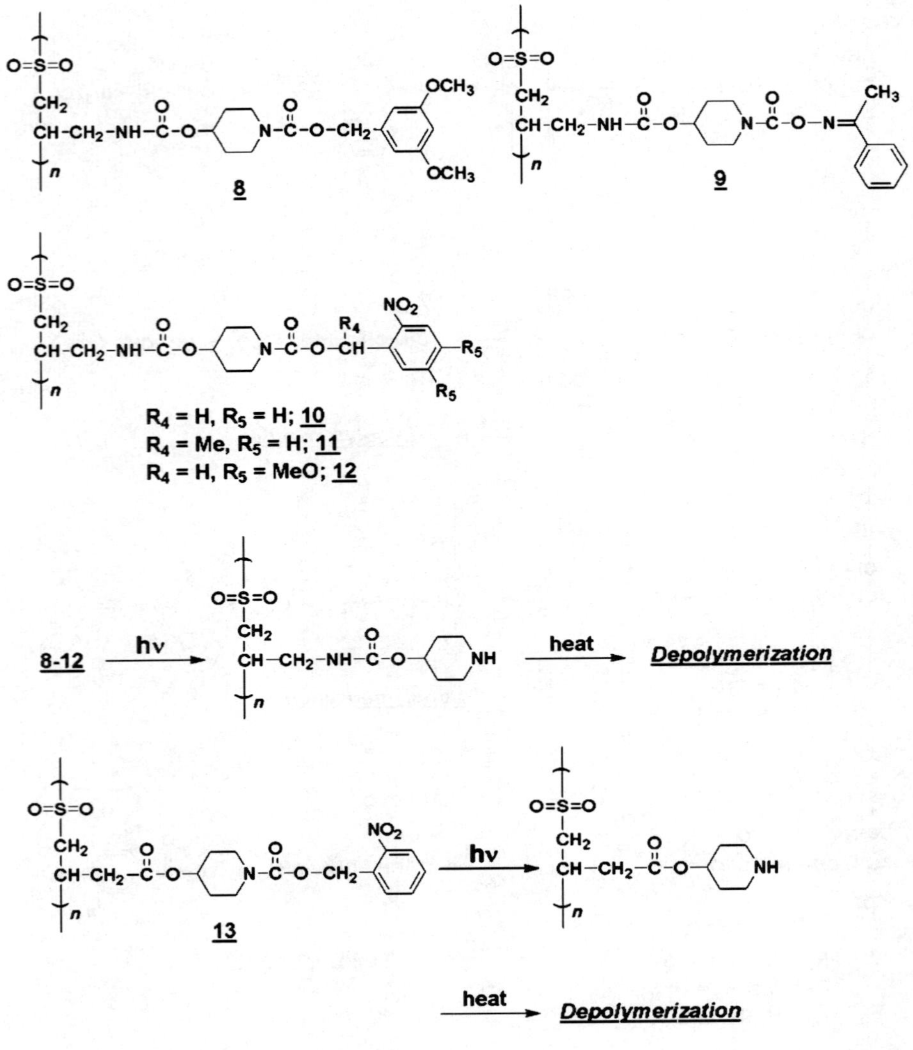

R_4 = H, R_5 = H; 10
R_4 = Me, R_5 = H; 11
R_4 = H, R_5 = MeO; 12

図7　光塩基発生剤を側鎖に有するポリオレフィンスルホン

が解重合に影響を与えることも考えられる。しかし，実際にスペーサー長の異なるもので比較を行ってみると，解重合率には大きな違いは現れない。

4.3　塩基増殖反応を利用した高感度化

光塩基発生剤には，許容される照射量の範囲内で十分な量の活性種（塩基）を発生させることが要求される。しかし，光塩基発生剤の量子効率はやや低く，熱安定性を保持したままで量子効率を改善するのはこれからの課題である。そこで，見かけの量子効率を増加させる手段として塩基自己増殖基の導入が検討された[5]。塩基自己増殖基は，光化学的に発生した塩基を触媒として，熱反応

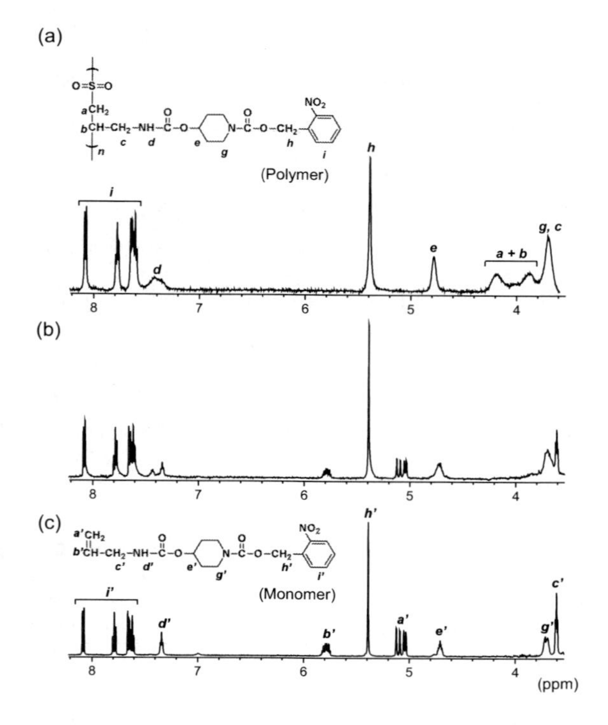

図8　ポリオレフィンスルホン5（図6）の^{1}H NMRスペクトル
（a）光照射前のポリオレフィンスルホン溶液，（b）光照射後の溶液，（c）モノマー溶液

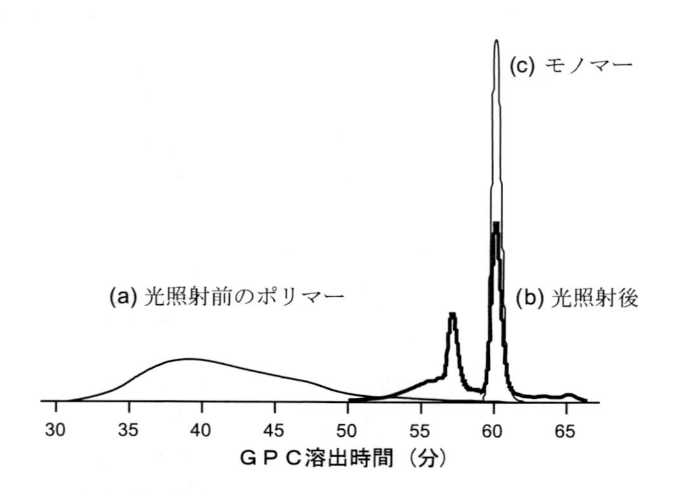

図9　光照射前後のポリオレフィンスルホン5（図6）のGPCチャート
（a）光照射前，（b）光照射後，（c）モノマー

によって脱保護し，塩基を発生する。自ら発生した塩基によって，隣接する塩基自己増殖基が分解し，塩基が自己増殖的に増加し，ポリマーフィルム中に拡散する。これまでのところ，塩基自己増殖基として，[(9-fluorenylmethyl) oxy] carbonyl基（Fmoc基），[(dimethylphenylsulfonylethyl) oxy］carbonyl 基，そして，［(3-nitropentan-2-yl)oxy］carbonyl 基が報告されており，第1級または第2級の塩基を増殖することが可能となっている。これらの塩基自己増殖剤は，光硬化剤や光イメージング材料に導入することで塩基発生量を増加させ，感度を向上させることが報告されている[18]。図10に示す光塩基発生基と塩基増殖基を有する共重合体 ANC2-Fmoc2 が検討されている。塩基自己増殖基を導入したポリスルホンの光誘起解重合では，まず，光塩基発生基の光反応によってポリスルホン側鎖にアミノ基が発生することから開始する。次に，光化学的に発生したアミノ基を触媒として熱反応により Fmoc 基が脱保護し二次的にアミノ基を生成する。その後，Fmoc 基の脱保護反応によって生成したアミノ基によって隣接する Fmoc 基が脱保護し，塩基が自己増殖的に発生することでポリマーフィルム中の塩基濃度が増加する系となる。熱反応によって塩基の発生量を増幅させることで，ポリスルホン主鎖分解性の感度が高くなる。ANC2-

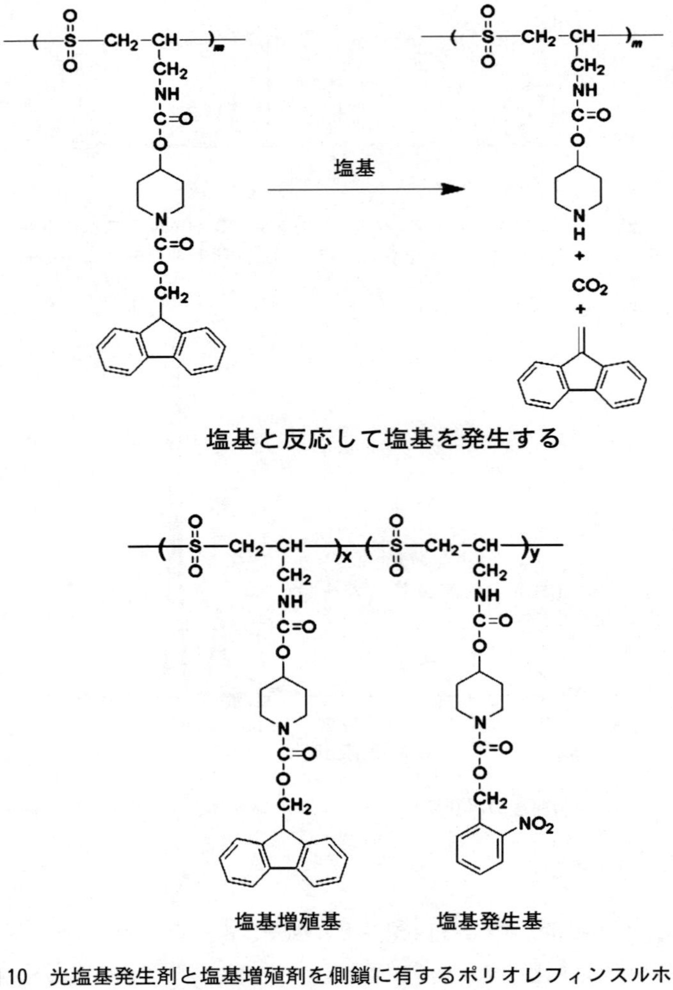

塩基

塩基と反応して塩基を発生する

塩基増殖基　塩基発生基

図10　光塩基発生剤と塩基増殖剤を側鎖に有するポリオレフィンスルホン

Fmoc2 は 900 mJ/cm^2 の照射エネルギーで分解率 98%が達成され，光塩基発生基だけを有する高分子に比べて圧倒的に高い感度を示した（図 11）。露光部を水洗浄で完全に除去するために必要な光照射量は 60 mJ/cm^2 で充分であった。

4.4　塩基遊離型の光塩基発生剤を用いた場合

ここまで紹介してきた光解重合性ポリオレフィンスルホンは，光照射によって塩基が側鎖に結合した状態で生成するものであったが，光照射によって塩基が高分子から遊離するものについての検討も行われている。図 12 にその構造を示す。光反応によって，低分子量のアミンが高分子側鎖から脱離するものである。この高分子を用いて，光照射後の解重合反応を調べた結果を図 13 に示す。光照射とその後の加熱によって高分子がモノマーに解重合するのはこれまでと同

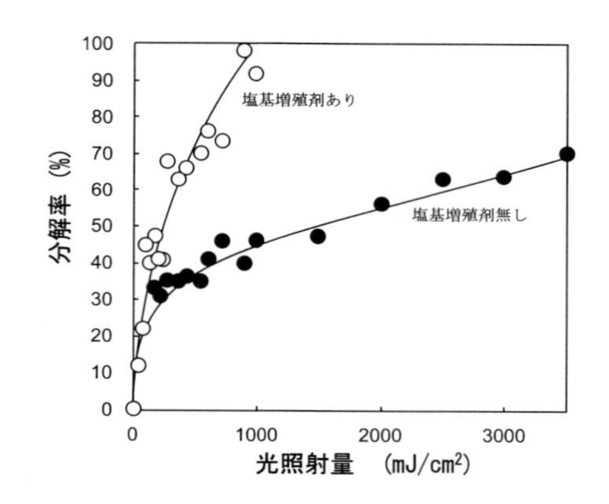

図 11　分解率の光照射量依存性
（○）光塩基発生剤と塩基増殖剤を持つポリオレフィンスルホン，
（●）光塩基発生剤のみを有するポリオレフィンスルホン

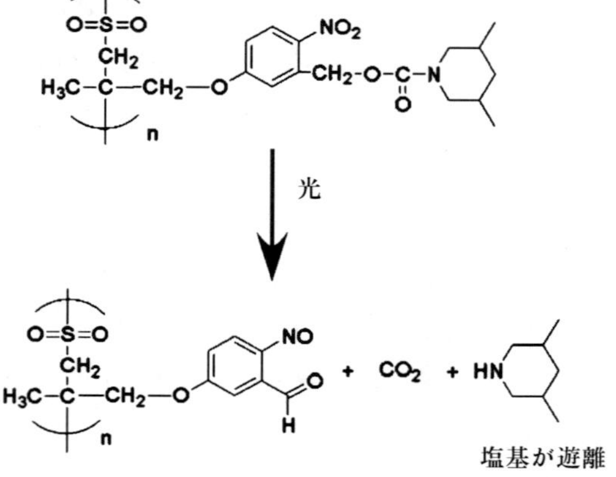

図 12　光吸収によって低分子量の塩基が脱離する光塩基発生剤を持つポリオレフィンスルホン

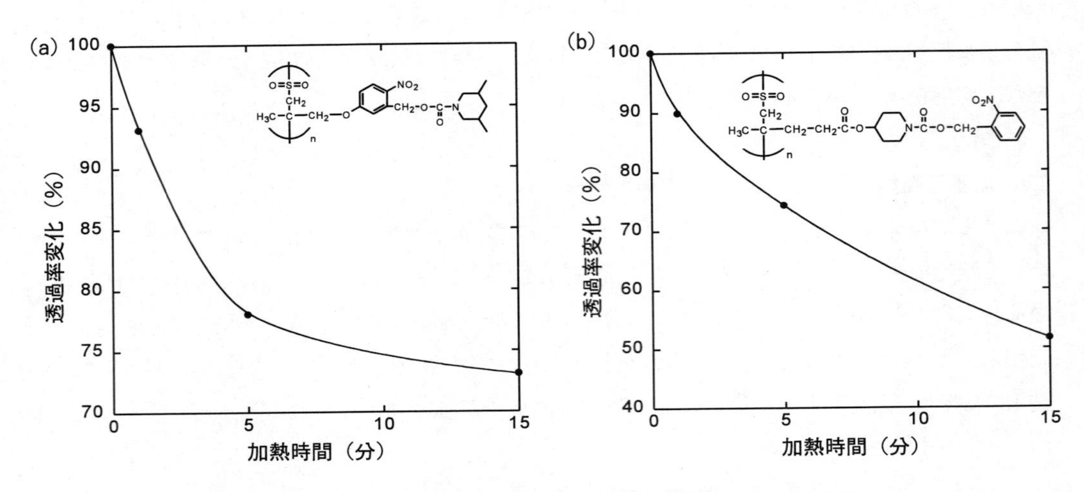

図 13　光照射後のスルホニル基の現象を IR 吸収測定で調べた結果
主鎖の分解反応挙動がわかる。(a) 塩基が脱離するもの，(b) 塩基が側鎖に残るもの

様であるが，光照射で発生した塩基が高分子側鎖に残留するものに比べると，解重合の進行が速い。これは，遊離した低分子量の塩基が高分子フィルム中で拡散しやすいために，高分子主鎖からの水素引き抜き反応の効率が高くなったためであると考えられる。ただし，ポリオレフィンスルホンからの水素引き抜き反応は 100℃程度までの加熱が必要であるため，遊離した低分子量の塩基が時間経過とともに揮発して系から失われてしまうため，最終的なポリマー分解率は低くなる。遊離塩基の分子量を大きくすることで揮発を抑え，分解率を高めることは可能である。

4.5　露光部が揮発する高分子

一般的なフォトポリマーは，露光後に水などの溶媒で洗浄することでパターニングができる。しかし，露光部が揮発性の化合物に変化する高分子を用いれば，溶媒による洗浄作業なしでパターニングが可能となる。1-ブテンや 2 メチルペンテンなどのオレフィンモノマーは，常温常圧で気体として存在する。これらのオレフィンも，SO_2 との共重合体を与える。poly (1-butene sulfone) (PBS，図 1) は常温常圧で固体の物質であるが，これが解重合を起こせば生成物は揮発するので，露光部が蒸散消失することになる。PBS に光塩基発生剤 ANC2（図 5 ）を混合したフィルムを作製し，紫外線（254 nm）の照射実験が行われた[19]。紫外線を照射しただけでは特に変化は生じないが，その後加熱を行うと，露光部だけが揮発し除去されることが確認された(図 14)。ただし，低分子光塩基発生剤を混合した系では発生した塩基が加熱処理中に蒸発するため，フィルムは完全には蒸散消失し難い。この点は光塩基発生剤を側鎖に数パーセント導入した共重合体を用いることで改善できる。

また，図 1 に示す全ての高分子で塩基との反応による解重合率が調べられている。図 1 の高分子は，単純なオレフィンモノマーから重合した高分子（ 1 ）と，主鎖にメチル置換基を有する高

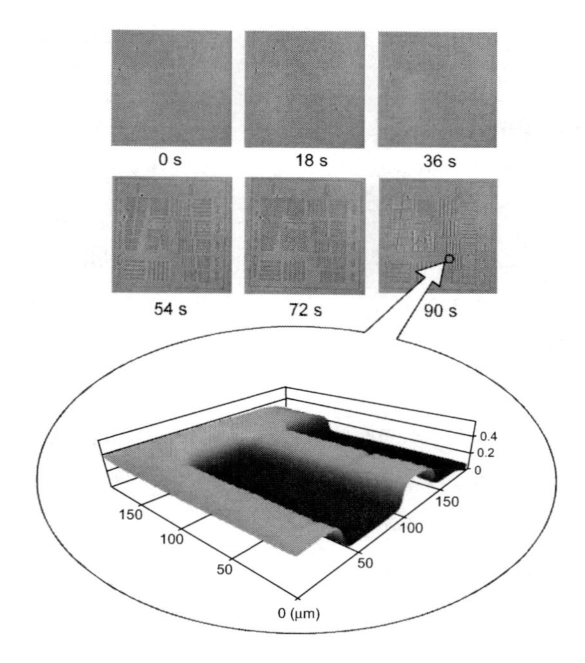

図14　揮発性モノマーからなるポリオレフィンスルホン PMPS に低分子量光塩基発生剤を混合したものでの光誘起分解反応の様子を顕微鏡と AFM で調べた結果
露光部分が加熱とともに揮発し除去されている。

分子（2）に分類される。これらでは，主鎖上のプロトンの数が異なっている。これら高分子の溶液に塩基（piperidine）を加え，100℃で30分間反応させたときの解重合率を表1に示す。（1）は塩基によって引き抜かれるプロトンが2種類存在するのに対し，（2）では主鎖上のプロトンは1種類だけである。（1）と（2）とで解重合率（オレフィンモノマーの回収率）に大きな差が見られた。これは1本の高分子主鎖から複数のプロトンが引き抜かれた場合に，単一のプロト

表1　溶液中でのポリオレフィンスルホンの解重合率*

X	$-[S(=O)_2-CH_2-CH((CH_2)_xCH_3)]_n-$	$-[S(=O)_2-CH_2-C(CH_3)((CH_2)_xCH_3)]_n-$
	Monomer yield (%)	
1	28.0	60.0
2	19.6	92.2
3	29.4	96.9
5	17.9	–
6	–	87.2

* piperidine を 0.65 mmol/L 加えたポリオレフィンスルホンの DMSO-d_6 溶液での解重合率

ンだけしか引き抜かれないものの方が解重合反応の停止が生じないためであると考えられる。

4.6　光照射で剥離する接着剤への応用

光塩基発生剤を組み込んだポリオレフィンスルホンをガラスなどの透明材料の接着に用いれば，光で剥離する接着剤として用いることができる。たとえば，poly(2-methyl-1-pentene sulfone)（PMPS，図1）に光塩基発生剤 ANC2（図5）を混合したものは石英板を接着することができる。試料として，石英板に直径3 mm の穴を開けたクラフトテープを貼り，その穴部分に円形に ANC2 を混合した PMPS を塗布し，もう一枚の石英板をこれに接着したものを用い，接着強度が測定されている（図15）。接着した試料に 254 nm の紫外線を照射してから加熱し，接着強度の変化を測定している。光を照射しなかったものは加熱しても接着強度が低下しないが，光照射した試料の接着強度は著しく低下している。解重合が生じているにもかかわらず接着強度がゼロになっていないのは，露光部が溶融とともにモノマーの揮発によって発泡するために再接着が起こっているためである。架橋剤を用いて硬化接着するポリスルホンにすれば，この点は改善できる。

4.7　おわりに

以上のように，光塩基発生剤を組み込んだポリオレフィンスルホンは，光照射とその後の加熱処理によって解重合を生じる。これは，溶媒を使用せずに加熱によって露光部だけを除去できるフォトポリマーともなる。光で剥離する接着剤としての利用や，金属微粒子などの機能性粒子を

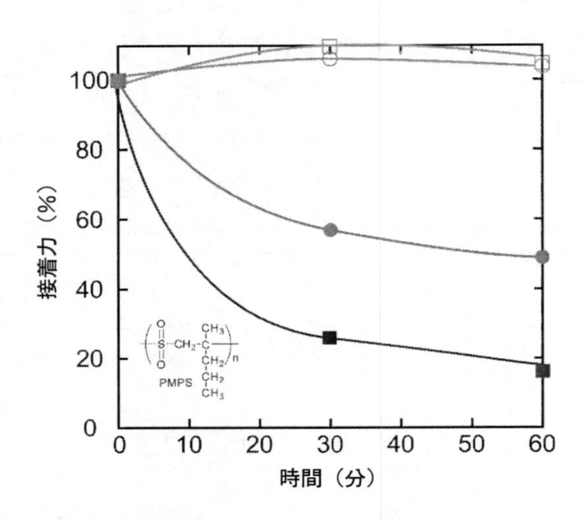

図15　光塩基発生剤を含むポリスルホン PMPS で接着した石英板に紫外線照射後，100℃に加熱したときの接着力の変化

加熱したときの接着力の変化。（○）光照射せずに 60℃に加熱，（□）光照射せずに 100℃に加熱，（●）光照射後に 60℃に加熱，（■）光照射後に 100℃に加熱。

混合したポリスルホンペーストをスクリーン印刷後，光照射＆加熱によってポリスルホンを取り除き，機能性粒子パターンを形成するなど，実用的な用途展開を期待したい。

謝辞

本節を執筆するに当たりご協力いただいた，中裕美子博士，谷口博昭博士（現日産化学），鈴木裕美氏（現ブリヂストン），岩田千洋氏（現エルピーダメモリ），近藤貴之氏（現JT），野呂基貴氏（現東京エレクトロン），杉山雄一氏（現日本光電），齊田和哉氏，米山拓弥氏，竹村純恵氏，橋本翔太氏，に感謝いたします。

文　　献

1）H. Ito, M. Ueda, and R. Schwalm, *J. Vac. Sci. Tech.*, **6**, 2259-2263（1988）
2）H. Ito, W. P. England, and M. Ueda, *J. Photopolym. Sci. Tech.*, **3**, 219-233（1990）
3）H. Yaguchi, and T. Sasaki, *Chem. Lett.*, **35**, 760-761（2006）
4）H. Yaguchi, and T. Sasaki, *Macromolecules*, **40**, 9332-9338（2007）
5）T. Sasaki, and H. Yaguchi, *J. Polym. Sci. Part A: Polym. Chem.*, **47**, 602-613（2009）
6）F. L. Thompson, and J. M. Bowden, *J. Electrochem. Soc.: Solid-State Science and Technology*, **120**, 1722-1725（1973）
7）A. Watanabe, T. Sakakibara, S. Ito, H. Ono, Y. Yoshida, S. Tagawa, and M. Matsuda, *Macromolecules*, **25**, 692-697（1992）
8）T. Shinoda, T. Nishiwaki, and H. Inoue, *J. Polym. Sci. Part A: Polym. Chem.*, **38**, 2760-2766（2000）
9）(a) S. K. Weit, C. Kutal, and R. D. Allen, *Chem. Mater.*, **4**, 453-457（1992）
(b) C. Kutal, *Coordination Chemistry Reviews*, **211**, 353-368（2001）
10）J. F. Cameron, and J. M. J. Fréchet, *J. Org. Chem.*, **55**, 5919-5922（1990）
11）(a) J. F. Cameron, and J. M. J. Fréchet, *J. Am. Chem. Soc.*, **113**, 4303-4313（1991）
(b) E. J. Urankar, I. Brehm, Q. J. Niu, and J. M. J. Fréchet, *Macromolecules*, **30**, 1304-1310（1997）
12）K.-H. Song, M. Tsunooka, and M. Tanaka, *Journal of Photochemistry and Photobiology A: Chemistry*, **44**, 197-208（1988）
13）H. Tachi, T. Yamamoto, M. Shirai, and M. Tsunooka, *J. Polym. Sci. A: Polym. Chem.*, **39**, 1329-1341（2001）
14）T. Nishikubo, E. Takehara, and A. Kameyama, *J. Polym. Sci. A: Polym. Chem.*, **31**, 3013-3020（1993）
15）K. H. Chae, *Macromol. Rapid Commun.*, **19**, 1-4（1998）
16）B. R. Harkness, K. Takeuchi, and M. Tachikawa, *Macromolecules*, **31**, 4798-4805（1998）
17）A. M. Sarker, A. Mejiritski, B. R. Wheaton, and D. C. Neckers, *Macromolecules*, **30**, 2268-2273（1997）
18）K. Arimitsu, and K. Ichimura, *J. Mater. Chem.* **14**, 336-343（2004）
19）T. Sasaki, T. Kondo, M. Noro, H. Yaguchi, K. Saida, and Y. Naka, *J. Polym. Sci. A: Polym. Chem.*, 2012, in press.

5 アクリル系ブロックポリマーを用いる易解体性接着材料の開発

松本章一[*1]，佐藤絵理子[*2]

5.1 はじめに

使用後に容易に取り外せることを前提にして接着する技術は，易解体性接着あるいは解体性接着と呼ばれ，研究開発が盛んに進められている。家電，自動車，IT・OA関連分野ではリサイクル性の向上が要求され，易解体性接着技術が次世代型の製品開発の重要な鍵の１つとなっている。ただし，接着と剥離は互いに相反するものであり，両者を同時に満足する材料を提供することは必ずしも容易でない。易解体性接着を実現するには，解体・剥離時に何らかの外部刺激を加えて，接着剤自身あるいは接着剤と被着体の界面の状態を大きく変えるなど，従来の技術に加えてさらに工夫が必要である。ここ数年，高性能化や環境対応に加えて，リサイクル性の向上を目的とした易解体性接着技術が注目され，易解体性接着技術が適用できる範囲は，従来からの３Ｒに，さらにリペアやリワークを加えた５Ｒまで広がると期待されている（図１）。

既に実用化されている易解体性接着技術として[1~3]，熱軟化方式，溶媒膨潤方式，熱膨張カプセル方式，電磁誘導加熱方式，通電方式などがあるが，これらの方式は，いずれも物理的な刺激（熱，光，電磁波など）をトリガーとして与えることによって，接着力を一気に変化させるものである。化学的な刺激として分解反応をトリガーとすることも可能であると期待されるが，単純な熱分解による方式では，接着材料の使用中の劣化を抑えながら，かつ加熱により瞬時に物性変化を引き出せるような材料設計が難しくなる。安全性と解体性の両立には，２種類以上のトリガーの組み合わせが効果的である。粘着テープは適度な接着強度と容易な剥離のバランスが求められる典型的な材料であるが，強靭な接着と低負荷剥離の両方を必要とする用途では，新しい発想に基づく材料設計が必要となる。ここで，粘着剤は日用品から電機・エレクトロニクス，自動車・航空，建設，医療などを含めた幅広い用途で利用されており，特にエレクトロニクス分野に

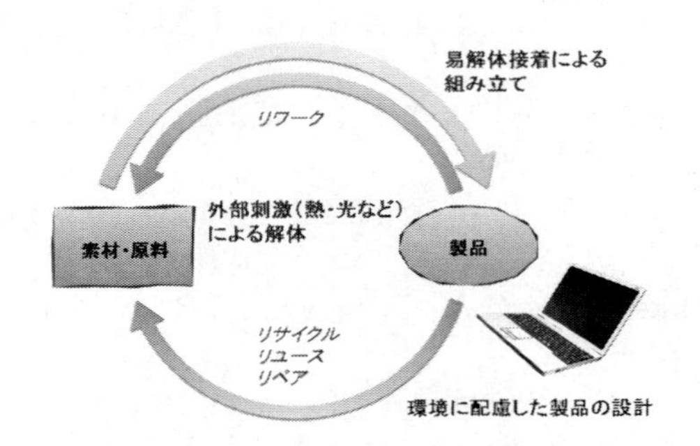

図１　易解体性接着技術の有効性

＊1　Akikazu Matsumoto 大阪市立大学　大学院工学研究科　教授

＊2　Eriko Sato 大阪市立大学　大学院工学研究科　講師

おけるアクリル系粘着剤の技術開発の進展は著しく，ディスプレイ用光学フィルム材料をはじめ様々な分野で市場拡大が認められる。われわれは，以前から新規分解性ポリマーであるポリペルオキシドを活用した易解体性接着材料の開発に取り組み[4~9]，主鎖分解型ポリマーや架橋点分解型ゲルなどを用いて刺激に応答する易剥離型の粘接着材料としての特性評価を行ってきた。しかしながら，一連の研究と材料開発によって，加熱による剥離作業性の著しい向上は達成できたものの[8,9]，材料の長期保存安定性や取り扱いの安全性など，実用上の利便性と高効率な剥離性の両立に対して十分に満足できる材料を提供することは困難であった。そこで，材料設計を基本から見直し，2種類以上の刺激が重複して与えられた時にのみ選択的に応答して剥離が可能となる材料の探索を開始した。優れた粘着特性を示すこと，刺激に応答して粘着特性を制御できること，できる限り一般的な材料（市販原料）のみを用いて合成できることを必要条件として検討した結果，側鎖反応型のアクリル系ブロックコポリマーが易解体性粘着材料として利用できることを見出した[9~12]。以下に詳細を述べる。

5.2　ポリアクリル酸 *t*-ブチルの側鎖反応挙動

ポリアクリル酸 *t*-ブチル（PtBA）は，酸触媒存在下で加熱することにより速やかにエステル基が脱保護され，ポリアクリル酸（PAA）とイソブテンが生成する（図2）。この時，ポリマーのガラス転移温度（T_g）や側鎖の極性は大きく変化し，同時に揮発性のイソブテンがガスとして放出される。ここで，酸触媒として光酸発生剤を用いると，側鎖分解に必要な外部刺激が紫外線照射と加熱の二段階となり，接着材料の使用時の安定性向上が期待できる（後述）。

PtBA の側鎖エステルは，酸不在下では200℃まで安定であるが，酸を添加すると100℃以下の温度領域で脱保護が容易に開始し，添加量が多いほど反応開始温度が低下する。このことは，熱重量分析や IR 測定によって定量的に評価することができる。脱保護反応中，主鎖の分解は全く起こらず，反応は側鎖エステル基のみで副反応なしに起こる。さらに，市販の光酸発生剤（図3）を添加した PtBA に所定時間紫外線照射した後に熱重量分析すると，照射時間が長いほど重量減少の開始温度が低下し（図4），紫外線照射量が増えるに従って酸の発生量が増加し，側鎖脱保護反応が促進されることがわかる。

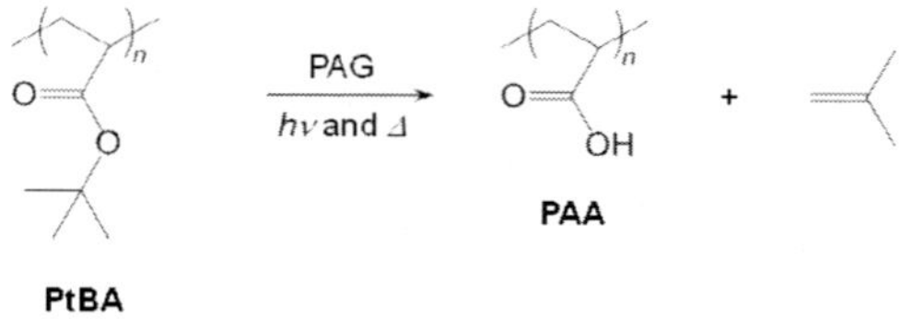

図2　ポリアクリル酸 *t*-ブチル（PtBA）の脱保護によるポリアクリル酸（PAA）の生成反応

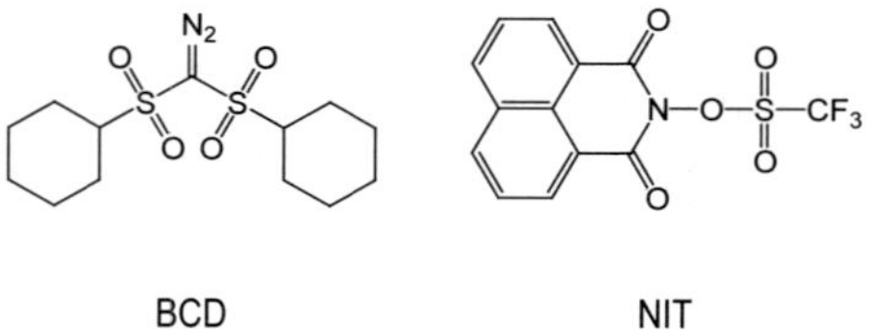

図3　用いた光酸発生剤（PAG）の化学構造

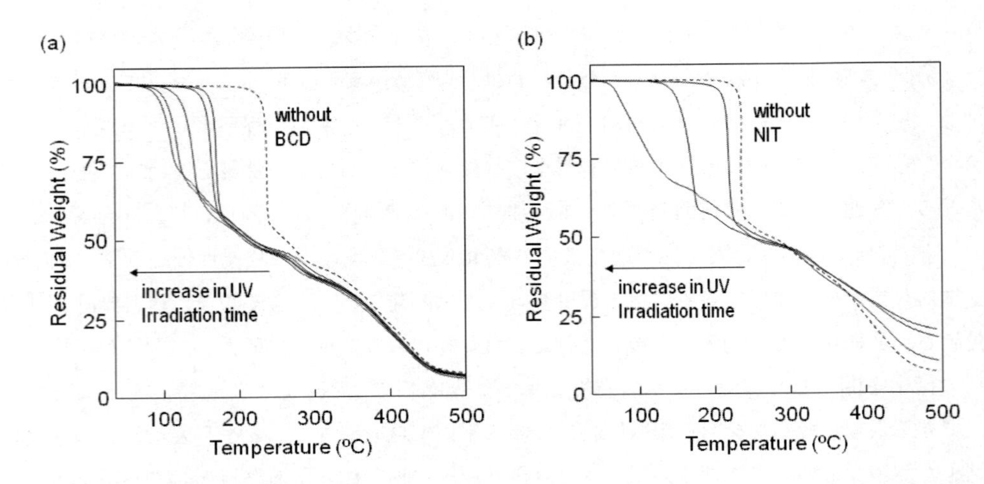

図4　光酸発生剤（PAG）を添加したポリアクリル酸 *t*-ブチル（PtBA）の熱重量分析の結果
窒素気流中，昇温速度 10℃ / 分
(a) BCD（5 mol%）添加，紫外線 0 ～ 16 時間照射，(b) NIT（1 mol%）添加，紫外線 0 ～ 50 分照射

5.3　ポリアクリル酸ブロック共重合体の接着特性

接着挙動の評価は，ポリエチレンテレフタレート（PET）フィルム上にポリマーおよび光酸発生剤をコーティングした材料とステンレス鋼板を用い，室温での 180° 剥離試験により行った。反応性ポリマーである PtBA の T_g は室温以上であり，そのままでは粘着剤として用いることができないため，ここでは低 T_g ポリマーであるポリアクリル酸 2-エチルヘキシル（P2EHA）とのブロック共重合体を使用した。ブロック共重合体の合成には原子移動ラジカル重合（ATRP）などのリビングラジカル重合法を用い，図 5 に示すように，分子量，分子量分布，末端構造，ならびにブロックシークエンス構造などが厳密に制御されたブロック共重合体を得た。接着特性の評価の例として，PtBA-*block*-P2EHA を粘着剤として用いた場合の加熱前後の剥離特性の変化を表 1 にまとめる。比較のため，ランダム共重合体およびポリマーブレンドの結果もあわせて示す。強酸である *p*-トルエンスルホン酸を添加した $PtBA_{30}$-*block*-$P2EHA_{95}$ と $PtBA_{61}$-*block*-$P2EHA_{68}$ の粘着力は，加熱後には初期値の半分以下にまで低下する。ここで，添え字の数字は

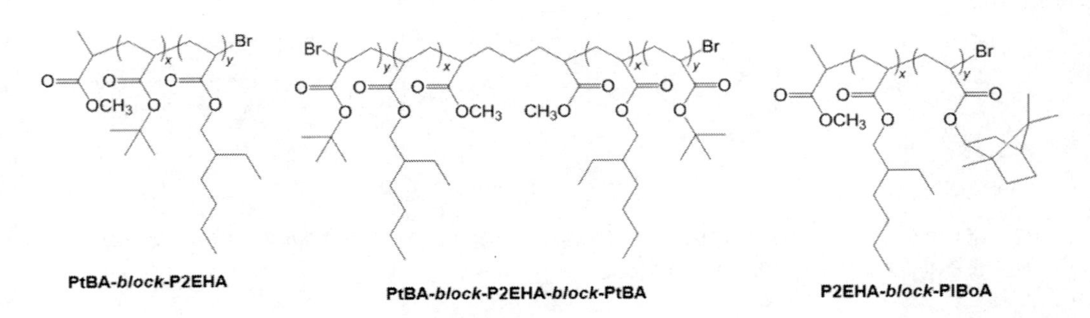

図5　主なポリアクリル酸エステルブロック共重合体の化学構造

表1　易解体性粘着テープの180°剥離試験（5 mol% *p*-トルエンスルホン酸，基材：PET フィルム・ステンレス，引張速度 30 mm/min）

粘着剤ポリマー	*M*n	tBA 含量（mol%）	180° 剥離強度（N/m）	
			加熱前	加熱後（100℃，1時間）
$PtBA_{30}$-***block***-$P2EHA_{95}$	18,600	24.0	4.4	1.9
$PtBA_{61}$-***block***-$P2EHA_{68}$	20,000	47.3	3.7	1.4
$PtBA_{30}$-***block***-$P2EHA_{34}$	12,600	64.2	55	
$PtBA_{94}$-***block***-$P2EHA_{50}$	19,500	65.2	310	～0
$PtBA_{94}$-***block***-$P2EHA_{36}$	18,500	72.3	スティックスリップ	～0
PtBA-*co*-P2EHA（ランダム共重合体）	19,800	50.0	2.9	2.3
$PtBA_{61}$/$P2EHA_{52}$（ポリマーブレンド）	8,400/8,400	54.0	測定不能	測定不能

それぞれブロックセグメントの重合度を表わす。$PtBA_{94}$-*block*-$P2EHA_{36}$ の結果に見られるように，PtBA ブロック鎖長が長くなると（すなわち PtBA 含量が増えると）ポリマー全体が硬くなり（PtBA の T_g は約 40℃），応力が集中して不連続に剥がれるスティックスリップ現象が生じる。ランダム共重合体の場合，加熱による粘着力の低下は小さく，易解体接着にはブロックポリマー構造が重要であることを示す。

5.4　二重刺激応答性のポリアクリル酸エステル粘着剤の設計

光酸発生剤であるビス-*t*-ブチルスルホニルジアゾメタン（BCD）やN-ヒドロキシナフタルイミドトリフラート（NIT）と反応性の粘着ポリマーである PtBA-*block*-P2EHA を組み合わせた外部刺激応答型の粘着剤を用いると，ここで目的とする，光と加熱の二重の刺激が与えられた場合にのみ応答して，脱エステル化反応に伴って接着強度が急激に低下する易剥離接着システムが設計できる。例えば，光酸発生剤である BCD を添加した場合，加熱のみでは著しい粘着力の低下は起こらず，熱処理前と同等の強度を示す（図6）。紫外線照射のみ行った場合，BCD からの N_2 ガス発生に伴う強度低下が見られるものの，紫外線照射後にさらに加熱すると強度が大きく低下する。剥離強度の変化ならびに処理前に対する強度の相対値を表2にまとめる。表には光酸発生剤として NIT を用いて得られた結果もあわせて示す。

表2に示すように，NIT を用いた場合には，加熱あるいは紫外線照射のいずれかのみでは，処理前と同等の強度を保持できる。すなわち，NIT 存在下では，紫外線照射後にさらに加熱を行ったときのみ著しい粘着力の低下が見られ，剥離にほとんど力を要しない程度（自発剥離）にまで強度は低下する。加熱あるいは紫外線照射のみでは，処理前と何ら様子に違いは認められないが，紫外線照射後に加熱した試験片のテープと基板の間に気泡が発生し，有効な接着面積を低下させていることも確かめられている。

以上の結果より，加熱や紫外光照射のみでは解体は起こらず，紫外光照射後に加熱した場合のみ効果的に解体可能なことがわかった。さらに，紫外光照射前に加熱しても光照射後の挙動に変

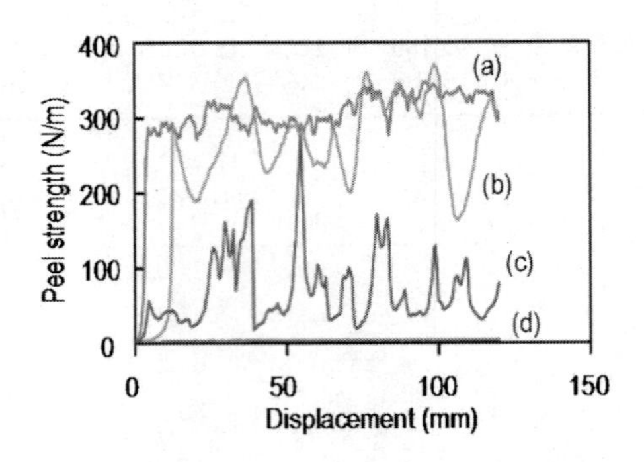

図6　易解体性粘着テープの 180° 剥離試験

(a) 熱処理前，(b) 100℃で1時間加熱，(c) 室温で8時間紫外線照射，(d) 室温で8時間紫外線照射後に 100℃で1時間加熱

粘着剤：$PtBA_{94}$-*block*-$P2EHA_{50}$，光酸発生剤：BCD，基材：PET フィルムおよびステンレス，引張速度 30 mm/min

表2　易解体性粘着テープの 180° 剥離試験（基材：PET フィルム・ステンレス，引張速度 30 mm/min）

粘着剤ポリマー	tBA 含量 (mol%)	光酸発生剤 (添加量)	加熱および光照射条件	平均荷重 (N/m)	相対強度
$PtBA_{94}$-*block*-$P2EHA_{50}$	65.2	BCD	未処理	310 ± 50	1
		(5 mol%)	加熱 (100℃，1 h)	250 ± 45	0.81
			UV 照射 (8 h)	60 ± 20	0.19
			UV 照射 (8 h) ＋加熱 (100℃, 1 h)	～0	～0
$PtBA_{53}$-*block*-$P2EHA_{39}$	57.6	NIT	未処理	33.1 ± 7.9	1
		(0.2 mol%)	加熱 (100℃, 1 h)	26.9 ± 7.7	0.81
			UV 照射 (1 h)	41.2 ± 5.1	1.25
			UV 照射 (1 h) ＋加熱 (100℃, 1 h)	～0	～0
$PtBA_{27}$-*block*-$P2EHA_{33}$ -*block*-$P2EHA_{27}$	62.1	NIT	未処理	53.2 ± 2.2	1
		(0.2 mol%)	加熱 (100℃, 1 h)	60.6 ± 13.6	1.14
			UV 照射 (1 h)	74.8 ± 10.2	1.40
			UV 照射 (1 h) ＋加熱 (100℃, 1 h)	0.1 ± 1.9	＜0.01
$P2EHA_{57}$-*block*-$PIBoA_{29}$	33.7	NIT	未処理	14.4	1
	(IBoA 含量)	(0.2 mol%)	加熱 (150℃, 1 h)	8.5	0.59
			UV 照射 (1 h)	20.3	1.41
			UV 照射 (1 h) ＋加熱 (150℃, 1 h)	5.7	0.39
$P2EHA_{57}$-*block*-$PIBoA_{29}$	33.7	NIT	未処理	16.5 ± 2.7	1
	(IBoA 含量)	(0.5 mol%)	加熱 (150℃, 1 h)	11.2 ± 3.1	0.68
			UV 照射 (1 h)	17.3 ± 1.9	1.05
			UV 照射 (1 h) ＋加熱 (150℃, 1 h)	0.2 ± 1.4	0.01

化はなく，保存中に一時的に温度が上昇しても材料の劣化は認められず，その後，光照射，加熱を行うことにより，解体が可能であることが明らかにされている。

5.5　高性能二重刺激応答型易解体性粘着材料の設計

ポリアクリル酸イソボルニル（PIBoA）は，PtBA に比べて熱分解開始温度が 50℃高く，より疎水性の高いポリマーである。側鎖に2級アルキルエステルを含むポリマーであるが，PtBA 同様，酸触媒の添加により分解開始温度が大きく低下し，脱保護が進行する特徴を持つ[13]（図7）。易解体性粘着材料の耐熱性を向上させる目的で，*t*-ブチル基の代わりにイソボルニル基を含むアクリル酸エステルブロックポリマー（PIBoA-*block*-P2EHA）を粘着剤として用いたところ，紫外線照射後に，150℃で加熱したときに効果的に接着強度が低下して剥離が起こり（図8），熱安定性に優れた易解体性接着材料も設計できることがわかった。

また，粘着強度の向上をめざして，リビングラジカル重合の反応条件の最適化を行い，ブロック共重合体の高分子量化を行った。同時に，アクリル酸2-ヒドロキシエチル（HEA）との共重合により極性基の導入を行った。ここで，還元剤を併用する原子移動ラジカル重合（ARGET-ATRP）やテルルなどの高周期元素を用いるリビングラジカル重合（TERP）がポリアクリル酸エステルの高分子量化や極性基の導入に有効である。NIT を 0.4 mol%添加したブロック共重合体を用いて 180° 剥離試験を行ったところ，未処理の試験片は，市販のセロハンテープの 1.5 倍以上の優れた粘着強度を示し，1時間紫外線光照射後に，100℃で1時間加熱した場合にのみ強度が著しく低下した（図9）。

このように，側鎖分解型ブロック共重合体は良好な接着特性を示し，紫外線照射と加熱によって側鎖エステル置換基が脱エステル化され，ポリマーの物性変化ならびに構造変化により接着強

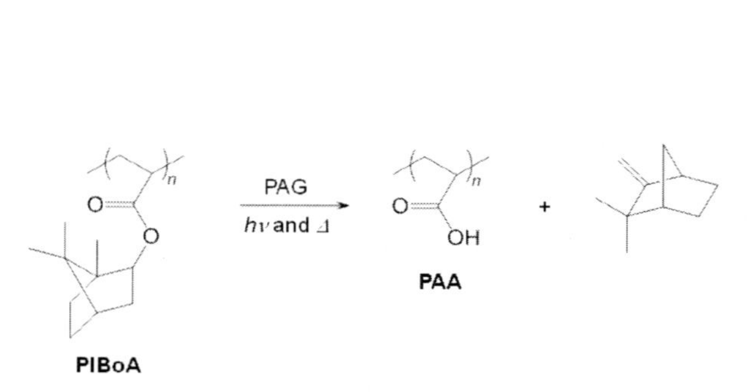

図7　ポリアクリル酸イソボルニル（PIBoA）の脱保護によるポリアクリル酸（PAA）の生成反応

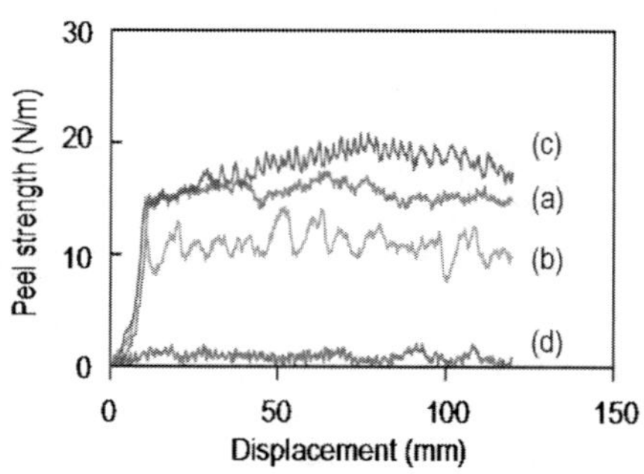

図8　耐熱型の易解体性粘着テープの 180° 剥離試験

（a）熱処理前，（b）150℃で1時間加熱，（c）室温で1時間紫外線照射，（d）室温で1時間紫外線照射後に 150℃で1時間加熱
粘着剤：$PIBoA_{29}$-*block*-$P2EHA_{57}$，
光酸発生剤：NIT

(a)

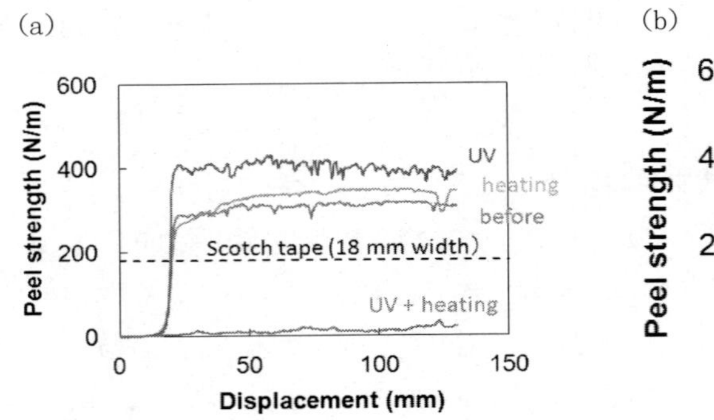

(b)

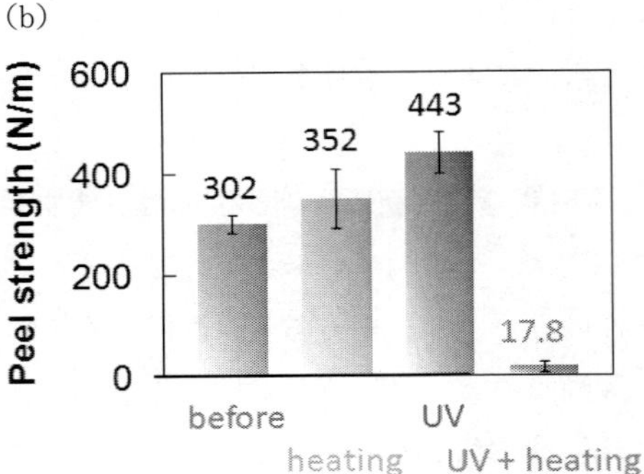

図9　高強度型の易解体性粘着テープの180° 剥離試験

(a) 熱処理前，100℃で1時間加熱，室温で1時間紫外線照射，および室温で1時間紫外線照射後に100℃で1時間加熱した時の試験結果，(b) 平均剥離強度の比較（左から，処理前，加熱後，紫外線照射後，紫外線照射＋加熱後）
光酸発生剤：NIT

度が低下する。共重合体組成を最適化し，分子量の増大や極性官能基の導入などによって凝集力を向上させることにより，二重刺激応答性を保持したまま，市販のセロハンテープ以上の180° 剥離強度を有する易剥離型テープが作製できることを示した。

文　献

1） 接着とはく離のため高分子－開発と応用－，松本章一監修，シーエムシー出版（2006）
2） 特集「易解体性接着技術の最前線」，機能材料，2月号，シーエムシー出版（2010）
3） 日経ものづくり，9月号，p.68（2011）
4） E. Sato and A. Matsumoto, *Chem. Rec.*, **9**, 247（2009）
5） 佐藤絵理子，松本章一，日本接着学会誌，**46**，230（2010）
6） 佐藤絵理子，日本接着学会誌，**47**，398（2011）
7） 高分子架橋と分解の新展開，角岡正弘，白井正充監修，シーエムシー出版（2007）
8） E. Sato, H. Tamura, and A. Matsumoto, *ACS Appl. Mater. Interface.*, **9**, 2594（2010）
9） 松本章一，第60回高分子学会年次大会招待講演，講演番号3A19IL，高分子予稿集，**60**，61（2011），大阪，2011年5月25-27日
10） 乾　匡志，佐藤絵理子，松本章一，日本接着学会第48回年次大会，講演番号IVA-1，講演要旨集，p.51，吹田，2010年6月24-25日
11） 乾　匡志，佐藤絵理子，松本章一，日本接着学会第49回年次大会，講演番号B-8，講演要旨集，p.77，豊田，2011年6月17-18日
12） T. Inui, E. Sato, and A. Matsumoto, submitted.
13） A. Matsumoto, K. Mizuta, and T. Otsu, *J. Polym. Sci., Part A, Polym. Chem.*, **31**, 2531（1993）

第9章　UV 硬化と微細加工

1　UV 硬化における話題と課題

角岡正弘*

1.1　はじめに

UV 硬化技術は現在ではいろいろな分野すなわち UV インキ，UV コーティング，UV 接着，エレクトロニクス関連部品製造などで利用されており，最近の若い方にはこの技術が完成されている印象を与えるかもしれない。しかし，技術は用途が変わるといろいろ課題があるもので UV 硬化技術も同様である。

UV 硬化技術は①光源，②フォーミュレーション（硬化のための配合物），③応用と 3 つの要素技術から成り立っている。応用というのは上述した用途の他に，硬化高速プロセスであることも重要な因子である。

最近，UV 硬化用光源として UV-LED（紫外線発光ダイオード）が利用できるようになり，これまでの光源を見直す動きがある。したがって，その光源に合う開始剤が必要となっている。フォーミュレーションでは酸素の硬化阻害，硬化収縮は現在でも課題であるが，その対策法も報告されている。さらに用途では食品包装材料の印刷インキなどへの応用も始まっている。本節では UV 硬化における最近の話題を中心に記述する。

1.2　UV-LED の現状と課題

図 1 に LED の放射光と高圧水銀ランプの放射光を示す[1)]。この図で 395 nm の LED は 10 W/cm^2，高圧水銀ランプの 365 nm は 2 W/cm^2 である。図 1 の放射光を長波長から UV-V（445 ～ 390 nm），UV-A（390 ～ 320 nm），UV-B（320 ～ 280 nm）および UV-C（280 ～ 200 nm）と分類している。UV 硬化の光源は高圧水銀ランプとメタルハライド（Fe 系）ランプがよく利用される。透明な塗膜の硬化に UV-B および UV-C の強い高圧水銀ランプが利用されるのは，光のエネルギーが高く，表面硬化に有利であるためである。インキなど着色した材料の硬化で UV-V，UV-A の強いメタルハライドランプが利用されるのは内部まで光が透過しやすいためである。

これまで光源の改良は出力を上げるあるいは放射波長を変更するという立場で検討されており，これはこれで意義のあることであったが，出力が高くなると同時に放射される赤外線（熱線）の量も高くなり基板（プラスチック，紙など）を変形させるという課題を抱えてしまった。

新しく登場した UV-LED は単一波長で半値幅が± 10 nm で赤外線が出ない。UV 硬化の光源

---

*　Masahiro Tsunooka　大阪府立大学名誉教授

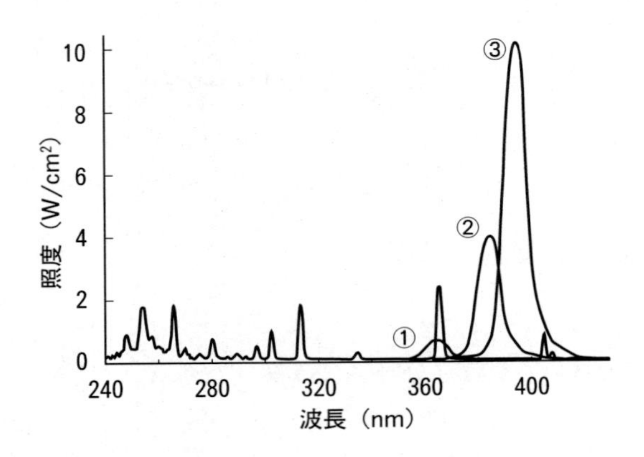

図1　LEDおよび高圧水銀ランプの放射光のスペクトル
①～③はLED，他は高圧水銀ランプ

として検討されているのは395 nmから365 nmで，具体的には395，385および365 nmである。

米国では395 nmをインクジェットインクの乾燥（硬化）に利用する報告[2,3]が多く，日本ではオフセット印刷の乾燥[4~6]やインクジェットインクの乾燥[7]に385 nmLEDが利用され始めている。さらに，日本では電子部品の接着で硬化時に熱による体積変化が少ないUV-LED (365 nm)[8,9]が利用されるようになっている。歯科用材料の硬化にもLED（青色：465～470 nm）が利用されるがこれは可視光（青色：465～470 nm）である[10]。

UV-LEDの応用に関する報告から一応の目的を達していることはうかがえるが，まだいろいろな課題を抱えている[11,12]。①開始剤と光源のマッチング，②酸素硬化阻害，③365 nmより短波長のLEDの出現などの要望も多い。

①については後述するがこれまでの高圧水銀ランプなどでは光強度の大きい365 nm光をいかに利用するかを中心に設計されており，光開始剤はこれよりも波長の短い領域で吸収するものが一般的だからである。②については対策法として光源と塗膜の間を狭くして窒素を流すなどの方法が実用化されているがコストがかかる。もちろん酸素硬化阻害がなくなるような添加剤が利用できるのであれば利用する方法もある。この課題と①に関連して光の波長以外に，光強度が高いこと，光の照射量が高いことが重要であると指摘されている。

現在のところUVインキでのLEDの利用の報告はよく見られるがハードコートなどへの応用例は少ない。おそらく酸素硬化阻害を含め表面硬化が十分でないためと思われる。その理由としてLEDでは短波長が利用できないことや赤外線が利用できないことと関連していると考えられる。現在のところLEDと高圧水銀ランプの併用で，初期の仮硬化をLEDで，完全硬化を高圧水銀ランプでという方法が提案されている。この方法では高圧水銀ランプの出力を下げて利用するのでランプの寿命が延びるというメリットがある。したがって，将来，光強度の高い短波長（たとえば300 nm付近）のLEDが登場すれば，短波長，長波長と赤外線（反応速度および反応率の向上）の併用で興味深い照射系ができると考えられる。

1.3　UV-LED用開始剤の開発－UVラジカル開始剤およびUVカチオン開始剤用増感剤

UVラジカル硬化の開始剤は現在でも選択種は多い[13]。365 nm用であればα-アミノケトン系（たとえばIrgacure 907，Irgacure369など）やアシルフォスフィンオキシド（APO）系（たとえばIrgacure 819（BAPO），Darocure TPO（MAPO））がある。Irgacure 907はチオキサントン誘導体を増感剤として併用すると効率はさらによくなる。395および385 nmの場合でもAPO系やIrgacure 907とチオキサントン誘導体を組み合わせた系は利用できる。最近，365 nm光に高感度な開始剤として，新しいビスイミダゾール系の開始剤が報告されている[14]。これはこれまでのビスイミダゾール系開始剤をさらに発展させたもので同時に併用されるアミンについても検討されている。

UVカチオン硬化はラジカル硬化に比べ，現在はその利用率は低い。その理由はラジカル硬化に比べ速度が小さい，開始剤およびモノマーの選択種が少ない，さらに両者ともに高価であるなどである。しかし，酸素硬化阻害がない，硬化収縮がない，金属との接着がよいなど魅力的な点も多い。365 nm光はアントラセンやチオキサントンを増感剤に利用すれば芳香族ヨードニウム塩でカチオン硬化できる。最近，385および395 nmを吸収する増感剤として9,10-位にアルコキシ（RO-）基をつけたアントラセン誘導体が検討されている[15]。製品としてRにはn-ブチル基，n-プロピル基，エチル基があり，新たにグリシジル基，i-アミル基，2-エチルヘキシル基を持つものが検討されている。Rの長さをのばすとモノマーへの溶解性が上がるが，吸収は変化しない。これらの化合物は360から405 nmにかけて3つの山を持ち，イソプロピルチオキサントン（ITX）より，より長波長まで吸収がある。ITXは芳香族ヨードニウム塩の増感剤になるが，芳香族スルホニウム塩は増感しない。しかしアントラセン誘導体はいずれの増感剤としても作用する。さらに，4-メトキシ-1-ナフトール（MNT）はITXと組み合わせるとスルホニウム塩を増感することが見出されている。

1.4　酸素の硬化阻害と汚れにくい表面加工技術

最近は表面の汚れを抑えるためにフッ素原子を持つモノマーを利用する表面加工がよく行われる。しかし，酸素硬化阻害で表面が硬化しにくいのは課題である。最近の報告例[16]で酸素硬化阻害を抑制しつつ，表面にフッ素を持つモノマーを配列できる方法が提案されている。モノマーとして図2に示したようにフッ素原子を持つ部位と硬化に利用される部位（四官能）で，硬化に関与する基はRS-75ではアクリロイル基，TS-1ではメルカプト基あるいはTS-2ではマレイミド基を持つ。オリゴマーなどをブレンドしてUV硬化すると，TS-1およびTS-2では表面にフッ素原子を持つモノマーが並び，硬化塗膜の表面は油性インキで汚れなくなる。しかし，RS-75では窒素下で硬化したものは表面の汚れは付かないが，空気下で硬化したものはその機能がない。表面近くの二重結合残存量を測定したところアクリロイル基を持つモノマーで空気下で硬化したもの以外は二重結合がほとんど硬化に利用されていることがわかった。チオールは酸素硬化阻害防止に役立つことから，表面硬化でもその作用があったのは理解できるが，マレイミド

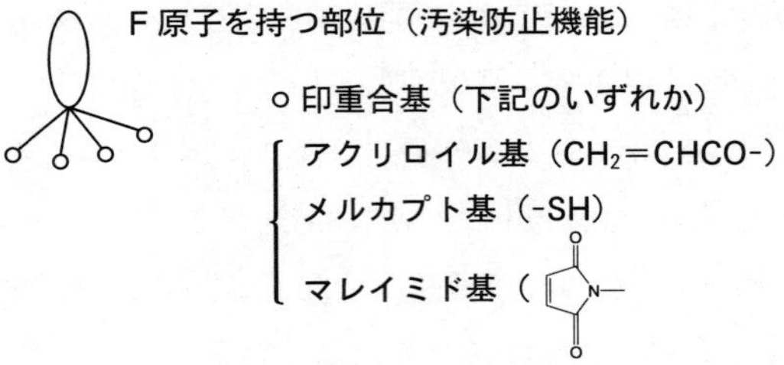

F原子を持つ部位（汚染防止機能）

o 印重合基（下記のいずれか）

アクリロイル基（$CH_2=CHCO$-）

メルカプト基（-SH）

マレイミド基（

図2　汚染防止部位と重合基を持つモノマー

基は光二量化で反応するものの表面の酸素硬化阻害に役立ったのは意外である。しかし，この結果は塗装時にフッ素原子を持つモノマーが表面層に移動することと表面での光反応を工夫すると表面の物性を大きく変えられるという意味で興味深い結果である。

1.5　ハイパーブランチオリゴマーおよび分解性モノマーを利用する硬化収縮抑制対策

UV硬化ではモノマーおよびオリゴマーの収縮があって硬化物が基板からはがれ密着不良の原因となる。モノマーの分子量を上げてアクリル当量（g/二重結合）を上げると体積収縮は抑えられ目的に適うが，線状オリゴマーで分子量を上げると粘度が高くなり塗装できないので，モノマーで希釈する必要が出てくる。最近検討が進んでいるハイパーブランチオリゴマーあるいはデンドリマーは球状ポリマーであり，分子量が上がっても粘度があまり高くならない特徴がある。ただデンドリマーは合成が難しいという課題がある。

ハイパーブランチオリゴマーの例を挙げる。図3に示したハイパーブランチポリマー（STAR-501）はジペンタエリスリトールヘキサアクリレート（DPHA）と四官能チオールから合成されている[17, 18]。このオリゴマーの特徴は硬化時の必要光量（mJ/cm^2）〈感度〉がDPHAとかなり違った挙動をすることである。すなわち，1 μm の硬化では感度が100 mJ/cm^2 で差は見られないが，0.1 μm ではDPHAが500 mJ/cm^2 に対してこのオリゴマーは300 mJ/cm^2 で硬化した。明らかに酸素硬化阻害が抑制されている。さらに，硬化収縮の程度はアクリル当量が100程度のオリゴマーで4～4.6%程度であるが，アクリル当量が同じSTAR-501では2.5%であり硬化収

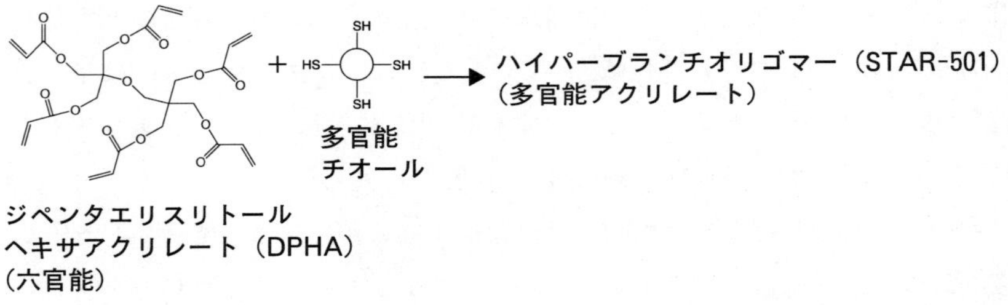

SH

HS　SH

SH

ハイパーブランチオリゴマー（STAR-501）
（多官能アクリレート）

多官能
チオール

ジペンタエリスリトール
ヘキサアクリレート（DPHA）
（六官能）

図3　ハイパーブランチオリゴマー（STAR-501）の合成

縮も抑えられている。事実，PETAをUV硬化したフィルムではカール（塗膜面側に曲がる）が見られたがSTAR-501では見られなかった。このオリゴマーで酸素の硬化阻害が抑制されたのは分子中のチオエーテル結合の関与があるかもしれない。

別の報告[19]でハイパーブランチポリエステル（HB-PEA－1～5）では構造は不明だが，六官能でアクリル当量が320のもの（HB-PEA4）では粘度は320cPsであったが，DPHA（アクリル当量が102）では粘度が13000と比べて大きく異なっている。硬化収縮率はDPHAが17%程度であるが，HB-PEA4では7%程度であるという。この時の二重結合の変化率は70～80%である。

なお，硬化収縮率はこの上記の2例でアクリル当量から見ると結果がかなり違うが，材料が異なるので詳細は議論できない。

次に少し変わった例を示す。モノマーが分解すると重合と同時に低分子が生成するので硬化収縮が抑制できるというものである[20]。図4に示したアクリルアミド誘導体でMEGAmは光重合時に分解する。一方Sample Aは全く分解しない。なぜ分解するのかはわかっていないが現在のところ図4に示したような分解反応が考えられている。SampleAの収縮率は4.1%であるがMEGAmの硬化収縮率は1.9%であった。他の系でもこのような現象が起こるのか不明だが，興味深い考え方である。ホログラム記録に応用すると硬化収縮の低下で記録のエラーが抑制されるという。

1.6　高耐候性UV硬化型塗料－無機・有機ハイブリッドの利用

耐候性塗料はここで述べるまでもなくプラスチックの屋外での利用とともに増大する。たとえばポリカーボネートは太陽光で黄変するが，塗料によって抑制できればガラスに代わる材料として利用は大きく広がる。

耐候性の高い塗料はフッ素系あるいはシロキサン系がよく知られている。フッ素系は高価なのでシロキサンを利用する例が多く，ゾル－ゲル反応を利用した耐候性UV硬化塗料もすでに市販されている。

最近報告された無機・有機ハイブリッド型UV硬化塗料はシロキサン骨格を持つが，アクリ

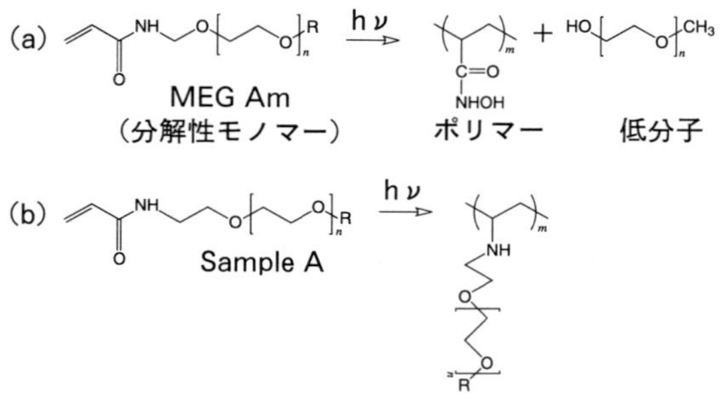

(a) MEG Am（分解性モノマー） hν → ポリマー ＋ 低分子

(b) Sample A hν →

図4　分解性アクリルアミド誘導体の光重合

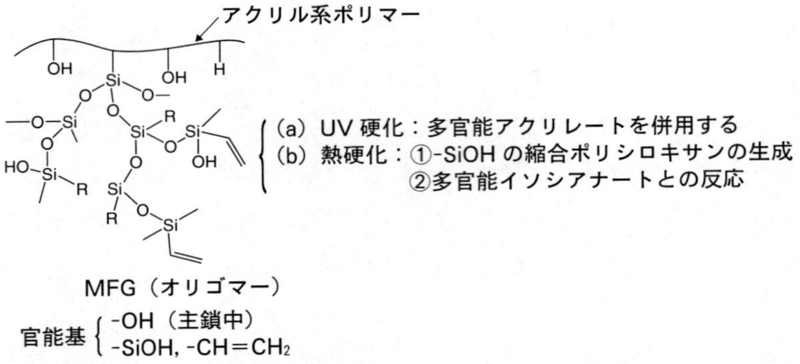

図5　高耐候性コーティング用無機・有機ハイブリッドオリゴマー

ルポリマー主鎖にケイ素原子を直結することにより耐候性を大幅に増加させている[21, 22]。構造の概略を図5に示す。ゾル－ゲル法で二重結合，ヒドロキシ基を持つポリシロキサンを作り，これとケイ素原子が主鎖に直結したトリアルコキシシリル基を持つアクリルポリマーと反応させる。もともとこのポリマーもヒドロキシ基を持つ。このようにして合成したオリゴマー（MFG）は多官能モノマーと組み合わせてUV硬化する。シロキサン含有量が15%以上で耐候性は優れており，ウエザー-O-メーターを用いた耐候性試験で5000時間で変色度$\Delta E < 2$で沖縄での実暴露は3年で60度グロス（光沢）は85%以上保持されており，フッ素系塗料並みの耐候性を示した。MFGはポリシロキサンおよびポリマー中のヒドロキシ基を利用する熱硬化あるいはイソシアナート基を利用する熱硬化も可能である。

1.7　高分子量光開始剤－食品包装材用インクの開始剤

このテーマは特に新しいテーマではない。すでに開始剤を高分子量化する試みはある。ただ，食品包装材のインクにUV硬化が利用できるという点が新しく，UV硬化の利用範囲が広くなる。課題はUV硬化物から低分子化合物（未反応開始剤，開始剤の分解生成物（たとえばベンズアルデヒドなど））の臭いと硬化塗膜表面への低分子化合物のブルーミング（しみだし）などが課題であり，開始剤の高分子量化が検討されている[23, 24]。図6には二官能のα-ヒドロキシケトンタイプとフェニルグリオキシレートタイプの例を挙げたが，その他チオキサントンやベンゾフェノンを利用するものもある。二官能をつないでいるのはエチレンオキシド鎖が主なもので，メチレンでつながれたものもある。すでにIrgacure 127やEsaure KIP150など二官能α-ヒドロキシケトンが市販されている。図6に示したように，硬化塗膜の臭いやブルーミングもさることながら黄変しにくいもの，開始剤が液状で混ぜやすいなどの特徴を持つものもある。

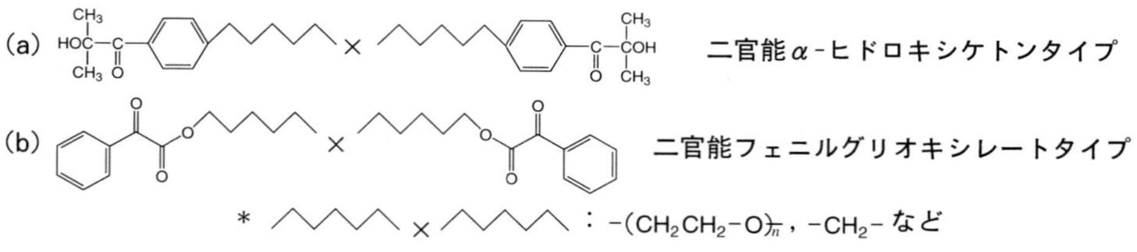

(a) 二官能 α-ヒドロキシケトンタイプ

(b) 二官能フェニルグリオキシレートタイプ

＊ ～～ × ～～ ： $-(CH_2CH_2-O)_n-$, $-CH_2-$ など

特徴
(a) 1 高反応性，架橋剤　2 空気下薄膜硬化可
　3 低拡散性　4 悪臭低下（ベンズアルデヒドなし）
(b) 1 液体で混合しやすい　2 低黄変性
　3 低拡散性　4 悪臭低下

図 6　高分子量化した二官能開始剤

1.8　実用化が期待される光塩基発生剤

UV 硬化の中でアニオン硬化はまだ実用例が少ない。基礎的には光塩基発生剤はかなり広く研究されているが，その用途がまだ十分検討されていないのが実情である。実用化された例としてフェロセン系の開始剤が α-シアノアクリレートの硬化で利用されており，アニオン重合であることがわかっている。

最近ポリイミド化の触媒や接着剤の触媒に光塩基発生剤を利用する報告があるのでその例[25, 26)]を紹介する。感光性ポリイミドは現在，ポリアミック酸のカルボキシル基にエステル結合で感光基を導入したり，イオン結合で導入されているが，光塩基発生剤を利用する感光性ポリイミドは光塩基発生剤を添加するだけで感光化が可能であるため調整が簡便で，ポリイミドの骨格に影響を与えないという特徴がある。生成するアミンをポリアミック酸からイミド化の触媒に利用する。光塩基発生剤として o-ヒドロキシ-trans-桂皮酸誘導体を使う。図 7 に光塩基発生剤の反

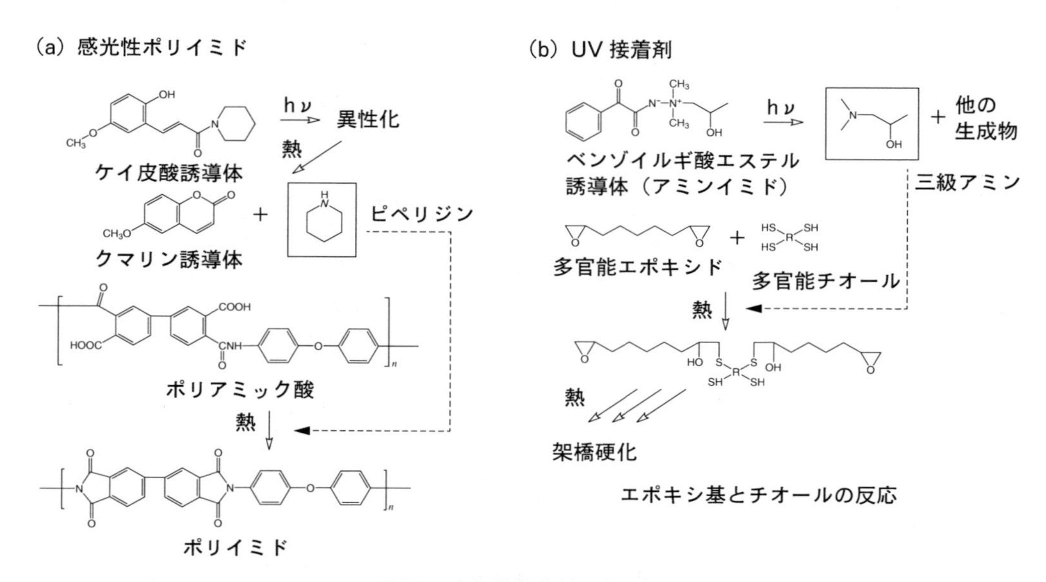

図 7　光塩基発生剤の応用例

応とイミド化の反応を示した。

UV 接着剤の例を示す[27]。ベンゾイルギ酸エステル誘導体（アミンイミド）を光塩基発生剤に利用して二官能のビスフェノールタイプのエポキシ化合物と四官能チオールの硬化触媒に利用する（図7）。

1.9 おわりに

UV 硬化技術はその応用分野が広くなり，その都度いろいろな技術が工夫され開発されてきた。今回の LED の登場はその傾向をさらに加速させると予想できる。今後の展開が期待される。

文　　献

1） J.Heahcote, *RadTech Report*, July/August, 23（2010）
2） M.Beck, RadTech UV&EB 2010, Baltimore, "UV-LED: Beyond the Early Adaptors"
3） G.Yang *et al*., RadTech UV&EB 2010, Baltimore "LED Curing-Reaction/ Behaviors of Various Ink to LED Based UV Souraces"
4） 角岡正弘　監修，LED-UV 硬化技術と硬化材料の現状と展望，シーエムシー出版（2010）
5） 文献4，p.61，藤本信一，「LED-UV 乾燥システムの枚葉印刷機への適用」
6） 文献4，p.76，池田秀樹，柴田信義，「省エネルギーで環境にやさしい LED-UV 印刷システム」
7） 文献4，p.86，大西　勝，「LED-UV 硬化インクジェットプリンタの特長とその可能性」
8） 文献4，p.99，杉本晴彦，「UV 接着と UV-LED 照射光源の特徴」
9） 文献4，p.171，渡辺　淳，「光学系接着剤－UV-LED 光源の最適化（チオール・エン系を中心に）」
10） 文献4，p.200，岡崎正之，「歯科用 LED 硬化材料および技術」
11） 文献4，p.154，岩澤淳也，「UV 硬化性樹脂－光源の違いによる物性比較と LED-UV 硬化用材料開発の技術動向」
12） 文献4，p.188，山本　誓，「LED-UV 硬化インキ」
13） 文献4，p.106，倉　久稔，「LED-UV 硬化用開始剤の選択法」
14） 文献4，p.121，樽本直浩，「LED-UV 硬化用高感度開始剤の開発」
15） 文献4，p.143，沼田繁明，藤村裕史，「UV-LED および VL-LED 用増感剤の開発」
16） Y.Ozaki *et al*., RadTech Asia 2011 ,Yokohama , Proc., p.230（2011）
17） 文献4，p.223，猿渡欣幸，「デンドリマーおよびハイパーブランチオリゴマーの UV 硬化材料への応用」
18） Y.Saruwatari, RadTech Asia 2011,Yokohama, Proc., p.216（2011）
19） J.A.Kang "Radiation curable Hyperbrached Polyesuteeru Acrlates", RadTech Europe 2007, Proc.（2007）
20） K.Matsuoka *et al*., RadTech Asia 2011 Yokohama, Proc., p.218（2011）
21） K.Uemura *et al*., RadTech Asia 2011, Yokohama , Proc., p.332（2011）
22） 高田泰廣，セミナー「ハードコートの黄変・硬化阻害対策と耐侯性の向上」，"3．高耐侯

性UV硬化型樹脂の設計とその用途展開", 技術情報協会（2010.11）
23）J.Benkhoff *et al.*, JCT Coatings Technol., April, 40（2007）
24）M.Viconti, 14 Difunctional Photoinitiators, p.153, in J.P.Fouassier Ed., Photochemistry and UV Curing: New Trends, Research Signpost（2006）
25）文献4，p.248，福田俊治，片山麻美，坂寄勝哉，「光塩基発生剤を活用する高感度感光性ポリイミドの開発」
26）M.Katayama *et al.*, RadTech Asia 2011, Yokohama,Proc., p.212（2011）
27）桐野学，冨田育義，*Polym. Preprints, Japan*，**59**（1），286（2010）

2　マレイミドアクリレートを利用したUV硬化材料

岡崎栄一*

2.1　はじめに

紫外線（UV）および電子線（EB）硬化技術は，ゼロエミッション，省エネルギー，高生産性などの優れた特徴を有するため，効果的に環境負荷低減が可能で，塗料，インキ，フォトレジスト，接着剤，ナノインプリントなどの材料に応用され，携帯電話や液晶テレビなど身近な産業分野において広く利用されるようになった。

このように応用される分野が広がるにつれて，材料に求められる性能が一段と高いレベルとなり，また，複数性能の両立あるいは新しい機能の付与も求められるようになってきている。

以上のような背景から，新規な材料への期待が高まっており，その一環としてマレイミド化合物の光硬化分野への応用が，1990年代半ばから盛んに検討されるようになった。

本節前半では，マレイミド化合物の光化学について概説する。後半では，市販されているマレイミドアクリレートおよびそのポリマーを例に，マレイミド基の反応性解析および光硬化型コーティング材料への応用について述べる。

2.2　マレイミド化合物の光化学

マレイミド化合物は，光硬化材料以外の分野において，古くから工業的に使用されている。例えば，マレイミドモノマーはスチレンやアクリルモノマーと共重合して耐熱性のあるポリマー材料として使用されているし，ビスマレイミドはアリル樹脂などと組み合わせて，熱硬化型樹脂として使用されている。

マレイミドの光反応では，二量化反応が古くから知られており，モノマレイミドの二量化およびビスマレイミドの分子間光重合反応は励起三重項経由で進むが，ビスマレイミドの分子内光環化反応は一重項励起錯体経由で進行することが報告されている（図1）[1,2]。

マレイミドの光二量化反応の応用例としては，ジメチルマレイミド基（DMI基）を有するポリマーの像形成材料への適用がある（図2）。DMI基の光感度は，同様に光二量化反応するポリけい皮酸ビニルと比較して非常に高いことが報告されている[3]。

1990年代半ば以降，マレイミド材料を光重合性の材料として応用し，光開始剤を使用する必要がないUV硬化樹脂（光開始剤フリーシステム）として利用する試みが盛んに行われるようになった。この光開始剤フリーシステムでは異なるいくつかのアプローチがなされており，マレイミドとビニルエーテルの交互共重合を利用したもの，マレイミドとアクリル系モノマー・オリゴマーの混合系，（ビス）マレイミドを単独で使用するものがある。

2.2.1　マレイミドとビニルエーテルの交互共重合

マレイミドとビニルエーテルの交互共重合は，電子吸引基であるマレイミド基と電子供与基で

---

*　Eiichi Okazaki　東亞合成㈱　アクリル事業部　高分子材料研究所　所長

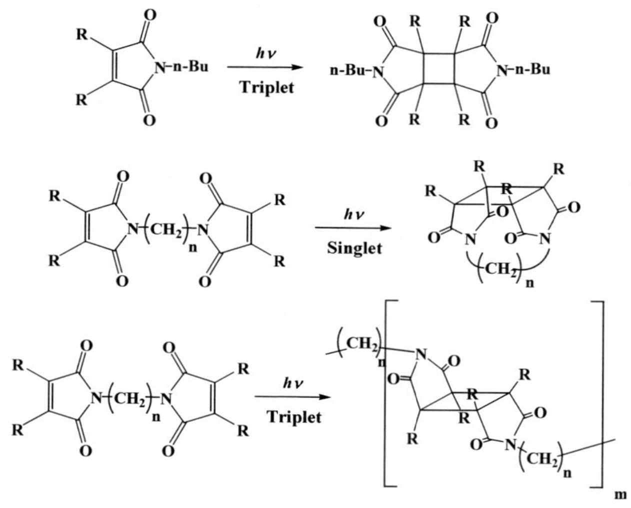

図1　マレイミドの光二量化反応

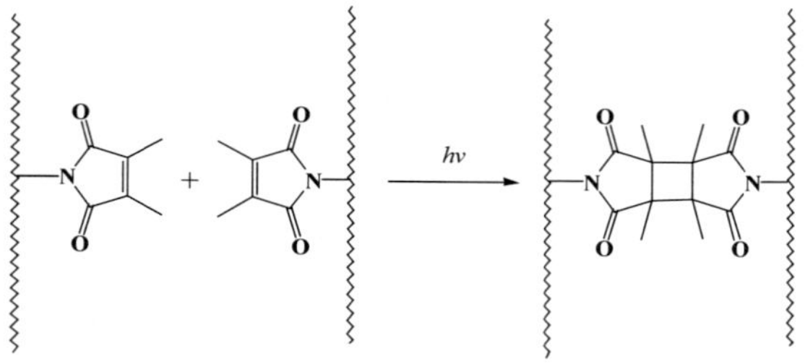

図2　DMI基を有するポリマーの架橋反応

あるビニルエーテル基が弱い電荷移動錯体（CTC）を形成し，UV照射により励起錯体（エキサイプレックス）となり，ビラジカルを経由し最終的には水素引き抜き反応により発生したラジカルが開始種となり，交互共重合を起こすというものである（図3）[4]。ラジカル種を利用した重合反応ではあるが，アクリル系材料とは重合成長末端の構造が異なるため酸素による重合阻害が少ないという特徴がある。

2.2.2　マレイミドとアクリル系モノマー・オリゴマーの混合系の反応

マレイミドとアクリル系モノマー・オリゴマーの混合系では，マレイミド材料としてモノマー・オリゴマー**1～5**[5]あるいはマレイミド基を有するポリマー**6**[6]の使用が提案されている（図4）。

本系はUV照射により励起されたマレイミドから発生したビラジカルが水素引き抜き反応を経て生成したラジカルが開始種となり，アクリル材料を重合させる。また，マレイミド基は光二量化反応あるいはアクリル材料との共重合によっても並行して消費されると考えられる（図5）。

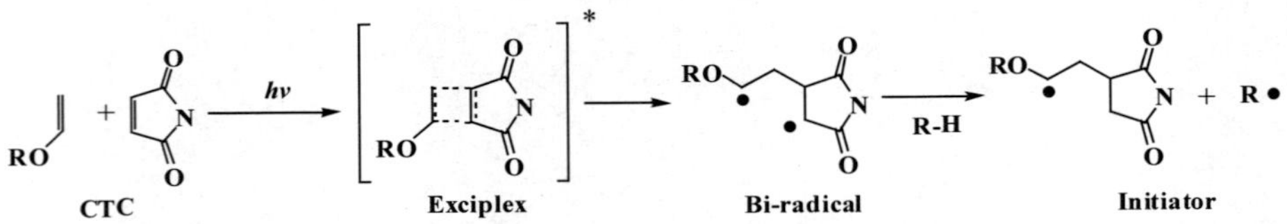

図3　交互共重合のメカニズム

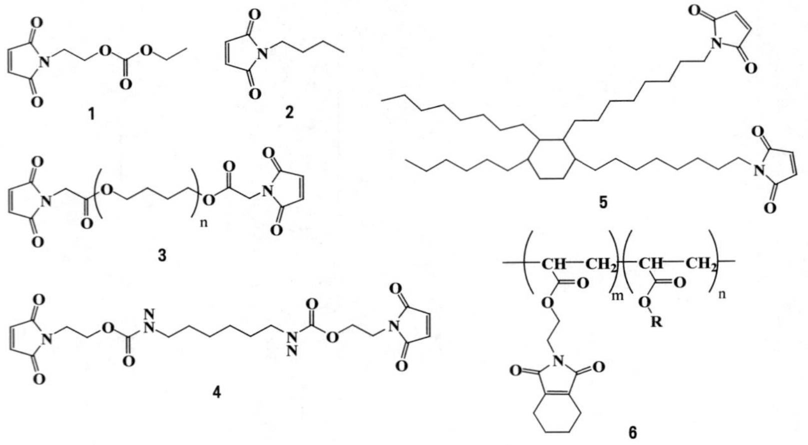

図4　マレイミド化合物の例

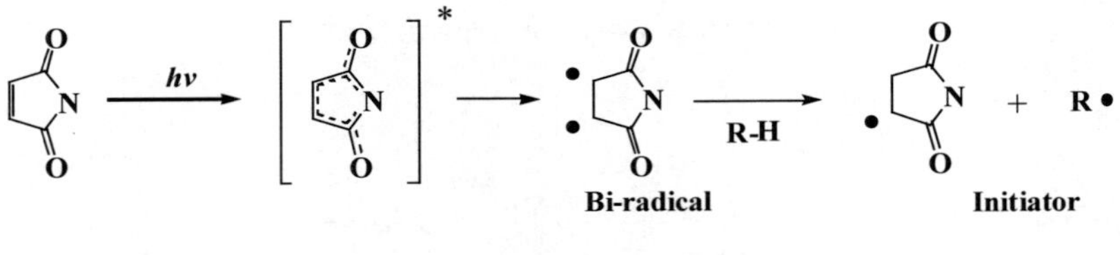

図5　マレイミドからのラジカル種の発生

この使用法では，重合の成長末端はアクリル系材料になるので，アクリル系材料と同程度の酸素による重合阻害を受けるが，従来から蓄積されているアクリル材料の知見を生かすことができるため有用である。マレイミドは紫外線照射により前述のような光二量化反応も起こすので，実際には重合反応と並行して光二量化反応も進行していると考えられる。

2.2.3　マレイミド単独の反応

マレイミドは単独でも，光二量化反応とラジカル重合の両方が進行する。ラジカル重合は，前述のように光照射により励起されたマレイミド基が，水素供与体から水素を引き抜き，マレイミド環上にラジカルが発生し，そのラジカルにより開始されると考えられる。

2.2.4　マレイミド環の置換基による反応性の差異

著者らはマレイミド環上の置換基の違いに着目し，その光反応の挙動の違いを調査している[7,8]。無置換マレイミドの場合，光二量化した反応生成物とラジカル重合反応により生成した比較的分子量の大きなポリマーの両方が生成する。一方，メチル基を1個有するメチルマレイミドの場合，主反応は光二量化反応で，ラジカル重合が少量進行し低分子量のポリマーが生成した。メチル基を2個有するジメチルマレイミドの場合，光二量化反応のみが進行する。表1に，モノマレイミドについて，マレイミド環上の置換基の違いによる生成物の違いをまとめた。

二置換マレイミド基はラジカル重合を引き起こさないため，二置換マレイミド基を有するアクリレートを他の（メタ）アクリルモノマーと共重合すると，マレイミド基を有したアクリルポリマーを合成することができる。

2.3　マレイミドアクリレートの特性

本項では，マレイミドアクリレート（東亞合成製アロニックスM-145）を用いて，マレイミド基の光反応性の解析方法およびその応用について述べる（図6）。

2.3.1　ラマン分光法を利用したマレイミド基の反応性解析

紫外線硬化型樹脂の反応率の測定については，様々な方法が提案されており，Photo-DSC，Real Time-IR，ゲル分率などが一般によく使用されている。

また，すでにマレイミドに関しては，リアルタイム-IRを用いて反応率追跡ができることが報告されている[4]。しかし著者らが，リアルタイム-IR法をマレイミドアクリレートの反応性解析に適用したところ，マレイミド基とエステルのカルボニル基の吸収が重なりあい，うまく測定ができなかった。

表1　マレイミドの光反応様式の比較

	マレイミドの光反応様式	
	光二量化反応	ラジカル重合反応
無置換体	進行する	進行する 高分子量体が生成
一置換体 （シトラコンイミド）	進行する	進行する 低分子量体が生成
二置換体	進行する	進行しない

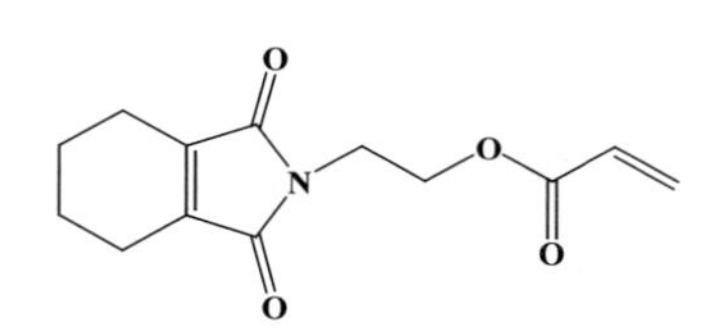

図6　マレイミドアクリレート（アロニックスM-145）の構造

図7にマレイミドアクリレートのIRスペクトルとラマンスペクトルを示した。IRでは1709 cm^{-1}のエステルカルボニル基の吸収が強すぎて，マレイミド環の炭素－炭素二重結合を独立して追跡することはできない。しかしながら，ラマンでは，マレイミド環の炭素－炭素二重結合とアクリロイル基の炭素－炭素二重結合の吸収がそれぞれ独立して1673 cm^{-1}と1640 cm^{-1}に観察される。

IRとラマン測定において，同じ化学結合に起因する吸収は同じ波数に現れるが，その強度は異なることが多いため，IRで分離できない吸収がラマンでうまく分離できることがあるが，これはその一例である。

図8にUV照射前および照射後のマレイミドアクリレートのラマンスペクトルを示した。UV照射時のマレイミド基とアクリロイル基の吸収の変化がそれぞれ独立にモニターできることがわかる。

次に，光開始剤の添加効果を見るために，光開始剤を添加してマレイミドアクリレートの反応性を追跡した。光開始剤としてはヒドロキシシクロヘキシルフェニルケトン（HCPK）を用いた。UV照射後のラマンスペクトルより計算したマレイミド基およびアクリロイル基のそれぞれの反応率を図9，10に示した。

マレイミド基の光反応では，誘導期は見られず，酸素による重合阻害に対し敏感ではないことがわかる。また，最終的に到達する反応率は比較的低い（20～50%）ことがわかった。これはラジカル重合により生成したアクリルポリマーによりマレイミド基の運動性が制限され反応性が低下したものと思われる。

また光開始剤HCPKを添加するとより反応率が低下したが，これはHCPKの添加によりアクリロイル基の反応が速く進行して硬化が進み，このためマレイミド基の運動性が低下したためと思われる。図11に示すようにHCPKとマレイミドアクリレートは，ほぼ同じ領域にUV吸収帯を有するため，マレイミド基が吸収する光量が低下した可能性もある。

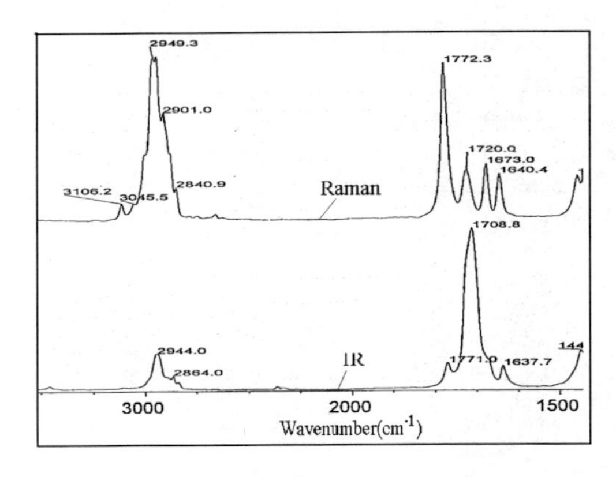

図7　マレイミドアクリレートのラマンスペクトルおよびIRスペクトル

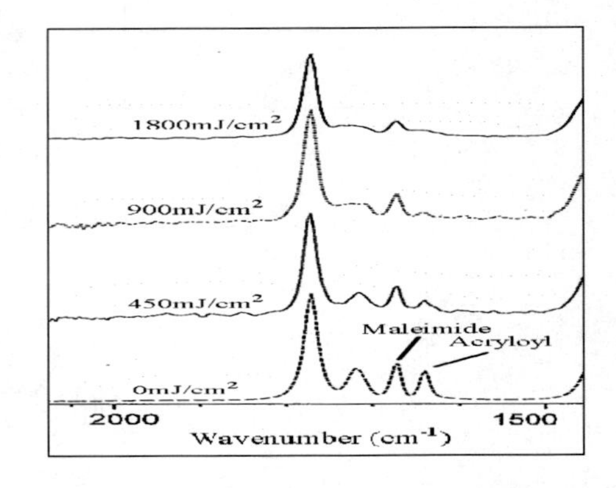

図8　光照射過程におけるマレイミド基およびアクリロイル基の吸収の変化

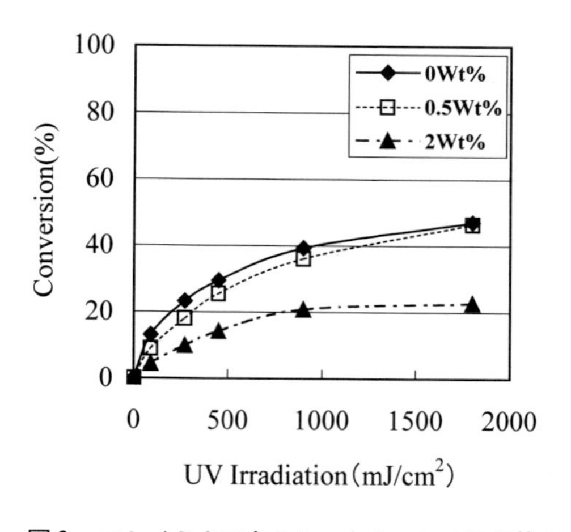

図9　マレイミドアクリレートのマレイミド基の反応率推移

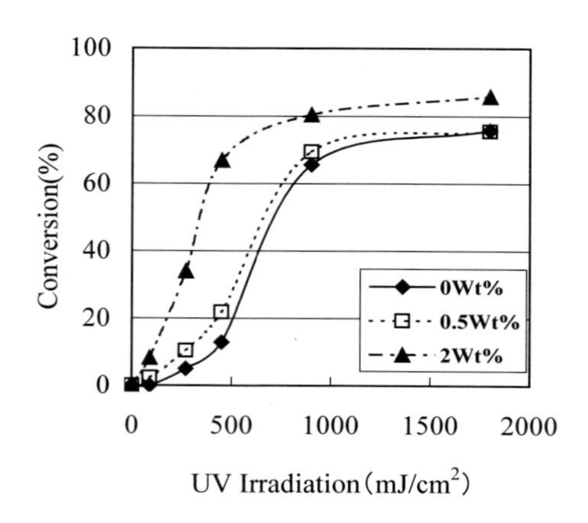

図10　マレイミドアクリレートのアクリロイル基の反応率推移

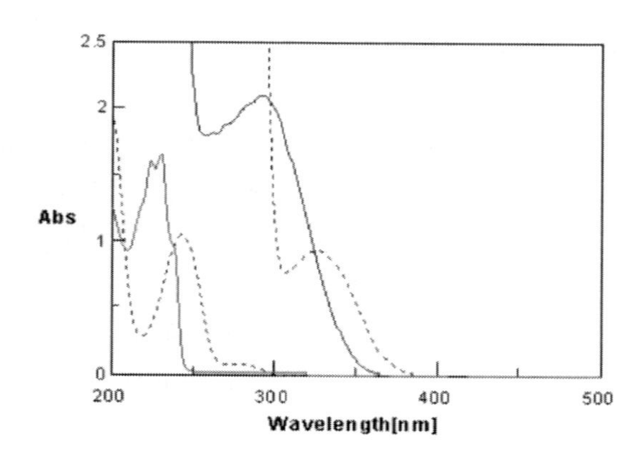

図11　マレイミドアクリレート（実線）および HCPK（破線）の UV 吸収

一方，アクリロイル基の反応率は高い傾向にあるが，特に光開始剤を添加しない場合あるいは添加量が少ない場合には顕著に誘導期が見られ，単官能アクリレートには典型的なS字カーブが得られた。光開始剤の添加により反応率は増大した。

2.3.2　コーティング剤への応用

コーティング剤への応用を想定したモデル実験として，マレイミドアクリレートを6官能アクリレートであるジペンタエリスリトールヘキサアクリレート（DPHA）に配合して，硬化性（タックフリータイム）および鉛筆硬度を比較した（表2）。

マレイミドアクリレートを50部配合した場合，硬度は低下するものの，光開始剤を使用した場合と同等の硬化性が得られていることがわかる。マレイミドアクリレートを10部配合の場合は，硬化性は低下するが，DPHA と同等の硬度を維持している。

これらのモデル実験では，光開始剤を使用せずに，完全に硬化性および硬度を維持することは

表2　アロニックスM-145配合物の硬化特性（光開始剤フリー）

	Run1	Run2	Run3
アロニックスM-145	50部	10部	
アロニックスM-402（DPHA）	50部	90部	100部
ベンジルジメチルケタール（BDK）			2部
硬化性（タックフリータイム）	2パス	4パス	2パス
鉛筆硬度	4H	6H	6H

塗布：バーコーター塗布，膜厚約3μm
UV照射条件：80 w/cm高圧水銀，h ＝ 10 cm，Speed ＝ 10 m/min，
積算光量UV-A（約250 mJ/cm^2）
基板：ボンデライト鋼板

できていないが，配合組成を工夫したり，照射量を増大するなど硬化条件を工夫することにより，光開始剤を使用しないコーティング剤が実現できる可能性があると考えられる。

2.4　マレイミドアクリレートポリマーの特性

本項では，マレイミドアクリレートポリマー（東亞合成製アロニックスUVT-302）を例として用い，光硬化型コーティング剤としての応用について述べる。UVT-302は，東亞合成が光硬化型コーティング用原料として設計したマレイミド基を側鎖に有するアクリルポリマーである。（図12）また，表3にアロニックスUVT-302の性状を示した。固形分濃度が40%程度の溶液で供給される。

表4に2官能アクリレートTPGDAおよび3官能アクリレートEO-TMPTAにUVT-302を配合した場合の各種硬化特性を示した。TPGDAやEO-TMPTAにUVT-302を配合しても硬度の低下はなく，耐溶剤性の低下も見られない。また，硬化速度の大きな向上が見られ，さらに光開始剤濃度を1/4倍に削減しても，十分な硬化性を示すことがわかる。つまり，UVT-302を配合することにより，塗料の硬度や耐溶剤性は維持したまま，使用する光開始剤の添加量を削減できる可能性がある。

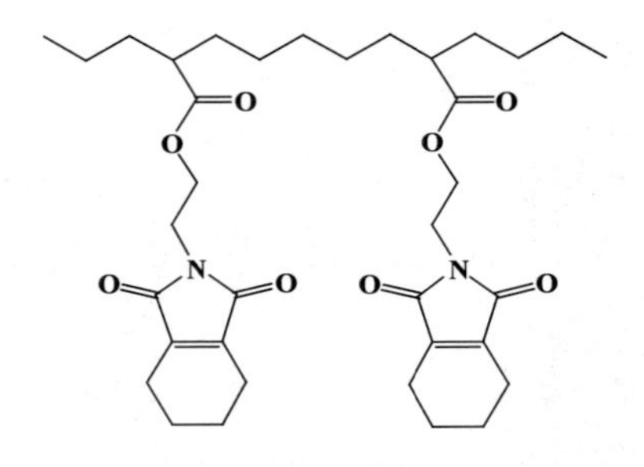

図12　マレイミド基を側鎖に有するアクリルポリマー

表3　アロニックスUVT-302の性状

外観	淡黄色透明液体
固形分濃度	38 ～ 42% （溶剤：酢酸イソブチル）
粘度（25℃）	10 ～ 100 mPa•s

表４　UVT－302 の紫外線硬化特性

		Run1		Run2		Run3	Run4
アロニックス UVT－302		125 部 （固形分 50 部）		125 部 （固形分 50 部）			
アロニックス M－350（EO－TMPTA）		50 部				100 部	
アロニックス M－220（TPGDA）				50 部			100 部
イルガキュア 651（BDK）		2 部	0.5 部	2 部	0.5 部	2 部	2 部
硬化性（タックフリータイム）		2 パス	3 パス	3 パス	4 パス	17 パス	35 パス
鉛筆硬度（基材：ボンデライト鋼板）		3 H		H		3 H	2 H
耐溶剤性（アセトンラビング）		50 回以上		30 回		50 回以上	50 回以上
密着性	ボンデライト鋼板	100		100		0	0
	ポリカーボネート	100		100		100	100
	ポリ塩化ビニル	100		100		20	100
	ポリ MMA	100		100		0	0
	ABS	100		100		100	100
	ポリスチレン	100		100		0	0
	ゼオノア	0		0		0	0
	ゼオノア（コロナ処理）	0		100		0	0
	アートン	0		0		0	0
	アートン（コロナ処理）	95		60		0	0
	PET	0		0		0	0
	PET（コロナ処理）	100		100		0	0

塗布：バーコーター塗布，乾燥後膜厚約 10 μm
乾燥条件：熱風オーブンにて，80℃で 5 分乾燥した。
UV 照射条件：80 w/cm 高圧水銀，h = 10 cm，Speed = 10 m/min，積算光量 UV－A（約 250 mJ/cm^2）
密着性は，碁盤目セロテープ剥離試験後の残目数で示した。

前述のように，マレイミド基が紫外線照射時に光二量化するとともにラジカルを発生するためと考えており，ポリマー自身が架橋を引き起こしたため硬度あるいは耐溶剤性の低下がなく，同時に，光ラジカル開始剤の役割も果たしているためと推定している。また，各種プラスチックに対する密着性も UVT－302 の配合により向上していることがわかる。

最後に，マレイミド化合物を使用する際の注意点について触れる。マレイミド基の吸収波長は 380 nm 以下であることから，芳香族系の材料を混合する場合や顔料や紫外線吸収剤を配合する場合には，紫外線が十分に透過せず，結果的に硬化不足となることがある。感度向上のために増感剤を使用するとよい。ベンゾフェノン類やチオキサントン類などの三重項増感剤が好適で，特にチオキサントンは三重項状態の寿命が長いため効果が高い[3]。

文　献

1）J. Put, F. C. De schryver, *J. Am. Chem. Soc.*, **95**, 137（1973）
2）F. C. De Schryver, N. Boens, G. Smets, *J. Am. Chem. Soc.*, **96**, 6463（1974）
3）H. Zweifel, *Photographic Science and Engineering*, **3**, 114（1983）
4）S. Jonsson, J. Hultgren, P. Sundell, M. Shimose, J. Owens, K. Vaughn, C. E. Hoyle, *RadTech95. Conference Proc. Academic day*, 34（1995）
5）上田喜代司，工業材料，107（2002）
6）E. Okazaki, *RadTech Europe, Proceedings*, 729（2001）
7）E. Okazaki, *RadTech Asia, Proceedings*, 670（2005）
8）岡崎栄一，東亜合成研究年報，13（2006）

3　アミンイミドを基本骨格とした熱，光塩基発生剤の開発と架橋剤としての利用

桐野　学[*1]，冨田育義[*2]

3.1　はじめに

接着剤，注型剤，コーティング剤などを重合硬化させるための触媒成分として，通常の保管条件（例えば室温，暗所，密閉保管など）では活性を示さず，加熱や光照射などの外部刺激により活性を示す「潜在性触媒」を用いると，一液型の硬化システムを構築できるため，目的とする硬化条件に適合した潜在性触媒を開発することは工業的に極めて有用である。光硬化システムとしては，光ラジカル開始剤とアクリレートモノマーによる光ラジカル硬化システム，および光カチオン発生剤とエポキシ樹脂による光カチオン硬化システムが広く工業的に利用されている。しかしながら一般にラジカル硬化系は酸素による重合阻害が発生すること，硬化収縮が大きいこと，カチオン硬化系は湿分による重合遅延，発生した酸による金属部材の腐食などの問題が懸念され，これらの解決が課題となっている。これに対し，潜在性触媒として光照射により塩基を発生する「光塩基発生剤」を用いると，酸素および湿分による重合阻害が発生しにくく，またエポキシ，ウレタン，アルコキシシランの縮合など，触媒として作用する樹脂系が多様である利点が考えられることから，特に近年種々の光塩基発生剤が盛んに研究されている[1,2)]。

一方，熱硬化システムとしては過酸化物などの熱ラジカル開始剤とアクリレートモノマー，スルホニウム塩などの熱カチオン開始剤とエポキシ樹脂のシステムなどが用いられているが，それぞれ光硬化系と同様の重合阻害などの問題がある。これらの問題が少ない塩基系の一液加熱硬化システムとしては，エポキシ樹脂にジシアンジアミドやイミダゾール類を熱塩基触媒として用いた系が広く利用されているが[3)]，これらは室温で固体の触媒微粒子を樹脂に分散し，加熱により触媒が溶解して活性になる機構を利用した潜在性システムであり，硬化物の透明性の不足や，触媒粒子が浸透できない微細含浸用途において硬化不良が発生する，という問題がある。このため樹脂に溶解するタイプの熱塩基発生剤が求められているが，そのような熱塩基発生剤の報告例は少ない。

光塩基，熱塩基発生剤に求められる特性としては，樹脂への溶解性が高いこと，低い加熱温度または光照射により効率よく強い塩基を発生すること，混合後の樹脂システムおよび化合物そのものの保管安定性が高いこと，などがあげられる。

熱塩基発生剤の数少ない報告例として，アミンイミド（aminimide）類がある。アミンイミドは分子内に$N^{-}-N^{+}$イリド構造を有する化合物であり，加熱によりクルチウス転位を経て対応するイソシアナートと三級アミンを発生することから[4,5)]，溶解型の熱塩基発生剤としてエポキ

＊1　Manabu Kirino　㈱スリーボンド　研究開発本部
＊2　Ikuyoshi Tomita　東京工業大学　大学院総合理工学研究科　物質電子化学専攻
准教授

シ樹脂硬化システムへの利用が検討されている[6,7]。また，カルボニル基に芳香環が直接結合したベンジミド骨格を持つアミンイミドは，熱転位に加え，光照射により $N^{-}-N^{+}$ 結合が開裂してアミドと三級アミンを発生することが報告されており[8]，エポキシとチオールの重合における光塩基発生剤としての利用が検討されている[9,10]。すなわち，アミンイミドは熱，光塩基発生剤の両方の活性を有する他にない特徴を有した化合物であると言える。しかしながら，これまでに報告されているアミンイミド化合物は，熱塩基活性，光塩基活性とも充分に高いものではなかったため，あまり利用されてこなかったように思われる。そこで筆者らはこのような特徴を持つアミンイミド化合物に着目し，熱活性および光活性を高めたアミンイミドの分子設計を行い，その結果，高い熱塩基活性または高い光塩基活性を兼ね備え，さらに光ラジカル開始剤としても高い活性を有するアミンイミド化合物を新たに合成し報告した[11~17]。本節では，その特性と，エポキシ樹脂系を中心とした潜在性触媒としての利用について述べる。

3.2　アミンイミドの合成

アミンイミド誘導体は，Slagel の方法[18]を用いて合成した。これは等モル量のエステル化合物，非対称ヒドラジン化合物，エポキシ化合物をアルコールなどの極性溶媒中で室温～55℃程度の温和な条件で攪拌するだけで対応する置換基を有するアミンイミドがほぼ定量的に得られる優れた方法である（図1）。

3.2.1　熱活性を向上させたアミンイミドの合成

アミンイミドの熱活性を向上させるためには，より低温から速やかにアミンイミドのクルチウス転位が進行するような分子設計を行えばよいと考えられる。筆者らはアミンイミドの置換基と熱活性についての関係を検討し，クルチウス転位において置換基がカルボカチオン状態を経ることに着目し，カルボニル基側の置換基の不均一解離エネルギー（置換基がカルボカチオンとなるときのエネルギー）が小さい置換基ほど，クルチウス転位が速く進行する傾向を見出した。これに基づき，不均一解離エネルギーが小さい置換基であるベンゾイル基を含むアミンイミド（BFI，表1）を，ベンゾイルギ酸メチル，1,1-ジメチルヒドラジン，プロピレンオキシドから収率95%で合成した。熱重量測定（TG/DTA）により，従来報告のあるアミンイミドの熱分解温度（156.2～212.1℃）[19]と比較してBFIが格段に低い熱分解温度を示すこと（表1），NMR測定によりBFIが重DMSO溶液中80℃以上で分解することを確認した。BFIの熱分解は既知のアミンイミドと同様にクルチウス転位機構で進行し，対応するヒドロキシ三級アミンとイソシアナートを生成する（図2）。これらの結果から，BFIが従来よりも低温から三級アミンを発生す

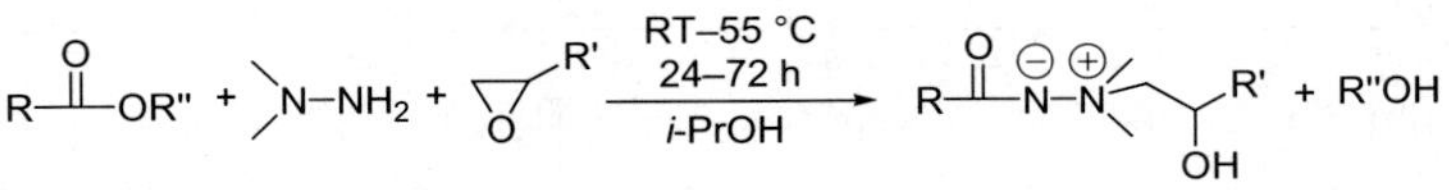

RT–55 °C, 24–72 h, *i*-PrOH

図1　アミンイミドの合成方法

表1　BFIと，パラ位に置換基を導入したBFIの性状

	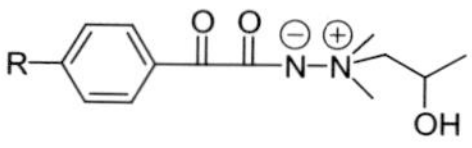 R:	T_d *1 (℃)	λ max *2 (nm)
BFI	H	106.3	249
N-BFI	NO_2	114.9	266
M-BFI	OCH_3	101.0	287
DMA-BFI	$N(CH_3)_2$	99.3	348

＊1　TG/DTA測定による（昇温速度：1℃/min）
＊2　メタノール溶液（7.0×10^{-5} M）

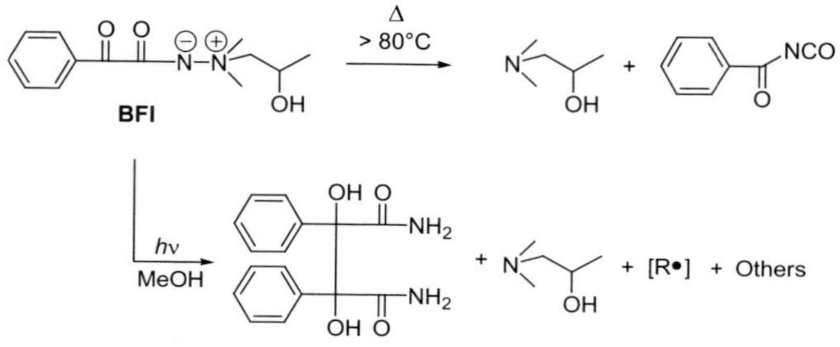

図2　BFIの熱，光分解生成物

る，高活性の熱塩基発生剤であることがわかった[11]。

3.2.2　光活性を向上させたアミンイミドの合成

アミンイミドの光活性を向上させるため，カルボニル側の置換基として種々の発色団，助色団を導入したアミンイミドを合成し，これをエポキシとチオールの重合触媒として用い，光照射前後の反応挙動を示差走査熱量測定（DSC）を用いて測定し，それぞれの光塩基発生剤としての活性を調べた。合成した種々のアミンイミドのなかで，先に述べたBFIは高い光塩基活性を示した[12, 13]。図3に，従来報告のある*p*-ニトロベンゼンを置換基に持つアミンイミド（NBI）[10]を用いた場合を比較としてそのDSCカーブを示す。紫外線照射前のカーブは熱塩基活性を，紫外線照射後のカーブは光塩基活性をあらわすが，BFIを用いた場合，NBIと比較して紫外線照射前後とも格段に低温から反応を開始していることから，BFIが熱塩基活性，光塩基活性ともに高い活性を示す熱，光塩基触媒であることがわかる。

BFIのメタノール溶液に光照射を行うと，多種の化合物が生成する。その全てを同定するには到っていないが，比較的少量のジアミドと三級アミンの発生を確認している（図2）。光照射後のエポキシとチオールの反応は，この三級アミンを含む光発生した塩基性成分が触媒として働いていると考えられる[12, 13]。

3.2.3　BFIの芳香環パラ位への置換基の導入と熱，光活性

BFIの熱，光活性をさらに向上させるため，対応するエステル化合物を用い，BFIの芳香環パ

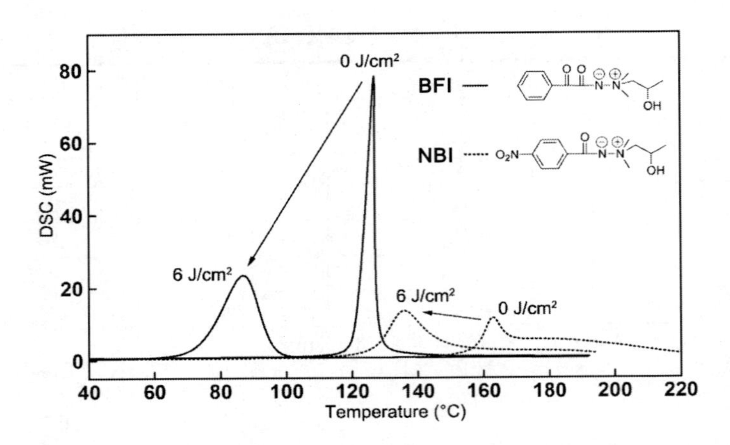

図3　エポキシ－チオール－アミンイミド系組成物の紫外線（6 J/cm²）照射前後のDSCカーブ
組成：ビスフェノールAジグリシジルエーテル（2.0×10^{-3} mol），ペンタエリスリトールテトラキス（3-メルカプトプロピオネート）（1.0×10^{-3} mol），ベンジルアルコール（溶媒，1.0×10^{-3} mol），アミンイミド（BFIまたはNBI，1.0×10^{-4} mol）

ラ位に置換基が導入されたアミンイミドを合成した。熱活性についてはパラ位置換基の電子供与性が大きいほど熱分解がより低温から開始し（表1），熱活性が高くなる傾向が認められた[14]。これはパラ位の置換基の電子供与性が大きいほどクルチウス転位における転位基のカルボカチオンが安定化されるためと考えられる。一方，パラ位の各置換基は助色団として働くことから光活性も変化する。パラ位への置換基の導入により最大吸収波長，モル吸光係数とも増大した（表1，図4）。しかしながらエポキシとチオールの重合触媒として評価を行うと，パラ位への置換基の導入は必ずしも光塩基活性の向上にはつながらず，N-BFIやDMA-BFIは光照射後もDSC反応開始温度の低下が少なく，光塩基活性は低いものであった（図5）。これは，光分解効率や化合物のフォトブリーチングの程度が影響しているものと考えられる[15]。

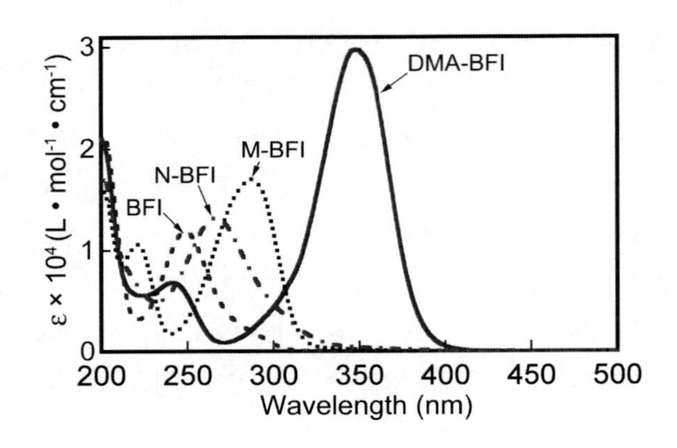

図4　パラ位置換BFIのUV-visスペクトル（メタノール溶液，7.0×10^{-5} M）

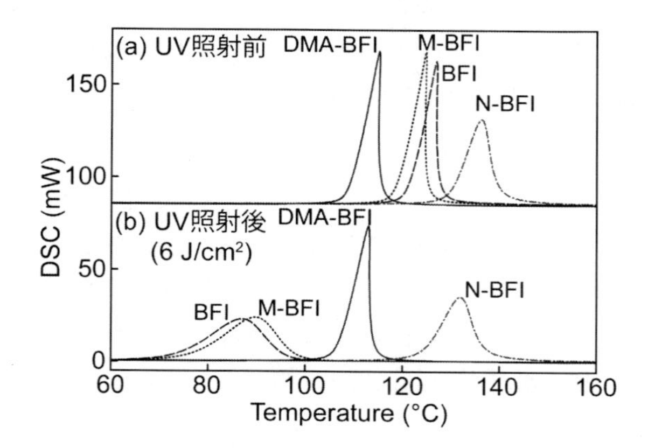

図5　エポキシ－チオール－パラ位置換BFI組成物の紫外線（6 J/cm²）照射前後のDSCカーブ
組成：ビスフェノールAジグリシジルエーテル（2.0×10^{-3} mol），ペンタエリスリトールテトラキス（3-メルカプトプロピオネート）（1.0×10^{-3} mol），ベンジルアルコール（溶媒，1.0×10^{-3} mol），各アミンイミド（1.0×10^{-4} mol）

3.3　BFIの光ラジカル開始剤としての特性

図2に示したBFIの光分解におけるジアミドの生成からは，光照射によりアミンイミドの$N^{-}-N^{+}$結合が開裂して生成したナイトレンの水素引き抜き反応や，ベンゾイル部位のカルボニルの水素引き抜き反応によるラジカルの発生の可能性が考えられる。光照射によるラジカルの発生を確認するために，BFIを2-ヒドロキシエチルメタクリレート（HEMA）に溶解し紫外線を照射すると，HEMAは重合硬化した。この系にラジカル補足剤としてTEMPOを加えると反応が遅くなったことから，この重合機構がアクリレートのラジカル重合であることが確認できた。HEMAのビニル基の消失をIR測定で追跡して得た転化率カーブを図6に示す。BFIが市

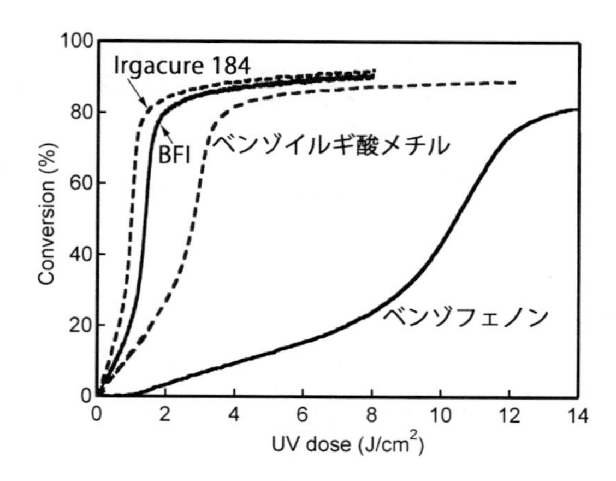

図6　HEMAと各開始剤との組成物に対する紫外線照射積算光量と光ラジカル重合転化率
組成：HEMA（1.0×10^{-2} mol），BFIまたは各開始剤（4.0×10^{-5} mol）

販の光ラジカル開始剤と同等以上の開始能を示す高活性の光ラジカル開始剤としても機能することがわかる[12]。なお，表1に示したパラ位置換BFIはいずれも光ラジカル開始剤として機能したが，その活性は，光塩基としての活性同様に置換基の導入により必ずしも向上するものではなかった[15]。

3.4 BFIを架橋剤として利用した接着剤の開発

以上のようにBFIは高活性の熱塩基発生剤，光塩基発生剤，光ラジカル開始剤として機能する。BFIのパラ位にメトキシ基などの置換基を導入することでそれぞれの活性を向上させることができたが，無置換のBFIでも充分高い活性を持っており，原料入手の容易性などを考慮して以降本節ではBFIを架橋剤（潜在性触媒）として用いることとした。

なお，BFIは室温で結晶状の固体であり，室温，遮光状態では数年以上分解せず安定である。ヘキサンなどの低極性溶媒には不溶であるが，エポキシ樹脂，アクリルモノマーに可溶であり，アルコールなどの高極性溶媒に易溶である。また水にも自由に溶解することから，水溶性の潜在性塩基／光ラジカル開始剤としても期待できる。塩基で重合促進できる硬化システムはエポキシ，ウレタン，シリコーンなど，様々な樹脂系と用途が考えられるが，本節ではエポキシ樹脂系を中心として種々の接着剤システムを調整した結果について述べる。

3.4.1 エポキシ樹脂の単独硬化システム

ビスフェノールA型エポキシ樹脂（DIC EXA-850CRP）（100部）にBFI（14部）を溶解した組成物を用い，種々の硬化条件で鋼板同士を接着したときの引張せん断接着強さを図7に示す。80℃以上の加熱によりスムーズに硬化し，特に120℃以上で硬化させた場合，非常に高い接着力が得られた。アミンイミド類を熱潜在性塩基として用いたエポキシ樹脂硬化物は高い接着力を示すことが以前より報告されているが[6]，BFIにおいても同様の結果となることが示された。この

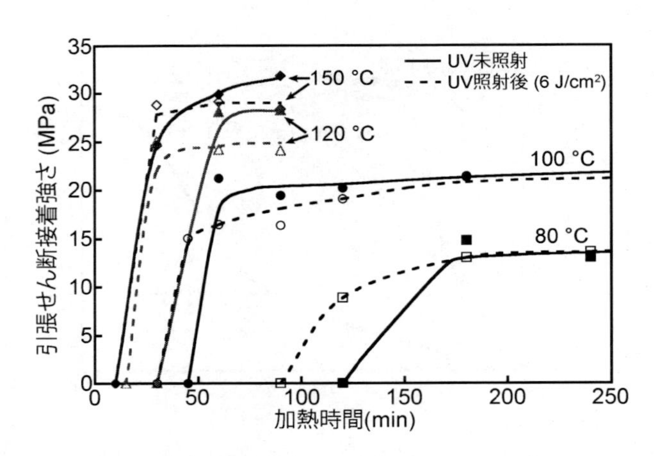

図7 紫外線照射の有無と各硬化温度・時間におけるエポキシ樹脂－BFI組成物の鉄／鉄引張せん断接着強さ

高い接着力の理由は明確にはなっていないが，BFIから熱発生した三級アミンによるエポキシ樹脂の硬化が，イミダゾールなどの触媒に比べてゆっくりと進行することから硬化物中の内部応力が少ないこと，三級アミンと同時に発生するイソシアナートが樹脂や部材表面の水酸基とウレタン結合を形成することなどの影響が可能性として考えられる。加熱前に紫外線を照射すると，塩基をあらかじめ発生させることができるため，接着力発現に必要な時間を短縮することができ，特に加熱温度が低い場合その効果が顕著である[16)]。

3.4.2　エポキシ樹脂とポリチオールからなる硬化システム

エポキシ樹脂とポリチオールからなる硬化システムは前述したが，エポキシとチオールの反応は，塩基触媒存在下では室温でもスムーズに進行するため，光照射後加熱を行わず室温でも硬化が可能である。例えば図3の実験においてBFIを用いた組成物は紫外線（6 J/cm^2）照射後室温でも重合が進行し，100分でエポキシとチオールの反応がほぼ完全に終了する。この性質を利用すると，紫外線照射後に貼り合わせ接着を行うことで，光硬化型樹脂でありながら鉄同士などの不透明材料の接着が可能となる。また，紫外線照射量により発生する塩基の量を調節できるため，紫外線照射量を調節することで，硬化時間を望み通りにコントロールすることができ，雰囲気温度の調節を併せて行うことで紫外線照射直後に硬化させることも可能である[12)]。

3.4.3　エポキシ樹脂とアクリレート樹脂からなる光－熱デュアル硬化システム

光硬化型樹脂に新たな機能を付与できるシステムとして種々の光硬化と熱硬化を併用するデュアル硬化システムが提案されている[20, 21)]。エポキシ樹脂とアクリレート樹脂の混合物にBFIを触媒として使用すると，光照射によりBFIが光ラジカル開始剤として機能しアクリレートが光ラジカル重合し，その後加熱することで発生した三級アミンによりエポキシ樹脂がアニオン重合する，光ラジカル－熱アニオンデュアル硬化システムを簡便に構築することができる。一例として，ビスフェノールA型エポキシ樹脂（JER828，100部）とEO変性ビスフェノールAジアクリレート（日立化成FA-321A，100部）とBFI（14.5部）から成る組成物を用いてガラス－鉄のせん断接着試験を行った。紫外線（6 J/cm^2）照射後はアクリレート成分のみが重合しゴム状の硬化物を形成し再剥離可能な程度の弱い接着力を示した。その後120℃で3時間加熱硬化させることによりエポキシ樹脂が重合して強靭な硬化物となり，ガラス側が材料破壊する強い接着力を示した。この性質は例えば紫外線照射による仮固定後，加熱による最終接着を行うといった用途へ利用できる。なおこのデュアル硬化後の硬化物は茶色の着色があるものの透明であり，DMA測定やSEM観察から，エポキシ樹脂とアクリレート樹脂が光学的に不透明となるような不均一な相分離構造ではなく，比較的均一なIPN構造を形成していることが示唆されている[17)]。

3.5　おわりに

本節では熱活性，光活性の高いアミンイミドとして新規に合成したBFIを中心に，エポキシ樹脂系を中心としたその潜在性触媒としての応用について述べた。なおこの他にもBFIがエポキシとジシアンジアミド，エポキシと酸無水物類，エポキシとフェノール類，イソシアナートとポリオール，アルコキシシランの縮合などの種々の樹脂系の重合の熱，光塩基触媒として機能することを確認している。またアミンイミド類は熱活性，光活性，モノマーへの溶解性についてそれぞれ別個に分子設計を行うことが可能であり，本節で述べた高活性の熱，光塩基発生剤，光ラジカル開始剤としての機能を有しつつ室温で液状で樹脂への溶解が容易なアミンイミド類，あるいは熱活性は低く光活性のみが高いアミンイミド類，などの特徴を持つアミンイミドの合成にも成功している。

これまで述べてきたように，アミンイミド類は合成が簡便で種々の置換基を比較的容易に導入でき，水，有機溶媒，モノマー類に可溶で，高活性かつ熱塩基，光塩基，光ラジカル開始剤という複数の機能を併せ持つ特徴ある化合物である。この性質を活かして種々の特徴ある樹脂硬化システムが実現可能になると考える。

文　献

1）陶山寛志，白井正充，高分子の架橋と分解，p171，シーエムシー出版（2004）
2）K. Suyama, M. Shirai, *Prog. Polym. Sci.*, **34**, 194（2009）
3）大橋潤司，総説エポキシ樹脂第1巻，p186，エポキシ樹脂技術協会（2003）
4）犬伏眞造，遠藤剛，田附重夫，反応性モノマーの新展開，p72，シーエムシー出版（1988）
5）W. J. McKillip *et al.*, *Chem. Rev.*, **73**, 255（1973）
6）S. Inubishi, T. Ikeda, S. Tazuke, *J. Polym. Sci., Part A: Polym. Chem.*, **26**, 1779（1988）
7）新保正樹 編，エポキシ樹脂ハンドブック，p229，日刊工業新聞社（1987）
8）S. Freeman, M. J. P. Harger, *J. Chem. Res.*, 192（1988）
9）S. Katogi, M. Yusa, *J. Polym. Sci., Part A: Polym. Chem.*, **40**, 4045（2002）
10）S. Katogi, M. Yusa, *J. Photopolym. Sci. Technol.*, **15**, 35（2002）
11）M. Kirino, I. Tomita, *Macromolecules*, **43**, 8821（2010）
12）M. Kirino, I. Tomita, *J. Polym. Sci., Part A Polym. Chem.*（2011）（DOI：10.1002/pola.25924）
13）M. Kirino, I. Tomita, *Polym. Prepr.*, **59**（1），286（2010）
14）M. Kirino, I. Tomita, *Polym. Prepr.*, **59**（1），453（2010）
15）M. Kirino, I. Tomita, *Polym. Prepr.*, **59**（1），454（2010）
16）M. Kirino, I. Tomita, *Polym. Prepr.*, **59**（2），2650（2010）
17）M. Kirino, I. Tomita, *Polym. Prepr.*, **59**（2），2651（2010）
18）R. C. Slagel, *J. Org. Chem.*, **33**, 1374（1968）
19）M. Kirino, F. Sanda, T. Endo, *J. Polym. Sci., Part A: Polym. Chem.*, **38**, 3428（2000）
20）S. Peeters, Radiation Curing in Polymer Science and Technology III, p177, Elsevier（1993）
21）市村國宏，UV硬化の基礎と実践，p96，米田出版（2010）

4 UV硬化型テレケリックポリアクリレート

中川佳樹*

4.1 はじめに

UV硬化型樹脂は，その速硬化性や微細加工性の特徴を活かし，産業上の様々な分野で利用されている。UV硬化性樹脂の多くのものは，単官能あるいは多官能の反応性基を有する低分子量化合物である。低分子量UV硬化性化合物は，粘度が低く，塗工性に優れている。一方，硬化する際に反応するアクリロイル基などの官能基の密度が高いために，その反応に伴い発生する硬化収縮が問題になることがある。また，未硬化の低分子量化合物が残留した場合には，その臭気などが問題になることもある。さらに，硬化後の樹脂の機械物性においても限界がある。これらの課題を解決するために，高分子量のUV硬化性樹脂が利用されている。代表的なものとしては，ウレタンアクリレート，アクリルアクリレートが挙げられる（図1）。

硬化後の樹脂に柔軟性やゴム弾性を持たせる場合には，多くの場合，ウレタンアクリレートが利用される。ウレタンアクリレートは，その主鎖のポリウレタンの物性を柔軟にすることが可能であり，UV硬化で架橋するアクリロイル基がポリマーの末端に位置するテレケリック構造をとっているために，架橋後は，三次元の網目構造をとることができる。柔軟な三次元の網目構造は，ゴム弾性を発現することができる。

ウレタンアクリレートは，そのウレタン構造の凝集力から強靭な物性を発現できる。一方で，その凝集力や，広い分子量分布から，高分子量化していくと粘度が高くなる。そのため，溶剤や低分子量UV硬化性化合物との混合物で供給されることが多い。また，主鎖のウレタン構造は，耐熱性や耐光性に課題がある。

4.2 テレケリックポリアクリレートの概略

テレケリック構造を有するポリマーは，前述のウレタンアクリレート以外にも，工業的に利用されているものが存在する。その代表的なものが，シリコーンと変成シリコーンである（図2）。

両材料共，末端にアルコキシシリル基を有しており，それが，空気中などの水分と反応し，縮合反応を起こすことにより，架橋することができる。この特性を活かし，接着剤やシーリング材

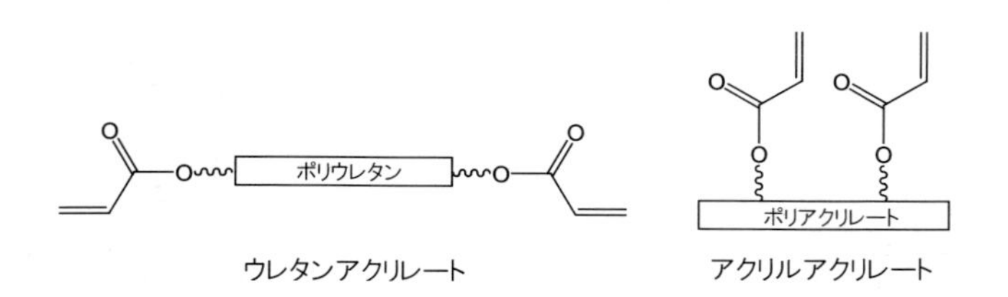

図1　UV硬化性高分子化合物の例

＊　Yoshiki Nakagawa　㈱カネカ　上席幹部

として，非常に広範囲の用途で利用されている。変成シリコーンは，日本の建築シーラントの素材別市場シェアで，近年，シリコーンやウレタンを抑えてトップシェアを有している。欧州でも日本と同レベルまで販売が拡大しており，米国でも延びてきている。

変成シリコーンは優れた性能を有しているが，それを超えた耐熱性，耐候性，そして耐油性の市場ニーズも高まってきている。このような性能を有する素材としては，シリコーンが挙げられるが，シリコーンは耐熱性や耐候性には優れるが，含有する，あるいは，経時で発生する低分子量シロキサンによる周辺汚染問題が存在する。また，耐油性やガスバリア性にも課題がある。

これらの課題を解決する高機能素材として，テレケリックポリアクリレートKANEKA XMAP®が開発された。その構造概略を図3に示す。

テレケリックポリアクリレートKANEKA XMAP®は，主鎖がポリアクリレートであり，両末端に架橋性官能基を有している。分子量は，数千〜数万で，常温無溶剤で液状である。架橋性官能基としては，図4に示すような種類がある。

Sタイプは，前述のシリコーンや変成シリコーンと同様に，縮合型硬化するグレードである。Aタイプは，加熱付加型硬化するグレードである。活性化されていないアルケニル基に対し，Si-H基を複数個有する硬化剤が，白金触媒存在下，加熱によるヒドロシリル化反応を起こし，短時間で硬化する。C/Mタイプ，特にCタイプのアクリロイル基を有するグレードが，本節の主題であるUV硬化するグレードである。

シリコーン

変成シリコーン

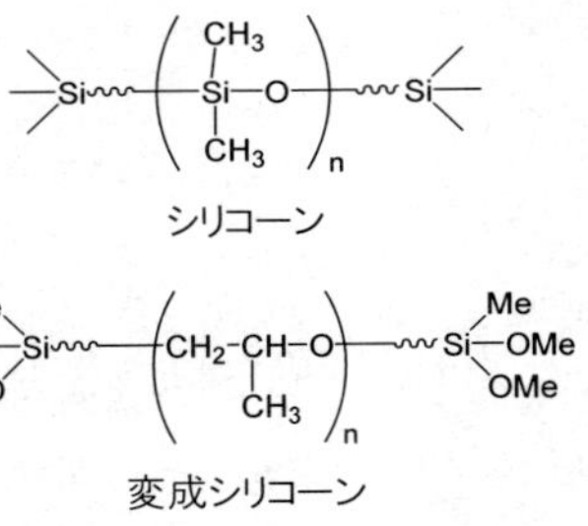

図2　市販のテレケリックポリマー

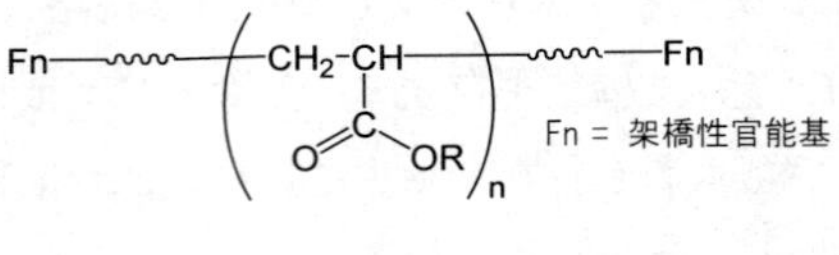

Fn = 架橋性官能基

図3　テレケリックポリアクリレート KANEKA XMAP®の構造

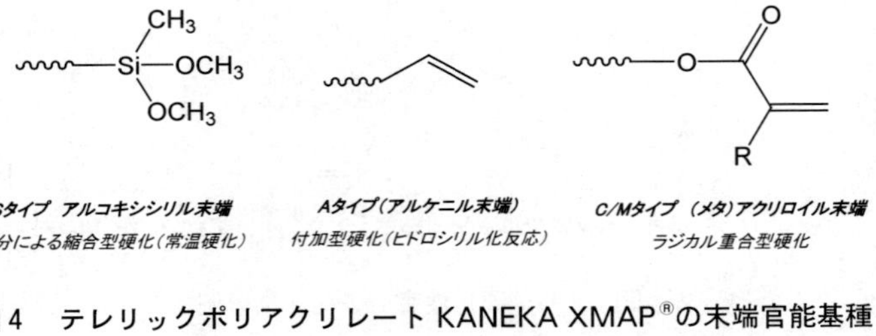

Sタイプ アルコキシシリル末端
湿分による縮合型硬化（常温硬化）

Aタイプ（アルケニル末端）
付加型硬化（ヒドロシリル化反応）

C/Mタイプ （メタ）アクリロイル末端
ラジカル重合型硬化

図4　テレリックポリアクリレート KANEKA XMAP®の末端官能基種

4.3　テレケリックポリアクリレートの合成

テレケリックポリアクリレートを合成するためには，まず，その主鎖となるポリアクリレートをよく制御して合成できなければならない。ポリアクリレートは，工業的に大量に製造されているが，そのほとんどが，フリーラジカル重合により合成されている。フリーラジカル重合では，停止反応や転移反応などの副反応により，生成するポリマーの分子量の精密な制御が困難で，分子量分布は非常に広くなる。さらに，ポリマー末端の構造の制御も困難であり，精密に構造制御されたテレケリックポリアクリレートを合成することはできない。よって，ポリアクリレートに官能基を導入する場合には，官能基を有するモノマーのフリーラジカル重合での共重合によることになる。図5にこのようにして合成された官能化ポリアクリレートの構造を示す。

このようなポリマーにおいては，上述のような重合の特性から，分子量，官能基数，官能基導入位置は制御されていない。一方，今回開発されたテレケリックポリアクリレートは，図6に示すような構造を有する。各ポリマー主鎖の分子量は均一で，官能基は，各末端に1つずつ存在する。

液状ゴムの機能を考えた場合，硬化前の粘度は低い方が好ましく，硬化後の三次元網目構造は整っている方が伸びや強度の発現に有利である。そのためには，図5のような構造よりも図6のような構造の方が好ましい。

テレケリックポリアクリレート KANEKA XMAP®は，代表的なリビングラジカル重合である原子移動ラジカル重合（ATRP：Atom Transfer Radical Polymerization）技術[1～3]の利用により開発に成功した。ATRPの機構を図7に示す。ハロゲン基などの脱離基が金属触媒によりラジカル的な脱離－付加平衡状態を形成し，脱離状態で発生する炭素ラジカルがアクリレートなどのビニルモノマーをリビング的に重合させる重合方法である。平衡状態は脱離基が付加した状態，すなわち不活性でラジカルが出ていない状態に大きく偏っており，系中の活性ラジカル濃度は非常に低く，副反応であるラジカル－ラジカルカップリングは抑制される。また，平衡反応は非常に速く，開始剤およびそこから発生したポリマーの成長末端の全ては均等に活性化される。その結果として，開始剤効率が高く，分子量がモノマー／開始剤比で制御でき，分子量分布も狭くできる。このような絶妙な平衡反応制御を実現する金属錯体触媒は，精密な錯体合成をされたものではなく，通常，*in situ* で臭化銅や塩化銅などの金属塩に対し，配位子であるポリアミンなどを混合するだけで形成される。この点でも，工業化に適した技術であると言える。さら

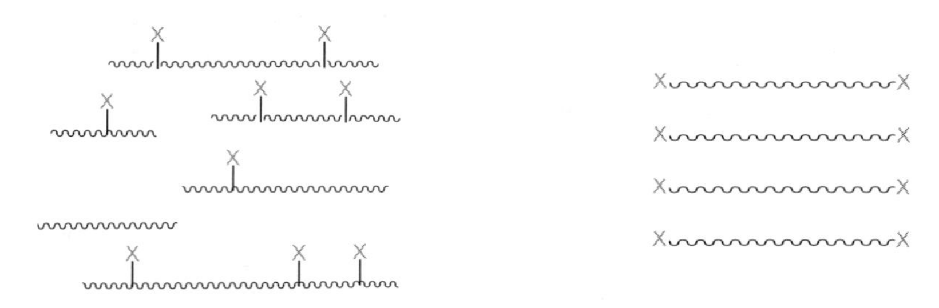

図5　一般的な官能化ポリアクリレートの構造　　**図6　テレケリックポリアクリレートの構造**

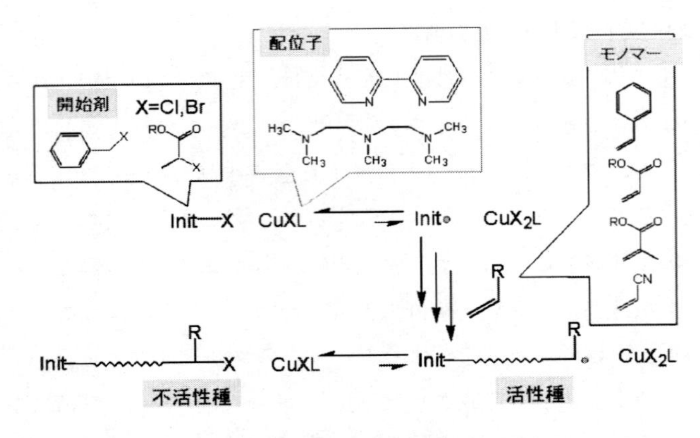

図7　原子移動ラジカル重合の機構

に，ATRP技術で合成されたポリマーの末端構造は均一であるため，これを利用して各末端に定量的に官能基を導入することもできる。

ATRP技術は，工業的に広く利用されながら非常に高活性であるために制御が困難であったラジカル重合を，非常に高いレベルで制御できるようにした革新的な技術である。しかし，当社が開発を開始した時点では，アクリレートの重合においては，学術的にも課題が存在し，制御技術，スケールアップ，コストダウンなどの工業化のための多くの課題が存在した。筆者らは，これらの課題を解決すると共に，末端官能基導入技術も開発し，ATRP技術およびテレケリックポリアクリレートの工業化に世界で初めて成功した。

図8に，工業的スケールでの重合例を示す。重合率に比例して，数平均分子量は上昇する一方，分子量分布は非常に低く制御されている。この良好な制御は，重合率が95%以上でも維持されている。図9に，重合されたポリマーのGPCチャート例を示す。非常に分子量分布が狭い単分散のポリアクリレートが，製造できている。

官能基導入技術は，テレケリックポリマー合成において，最も重要な技術である。リビング重

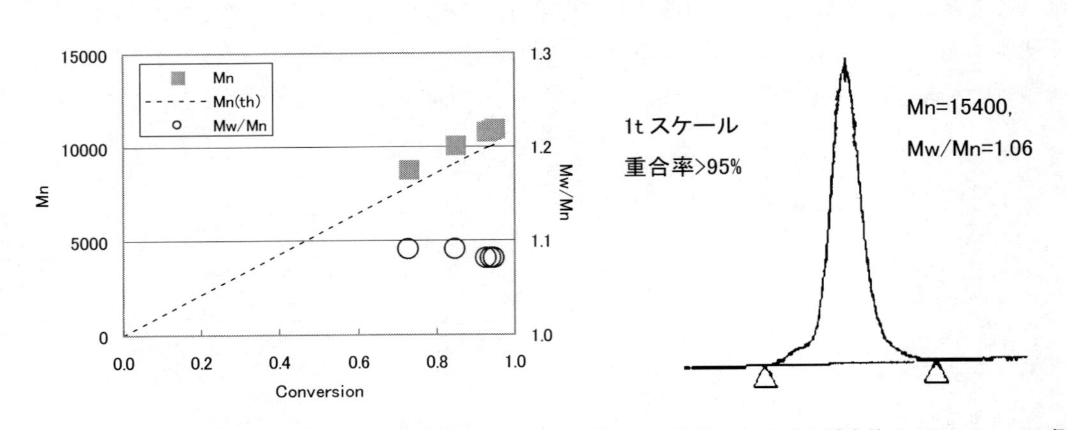

図8　工業的スケールの重合例

図9　工業的スケールの重合体のGPCチャート例

合技術の利用も，その分子量制御以上に，末端官能基の均一性が重要である。ATRPによって重合されたポリマーは，“原子移動”の名の通り，末端にハロゲン基が維持される。このハロゲン基を利用して，合成化学技術を応用し，ポリマー末端に前述の多様な官能基を，高効率かつ工業的に許容可能なプロセスおよびコストで導入することに成功した。

4.4　テレケリックポリアクリレートのUV硬化

UV硬化型のテレケリックポリアクリレートKANEKA XMAP®は，数千～数万の分子量を有する。その両末端にのみアクリロイル基が存在するため，非常に架橋性官能基濃度が低くなり，標準的なもので1%前後である。さらに，ポリマーに結合した官能基は，運動性が制約されているために，反応性が低下すると言われている。架橋するためには，そのアクリル基が複数個以上出会い，ラジカル重合反応を起こす必要がある。硬化性が低いことが懸念されることもあるが，実際には，非常に良好な硬化性を有する。

ポリマー単独でも，一般的なUVラジカル開始剤（BASF社製Darocure1173など）を添加し，一般的なUV照射装置でUV照射（80 W/cm，距離15 cm程度）するだけで，数秒で硬化させることができる。厚み方向の硬化性も良好で，厚さ12 mmのサンプルを20秒で完全に硬化させることができる。硬化後のサンプルを分析すると，アクリロイル基は完全に消失していることが確認された。さらに，硬化物は，想定通り，良好なゴム弾性を有することが確認された。

硬化物をポリマー主鎖の良溶媒に浸漬し，ゲル化していない成分を抽出して，ゲル化した割合を分析するゲル分率測定を行った結果，最高98%の値を与えた。この結果から，ポリマー末端への官能基導入率の高さおよび末端のアクリロイル基の反応性の高さが実証されている。

4.5　UV硬化型テレケリックポリアクリレートの特徴

テレケリックポリアクリレートKANEKA XMAP®のUV硬化グレードは，精密に構造制御されたポリアクリレート主鎖および前述の定量的に末端に導入されたアクリロイル基に由来する優れた特徴を有していることが確認されている。以下に各特徴について記す。

（1）　硬化収縮

硬化の項で述べたように，架橋反応を起こす末端官能基の濃度は非常に低くなっている。よって，原理的に硬化収縮は非常に低くなり，実測値としても0であった。

（2）　耐熱性

主鎖のポリアクリレート構造は非常に耐熱性が高く，これを主鎖骨格とするアクリルゴム（ACM）は耐熱性の特殊ゴムとして，自動車用途などで利用されている。テレケリックポリアクリレートKANEKA XMAP®硬化物の耐熱性も非常に高いことが確認されている。Cタイプの UV硬化物は，150℃で1500時間以上の耐熱性を有し，機械物性にほとんど変化が見られない（図10）。柔軟性を有するUV硬化樹脂の代表格である市販のウレタンアクリレートと比較しているが，ウレタンアクリレートは，試験直後に融解した。また，CタイプのUV硬化物の熱分解温度は，TGAでの1%加熱減量温度が350℃以上であった。

（3） 耐油性・耐薬品性

主鎖のポリアクリレート構造は，そのモノマー種を適正に選択することにより非常に良好な耐油性・耐薬品性を示すことができ，前述のアクリルゴム（ACM）もその特徴を有している。テレケリックポリアクリレートKANEKA XMAP®も，同様のモノマー構成とすることで高い性能を示すことが確認された。表1にその結果を示す。

特に，自動車用の標準油であるASTM No.1オイルやIRM903オイルに，150℃でも良好な耐油性を示していることが特筆される。

（4） 圧縮永久歪

ゴム材料にとって重要な特性として，歪を長時間かけられた後に，へたらず復元することがある。その評価指標として，圧縮永久歪試験（JIS K 6262）がある。円柱状の硬化物試験片を所定の率で圧縮し，所定の条件で保持した後，どれだけ歪が残ったか（復元したか）を評価する。テレケリックポリアクリレートKANEKA XMAP®のUV硬化物を，25%圧縮/150℃/70時間で試験した結果，10%以下の永久歪率（90%以上回復）だった。この試験条件は，有機ゴムには非常に厳しい条件であり，この試験結果は，ミラブルゴムと比較しても，非常に高いレベルである。市販のウレタンアクリレートのUV硬化物も同条件で評価したが，ほとんど復元しなかった。

さらに特筆すべきことは，この非常に良好な結果を，数十秒のUV硬化のみで実現できることである。通常の加硫ゴムで圧縮永久歪率を改善する場合には，成形加工した後に，長時間に渡

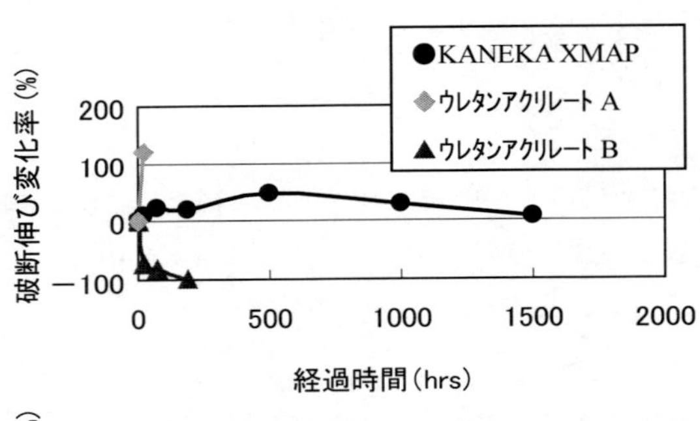

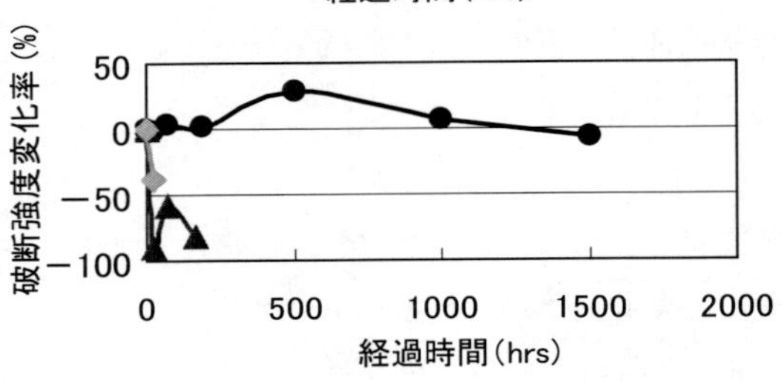

図10　150℃耐熱性試験結果

表1　耐油・耐薬品性評価結果

薬品・オイル種	試験条件	重量増加率（%）
10%硫酸	23℃，30日	2
イソオクタン	23℃，7日	5
ジェット燃料	23℃，7日	8
不凍液	23℃，7日	1
水	23℃，7日	1
ASTM No.1オイル	150℃，7日	0
IRM903オイル	150℃，7日	15

り加熱養生し，後硬化させる必要がある。厳しい条件でへたらないためには，事前に徹底して架橋させてしまうためである。テレケリックポリアクリレート KANEKA XMAP®では，その後硬化が不要である。この特性を活かし，自動車などの機械の組立工程中で，高性能のガスケットを現場成形する CIPG（Cure In‐Place Gasket）への利用が進んでいる。

（5）　ソフトゲル

テレケリックポリアクリレート KANEKA XMAP®の UV 硬化グレードには，アクリロイル基を両末端に有するものと，片末端にのみ有するものがある。片末端のものは，単独では硬化できないが，両末端のものとブレンドすることにより硬化可能となる。両末端に対し，片末端をかなり過剰にブレンドし UV 硬化させると，3次元ネットワーク構造から多数の自由鎖（ダングリング鎖）が生えた構造を有する，非常に柔軟なゲル（ソフトゲル）が得られる。このソフトゲルの動的粘弾性測定では，主鎖のポリアクリレートのガラス転移点のピークとは別に，常温領域に高く幅広い tan δ のピークが観察される（図11）。この tan δ のピークは，市販の衝撃吸収シリコーンゲルの値を大きく上回り，高い衝撃吸収性が期待される。

テレケリックポリアクリレート KANEKA XMAP®は，分子量分布が非常に狭く，任意の分子量のものを合成することができる。これにより，3次元ネットワークの架橋転換分子量やダングリング鎖長とソフトゲルのレオロジーの関係について，精度の高い研究が可能になった[4]。

4.6　おわりに

以上で述べてきたように，精密に構造制御された UV 硬化型のテレケリックポリアクリレートを，最先端の重合技術を利用して開発することに成功した。このポリマーは，期待通り，既存の UV 硬化型ポリマーでは達成できない性能を有することが確認された。このポリマーの用途技術開発も進み，多様な用途での採用が始まっている。

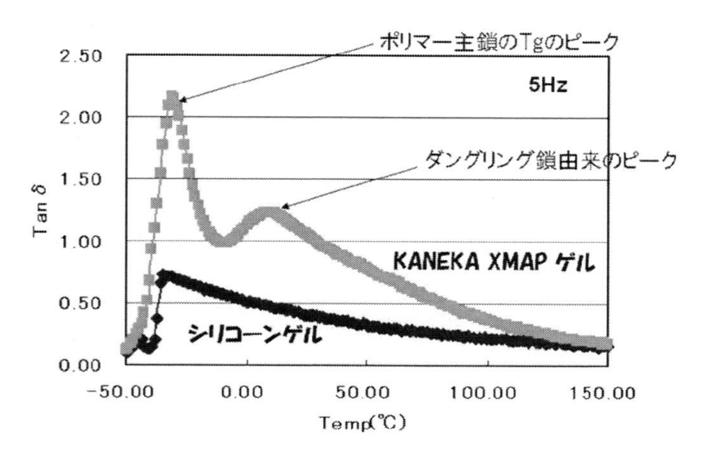

図11　ソフトゲルの動的粘弾性測定結果

文　　献

1）　Wang, J. S., Matyjaszewski, K., *J. Am. Chem. Soc.*, **117**, 5614（1995）
2）　Matyjaszewski, K., Xia, J., In Handbook of Radical Polymerization, Matyjaszewski, K., Davis, T.P., Eds., Wiley, 523（2002）
3）　Kato, M., Kamigaito, M., Sawamoto, M., Higashimura, T., *Macromolecules*, **28**, 1721（1995）
4）　Yamazaki,H., Takeda M., Kohno Y., Ando H., Urayama K., Takigawa T., *Macromolecules*, **44**（22）, 8829（2011）

5 UVインプリント材料の開発

三宅弘人[*1]，湯川隆生[*2]

5.1 はじめに

インプリントとは，凹凸パターンを有するモールドを基材上に成膜したポリマーへ押し付け，パターンを転写する光ディスクの製作に使われているエンボス加工技術を発展させた技術である[1～5]。モールドのパターンを忠実に転写できるため，モールドパターンをナノオーダーまで超微細化することにより，同一の解像度を持つ構造体を簡便に作成することができる。このため，インプリント技術を応用したナノインプリントリソグラフィ（NIL）は，ITRSロードマップに32 nmノードの候補技術として登場して以来，半導体素子製造に使用されるフォトリソグラフィに代替する技術として注目を集めている。ナノインプリントは，数十nmのパターンを形成でき，極紫外露光や放射線露光技術などを利用する転写法に比べ加工コストが低いことが特徴である。

用途は，半導体リソグラフィの他に，光学素子用途[6]，LEDの高輝度化を狙ったサファイア基板の表面パターン形成用途[7]，ストレージメディアの高容量化を狙ったパターンドメディア，マイクロレンズアレイ[8]，無反射シート[9]などの光学材料，マイクロ流路やリアクター，メディカル用センサ，MEMSなど幅広い用途に使用される可能性がある。

ナノインプリントの手法は，大きく分けて①熱ナノインプリント（熱-NIL），②UV-ナノインプリント（UV-NIL）および③マイクロコンタクト・プリンティング（μCP）の3種類に分類される。これらは，用途に応じた使用法の選択ができ，それぞれユニークな特徴を有している。図1にそれぞれの方式とプロセスについて記載した。特に，本節においては，ナノインプリント用UV硬化性樹脂開発について弊社取り組みを交えながら紹介する。

5.2 UVインプリントについて

UVインプリントは，熱可塑性樹脂を加熱・冷却により，パターンを転写する熱インプリントと異なり，UV照射により，液状の光硬化性樹脂を固化してパターンを転写する方法であり，以下の特徴を持つ。

① 室温転写が可能であり，加熱・冷却による線膨張の影響を受けないため，精度の高いパターン転写が可能である。

② 転写時の加圧を小さくでき，モールドや基板の変形が少ない。

③ 石英などの透明モールドを用いるため，アライメントがしやすく，非常に高い精度での位

＊1 Hiroto Miyake ㈱ダイセル 研究統括部 コーポレート研究所 機能・要素グループ グループリーダー

＊2 Takao Yukawa ㈱ダイセル 研究統括部 コーポレート研究所 機能・要素グループ 主任研究員

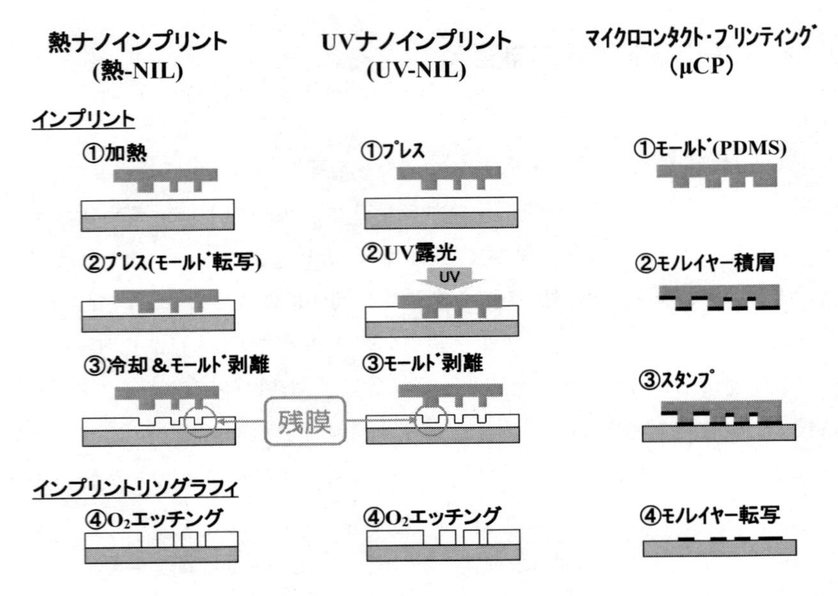

図1　各種ナノインプリント方式およびプロセス

置合わせが可能である。

④　加熱・冷却時間が省略できるため高いスループットが期待できる。

⑤　薄膜条件でのパターン転写が可能である。

インプリントでは避けられないパターン転写後の残膜が指摘されているが，薄膜条件での転写により，残膜厚を10 nm以下にすることも可能となっている。この残膜を酸素プラズマなどにより除去することにより，フォトリソグラフィの代替技術として使用可能である。特に，UVナノインプリントリソグラフィ（UV-NIL）は，パターンのラインエッジラフネスが0.8 nm程度[10]，最小線幅5 nmパターン転写例[11]も報告されており，その優れた解像度からリソグラフィを代替できる技術として検討されている。

一方，ナノインプリントリソグラフィ（NIL）はフォトリソグラフィと比較した場合，モールドを直接押し付けて転写する形式に由来する不良率の低減が課題として残っている。フォトリソグラフィは，なんと言っても，①非接触露光のため，安定した低不良率，②高いスループットが大きな魅力の1つになっている。今後，さらに高精細化が進み，ArF（193 nm）タイプからEUV（13.5 nm）などへの波長変更が進むにつれ新たな課題も出てきているが，上記特徴は維持できると考えている。今後のインプリントリソグラフィを考える場合，いかに不良率を低減するかが大きな課題であり，その対策として，特殊なガス雰囲気下でインプリントする方法[12]，粗密パターンに関係なく残膜を均一にできるモールド開発[13]など常に新しい方法が見出されている。

UVインプリントは，柔軟な技術であり，上記残膜除去を伴うリソグラフィ以外にも多種多様な用途に展開できる技術である。

5.3　UV 硬化性樹脂の特徴

硬化性樹脂とは，光エネルギー，熱エネルギーなどの外部からの刺激により，瞬時に重合，3 次元架橋を起こし，媒体に不溶な硬化物にその形態を変化させる化合物の総称である。特に紫外光エネルギーにてよって形態を変える化合物を UV 硬化性樹脂と称する。重合・架橋の種類としては，大きく分けてラジカル硬化系とイオン硬化系に分類される。

5.3.1　ラジカル硬化系

光ラジカル硬化樹脂は，光重合開始剤とラジカル重合可能なビニル基である（メタ）アクリル基を有するモノマー・オリゴマーを主成分とした硬化性樹脂組成物である。光により，重合開始剤が分解し，生成したラジカルが活性種として重合・架橋を開始する。

ラジカル硬化系の特徴は，①一般に反応速度が高い，②材料の種類が多い，③厚膜硬化に有効である，などが挙げられる。また，ラジカル種は不安定であり，光照射停止後は残存モノマーがあってもほとんど反応が進行しないこともこの系の大きな特徴の 1 つである。一方，酸素などが共存した系においては酸素による反応阻害が大きく極端に速度低下が起こることが知られており，この特性を活かしてステップ & リピート方式などへの適用性が図られている。

この重合系は，低粘度化にも対応しやすいため，広く検討されている。しかし，低粘度化に使用する単官能・多官能モノマーは，硬化収縮が通常 10% 近くあり，配合には注意が必要である。一般に多官能基化によるアクリル当量（アクリル基 1 個当たりの分子量）と硬化収縮がトレードオフの関係にあることが知られている。そこで，骨格内にリジッドな構造を有するモノマー類の開発が進められており，硬化収縮を低減できる系も報告されている。

5.3.2　イオン硬化系

イオン重合系には，カチオン系およびアニオン系が知られている。光重合開始剤の種類および使い勝手の観点からカチオン系がその主流となっている。この系は，光により開始剤から強酸が発生し，重合を起こす反応である。

カチオン硬化系の特徴は，①硬化収縮が小さい，②酸素による阻害効果が無いなどが挙げられる。一方，アルカリ，水分などによる阻害効果があり，取り扱いには注意が必要である。この系に有効な官能基を有するモノマーとしては，代表例として，図 2 に示すエポキシ群，ビニルエーテル群，オキセタン群が挙げられる。

この系の最大の特徴は低硬化収縮であり，ラジカル系に比べ硬化収縮が小さい。反応形式から見ると，付加重合型であるアクリルモノマーのラジカル重合は，硬化収縮が大きく，開環重合型に含まれるエポキシ，オキセタンといった環状エーテルのカチオン重合は，硬化収縮が小さい。この反応形式により，硬化収縮が異なるメカニズムについて以下に説明する。

硬化収縮は，一般に分散状態にある液状分子の反応による分子同士の結合が原因で起こることが知られている。図 3 に示すようにモノマーは，モノマー中の原子と近い距離にある隣接モノマー中の原子がファンデルワールス距離（約 3.4 Å）で分散している。このモノマー分子同士が重合することにより，σ 結合距離（1.54 Å）になることで硬化収縮が起こるとされている。開

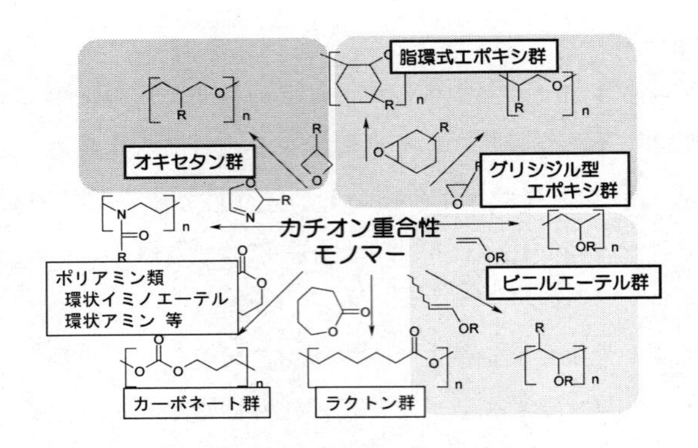

図2　カチオン重合可能なモノマー群

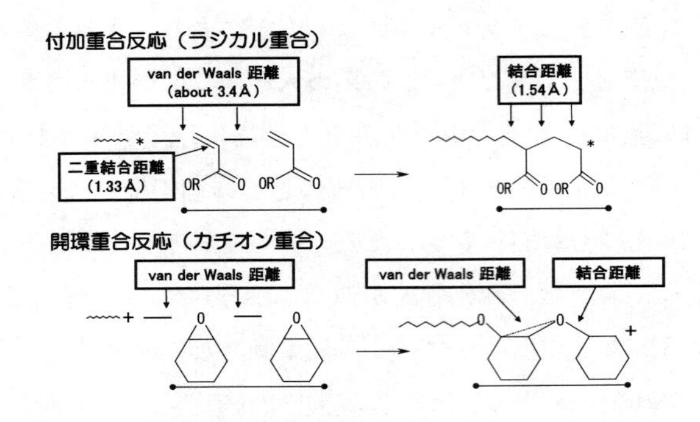

図3　硬化収縮のメカニズム

環重合形式の反応では，モノマーの重合反応による分子間距離の減少までは付加重合型と同様であるが，重合により環状エーテル部位のC-O結合部位が開裂し，炭素と酸素の距離が伸びるため，結果として全体の硬化収縮は小さくなると考えられている[14]。なお，ビニルエーテルはカチオン重合性を示すモノマーとして知られてはいるが反応形式はアクリル同様付加重合のため，硬化収縮はラジカル重合と同程度となる。

反応性は，

ビニルエーテル≫脂環式エポキシ＞オキセタン＞グリシジル型エポキシ

の序列で知られている。

開環重合であるエポキシおよびオキセタンは，ラジカル重合に比べると反応性が劣る点が指摘されているが，カチオン硬化性化合物の併用により，反応速度が大幅に向上する例も報告されている[15]。図4は，In-situ IRを用いた重合挙動を測定した結果である。

図4(a)は，脂環式エポキシ化合物のカチオン重合性を示した。800 cm^{-1}付近のエポキシ基由来の吸収が減少し，反応により生成する1100 cm^{-1}付近のエーテル結合由来のピークが発現することがわかる。図4(b)には，脂環式エポキシ化合物とビニルエーテル化合物の併用系を示した。ビニルエーテルを併用することでエーテル結合の生成速度が飛躍的に向上していることが

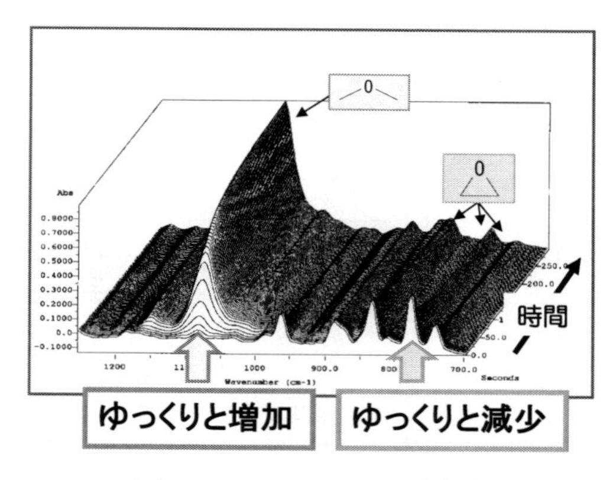

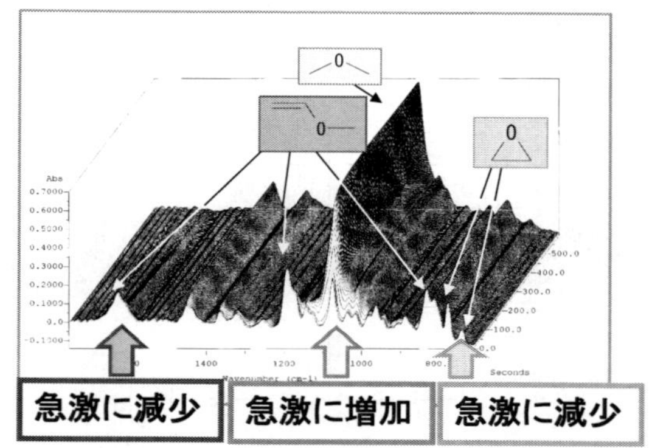

(a) エポキシのカチオン重合性

(b) エポキシとビニルエーテル併用系でのカチオン重合性

図4　カチオン重合性におけるビニルエーテル添加効果

わかる。この結果から，ビニルエーテル化合物を併用することにより，脂環式エポキシ化合物の反応性が著しく向上し，ビニルエーテル単独系に匹敵する反応性を有することがわかる。これは，発生したプロトンが反応性の高いビニルエーテル化合物に付加し，中間体であるカルボカチオン種が多く生成し，これに脂環式エポキシ化合物が挿入することにより，開始反応後の活性種濃度が増し，系全体の反応が飛躍的に向上したものと考えている。

また，カチオン硬化系は，一度発生した酸が光照射終了後も暗反応を進行させるといった特徴を有する。暗反応は熱などで加速されるため，PEB（Post Exposure Bake）を併用することにより，官能基転嫁率を高めることが可能である。このためカチオン硬化物は，優れた耐候性を有する永久塗膜として使用することができる。

5.4　UV 硬化樹脂のインプリントへの適用性

5.4.1　インプリント用途への取り組み

表1に，弊社が開発したUV硬化型インプリント材料を示す。UVインプリントへの市場要求は，安定して精度の高いファインパターンを高スループットかつ簡便に得るところにある。特に不良率を抑えパターン形状を精度よく転写するためには，①硬化収縮を抑える，②硬化樹脂と基材との密着性およびモールドとの密着性（剥離性）差を大きく取ることに注力した材料開発が重要である。

図5にインプリント材料と各界面の関係について図示した。

これら2点を満足するためのコンセプトとして，下記2点を挙げた。

①　密着性：硬化収縮を抑える。基材表面の官能基と反応させる。

②　モールド剥離性：反応性の離型剤をモールドとの界面に偏析させる。

上記①および②を満足する樹脂系を目指した開発を行った。基材との密着性向上には，硬化収

表1　ナノインプリント用樹脂

項目	単位	品番					
		NICT 82ND	NIAC 23	NICT 82	NIHB 35	NIAC 702	NICT 109
硬化タイプ		カチオン	ラジカル	カチオン	ハイブリッド	ラジカル	カチオン
粘度＊1	mPas/25℃	1000	6000	400	60	30	550
固形分濃度＊2	％	100	65	100	100	100	59
硬化収縮率＊3	％	2.8	4.3	3.8	5.5	7.3	－
屈折率＊4	－	1.54	1.5	1.54	1.56	1.53	－
特徴		高透明性 低硬化収縮	膜厚均一性	基板密着性 高速硬化	低粘度 高転写性	溶剤溶解性	膜厚均一性 後からインプリント
用途		光学デバイス	電子デバイス 記憶メディア 高輝度 LED	電子デバイス 記憶メディア 高輝度 LED	電子デバイス 記憶メディア 高輝度 LED	MEMS	Roll to Roll

＊1　E型粘度計により測定，＊2　計算値，＊3　硬化前後の密度差より算出，＊4　測定値（ABBE法）

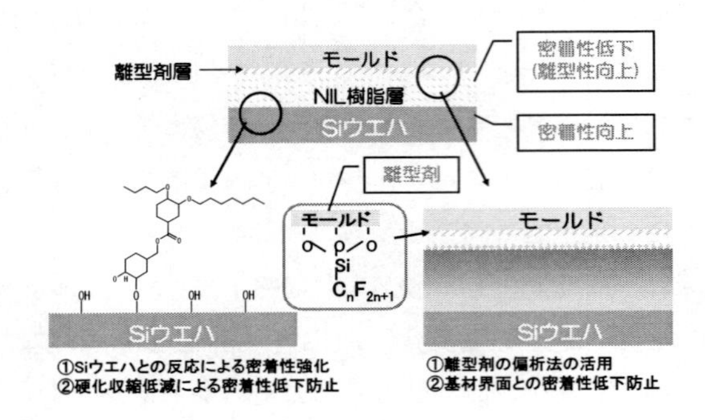

図5　インプリント開発におけるコンセプト

縮の低減，樹脂系の極性コントロールおよび表面官能基との反応などが有効であることがわかった。また，モールドとの離型性には，離型剤の偏析手法が有効であった[16]。図6に，モールド剥離性と偏析法の例を示した。この図から，モールド上の離型剤有無に関わらず0.1部の反応性離型剤を加えた樹脂系において，離型剤を樹脂表面に偏析させることにより，水との接触角は大きくなり，十字離型強さは低下（離型性向上）できることがわかった。

5.4.2　インプリント用UV硬化性樹脂

我々は，ラジカル重合とカチオン重合2種類の硬化系を利用したUVインプリント用硬化性材料開発を行い，用途に合った組成物の提供を行っている。

（1）　ラジカル硬化性組成物（NIAC系）

ラジカル反応性基を有する樹脂をUVインプリント組成物に最適化した系である。本系では，ラジカル重合性官能基を有する特殊ポリマー使用により，ラジカル硬化系の欠点である硬化収縮を抑えた組成物である。また，最近では樹脂によるモールド汚染を簡便に解消したいといった市

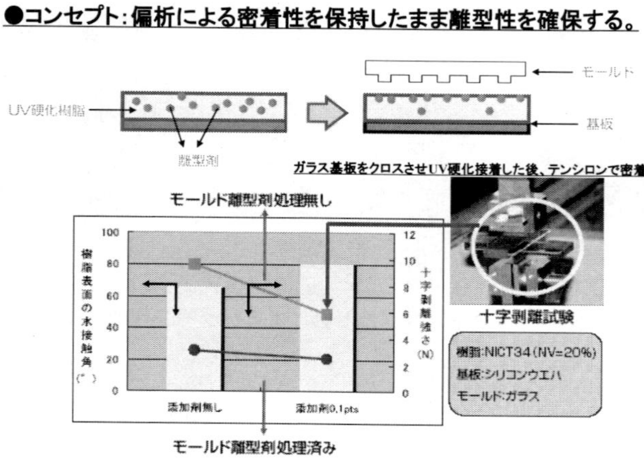

●コンセプト：偏析による密着性を保持したまま離型性を確保する。

図6　特種添加剤によるモールド剥離性向上例

場要求から生まれたNIAC702のようなユニークな材料系も開発している。この樹脂の特徴は，UV硬化により転写したパターンを有機溶剤により簡便に除去できる点にある。このため，硬化樹脂がモールドを汚染した場合にも，有機溶剤により洗浄でき，容易にモールド再生が可能である。本樹脂は，ナノインプリントリソグラフィとしての使用に適していると考えている。樹脂をマスクとしてドライエッチングも可能であるが，弊社NICT系に比べると耐ドライエッチング性は劣るため，エッチングによる深堀には不向きである。しかしながら，リフトオフなどによるメタルマスクを用いたエッチングが可能である。リフトオフ法とは，図7に示すように，通常のUVナノインプリント法によりパターンを転写した後，酸素プラズマエッチングで残膜を除去する。ついで，メタル蒸着した後，樹脂を溶剤で除去することにより，所望のメタルパターンを基材上に残す方法である。図8にリフトオフ法により作成したパターン例を示す。この方法で作成した部材は，基材が透明であれば光学デバイスへの展開が図れると考えている。また，このメタ

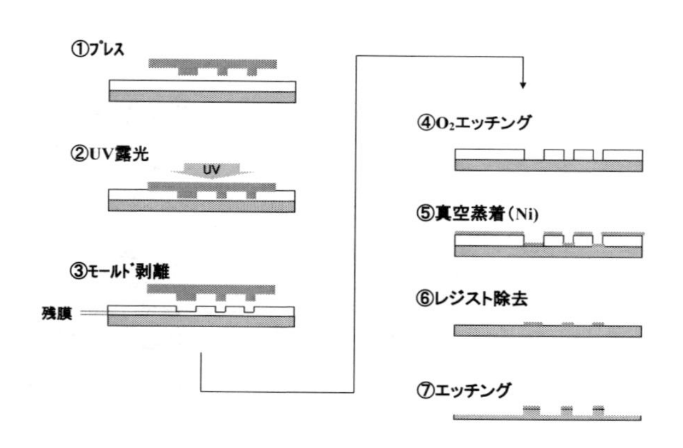

図7　リフトオフプロセス

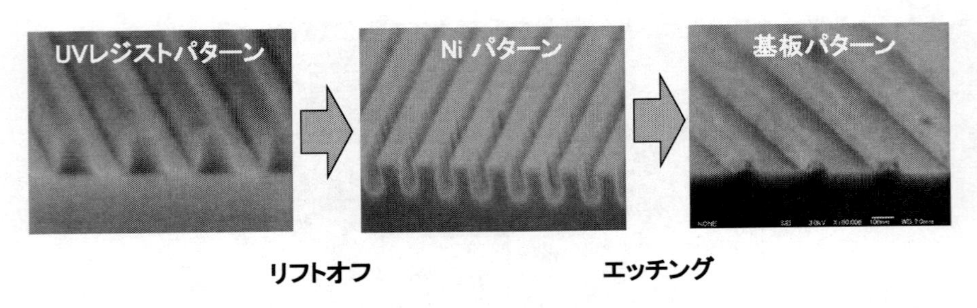

図8　リフトオフプロセスによるパターン作成

ルをマスクに基材のエッチングを行えば深堀も可能であり，LEDの高輝度化などの用途に使用可能である。

（2）　カチオン硬化性組成物（NICT系）

この系の最大の特徴は硬化収縮であり，①ラジカル系に比べ硬化収縮が小さいこと，②酸素による硬化阻害が無いことである。また，基材上の水酸基などと反応することにより基材密着性に優れる特徴も有している。中でも，NICT109は，非常にユニークなUVインプリント材料であり，後からインプリントと銘打って展開している。モールドによるパターン転写過程とUVによる樹脂硬化過程を分離できる材料系である。モールドを剥離した後，大気下で硬化が可能なカチオン硬化の特徴を活かした材料である。図9に通常のインプリントと後からインプリントのプロセスの違いを示した。通常，UVインプリントは，モールドを基材上の樹脂に押し付け，同時にUVによる硬化を経てパターン転写を行っている。NICT109は，樹脂を基材上に塗布・プレベイク後，モールドの圧着によりパターンを容易に転写できるようにした。その後，UV硬化でパターンをフィックスできるため，転写とUV硬化の過程を分離できる。

UVインプリントを使用する場合，光を通す透明モールドの使用が一般的である。また，基材

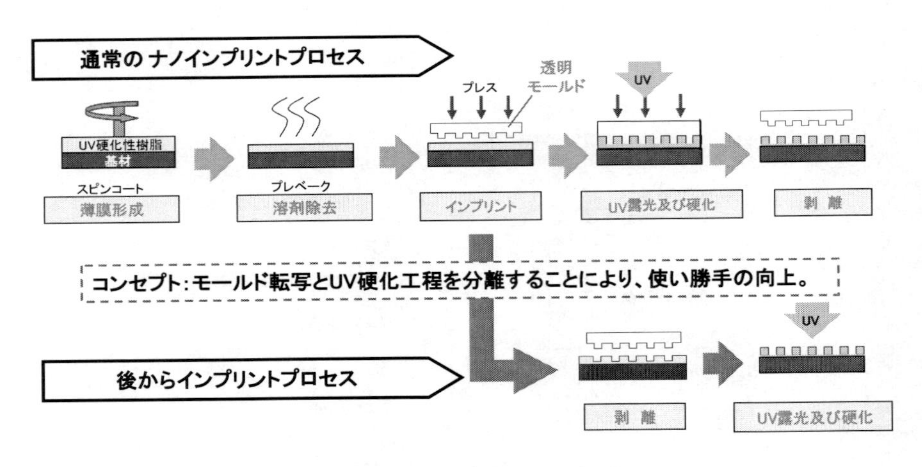

図9　後からインプリントのプロセス

が透明な場合に限り，金属など光を通さないモールドの使用が可能であった。本プロセスを使用すれば，何れも不透明な物であっても適用可能である。本系は大型のロール to ロールプロセスへの適用性に優れると考えている。さらに，NICT109を用いることにより，従来のコーティング装置にUV照射部位を設けるだけで容易にインプリントが可能となると考えている。また，パターン転写後，膜厚の均一性が失われ，干渉縞の発生する場合があるが，本系は転写後の膜厚を均一性に保つ特徴も併せて有している。

以上から，本系の利用法は，従来のインプリントの制約を超え，幅広く使用可能と考えている。

5.5　おわりに

我々は，“ものづくり”のメーカーとして，インプリントに最適な材料選択および開発から始めている。インプリント技術は，まさに古くて新しいInnovativeな技術として登場し，既に生まれて15年が過ぎ，具体的な形として少しずつ市場に出てきている。これに伴い，多くのメーカーからのインプリント用関連材料・機器など各社独自の強みを活かした提案がなされている。また，離型剤メーカー，インプリント材料メーカーおよび装置メーカーによりオープンな形で市場形成を第一優先とした協業体制が整いつつある。各用途における実績が積み重なれば，インプリント技術に対する印象も大きく変わるものと考えている。まだ多くの潜在的な課題も指摘されてはいるが，これらのハードルを越えることにより，新たなアプリケーションも増えてくると考えている。

文　献

1） 松井真二,「光応用技術・材料事典」, p498-503, 産業技術サービスセンター（2006）
2） 谷口淳,「ナノインプリント応用事例集」, p3-p16, 情報機構（2007）
3） S. Y. Chou, P. R. Krauss, P. J. Renstrom, *Appl. Phys. Lett.*, **67**, 3114（1995）
4） S. Y. Chou, P. R. Krauss, P. J. Renstrom, *Science*, **272**, 85（1996）
5） S. Y. Chou, P. R. Krauss, P. J. Renstrom, *J. Vac. Sci. Technol.*, **B15**, 2897（1997）
6） J. Wada, S. Ryo, Y. Asano, T. Ueno, T. Funatsu, T. Yukawa, J. Mizuno, T. Tanii, *Jpn. J. Appl. Phys.*, **50**, 06GK07（2011）
7） M. Fukuhara, H. Ono, T. Hirasawa, M. Otaguchi, N. Sakai, J. Mizuno, S. Shoji, *J. Photopolym. Sci. Technol.*, **20**, 549（2007）, JP2007-178724
8） JP2007-229996, JP2010-274417, JP2011-2655
9） JP2007-178724
10） 廣島洋, 光技術コンタクト, **41**(6), 19-27（2003）
11） M. D. Austin, H. W. Wu, M. L. Zhaoning, Y. D. Wasserman, S.A.Lyon, S. Y. Chou, *Appl. Phys. Lett.*, **84**, 5299（2004）
12） H. Hiroshima, *J. Vac. Sci. Tech.*, **27**, 2862（2009）

13) H. Hiroshima, *Microelectron.Eng.*, **86**, 611 (2009)
14) R. F. Brady Jr, *J. M. S. Macromol. J. M. S. Rev. Macromol. Chem. Phys.*, **C32**, 135 (1992)
15) 三宅弘人，「最新 UV 硬化性樹脂の最適化」，p103-116，技術情報協会（2008）
16) S. Iyoshi, H. Miyake, K. Nakamatsu, S. Matsui, *J. Photopolym. Sci. Technol.*, **21**(4), 573-581 (2008)

6　リワーク型アクリル系モノマーの開発とUVインプリント材料への応用

白井正充*

6.1　はじめに

架橋・硬化樹脂の特徴は，一度硬化すれば不溶・不融になり，優れた耐熱性や機械的強度が得られる点である。これらの物性・特性は構造材料や機能性材料として，いろいろな分野で利用されている。一方，不溶・不融の性質は場合によっては取り扱いにくいものである。架橋・硬化樹脂が可溶化できれば新しい用途が広がる。例えば，使用する期間だけ架橋・硬化材料として用い，使用後に除去できれば剥離型の接着剤や塗膜，あるいは除去性に優れたネガ型フォトレジストなど，いろいろな用途での応用が考えられる。さらには使用後の硬化塗膜が回収でき，回収した樹脂や基材の再利用ができれば省資源や廃棄物処理過程での環境負荷の軽減にもつながる。また，従来の架橋・硬化樹脂の性能に加えて，新しい機能や性能を有する樹脂としての応用も考えられる。熱や光により架橋・硬化するが，その後，適切な処理により三次元架橋構造が崩壊して溶剤可溶になる架橋・硬化樹脂は，リワーク型樹脂と呼ばれる[1~8]。本節では，リワーク機能を有する多官能アクリル系モノマーを中心に，その分子設計の概念，モノマーの特徴，UV硬化およびその活用例としてのUVインプリント材料への応用について述べる。

6.2　リワーク型多官能アクリル系モノマーの分子設計

リワーク型UV硬化樹脂は，分解ユニットを分子内に組み込んだ多官能モノマーをベースにしたものである。分子設計の概念を図1に示す。重合性基としてのアクリル酸エステルやメタクリル酸エステルユニットとコアユニットとの間に分解可能なユニットを導入する。分解ユニットとしては，炭酸エステル，カルボン酸エステル，カルバマート，ケタール，アセタール，ヘミアセタールエステル，Diels-Alder付加体などを利用することができる。用いる分解ユニットのタイプにより，硬化樹脂の分解温度をコントロールすることができる。また，同じタイプの分解ユ

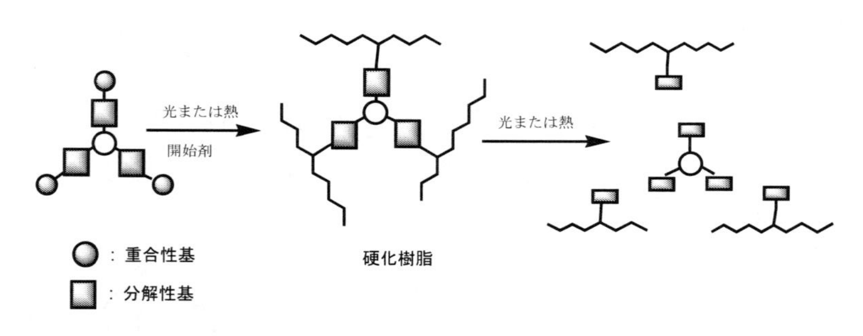

図1　リワーク型多官能モノマーの分子設計概念

*　Masamitsu Shirai　大阪府立大学　大学院工学研究科　応用化学分野　教授

ニットを用いる場合でも置換基を変えたり，酸触媒を用いることにより，その分解温度を変えることができる。おおまかには，アセタールやケタールでは室温～250℃，ヘミアセタールエステルでは室温～200℃，炭酸エステルやカルボン酸エステルでは100～300℃での分解温度の設定が可能である。Diels-Alder付加体は室温～70℃で生成するが，100℃以上の加熱で解裂反応が起こる。分子中に分解ユニットを有するこれらのモノマーは通常のラジカル重合で架橋・硬化する。架橋・硬化した樹脂は，熱や光により，分解ユニットが分解して直鎖ポリマーと低分子化合物に変化する。これらは溶剤に可溶であり，溶解除去することができる。分解ユニットの分解反応では，構造の明確な生成物を与え，副反応が起こらないことが必要である。代表的分解ユニットの分解反応を図2に示す。

6.3 UV硬化と分解・可溶化

UV照射により架橋・硬化する多官能アクリル系モノマーにリワーク機能を付与したものは多数報告されている。加熱により分解し構造が明確な生成物を与える第3級カルボン酸エステルユニットは，分解ユニットとして利用しやすい。第3級カルボン酸エステルユニットを含んだジアクリル酸エステルやジメタクリル酸エステル**1a-b**は，光重合開始剤存在下でのUV照射により重合し，硬化する（図3）。重合速度はジアクリレート型の方がジメタクリレート型よりも速い。硬化樹脂のガラス転移温度（Tg）は，第3級ジオール部分のメチレン鎖が長くなるほど低くな

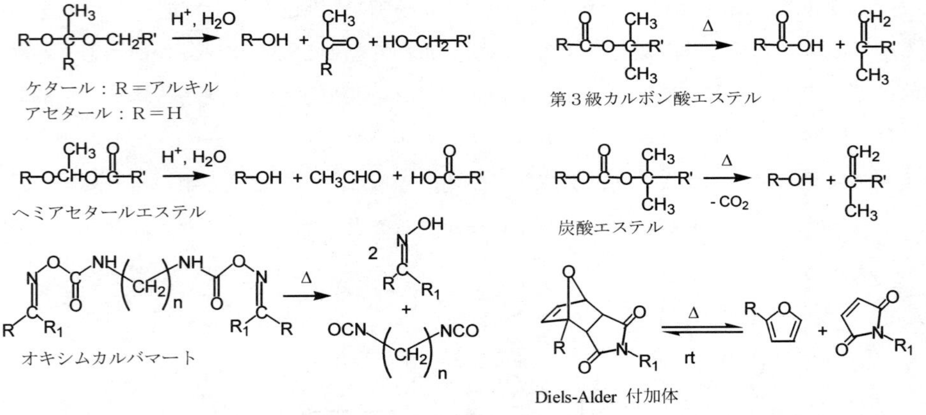

ケタール：R＝アルキル
アセタール：R＝H

第3級カルボン酸エステル

ヘミアセタールエステル

炭酸エステル

オキシムカルバマート

Diels-Alder 付加体

図2　代表的な解裂ユニットの分解反応

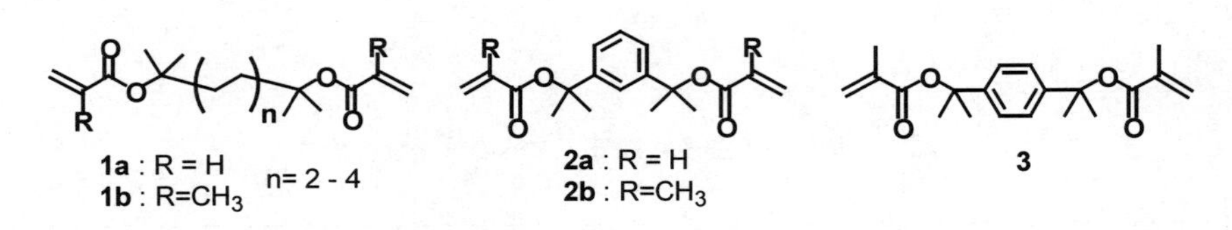

図3　第3級カルボン酸エステル結合を有する2官能アクリラート

る。また，Tgはアクリレート型の方がメタクリレート型より低い。これらの硬化樹脂は150℃までは安定であるが，180～200℃で分解し，部分的に酸無水物の構造を有するポリアクリル酸あるいはポリメタクリル酸を生成する[9]。このものは水には不溶であるが，ジメチルホルムアミドやメタノールあるいはNaOH水溶液やアンモニア水には溶解する。

モノマー分子のコア部分にベンゼン環を有し，第3級カルボン酸エステルを分解ユニットとしたモノマー**2a-b**と**3**が報告されている。**2a-b**と**3**は，それぞれ151, 189, 178℃で熱分解する。一方，強酸存在下では，これらの硬化樹脂は100～120℃で分解し，溶剤に溶解するようになる。**2a-b**は優れた塗膜形成能を有するが，**3**は塗膜形成能が悪い[10]。

分子内にアセタール結合を有する多官能アクリル型モノマー**4a-b**，**5**，**6**は，熱あるいは光によるラジカル重合により硬化する（図4）[11]。一方，これらの硬化樹脂は熱あるいは光と熱の併用により分解し，溶剤に可溶になる。これらのモノマーは，フェノール誘導体とクロロエチルビニルエーテルを反応させ，得られたビニルエーテルと2-ヒドロキシエチルメタクリレート，あるいは2-ヒドロキシエチルアクリレートとの酸触媒付加反応により容易に合成できる。光ラジカル重合開始剤（ジメトキシフェニルアセトフェノン（DMPA））と光酸発生剤（トリフェニル

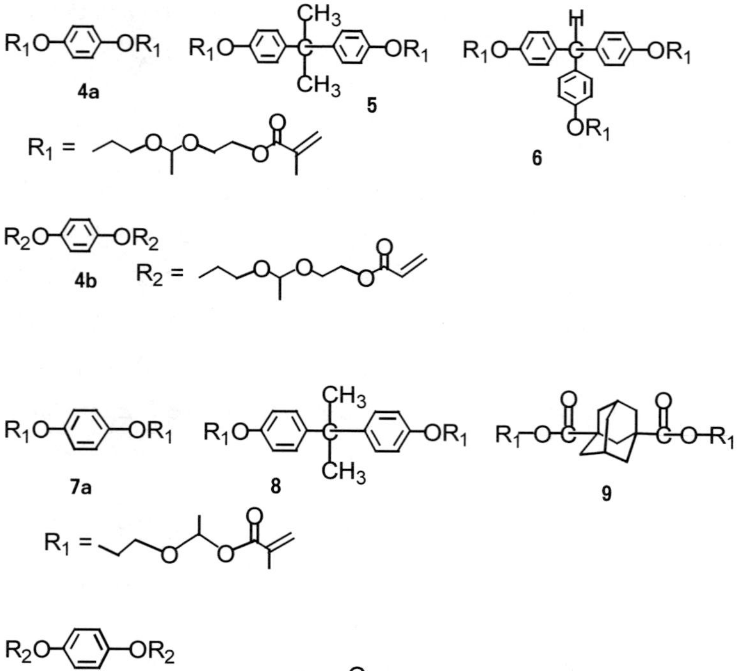

図4　アセタールおよびヘミアセタールエステル結合を有する多官能モノマー

スルホニウムトリフラート（TPST））を含む**4a‐b**，**5**，**6**の薄膜に365 nm光を照射すると硬化する。さらに硬化物に254 nm光を照射し，ついで加熱すると，硬化樹脂は分解しメタノールに溶解する。

アセタール結合と同様，酸触媒下で容易に分解するヘミアセタールエステル結合を分子内に含んだ2官能メタクリルモノマーおよび2官能アクリルモノマーも分解型のUV硬化樹脂として用いることができる[12]。ヘミアセタールエステル部分を含有するモノマーの例を図4に示す。これらモノマー**7a‐b**，**8**，**9**は対応する2官能ビニルエーテルとメタクリル酸あるいはアクリル酸との反応で容易に合成できる。いずれのモノマーも高感度で硬化し，モノマーの化学構造の顕著な影響は見られない。

TPSTを含む硬化膜に254 nm光を照射すると，トリフリック酸が生成する。トリフリック酸のような強酸の存在下では，ヘミアセタールエステル結合は室温においても分解して，カルボン酸，アセトアルデヒド，およびアルコールが生成する。酸存在下の分解反応は加水分解反応であり，水を必要とするが，硬化薄膜の分解では空気中の水分で十分である。例えば，**7a**を用いたときの分解生成物は，ポリメタクリル酸，アセトアルデヒド，およびアルコールである（図5）。

酸不在下でのヘミアセタールエステル部分の熱分解反応は高温（～180℃）で起こり，カルボン酸と対応するビニルエーテルが生成する。この場合には，分解温度が高いので酸無水物が副生する。一般に，ヘミアセタールエステル結合はアセタール結合より低い温度で分解する。

6.4　UVインプリント材料への応用

これまでに，リワーク能を有するUV硬化樹脂が多数開発され，それらのUV硬化特性や硬化樹脂の分解特性が明らかにされている。リワーク能を有するUV硬化樹脂の活用については，リサイクル，リユースあるいはリペアを念頭に置いた環境調和材料としての利用や高性能機能材料などへの利用がある。高機能材料としては，剥離型接着剤，剥離が容易なネガ型フォトレジスト，剥離型コーティング材などが挙げられる。最近，リワーク型UV硬化樹脂を高機能材料として利用する立場から，UVナノインプリント用樹脂として用いることが研究されており，関心を集めている[13, 14]。

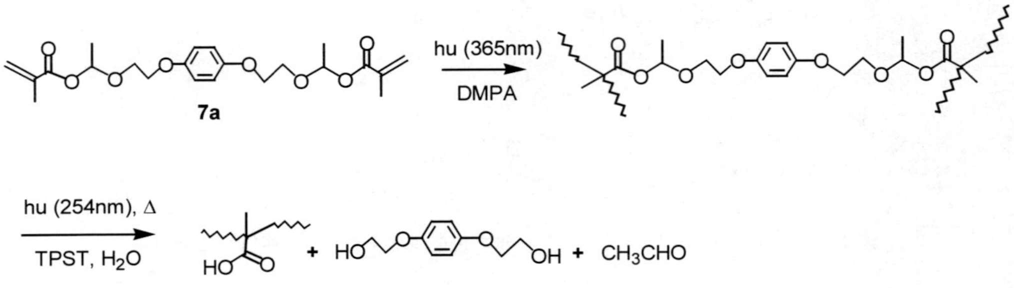

7a　hν (365nm)　DMPA

hν (254nm), Δ　TPST, H_2O　+ HO…OH + CH_3CHO

図5　モノマー**7a**のＵＶ硬化と分解反応機構

UVインプリントリソグラフィーは光硬化樹脂に石英モールドを押し当て，光照射で樹脂を固めた後，モールドを取り外し，超微細パターン（～10 nm）から比較的サイズの大きいパターン（数～数百 μm）を得るものである（図6）。UVインプリント法は，光リソグラフィーを用いたパターン形成に比べて，装置が安価であり高生産性などの特長がある。UVインプリントは，100℃以上の加熱が必要な熱インプリント法と異なり，室温で短時間のプロセスでパターン形成できる特長を有しており，種々の用途展開が研究されている。石英など光学的に透明なモールドを用いるため，下地基板との位置合わせが比較的容易であり，半導体製造用途としても期待されている[15]。UVインプリントには汎用のUV硬化樹脂を用いることができる。UV硬化樹脂は，塗料，印刷インキ，接着剤，フォトレジストなどの分野において既に広く利用されており，いろいろなタイプのものがある。

UVインプリント用樹脂としては，汎用の光硬化樹脂を用いることができるが，硬化樹脂による高価な石英モールドの汚損が問題になる。一般に，石英モールド表面は含フッ素樹脂を主成分とする離型剤で処理することが不可欠である。しかしながら，インプリント過程を繰り返すと，石英モールド表面の離型剤が破壊され，離型効果が薄れ，硬化樹脂が石英モールドに付着する。モールドに付着・残留した硬化樹脂を取り除くことは容易ではなく，モールドが汚損する（図6）。

リワーク型光硬化樹脂を用いれば，仮にモールドの汚染が生じても，硬化樹脂は容易に剥離できる。リワーク性を有する多官能アクリルモノマーは，高い光重合性を有することからUVインプリント用樹脂として期待が持たれている。前述のリワーク型モノマー**1a**や**9**の他，ケタール結合を分解ユニットとしたジアクリラート，Diels-Alder付加体を分解ユニットとしたジメタクリラート，またオキシムカルバメートを分解ユニットとしたジアクリラートがUVインプリント用樹脂として検討されている[16]。UVインプリント材料として**9**を用い，20 μm線幅や

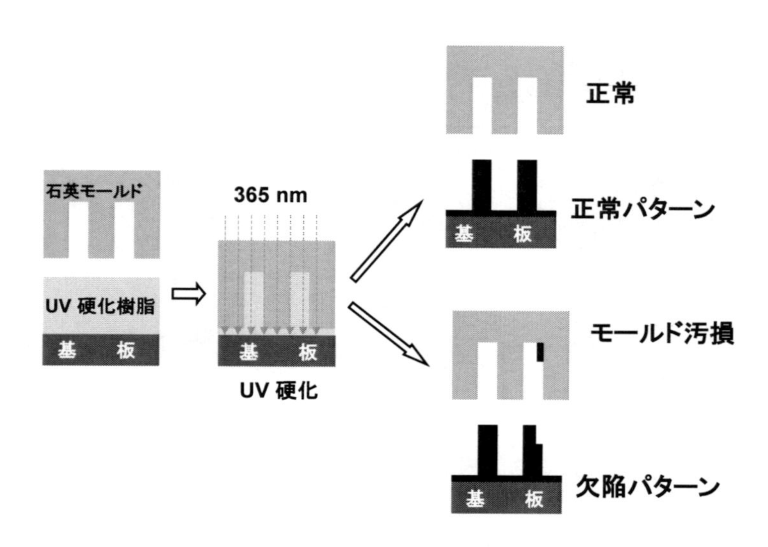

図6　UVインプリントプロセス

200nm 線幅のパターンが得られている（図7）。通常の多官能アクリルモノマーの硬化収縮は8～15%程度とかなり大きい。一方，**9**を用いて作製した20 μm 線幅のパターンに対して，高さ方向の収縮率は1～2%程度と小さいものである。

最近，光ラジカル開始剤，クマリンユニットを有する単官能メタクリルモノマー，および汎用の単官能アクリルモノマーからなる系がUVインプリント材料として検討されている[17]。この系では，365 nm 光照射により重合とクマリン部分の二量化反応が同時に起こり，架橋・硬化樹脂が得られる。架橋・硬化樹脂に254 nm 光を照射すると，二量化したクマリン部位が解裂して架橋構造がなくなるので可溶化できる（図8）。ただし，クマリンユニットの光解裂反応は高効率ではなく，長時間の短波長光露光が必要である。

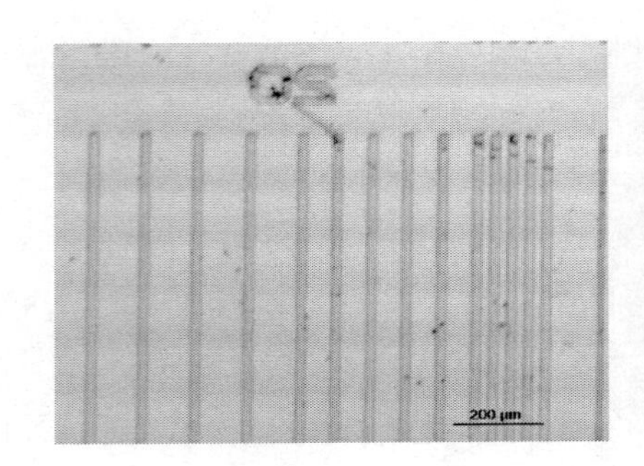

20 μm ライン

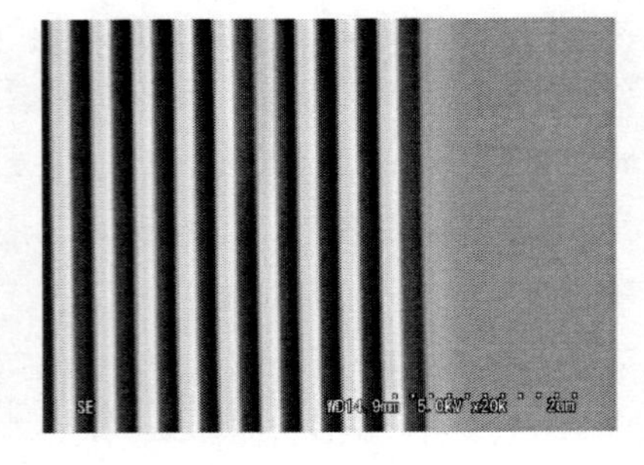

200 nm ライン

図7　**9**を用いたＵＶインプリントパターン

365nm
Radical Initiator
254nm

図8　光二量化／光解離を利用するリワーク系

6.5　おわりに

リワーク能を有するUV硬化樹脂は，高機能材料や環境調和型材料として強い関心が持たれている。これまでに，アクリル型のみならず多くのタイプのリワーク型UV硬化樹脂が研究され，それらのUV硬化過程や硬化樹脂の分解過程の特徴が明らかにされている。リワーク型UV硬化樹脂の活用に際しては，いろいろな可能性がある。本節ではUV硬化樹脂のUVナノインプリント用樹脂としての応用を紹介したが，UV硬化系における重合連鎖解析への応用[18]や剥離型接着剤などへの応用[19]にも関心が持たれている。

文　　献

1）角岡正弘　監修,「LED-UV硬化技術と硬化材料の現状と展望」, シーエムシー出版 (2010)
2）角岡正弘，白井正充　監修,「高分子架橋と分解の新展開」, シーエムシー出版（2007）
3）M. Shirai, *Prog. Org. Coatings*, **27**, 158（2007）
4）白井正充，ネットワークポリマー，**27**，46（2006）
5）上田　充　監修,「UV・EB硬化技術の最新動向」, シーエムシー出版（2006）
6）白井正充，接着，**48**，313（2004）
7）岡村晴之，白井正充，接着，**47**，396（2003）
8）白井正充，色材，**76**，301（2003）
9）K. Ogino, J. Chen, C. K. Ober, *Chem. Mater.*, **10**, 3833（1998）
10）D. Matsukawa, H. Okamura, M. Shirai, *Polym. Int*, **58**, 263（2010）
11）M. Shirai, K. Mitsukura, H. Okamura, M. Miyasaka, *J. Photopolym. Sci. Technol.*, **18**, 199（2005）
12）K. Mitsukura, H. Okamura, M. Miyasaka, M. Shirai, *Polymer Preprints Jpn.*, **55**, 668（2006）
13）M. Matsukawa, H. Wakayama, K. Mitsukura, H. Okamura, Y. Hirai, M. Shirai, *J. Mater. Chem.*, **19**, 4085（2009）
14）D. Matsukawa, H. Okamura, M. Shirai, *J. Mater. Chem.*, **21**, 10407（2011）
15）平井義彦　編集,「ナノインプリントの基礎と技術開発・応用展開」, フロンティア出版（2006）
16）B. K. Long, B. K. Keitz, C. G. Willson, *J. Mater. Chem.*, **17**, 3575（2007）
17）H. Lin, X. Wan, Z. Li, X. Jiang, Q. Wang, J. Yin, *Appl. Mater. Interface*, **2**, 2076（2010）
18）西久保忠臣　監修,「高機能アクリル樹脂の開発と応用」, シーエムシー出版（2011）
19）松本章一　監修,「接着とはく離のための高分子」, シーエムシー出版（2006）

高分子の架橋と分解III **《普及版》**（B1257）

2012年3月21日　初　版　第1刷発行
2018年9月10日　普及版　第1刷発行

監　修　角岡正弘，白井正充　　Printed in Japan
発行者　辻　賢司
発行所　株式会社シーエムシー出版
東京都千代田区神田錦町 1-17-1
電話 03 (3293) 7066
大阪市中央区内平野町 1-3-12
電話 06 (4794) 8234
http://www.cmcbooks.co.jp/

〔印刷　株式会社遊文舎〕

ISBN978-4-7813-1294-1 C3043 ¥5300E